DAXUE SHUXUE

大学数学

主　编　朱兴萍　马丽杰　明杰秀
副主编　何春艳　丁文优

重庆大学出版社

内容提要

本书涵盖了高等学校教学计划中基本数学课程的全部内容。全书分为 3 篇,第 1 篇:微积分,具体内容包括函数、极限与函数的连续性,导数与微分,中值定理与导数的应用,不定积分,定积分及其应用,微分方程;第 2 篇:线性代数,具体内容包括行列式、矩阵、线性方程组;第 3 篇:概率论与数理统计,具体内容包括随机事件与概率、随机变量及其分布、随机变量的数字特征等。本书注重为相应专业的后续课程打下扎实、必要的数学基础,重应用,弱化对理论的证明;每章配有模型应用案例及丰富的例题和习题,附有习题答案(扫描二维码)。

本书可作为应用型高等学校的教材,也可供工程技术人员参考。

图书在版编目(CIP)数据

大学数学 / 朱兴萍, 马丽杰, 明杰秀主编. -- 重庆: 重庆大学出版社, 2023.7

本科公共课系列教材

ISBN 978-7-5689-4009-2

Ⅰ. ①大… Ⅱ. ①朱… ②马… ③明… Ⅲ. ①高等数学—高等学校—教材 Ⅳ. ①O13

中国国家版本馆 CIP 数据核字(2023)第 132871 号

大学数学

主　编　朱兴萍　马丽杰　明杰秀

策划编辑:荀荟羽

责任编辑:鲁　静　　版式设计:荀荟羽

责任校对:谢　芳　　责任印制:张　策

*

重庆大学出版社出版发行

出版人:饶帮华

社址:重庆市沙坪坝区大学城西路 21 号

邮编:401331

电话:(023)88617190　88617185(中小学)

传真:(023)88617186　88617166

网址:http://www.cqup.com.cn

邮箱:fxk@cqup.com.cn (营销中心)

全国新华书店经销

中雅(重庆)彩色印刷有限公司印刷

*

开本:787mm×1092mm　1/16　印张:19.5　字数:465 千

2023 年 7 月第 1 版　　2023 年 7 月第 1 次印刷

印数:1—4 000

ISBN 978-7-5689-4009-2　定价:59.00 元

前言

数学是研究现实世界中数量关系和空间形式的科学，也是自然科学的基本语言. 大学数学教育的意义不仅仅是给予学生进行专业课程学习的工具，优秀的数学教育更是对学生的理性思维和思辨能力的培养，是对学生智慧的启迪，对学生潜在的能动性与创造力的开发. 近年来，应用型院校大量涌现并快速发展，而适用于应用型院校教育的数学教材却并不多，大学数学课程的教学效果也不尽如人意. 目前，亟待解决的是应用型院校数学教材的建设问题. 我们在借鉴国内外同类教材优点的基础上，结合多年丰富的教学经验，编写了这本《大学数学》教材，其内容包括微积分、线性代数、概率论与数理统计 3 个部分. 本书贯彻党的二十大精神，以应用为目的，满足大学专业课程对数学的基本要求，注重对学生应用型思维能力的培养，侧重于数学知识和数学方法的实用性. 本书在内容上有以下特点：

(1) 体现培养学生能力、强化应用的特点，对基本概念和所涉及的若干定理、推论等，在遵循科学性、系统性的前提下，不追求详细的证明，适度淡化难度较大的数学理论，又不失数学理论的严谨性，以突出数学思想、数学方法的应用为核心.

(2) 在内容叙述上精心安排，注重贯彻深入浅出、循序渐进的教学原则与直观形象的教学方法，力求从身边的实际问题出发，自然地引出有关概念，由具体到抽象，知识过渡自然，并对重要概念、定理加以注释或给出反例，从多角度帮助学生正确领会概念、定理的内涵.

(3) 根据应用型人才培养的特点，本书在每章的结尾部分都设置了运用本章主要知识的数学模型问题，这些实际应用的范例既为学生理解数学的概念提供了很好的认知基础，又提高了学生分析问题和运用数学解决问题的能力，有助于学生将数学与后续专业课程联系起来.

(4) 本书配有大量例题、习题，每章还配有总习题，例题和习题在难度方面遵循循序渐进的原则，并充分考虑知识覆盖面的广泛以及题型的多样化.

本书由武汉东湖学院组织编写，第 1 篇“微积分”，共 6 章，由朱兴萍编写；第 2 篇“线性代数”，共 3 章，由马丽杰编写；第 3 篇“概率论与数理统计”，共 3 章，由明杰秀编写. 第 1 篇的习题由何春艳编写，第 2、第 3 篇的习题由丁文优编写，全书由朱兴萍统稿.

武汉东湖学院的领导对本书的出版给予了大力支持与指导，在此表示衷心的感谢.

由于编者水平有限，书中难免有错误和不妥之处，敬请广大读者批评指正.

编　者

2023 年 4 月

CONTENTS 目　录

第 1 篇　微积分

第 1 篇　微积分

第 1 章
函数、极限与函数的连续性

初等数学研究的对象基本上是不变的量(称为常量),而微积分则是以变量作为研究对象. 研究变量时,着重考查变量之间的相依关系(即所谓的函数关系),并讨论当某个变量变化时,与它相关的变量的变换趋势,这种研究方法就是极限方法. 本章将介绍函数、极限与函数的连续性等基本概念以及它们的一些性质,这些内容是学习本课程必须掌握的基础知识.

1.1 函 数

1.1.1 集合与区间

集合是数学中的一个基本概念. 一般具有某种特定性质的事物的总体称为**集合**. 组成这个集合的事物称为该集合的**元素**. 例如,某班全体学生构成一个集合,全体实数构成一个集合等.

通常用大写拉丁字母 $A,B,C,\cdots$ 表示集合;用小写拉丁字母 $a,b,c,\cdots$ 表示集合的元素. 如果 a 是集合 A 的元素,记作 $a\in A$,读作 a 属于 A;否则记为 $a\notin A$ 或 $a\,\overline{\in}\,A$,读作 a 不属于 A.

仅由有限个元素组成的集合称为**有限集**,含有无穷个元素的集合称为**无限集**,不含任何元素的集合称为**空集**,记作 $\varnothing$.

表示集合的方法通常有列举法和描述法. **列举法**就是将集合中的全体元素一一列举出来,写在一个大括号内. 例如,S 是 1 到 10 内的所有偶数组成的集合,S 可表示为

$$S=\{2,4,6,8,10\};$$

Z^+是全体正整数组成的集合，表示为

$$Z^+=\{1,2,3,\cdots\}.$$

用列举法表示集合时，必须列出集合的所有元素，不得重复和遗漏，一般对元素之间的次序没有要求；用到"…"符号时，省略的部分必须满足一般的可认性.

描述法是把集合中各元素所具有的共同性质写在大括号内来表示这一集合. 例如，由所有满足条件 $a<x<b$ 的实数 x 组成的集合 A 可以表示为

$$A=\{x\mid a<x<b\}.$$

数学中，常用以下字母分别表示特定的数集：N，全体自然数；Z，全体整数；Q，全体有理数；R，全体实数；Z^+，全体正整数；R^+，全体正实数.

由数组成的集合称为数集，其中最常用的是区间和邻域.

设 a 和 b 都是实数，且 $a<b$. 数集$\{x\mid a<x<b\}$称为以 a、b 为端点的**开区间**，记作(a,b)，即

$$(a,b)=\{x\mid a<x<b\};$$

数集$\{x\mid a\leqslant x\leqslant b\}$称为以 a、b 为端点的**闭区间**，记作$[a,b]$，即

$$[a,b]=\{x\mid a\leqslant x\leqslant b\}.$$

类似地，可以定义以 a、b 为端点的两个**半开区间**：

$$(a,b]=\{x\mid a<x\leqslant b\},$$

$$[a,b)=\{x\mid a\leqslant x<b\}.$$

以上区间都是**有限区间**，"$b-a$"称为这些区间的**长度**.

除此以外，还有下面几类**无限区间**：

(1) $(a,+\infty)=\{x\mid x>a\}$，$[a,+\infty)=\{x\mid x\geqslant a\}$；

(2) $(-\infty,b)=\{x\mid x<b\}$，$(-\infty,b]=\{x\mid x\leqslant b\}$；

(3) $(-\infty,+\infty)=\{x\mid x\in R\}$.

注 1 记号"$+\infty$""$-\infty$"都只是表示无限性的一种记号，它们都不是某个确定的数.

注 2 以后如果遇到所作的讨论是针对不同类型的区间(是否包含端点，有限区间、无限区间都适用)，为了避免重复讨论，就用"区间 I"代表各种类型的区间.

除了区间的概念，为了阐述函数的局部性态，还常用到邻域的概念，它是由某点附近的所有点组成的集合.

设 a 与 δ 是两个实数，且 $\delta>0$. 数集$\{x\mid |x-a|<\delta\}$在数轴上是一个以点 a 为中心、长度为 2δ 的开区间$(a-\delta,a+\delta)$，称为**点 a 的 δ 邻域**，记作 $U(a,\delta)$，即

$$U(a,\delta)=\{x\mid |x-a|<\delta\}=(a-\delta,a+\delta),$$

其中，点 a 称为该邻域的**中心**，δ 称为该邻域的**半径**.

例如，$U(1,2)$表示以点 $a=1$ 为中心，$\delta=2$ 为半径的邻域，也就是开区间$(-1,3)$.

有时用到的邻域需要把邻域的中心去掉，点 a 的 δ 邻域去掉中心 a 后，称为**点 a 的去心 δ 邻域**，记作 $\mathring{U}(a,\delta)$，即

$$\mathring{U}(a,\delta)=\{x\mid 0<|x-a|<\delta\}=(a-\delta,a)\cup(a,a+\delta).$$

例如，$\mathring{U}(1,2)$表示以 1 为中心，2 为半径的去心邻域，即$(-1,1)\cup(1,3)$.

一般的情况是，以点 a 为中心的任何开区间均是点 a 的邻域，当不需要特别辨明邻域的

半径时可将其简记为 $U(a)$.

1.1.2 函数的概念

定义 1.1 设 x 和 y 是两个变量，D 是一个给定的数集. 如果按照某个法则 f，对于每一个数 $x\in D$，都有唯一的 y 与它相对应，则称 f 为定义在 D 上的**函数**. 数集 D 称为这个函数的**定义域**，x 称为**自变量**，y 称为**因变量**.

与自变量 x 对应的因变量 y 的值记作 $f(x)$，称为函数 f 在点 x 处的**函数值**. 比如当 x 的取值 $x_0\in D$ 时，y 的对应值就是 $f(x_0)$. 当 x 取遍定义域 D 的所有数值时，对应的全体函数值所组成的集合

$$W=\{y\mid y=f(x),x\in D\}$$

称为函数的**值域**.

需要指出的是，按照上述定义，记号 f 和 $f(x)$ 的含义是不同的，f 表示从自变量 x 到因变量 y 的对应法则，而 $f(x)$ 则表示与自变量 x 对应的函数值. 为了叙述方便，常常用 $f(x)\ (x\in D)$ 来表示函数. 为了减少记号，也常用 $y=y(x)\ (x\in D)$ 表示函数，这时右边的 y 表示对应法则，左边的 y 表示与 x 对应的函数值.

关于定义域，在实际问题中应根据问题的实际意义来确定. 如果讨论的是纯数学问题，则取使函数的表达式有意义的一切实数构成的集合作为该函数的定义域，这种定义域又称函数的**自然定义域**. 例如，函数 $y=\sqrt{x^2-1}$ 的(自然)定义域是 $\{x\mid |x|\geqslant 1\}$，即 $(-\infty,-1]\cup[1,+\infty)$.

在给定了一个函数 f 的解析式后，若未说明其定义域 $D(f)$，则 $D(f)$ 就是 f 的自然定义域.

上述例子中表示函数的方法称为解析法或公式法，其优点在于便于理论推导和计算. 此外常用的表示函数的方法还有表格法和图形法. 表格法是将自变量和因变量的取值对应列表，它的优点在于函数值容易查得，但对应的数据不完全，不便于对函数的性态作进一步研究. 图形法用于表示函数，也称函数的图像或图形，优点是直观形象、一目了然，但不能进行精确的计算，也不便于理论推导. 本书表示函数的方法以公式法为主. 下面举几个函数的例子.

例 1.1 绝对值函数

$$y=|x|=\begin{cases}x, & x\geqslant 0\\ -x, & x<0\end{cases}$$

定义域 $D=(-\infty,+\infty)$，值域 $W=[0,+\infty)$，它的图形如图 1.1 所示.

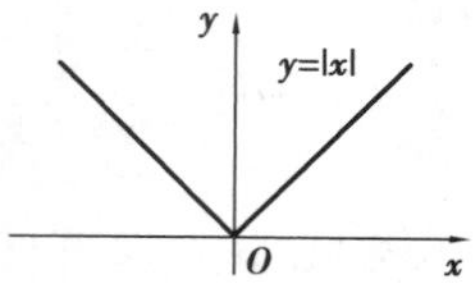

图 1.1

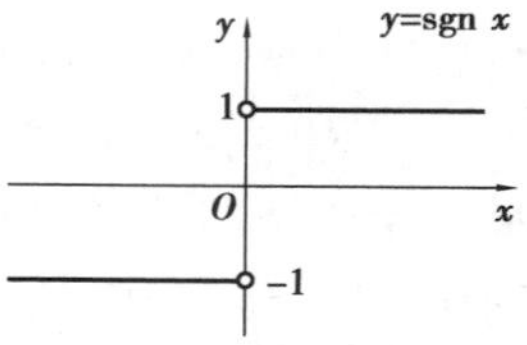

图 1.2

例 1.2 符号函数

$$y=\operatorname{sgn} x=\begin{cases}1, & x>0\\ 0, & x=0\\ -1, & x<0\end{cases}$$

定义域 $D=(-\infty,+\infty)$，值域 $W=\{-1,0,1\}$，它的图形如图 1.2 所示.

例 1.3　设 x 为任一实数，不超过 x 的最大整数称为 x 的整数部分，记作 $[x]$，例如，$\left[\frac{1}{2}\right]=0,[\pi]=3,[\sqrt{3}]=1,[-2.5]=-3$.

将 x 看作变量，则函数

$$y=[x]$$

称为**取整函数**. 它的定义域 $D=(-\infty,+\infty)$，值域 $R_f=Z$，它的图形如图 1.3 所示，这个图形称为**阶梯曲线**.

从上面的例子可以看出，在有些情况下，一个函数不能用一个解析式表示. 这种在自变量的不同变化范围中对应法则用不同式子来表示的函数，通常称为**分段函数**.

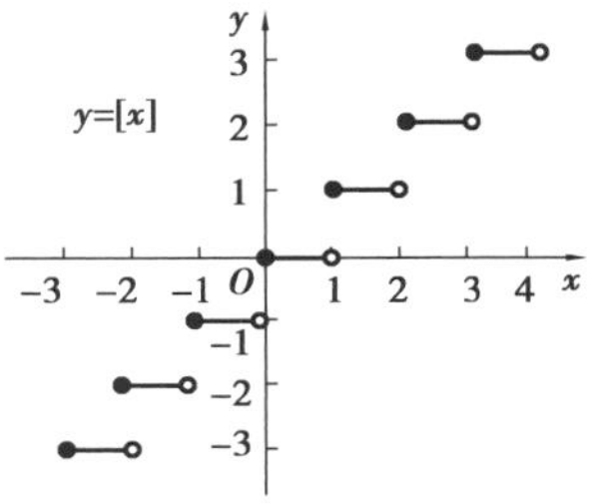

图 1.3

分段函数在实际中应用广泛，诸如个人所得税的收取、出租车的计程收费等均可用分段函数来表示.

例 1.4　某市出租车按如下规定收费：当行驶不超过 3 km 时，一律收起步费 10 元；当行驶里程超过 3 km 时，按 2 元/km 计费；对超过 10 km 的部分，按 3 元/km 计费. 试写出车费 C 与行驶里程 S 之间的函数关系.

解　设函数 $C=C(S)$，其中 S 的单位是“km”，C 的单位是“元”. 按上述规定，当 $0<S\leqslant 3$ 时，$C=10$；当 $3<S\leqslant 10$ 时，$C=10+2(S-3)=2S+4$；当 $S>10$ 时，$C=10+2(10-3)+3(S-10)=3S-6$，以上函数关系可写为

$$C(S)=\begin{cases}10, & 0<S\leqslant 3\\ 2S+4, & 3<S\leqslant 10\\ 3S-6, & S>10\end{cases}$$

1.1.3　函数的几种特性

1. 函数的有界性

定义 1.2　设函数 $f(x)$ 在区间 I 上有定义，若存在常数 $M>0$，使得对任意的 $x\in I$ 均满足

$$|f(x)|\leqslant M,$$

则称函数 $y=f(x)$ 在区间 I 上**有界**，或称 $f(x)$ 是在区间 I 上的**有界函数**. 如果这样的 M 不存在，即对任意一个正数 M（无论它多大），总存在某个 $x_0\in I$，使得 $|f(x_0)|>M$，则称 $f(x)$ 在区间 I 上**无界**.

例如，函数 $y=\sin x, y=\cos x$ 均是在 $(-\infty,+\infty)$ 上的有界函数；函数 $y=x^2$ 在 $(-\infty,+\infty)$ 上无界.

注 1　如果 $f(x)$ 在 I 上有界，则使不等式 $|f(x)|\leqslant M$ 的常数 M 不是唯一的，如 $M+1, 2M$ 等均可，有界性体现在常数 M 的存在性上.

注 2　区间 I 可以是函数 $f(x)$ 的整个定义域，也可以只是定义域的一部分. 当然也可能出现这样的情况：函数在其定义域上的某一部分是有界的，而在另一部分却是无界的. 例如，$y=$

$\frac{1}{x}$在$(0,+\infty)$上无界,在$(1,2)$上是有界的. 所以讨论函数的有界性时,应指明其区间.

2. 函数的单调性

定义 1.3 设函数 $y=f(x)$ 在区间 I 上有定义,对于区间 I 内的任意两点 x_1、x_2,有 $x_1<x_2$,

(1)若 $f(x_1)<f(x_2)$,则称函数 $f(x)$ 在区间 I 上**单调增加或单调递增**;

(2)若 $f(x_1)>f(x_2)$,则称函数 $f(x)$ 在区间 I 上**单调减少或单调递减**.

单调增加或单调减少的函数称为**单调函数**.

与有界性一样,讨论函数的单调性,必须指明其区间. 例如,函数 $y=\sin x$ 在 $\left[0,\frac{\pi}{2}\right]$ 上是单调增加的,而在 $\left[\frac{\pi}{2},\pi\right]$ 上是单调减少的.

3. 函数的奇偶性

定义 1.4 设函数 $f(x)$ 的定义域 D 关于原点对称(即对任意的 $x\in D$,必存在 $-x\in D$),

(1)若对 $\forall x\in D$,有 $f(-x)=f(x)$,则称 $f(x)$ 为**偶函数**;

(2)若对 $\forall x\in D$,有 $f(-x)=-f(x)$,则称 $f(x)$ 为**奇函数**.

例如,$y=x$,$y=\sin x$ 等都是奇函数;$y=x^2$,$y=\cos x$ 等都是偶函数;$y=\cos x+\sin x$ 既不是奇函数,也不是偶函数.

4. 函数的周期性

定义 1.5 设函数 $y=f(x)$ 的定义域为 D,如果存在常数 $T>0$,使得对 $\forall x\in D$,有 $x\pm T\in D$,且 $f(x\pm T)=f(x)$,则称 $f(x)$ 为**周期函数**,T 为 $f(x)$ 的**周期**,其中满足上述条件的最小正数称为 $f(x)$ 的**最小正周期**.

通常周期函数的周期是指其最小正周期. 例如,函数 $y=\sin x$,$y=\cos x$ 都是以 2π 为周期的周期函数,函数 $y=\tan x$ 是以 π 为周期的周期函数. 有必要指出的是,并非所有的周期函数都一定存在最小正周期.

例 1.5 狄利克雷函数

$$D(x)=\begin{cases}1, & x\in Q\\ 0, & x\in R-Q\end{cases}$$

当 x 为有理数时 $D(x)=1$,当 x 为无理数时 $D(x)=0$,$D(x)$ 是一个周期函数,任何正有理数 r 都是它的周期,但 $D(x)$ 没有最小正周期.

1.1.4 反函数与复合函数

函数 $y=f(x)$ 反映了两个变量之间的对应关系,当自变量 x 在定义域 D 内取定一个值,因变量 y 的值也随之唯一确定. 但是,这种因果关系并不是绝对的. 例如,在自由落体运动中,如果已知物体下落时间 t,要求下落距离 s,则有公式 $s=\frac{1}{2}gt^2$($t\geqslant 0$,g 为重力加速度),这里时间 t 是自变量而距离 s 是因变量. 我们也常常需要考虑反过来的问题:已知下落距离 s,求下落时

间 t. 这时我们可从上式解得 $t=\sqrt{\frac{2s}{g}}(s\geqslant 0)$,这里距离 s 成为自变量而时间 t 成为因变量. 在数学上,如果把一个函数中的自变量和因变量对换后能得到新的函数,就把这个新函数称为原来函数的反函数.

定义 1.6　设函数 $y=f(x)$ 的定义域是数集 D,值域是数集 W. 若对每一个 $y\in W$,都可以通过关系式 $y=f(x)$ 确定一个唯一的 $x\in D$,从而得到一个定义在 W 上的,以 y 为自变量、x 为因变量的新函数 $x=\varphi(y)$,其称为 $y=f(x)$ 的**反函数**.

函数 $y=f(x)$ 的反函数一般也记为 $x=f^{-1}(y)$. 习惯上用 x 表示自变量、y 表示因变量,故该反函数也可以记为 $y=f^{-1}(x)$. 例如,函数 $y=x^3(x\in R)$ 存在反函数,其反函数为 $x=y^{\frac{1}{3}}(y\in R)$,习惯上通常将其改写成 $y=x^{\frac{1}{3}}(x\in R)$.

函数 $y=f(x)$ 的图形与它的反函数 $y=f^{-1}(x)$ 的图形关于直线 $y=x$ 对称.

什么函数存在反函数呢? 一般有如下关于反函数存在性的充分条件:

若函数 $y=f(x)$ 定义在某个区间 I 上并在该区间上单调增加(或单调减少),则它的反函数必存在.

定义 1.7　设函数 $y=f(u)$,$u\in D_1$,而函数 $u=g(x)$ 在 D 上有定义,且 $g(D)\subseteq D_1$,则由下式确定的函数

$$y=f(g(x))(x\in D)$$

称为由函数 $y=f(u)$ 和函数 $u=g(x)$ 构成的**复合函数**,它的定义域为 D,变量 u 称为**中间变量**.

需要指出的是,并不是任何两个函数都能构成复合函数,函数 $u=g(x)$ 与函数 $y=f(u)$ 能构成复合函数的条件是函数 $u=g(x)$ 的值域 $g(D)$ 必须被函数 $y=f(u)$ 的定义域 D_f 包含,即 $g(D)\subseteq D_f$;否则,二者不能构成复合函数. 例如,函数 $y=\sqrt{u}$ 和函数 $u=1-x^2$ 不能直接复合,需将函数 $u=1-x^2$ 的定义域限制在 $[-1,1]$ 上才行.

另外,函数的复合还可以推广到两个以上函数的情形. 例如,函数 $y=[\ln(x^2+2)]^3$ 由函数 $y=u^3$,$u=\ln v$,$v=x^2+2$ 复合而成.

1.1.5　初等函数

定义 1.8　下列函数称为**基本初等函数**.

(1)幂函数:$y=x^\mu$(μ 为任意实数).

其定义域和值域依 μ 的取值不同而不同. $y=x$,$y=x^2$,$y=x^3$,$y=\sqrt{x}$ 及 $y=\frac{1}{x}$ 是最常见的幂函数,它们的图形如图 1.4 所示.

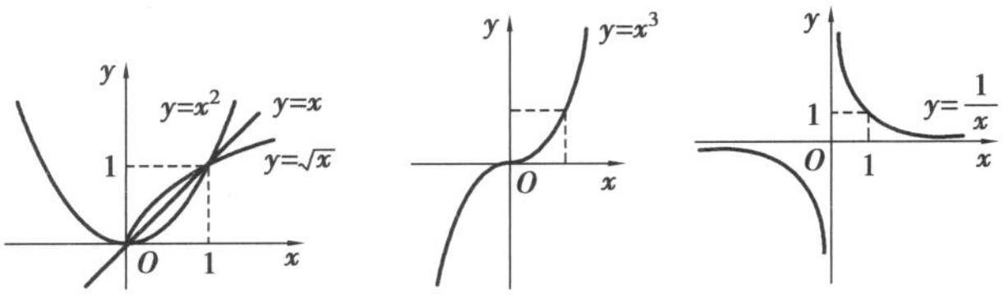

图 1.4

(2)指数函数:$y=a^x$($a>0$ 且 $a\neq 1$).

它的定义域为$(-\infty,+\infty)$,值域为$(0,+\infty)$,它的图形如图 1.5 所示.

工程中常用以 $e=2.7182818\cdots$为底的指数函数 $y=e^x$.

(3)对数函数:$y=\log_a x$($a>0$ 且 $a\neq 1$).

它是指数函数 $y=a^x$ 的反函数,其定义域为$(0,+\infty)$,值域为$(-\infty,+\infty)$,图形如图 1.6 所示.

常用的对数函数有以 e 为底的自然对数 $y=\ln x$ 和以 10 为底的常用对数 $y=\lg x$.

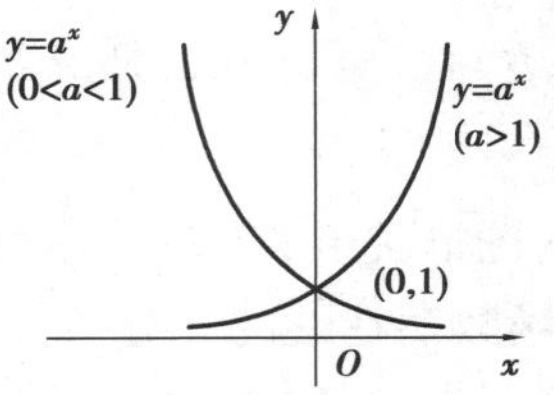

图 1.5

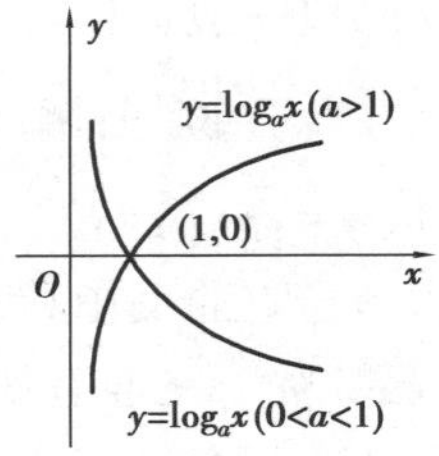

图 1.6

(4)三角函数:$y=\sin x$,$y=\cos x$,$y=\tan x$,$y=\cot x$,$y=\sec x$,$y=\csc x$.

它们分别称为正弦函数、余弦函数、正切函数、余切函数、正割函数、余割函数,并有如下关系式:

$$\tan x=\frac{\sin x}{\cos x},\cot x=\frac{\cos x}{\sin x},\sec x=\frac{1}{\cos x},\csc x=\frac{1}{\sin x}.$$

其中,正弦函数和余弦函数为以2π 为周期的周期函数,而正切函数和余切函数为以 π 为周期的周期函数. 它们的图形如图 1.7 所示.

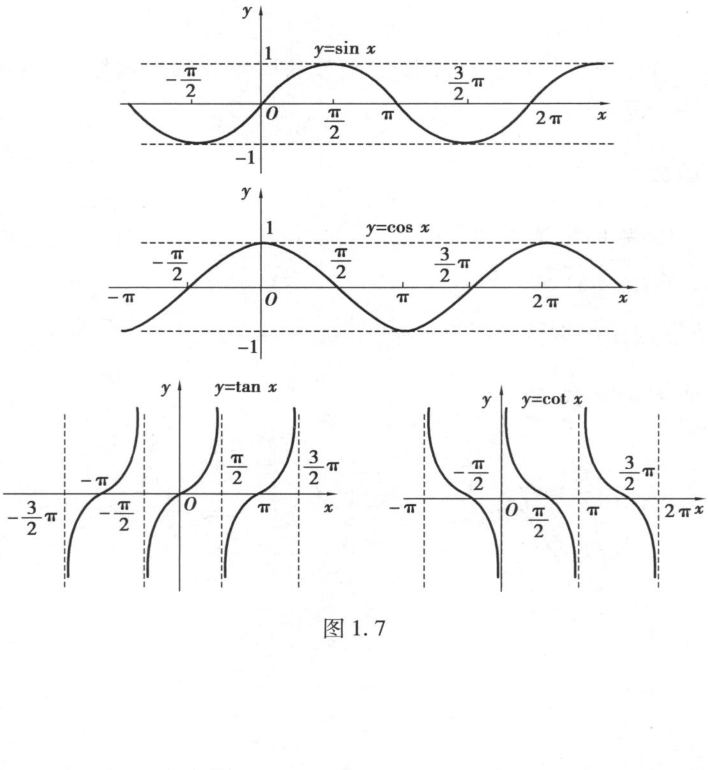

图 1.7

它们的常用恒等关系有:

$$\sin^2 x+\cos^2 x=1,1+\tan^2 x=\sec^2 x,1+\cot^2 x=\csc^2 x.$$

(5)反三角函数:$y=\arcsin x$,$y=\arccos x$,$y=\arctan x$,$y=\operatorname{arccot} x$.

它们分别是三角函数 $y=\sin x$,$y=\cos x$,$y=\tan x$,$y=\cot x$ 的反函数,分别称为反正弦函数、反余弦函数、反正切函数、反余切函数,图形如图 1.8 所示.

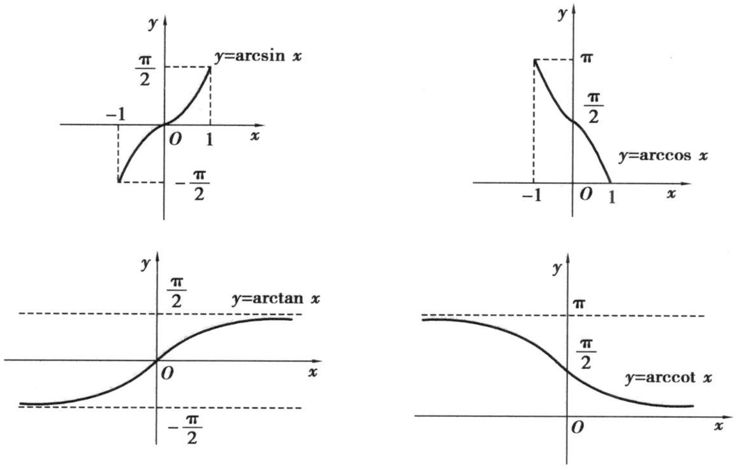

图 1.8

定义 1.9　由常数及基本初等函数经过有限次的四则运算和有限次复合构成的,可以用一个式子表示的函数称为**初等函数**. 例如,$y=\sqrt{1-x^2}$,$y=\sin 3x$,$y=2+\ln(x+\sqrt{x^2+1})$都是复合函数. 但符号函数 $y=\operatorname{sgn} x$、取整函数 $y=[x]$都不是初等函数.

习题 1.1

1. 确定下列函数的定义域.

(1)$y=\dfrac{4-x^2}{x^2-x-6}$;　　(2)$y=\arcsin\dfrac{2x}{1+x}$;

(3)$y=\sqrt[3]{\dfrac{1}{x-2}}+\lg(2x-3)$;　　(4)$y=\sqrt{3-x}+\arctan\dfrac{1}{x}$.

2. 设 $\varphi(x)=\begin{cases}|\sin x|, & |x|<\dfrac{\pi}{3}\\ 0, & |x|\geqslant\dfrac{\pi}{3}\end{cases}$,求 $\varphi\left(\dfrac{\pi}{6}\right)$,$\varphi\left(\dfrac{\pi}{4}\right)$,$\varphi\left(-\dfrac{\pi}{4}\right)$,$\varphi(-2)$ 的值.

3. 设 $f(x)=\arcsin x$,求 $f(0)$,$f(-1)$,$f\left(\dfrac{\sqrt{3}}{2}\right)$,$f\left(-\dfrac{\sqrt{2}}{2}\right)$ 的值.

4. 下列函数可分别看作由哪些基本初等函数复合而成?

(1)$f(x)=3^{e^{\sin^2 x}}$;　　(2)$f(x)=\ln\cos(\tan x^{\sqrt{2}})$.

5. 设 $f(x)=\dfrac{x}{1-x}$,求 $f[f(x)]$ 和 $f\{f[f(x)]\}$.

6. 证明:定义在对称区间$(-l,l)$上的任意函数可表示为一个奇函数与一个偶函数之和.

7. 某厂生产某产品的成本为每台产品 50 元,预计当以每台 x 元的价格卖出产品时,消费者每月购买$(200-x)$台,请将该厂的月利润表示为以 x 为自变量的函数.

8. 拟建一个容积为 V 的长方体水池,设它的底为正方形,如果池底单位面积造价是四周单位面积造价的 2 倍,试将总造价表示成底边长的函数,并确定此函数的定义域.

1.2 数列的极限

1.2.1 数列的极限的概念

极限是研究变量的变化趋势的一个必不可少的基本工具. 它是人们从已知认识未知,从有限认识无限,从近似认识精确,从量变认识质变的一种重要的数学方法. 高等数学中的许多基本概念如连续、导数、定积分、无穷级数等都是建立在极限基础上的. 下面首先给出数列的一般定义.

定义 1.10 定义域为正整数集 Z^+的函数

$$f:Z^+\to R \text{ 或 } f(n),n\in Z^+$$

称为**数列**. 由于正整数集 Z^+的元素可按大小顺序依次排列,所以数列 $f(n)$也可写作

$$x_1,x_2,\cdots,x_n,\cdots$$

或简单记作$\{x_n\}$,其中第 n 项 $x_n[=f(n)]$称为该数列的**通项**或**一般项**.

例 1.6 有以下数列:

(1)$1,\frac{1}{2},\frac{1}{3},\cdots,\frac{1}{n},\cdots$　　通项为 $x_n=\frac{1}{n}$;

(2)$0,\frac{3}{2},\frac{2}{3},\frac{5}{4},\frac{4}{5},\cdots,\frac{n+(-1)^n}{n},\cdots$　　通项为 $x_n=\frac{n+(-1)^n}{n}$;

(3)$2,4,8,\cdots,2^n,\cdots$　　通项为 $x_n=2^n$;

(4)$-1,1,-1,1,\cdots,(-1)^n,\cdots$　　通项为 $x_n=(-1)^n$.

对于数列,我们主要研究的是 x_n 的变化趋势,即当 n 无限增大(记作 $n\to\infty$)时 x_n 的变化趋势. 观察例 1.6 不难发现:

(1)当 n 无限增大时,$\frac{1}{n}$逐渐减小,且无限接近 0;

(2)数列$\left\{\frac{n+(-1)^n}{n}\right\}$可化为$\left\{1+\frac{(-1)^n}{n}\right\}$,数列在点 1 的两侧无限次来回变动,但当 n 无限增大时无限接近 1;

(3)随着 n 无限增大,2^n 也无限增大;

(4)数列$\{(-1)^n\}$无限次地在 1 和-1之间来回取值.

故当 n 越来越大时,x_n 的变化趋势有以下三种:

(ⅰ)x_n 的值无限接近某个固定的数,如例 1.6 的数列(1)、(2);

（ⅱ）x_n 的值无限增大，如例 1.6 的数列(3)；

（ⅲ）x_n 的值上下摆动，如例 1.6 的数列(4).

下面就这三种不同的变化趋势给出具体的定义.

定义 1.11　对于数列$\{x_n\}$，如果存在一个确定的常数 A，当 n 无限增大时，x_n 无限接近（或趋近）A，则称数列$\{x_n\}$**收敛**，称 A 为数列$\{x_n\}$的**极限**，或称数列$\{x_n\}$收敛于 A，记为

$$\lim_{n\to\infty} x_n = A \text{ 或 } x_n \to A(n\to\infty).$$

如果这样的常数 A 不存在，则称数列$\{x_n\}$**发散**或**不收敛**.

由定义及前面的分析可知，例 1.6 中(1)、(2)对应的数列的极限存在，分别为 0、1，此时数列为收敛数列，分别记作$\lim\limits_{n\to\infty}\dfrac{1}{n}=0$、$\lim\limits_{n\to\infty}\dfrac{n+(-1)^n}{n}=1$；(3)、(4)对应的数列为发散数列.

为了方便起见，有时也将 $n\to\infty$ 时$|x_n|$无限增大的情形说成数列$\{x_n\}$的极限为∞，并记为$\lim\limits_{n\to\infty}x_n=\infty$，但这并不表明$\{x_n\}$是收敛的. 因此，例 1.6 中数列(3)也可以记为$\lim\limits_{n\to\infty}2^n=\infty$.

注　常数 A 是某数列的极限，意思是随着 n 的无限增大，数列的项“无限接近（或趋近）A”，但并不一定达到 A，极限代表的就是一个无限逼近的过程.

在上面的例子中说数列$\{x_n\}$的极限是 A，靠的是观察或直觉. 例如，对于数列$\left\{\dfrac{1+(-1)^n}{n}\right\}$，我们并不能严格说明它为什么是收敛的，其极限为什么是 1 而不是别的数. 下面来给出数列极限的精确定义，用精确的数学语言来刻画“无限接近”这一过程.

定义 1.12　对于数列$\{x_n\}$，如果存在常数 A，使得对于任意给定的正数 $\varepsilon>0$（无论它多小），总存在正整数 N，使得当 $n>N$ 时，$|x_n-A|<\varepsilon$ 都成立，则称数列$\{x_n\}$**收敛**，其极限为 A，或称数列$\{x_n\}$收敛于 A. 如果这样的常数 A 不存在，则称数列$\{x_n\}$**发散**.

定义 1.12 称为数列极限的“$\varepsilon-N$”定义，也可用符号简单地表示为

$$\lim_{n\to\infty}x_n=A \Leftrightarrow \forall\,\varepsilon>0,\ \exists N,\ \forall\, n>N:\ |x_n-A|<\varepsilon.$$

理解它需注意以下几点.

(1)ε 的任意性与相对固定性.

定义中的 ε 是一个任意给定的正数，即对 ε 小的程度没有任何限制，这样不等式$|x_n-A|<\varepsilon$ 就表达了 x_n 与 A 无限接近的意思. 另外，ε 尽管有任意性，但一经给出，就相对固定下来，即应暂时看作固定不变的，以便根据它来求 N.

(2)N 的相应性.

定义中的 N 是与 ε 相联系的，如果将 ε 换成另一个 ε'，则这时一般来说，N 也要换成另一个 N'，所以也可将 N 写成 $N(\varepsilon)$，表示 N 与 ε 有关，但并非 ε 的函数，这是因为对于同一个 ε，如果满足不等式$|x_n-A|<\varepsilon$ 的 N 已经找到，那么对于比 N 更大的数 $N+1, 2N, \cdots$ 不等式也成立. 换言之，使上述不等式成立的 N 若存在，就不止一个，但只要找出一个即可.

(3)几何意义.

不等式$|x_n-A|<\varepsilon$ 在数轴上表示点 x_n 位于以 A 为中心，ε 为半径的“ε-邻域 $U(A,\varepsilon)$”中，于是“$n>N$ 时都有$|x_n-A|<\varepsilon$”这句话是指凡是下标 n 大于 N 的所有 x_n 都落在 $U(A,\varepsilon)$ 中（图 1.9），于是，定义的几何意义是：收敛于 A 的数列$\{x_n\}$，在 A 的任何邻域内几乎含有$\{x_n\}$的全体项（最多只有有限项在邻域之外）.

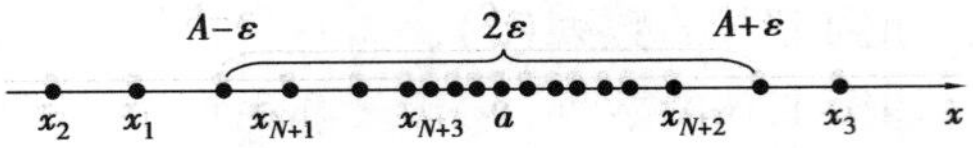

图 1.9

下面举例说明如何用“$\varepsilon-N$”定义来验证数列的极限.

例 1.7 试证：$\lim\limits_{n\to\infty}\dfrac{1+(-1)^n}{n}=0$.

证 $\left|\dfrac{1+(-1)^n}{n}-0\right|=\dfrac{1+(-1)^n}{n}\leqslant\dfrac{2}{n}$,

$\forall\varepsilon>0$，要使 $\left|\dfrac{1+(-1)^n}{n}-0\right|<\varepsilon$ 成立，只要 $\dfrac{2}{n}<\varepsilon$，即 $n>\dfrac{2}{\varepsilon}$,

取 $N=\left[\dfrac{2}{\varepsilon}\right]$，则当 $n>N$ 时，有 $\left|\dfrac{1+(-1)^n}{n}-0\right|<\varepsilon$,

即

$$\lim_{n\to\infty}\frac{1+(-1)^n}{n}=0.$$

1.2.2 数列极限的性质

性质 1（唯一性） 收敛数列的极限是唯一的.

即若数列 $\{x_n\}$ 收敛，且 $\lim\limits_{n\to\infty}x_n=a$ 和 $\lim\limits_{n\to\infty}x_n=b$，则 $a=b$.

性质 2（收敛数列的有界性） 如果数列 $\{x_n\}$ 收敛，那么数列 $\{x_n\}$ 必有界.

由上述性质可知，数列收敛的必要条件为有界，但其逆命题不真. 即由数列 $\{x_n\}$ 有界，不能断定数列 $\{x_n\}$ 一定收敛，例如数列

$$1,-1,1,-1,\cdots,(-1)^{n+1},\cdots$$

有界却发散. 性质 2 的逆否命题常常用于判定数列是否发散.

推论 若数列 $\{x_n\}$ 无界，则 $\{x_n\}$ 必发散.

性质 3（收敛数列的保号性） 若 $\lim\limits_{n\to\infty}x_n=a$ 且 $a>0$（或 $a<0$），则存在正整数 N，使得当 $n>N$ 时，恒有

$$x_n>0\ (或\ x_n<0).$$

推论 若数列 $\{x_n\}$ 从某项起有 $x_n\geqslant0$（或 $x_n\leqslant0$），且 $\lim\limits_{n\to\infty}x_n=a$，则 $a\geqslant0$（或 $a\leqslant0$）.

习题 1.2

1. 下列各题中，哪些数列收敛，哪些数列发散？对收敛数列，通过观察一般项 x_n 的变化趋势，写出它们的极限.

(1) $x_n=1+\dfrac{1}{2^n}$;　　(2) $x_n=(-1)^n\dfrac{1}{n}$;

(3) $x_n=\dfrac{n-1}{n+1}$;　　(4) $x_n=(-1)^n n$.

2. 叙述当 $n\to\infty$ 时，数列 $\{x_n\}$ 不以 A 为极限的“$\varepsilon-N$”的表达式.

3. 据我国古书记载，庄子曾提出“一尺之棰，日取其半，万世不竭”的朴素极限思想. 将一

尺长的木棒“日取其半”,试将每日剩下的部分表示成数列,并考查其极限.

1.3 函数的极限

数列可以看作自变量为正整数 n 的函数 $x_n=f(n)$,数列 $\{x_n\}$ 的极限为 A 是指当自变量 n 取正整数且无限增大($n\to\infty$)时,对应的函数值 $f(n)$ 无限接近 A. 若将数列极限概念中自变量 n 的特殊性抛开,可以由此引出函数极限的概念. 当然,函数极限与自变量 x 的变化过程是紧密相关的. 下面分两种情形来讨论.

1.3.1 自变量趋于无穷大时函数的极限

自变量 x 趋于无穷大可以分为三种情形:$|x|$ 无限增大时,称 $x\to\infty$;$x>0$ 且 x 无限增大时,称 $x\to+\infty$;$x<0$ 且 x 无限增大时,称 $x\to-\infty$.

定义 1.13 若 $f(x)$ 在 x 趋于无穷大的过程中无限接近某个确定的常数 A,则称 A 是自变量在该过程中的极限,分别记作 $\lim\limits_{x\to\infty}f(x)=A$, $\lim\limits_{x\to+\infty}f(x)=A$, $\lim\limits_{x\to-\infty}f(x)=A$.

函数极限的定义也可以像数列极限的定义一样用数学语言精确地描述.

一般地,$\lim\limits_{x\to\infty}f(x)=A\Leftrightarrow\lim\limits_{x\to+\infty}f(x)=\lim\limits_{x\to-\infty}f(x)=A$.

例如,由初等函数的图形易知,$\lim\limits_{x\to+\infty}\arctan x=\dfrac{\pi}{2}$,而 $\lim\limits_{x\to-\infty}\arctan x=-\dfrac{\pi}{2}$,故 $\lim\limits_{x\to\infty}\arctan x$ 不存在.

如果当 $x\to\infty$ 时,对应的 $|f(x)|$ 也随之无限增大,则 $\lim\limits_{x\to\infty}f(x)$ 不存在,但方便起见,也称 $f(x)$ 的极限是无穷大,并写成

$$\lim_{x\to\infty}f(x)=\infty.$$

1.3.2 自变量趋于有限值时函数的极限

定义 1.14 设函数 $f(x)$ 在点 x_0 的某一去心邻域内有定义,当自变量 x 趋于 x_0 时,函数值 $f(x)$ 无限接近于某个确定的常数 A,则称 A 为**函数 $f(x)$ 在 $x\to x_0$ 时的极限**,记为

$$\lim_{x\to x_0}f(x)=A \text{ 或 } f(x)\to A(x\to x_0)$$

注 1 上述定义并不要求 $f(x)$ 在 x_0 处有定义,即当 $x\to x_0$ 时函数 $f(x)$ 的极限与 $f(x)$ 在 x_0 处是否有定义无关.

注 2 上述定义在 $x\to x_0$ 的过程中,并没有限定自变量 x 位于 x_0 的某一侧. 但考虑到 $f(x)$ 的定义域或某些问题的具体情况,有时只需或只能考虑 x 从 x_0 的一侧趋向 x_0 时 $f(x)$ 的变化趋势. 为此,通常将 $x<x_0$,$x\to x_0$ 的情况记为 $x\to x_0^-$;$x>x_0$,$x\to x_0$ 的情况记为 $x\to x_0^+$.

定义 1.15 设 $f(x)$ 在 x_0 的一个左(右)邻域中有定义. 如果存在常数 A,使得当 $x\to x_0^-$(或 $x\to x_0^+$)时,相应的函数值 $f(x)$ 无限接近 A,则称 A 为当 $x\to x_0^-$(或 $x\to x_0^+$)时 $f(x)$ 的**左(右)极限**,并记为 $f(x_0^-)$(或 $f(x_0^+)$),即

$$f(x_0^-)=\lim_{x\to x_0^-}f(x)=A\left(f(x_0^+)=\lim_{x\to x_0^+}f(x)=A\right).$$

有时也将$f(x_0^-)$写成$f(x_0-0)$,将$f(x_0^+)$写成$f(x_0+0)$.

左、右极限称为函数的**单侧极限**.这三种极限之间有下述关系.

定理 1.1 当$x\to x_0$时,函数$f(x)$以A为极限的充分必要条件是$f(x)$在x_0处的左、右极限都存在并均为A,即

$$\lim_{x\to x_0}f(x)=A\Leftrightarrow\lim_{x\to x_0^-}f(x)=\lim_{x\to x_0^+}f(x)=A.$$

例 1.8 求符号函数$y=\operatorname{sgn}x$在$x\to0$时的极限.

解 由于$x<0$时$\operatorname{sgn}x=-1$,而$x>0$时$\operatorname{sgn}x=1$,故

$$\lim_{x\to0^-}\operatorname{sgn}x\neq\lim_{x\to0^+}\operatorname{sgn}x.$$

所以$\lim\limits_{x\to0}\operatorname{sgn}x$不存在.

例 1.9 求绝对值函数$f(x)=|x|$在$x\to0$时的极限.

解 由于$f(x)=|x|=\begin{cases}x,x\geqslant0\\-x,x<0\end{cases}$,

故$\lim\limits_{x\to0^-}f(x)=\lim\limits_{x\to0^-}(-x)=0$,$\lim\limits_{x\to0^+}f(x)=\lim\limits_{x\to0^+}x=0$,

即$\lim\limits_{x\to0^-}f(x)=\lim\limits_{x\to0^+}f(x)=0$,所以$\lim\limits_{x\to0}f(x)=0$.

习题 1.3

1. 利用函数图形,求下列极限.

(1)$\lim\limits_{x\to\infty}\dfrac{1}{x}$;　(2)$\lim\limits_{x\to0}\tan x$;　(3)$\lim\limits_{x\to0}\sin x$;

(4)$\lim\limits_{x\to+\infty}\sin x$;　(5)$\lim\limits_{x\to-\infty}e^x$;　(6)$\lim\limits_{x\to+\infty}e^x$.

2. 对如图 1.10 所示函数$f(x)$,以下判断哪些是对的,哪些是错的?

(1)$\lim\limits_{x\to0}f(x)$不存在;

(2)$\lim\limits_{x\to0}f(x)=0$;

(3)$\lim\limits_{x\to0}f(x)=1$;

(4)$\lim\limits_{x\to1}f(x)=0$;

(5)$\lim\limits_{x\to1}f(x)$不存在;

(6)对任一$x_0\in(-1,1)$,$\lim\limits_{x\to x_0}f(x)$都存在.

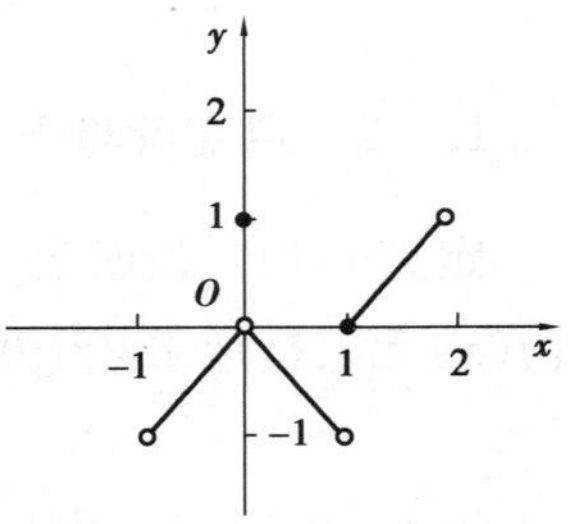

图 1.10

3. 求当$x=0$时,$f(x)=\dfrac{x}{x}$,$\varphi(x)=\dfrac{|x|}{x}$的左、右极限,并说明它们在$x\to0$时是否存在极限.

1.4　极限的运算法则

前面介绍了极限的概念,本节将讨论极限的求法. 在函数极限中,我们引入了下列六种类型的极限:(1) $\lim\limits_{x\to x_0}f(x)$;(2) $\lim\limits_{x\to x_0^-}f(x)$;(3) $\lim\limits_{x\to x_0^+}f(x)$;(4) $\lim\limits_{x\to\infty}f(x)$;(5) $\lim\limits_{x\to-\infty}f(x)$;(6) $\lim\limits_{x\to+\infty}f(x)$.

如逐一讨论将会非常麻烦,下面的讨论仅就第一类极限展开,其结果对其他类型的极限都成立.

1.4.1　极限的四则运算法则

定理 1.2　如果 $\lim\limits_{x\to x_0}f(x)=A$, $\lim\limits_{x\to x_0}g(x)=B$,那么

(1) $\lim\limits_{x\to x_0}[f(x)\pm g(x)]=\lim\limits_{x\to x_0}f(x)\pm\lim\limits_{x\to x_0}g(x)=A\pm B$;

(2) $\lim\limits_{x\to x_0}[f(x)\cdot g(x)]=\lim\limits_{x\to x_0}f(x)\cdot\lim\limits_{x\to x_0}g(x)=A\cdot B$;

(3) $B\neq 0$ 时, $\lim\limits_{x\to x_0}\dfrac{f(x)}{g(x)}=\dfrac{\lim\limits_{x\to x_0}f(x)}{\lim\limits_{x\to x_0}g(x)}=\dfrac{A}{B}$.

定理 1.2 中的关系式(1)、(2)还可以推广到有限个函数的情形. 例如, $\lim\limits_{x\to x_0}f(x)$、$\lim\limits_{x\to x_0}g(x)$、$\lim\limits_{x\to x_0}h(x)$ 都存在,则有

$\lim\limits_{x\to x_0}[f(x)+g(x)-h(x)]=\lim\limits_{x\to x_0}f(x)+\lim\limits_{x\to x_0}g(x)-\lim\limits_{x\to x_0}h(x)$;

$\lim\limits_{x\to x_0}[f(x)\cdot g(x)\cdot h(x)]=\lim\limits_{x\to x_0}f(x)\cdot\lim\limits_{x\to x_0}g(x)\cdot\lim\limits_{x\to x_0}h(x)$.

推论 1　如果 $\lim\limits_{x\to x_0}f(x)=A$,而 c 为常数,则

$$\lim_{x\to x_0}[cf(x)]=c\lim_{x\to x_0}f(x)=cA.$$

即常数因子可以移到极限符号外面.

推论 2　如果 $\lim\limits_{x\to x_0}f(x)=A$, n 为正整数,则

$$\lim_{x\to x_0}[f(x)]^n=[\lim_{x\to x_0}f(x)]^n=A^n.$$

需要指出的是,上述结论对其他类型的极限(包括数列极限)也是成立的.

例 1.10　求 $\lim\limits_{x\to 1}(3x+2)$.

解　$\lim\limits_{x\to 1}(3x+2)=\lim\limits_{x\to 1}3x+\lim\limits_{x\to 1}2=3\lim\limits_{x\to 1}x+2=3\times 1+2=5$.

例 1.11　求 $\lim\limits_{x\to 2}(7x^2-x)$.

解　$\lim\limits_{x\to 2}(7x^2-x)=7\lim\limits_{x\to 2}x^2-\lim\limits_{x\to 2}x=7(\lim\limits_{x\to 2}x)^2-2=7\times 2^2-2=26$.

从上面两个例子可以看出,求有理函数(多项式)在 $x\to x_0$ 的极限时,只要计算函数在 x_0 处的函数值就行了. 即设多项式

$$f(x)=a_nx^n+a_{n-1}x^{n-1}+\cdots+a_1x+a_0,$$

其中，$a_i(i=0,1,2,\cdots,n)$为常数，则

$$\begin{aligned}\lim_{x\to x_0}f(x)&=\lim_{x\to x_0}(a_nx^n+a_{n-1}x^{n-1}+\cdots+a_1x+a_0)\\&=a_nx_0^n+a_{n-1}x_0^{n-1}+\cdots+a_1x_0+a_0.\end{aligned}$$

例 1.12 求：(1) $\lim\limits_{x\to-1}\dfrac{4x^2-3x+1}{2x^2-6x+4}$；(2) $\lim\limits_{x\to3}\dfrac{x-3}{x^2-9}$.

解 (1)因为$\lim\limits_{x\to-1}(2x^2-6x+4)=2\times(-1)^2-6\times(-1)+4=12\neq0$，故

$$\lim_{x\to-1}\frac{4x^2-3x+1}{2x^2-6x+4}=\frac{\lim\limits_{x\to-1}(4x^2-3x+1)}{\lim\limits_{x\to-1}(2x^2-6x+4)}=\frac{8}{12}=\frac{2}{3}.$$

(2)因为分子分母的极限均为0，所以不能用极限的四则运算法则来计算，故

$$\lim_{x\to3}\frac{x-3}{x^2-9}=\lim_{x\to3}\frac{x-3}{(x-3)(x+3)}=\lim_{x\to3}\frac{1}{x+3}=\frac{1}{6}.$$

例 1.13 求：(1) $\lim\limits_{x\to\infty}\dfrac{3x^3-4x^2+2}{7x^3+5x^2-3}$；(2) $\lim\limits_{x\to\infty}\dfrac{2x^2-5x+3}{7x^3+5x^2}$.

解 (1)先用x^3去除分子及分母，然后取极限，得

$$\lim_{x\to\infty}\frac{3x^3-4x^2+2}{7x^3+5x^2-3}=\lim_{x\to\infty}\frac{3-\dfrac{4}{x}+\dfrac{2}{x^3}}{7+\dfrac{5}{x}-\dfrac{3}{x^3}}=\frac{3}{7}.$$

这是因为$\lim\limits_{x\to\infty}\dfrac{1}{x^n}=\left[\lim\limits_{x\to\infty}\dfrac{1}{x}\right]^n=0$.

(2)先用x^3去除分子及分母，然后取极限，得

$$\lim_{x\to\infty}\frac{2x^2-5x+3}{7x^3+5x^2}=\lim_{x\to\infty}\frac{\dfrac{2}{x}-\dfrac{5}{x^2}+\dfrac{3}{x^3}}{7+\dfrac{5}{x}}=0.$$

1.4.2 复合函数的极限运算法则

定理 1.3 设$f(u)$与$u=\varphi(x)$构成复合函数$f[\varphi(x)]$，若$\lim\limits_{x\to x_0}\varphi(x)=a$，$\lim\limits_{u\to a}f(u)=A$，且当$x\neq x_0$时，$u\neq a$. 则复合函数$f[\varphi(x)]$在$x\to x_0$时的极限为

$$\lim_{x\to x_0}f[\varphi(x)]=A.$$

在定理1.3中，把$\lim\limits_{x\to x_0}\varphi(x)=a$换成$\lim\limits_{x\to x_0}\varphi(x)=\infty$或$\lim\limits_{x\to\infty}\varphi(x)=\infty$，而把$\lim\limits_{u\to a}f(u)=A$换成$\lim\limits_{u\to\infty}f(u)=A$，可得类似的定理.

例 1.14 求$\lim\limits_{x\to3}\sqrt{\dfrac{x-3}{x^2-9}}$.

解 $\lim\limits_{x\to3}\sqrt{\dfrac{x-3}{x^2-9}}=\sqrt{\lim\limits_{x\to3}\dfrac{x-3}{x^2-9}}=\sqrt{\dfrac{1}{6}}=\dfrac{\sqrt{6}}{6}.$

习题 1.4

1. 计算下列极限.

(1) $\lim\limits_{x\to 2}(2x^2-3x+1)$;

(2) $\lim\limits_{x\to -1}\dfrac{3x+1}{x^2+1}$;

(3) $\lim\limits_{x\to\sqrt{3}}\dfrac{x^2-3}{x^4+x^2+1}$;

(4) $\lim\limits_{x\to 0}\dfrac{(x+1)^2-1}{x}$;

(5) $\lim\limits_{x\to 1}\dfrac{x^2-1}{2x^2-x-1}$;

(6) $\lim\limits_{x\to -2}\dfrac{x^3+3x^2+2x}{x^2-x-6}$;

(7) $\lim\limits_{x\to\infty}\dfrac{x^2-2x-1}{3x^2+1}$;

(8) $\lim\limits_{x\to\infty}\dfrac{x^3-3x+2}{x^4+x^2}$;

(9) $\lim\limits_{x\to\infty}\dfrac{(2x-1)^{30}(3x-2)^{20}}{(2x+1)^{50}}$;

(10) $\lim\limits_{x\to+\infty}\left(\sqrt{x^2+x+1}-\sqrt{x^2-x+1}\right)$;

(11) $\lim\limits_{x\to 0}\dfrac{\sqrt{1+x}-\sqrt{1-x}}{x}$;

(12) $\lim\limits_{x\to 3}\dfrac{x-3}{\sqrt{x+1}-2}$.

2. 若$\lim\limits_{x\to\infty}\left(\dfrac{x^2+1}{x+1}-ax-b\right)=0$,求 a、b 的值.

1.5　极限存在准则·两个重要极限

1.5.1　夹逼准则和 $\lim\limits_{x\to 0}\dfrac{\sin x}{x}=1$

定理 1.4(夹逼准则)　如果函数 $f(x)$、$g(x)$ 及 $h(x)$ 在 x_0 的某去心邻域内满足下列条件:

(1) $g(x)\leqslant f(x)\leqslant h(x)$;

(2) $\lim\limits_{x\to x_0}g(x)=\lim\limits_{x\to x_0}h(x)=A$,则

$$\lim_{x\to x_0}f(x)=A.$$

注　上述极限的存在准则适用于函数极限的各种形式,对数列极限也有相应的结论.

利用夹逼准则,可以证明一个重要的极限:

$$\lim_{x\to 0}\frac{\sin x}{x}=1.$$

此极限有两个特征:

(1) 当 $x\to 0$ 时,分子、分母同时趋近零;

(2) 由复合函数求极限法则,分子“sin”记号后的变量与分母在形式上完全一致,即只要$\lim\limits_{x\to x_0}f(x)=0$,就有

$$\lim_{x\to x_0}\frac{\sin f(x)}{f(x)}=1.$$

在应用过程中要设法将式子凑成这一重要极限的形式. 利用这一重要极限,可以求得一系列涉及三角函数的极限.

例 1.15 求下列极限.

(1) $\lim\limits_{x\to 0}\dfrac{\sin 5x}{3x}$; (2) $\lim\limits_{x\to 0}\dfrac{\tan x}{x}$;

(3) $\lim\limits_{x\to 1}\dfrac{\sin(x-1)}{x-1}$; (4) $\lim\limits_{x\to 0}\dfrac{1-\cos x}{x^2}$.

解 (1) $\lim\limits_{x\to 0}\dfrac{\sin 5x}{3x}=\lim\limits_{x\to 0}\dfrac{\sin 5x}{5x}\cdot\dfrac{5x}{3x}=\dfrac{5}{3}\cdot\lim\limits_{x\to 0}\dfrac{\sin 5x}{5x}=\dfrac{5}{3}$.

(2) $\lim\limits_{x\to 0}\dfrac{\tan x}{x}=\lim\limits_{x\to 0}\dfrac{\sin x}{x}\cdot\dfrac{1}{\cos x}=\left(\lim\limits_{x\to 0}\dfrac{\sin x}{x}\right)\left(\lim\limits_{x\to 0}\dfrac{1}{\cos x}\right)=1\times 1=1$.

(3) 令 $t=x-1$,则 $x\to 1$ 时,有 $t\to 0$,

$$\lim_{x\to 1}\frac{\sin(x-1)}{x-1}=\lim_{t\to 0}\frac{\sin t}{t}=1.$$

(4) 由于 $1-\cos x=2\sin^2\dfrac{x}{2}$,故

$$\lim_{x\to 0}\frac{1-\cos x}{x^2}=\lim_{x\to 0}\frac{2\sin^2\frac{x}{2}}{x^2}=\frac{1}{2}\lim_{x\to 0}\left(\frac{\sin\frac{x}{2}}{\frac{x}{2}}\right)^2=\frac{1}{2}\left(\lim_{x\to 0}\frac{\sin\frac{x}{2}}{\frac{x}{2}}\right)^2=\frac{1}{2}\times 1^2=\frac{1}{2}.$$

1.5.2 单调有界收敛准则和 $\lim\limits_{x\to\infty}\left(1+\dfrac{1}{x}\right)^x=\mathrm{e}$

对于数列 $\{x_n\}$,如果 $x_1\leqslant x_2\leqslant\cdots\leqslant x_n\cdots$,则称 $\{x_n\}$ 为**单调递增数列**;如果 $x_1\geqslant x_2\geqslant\cdots\geqslant x_n\cdots$,则称 $\{x_n\}$ 为**单调递减数列**. 它们统称为**单调数列**.

定理 1.5(单调有界收敛准则) 单调有界数列必有极限.

利用单调有界收敛准则,可以得到第二个重要极限:

$$\lim_{n\to\infty}\left(1+\frac{1}{n}\right)^n=\mathrm{e},$$

这个数 e 是无理数,它的值是 e = 2. 718281828459045…,前面提到的指数函数 $y=\mathrm{e}^x$ 以及自然对数 $y=\ln x$ 中的底 e 就是这个常数.

相应的函数极限有

$$\lim_{x\to\infty}\left(1+\frac{1}{x}\right)^x=\mathrm{e},$$

作代换 $t=\dfrac{1}{x}$,利用复合函数的极限运算法则,可以将上式写成另一种形式:

$$\lim_{t\to 0}(1+t)^{\frac{1}{t}}=\lim_{x\to 0}(1+x)^{\frac{1}{x}}=\mathrm{e}.$$

上面两式可以用来求一系列涉及幂指函数的极限,这里的幂指函数具有以下特征:

(1) 底是两项之和,第一项是常数 1,第二项的极限为零;

(2) 指数极限为无穷大,且与底中的第二项互为倒数.

例 1.16 求下列极限.

(1) $\lim\limits_{n\to\infty}\left(1+\frac{1}{n}\right)^{n+3}$；　　(2) $\lim\limits_{x\to 0}(1-x)^{\frac{2}{x}}$；

(3) $\lim\limits_{x\to\infty}\left(\frac{2-x}{3-x}\right)^{x+2}$；　　(4) $\lim\limits_{x\to 0}(1+3\tan^2 x)^{\cot^2 x}$.

解　(1) $\lim\limits_{n\to\infty}\left(1+\frac{1}{n}\right)^{n+3}=\lim\limits_{n\to\infty}\left[\left(1+\frac{1}{n}\right)^{n}\cdot\left(1+\frac{1}{n}\right)^{3}\right]=\lim\limits_{n\to\infty}\left(1+\frac{1}{n}\right)^{n}\cdot\lim\limits_{n\to\infty}\left(1+\frac{1}{n}\right)^{3}=\mathrm{e}\cdot 1=\mathrm{e}.$

(2) $\lim\limits_{x\to 0}(1-x)^{\frac{2}{x}}=\lim\limits_{x\to 0}[1+(-x)]^{-\frac{1}{x}\cdot(-2)}=\lim\limits_{x\to 0}\{[1+(-x)]^{-\frac{1}{x}}\}^{-2}=\mathrm{e}^{-2}.$

(3) $$\lim\limits_{x\to\infty}\left(\frac{2-x}{3-x}\right)^{x+2}=\lim\limits_{x\to\infty}\left(1+\frac{1}{x-3}\right)^{x-3+5}=\lim\limits_{x\to\infty}\left[\left(1+\frac{1}{x-3}\right)^{x-3}\cdot\left(1+\frac{1}{x-3}\right)^{5}\right]$$
$$=\lim\limits_{x\to\infty}\left(1+\frac{1}{x-3}\right)^{x-3}\cdot\lim\limits_{x\to\infty}\left(1+\frac{1}{x-3}\right)^{5}=\mathrm{e}\cdot 1=\mathrm{e}.$$

(4) 令 $\tan^2 x=u$，则 $x\to 0$ 等价于 $u\to 0$，故

$$\lim\limits_{x\to 0}(1+3\tan^2 x)^{\cot^2 x}=\lim\limits_{u\to 0}(1+3u)^{\frac{1}{u}}=\lim\limits_{u\to 0}(1+3u)^{\frac{1}{3u}\cdot 3}$$
$$=\lim\limits_{u\to 0}[(1+3u)^{\frac{1}{3u}}]^{3}=\mathrm{e}^{3}.$$

以上计算，都是利用了复合函数的极限运算法则或极限的四则运算法则.

例 1.17　连续复利问题.

将本金 A_0 存于银行，年利率为 r，则一年后本息之和为 $A_0(1+r)$. 如果年利率仍为 r，但半年计一次息，且利息不取，前期的本息之和作为下期本金再计算后的利息，这样利息又生利息. 由于半年的利率为 $\frac{r}{2}$，故一年后的本息之和为 $A_0\left(1+\frac{r}{2}\right)^2$，这种计算利息的方法称为**复式计息法**.

如果一年计息 n 次，利息按复式计息法计算，则一年后本息之和为 $A_0\left(1+\frac{r}{n}\right)^n$. 如果计算复利的次数无限增大，即 $n\to\infty$，其极限称为**连续复利**，这时一年后的本息之和为

$$A(r)=\lim\limits_{n\to\infty}A_0\left(1+\frac{r}{n}\right)^n=A_0\mathrm{e}^r.$$

假设 $r=7\%$，而 $n=12$，即一个月计息一次，则一年后本息之和为

$$A_0\left(1+\frac{0.07}{12}\right)^{12}=A_0(1.005\ 833)^{12}\approx 1.072\ 286A_0.$$

若 $n=1\ 000$，则一年后本息之和为

$$A_0\left(1+\frac{0.07}{1\ 000}\right)^{1\ 000}\approx 1.072\ 506A_0.$$

若 $n=10\ 000$，则一年后本息之和为

$$A_0\left(1+\frac{0.07}{10\ 000}\right)^{10\ 000}\approx 1.072\ 508A_0.$$

由此可见，随着 n 的无限增大，一年后本息之和会不断增大，但不会无限增大，其极限值为

$$\lim\limits_{n\to\infty}A_0\left(1+\frac{r}{n}\right)^n=A_0\mathrm{e}^r=A_0\mathrm{e}^{0.07}.$$

由于 e 在银行业务中非常重要,因此 e 有"银行家常数"之称.

注 连续复利的计算公式在其他许多问题中也常有应用,如细胞分裂、树木生长等问题.

习题 1.5

1. 求极限.

(1) $\lim\limits_{x\to 0}\dfrac{\sin 3x}{x}$;　　(2) $\lim\limits_{x\to 0}\dfrac{1-\cos 2x}{x^2}$;

(3) $\lim\limits_{x\to 0}\dfrac{\sin 4x}{\sin 3x}$;　　(4) $\lim\limits_{x\to 0}\dfrac{\sin 2x}{\sqrt{1+3x}-1}$;

(5) $\lim\limits_{x\to\infty}x\sin\dfrac{2}{x}$;　　(6) $\lim\limits_{n\to\infty}2^n\sin\dfrac{x}{2^n}$.

2. 求极限.

(1) $\lim\limits_{x\to\infty}\left(1+\dfrac{5}{x}\right)^{2x}$;　　(2) $\lim\limits_{x\to 0}(1-x)^{\frac{1}{x}}$;

(3) $\lim\limits_{x\to\infty}\left(1-\dfrac{3}{x}\right)^{x}$;　　(4) $\lim\limits_{x\to\infty}\left(1-\dfrac{1}{x}\right)^{x+2}$;

(5) $\lim\limits_{x\to\infty}\left(\dfrac{2x+3}{2x+1}\right)^{x+1}$;　　(6) $\lim\limits_{x\to\frac{\pi}{2}}(1+\cos x)^{-\sec x}$.

3. 已知 $\lim\limits_{x\to\infty}\left(\dfrac{x+c}{x-c}\right)^{\frac{x}{2}}=3$,求 c 的值.

4. 将 2 000 元存入银行,按年利率为 6% 进行复利计算,20 年后的本息之和为多少?

5. 有一笔按 6.5% 的年利率投资的资金,16 年后得本息之和共 1 200 元,当初的资金有多少?

1.6　无穷小(量)和无穷大(量)

1.6.1　无穷小(量)

定义 1.16　如果当 $x\to x_0$ 或 $x\to\infty$ 时函数 $f(x)$ 的极限为零,那么称函数 $f(x)$ 为当 $x\to x_0$(或 $x\to\infty$)时的**无穷小(量)**.

例如,$\lim\limits_{x\to 2}(x-2)=0$,所以函数 $f(x)=x-2$ 是 $x\to 2$ 时的无穷小;又如,$\lim\limits_{x\to\infty}\dfrac{1}{x}=0$,所以函数 $f(x)=\dfrac{1}{x}$ 是 $x\to\infty$ 时的无穷小.

注 1　无穷小与自变量的变化过程不能分开,说一个函数是无穷小时,必须指明自变量的变化过程. 例如,函数 $f(x)=x-2$ 是 $x\to 2$ 时的无穷小,而当 $x\to 1$ 时就不是无穷小,因此不能说"$f(x)=x-2$ 是无穷小".

注 2　无穷小是“极限为零的函数”，不要把它与“很小的数”混为一谈. 例如，10^{-100} 是一个很小的数，但它的极限仍然是它本身，因此它不是无穷小.

注 3　零是唯一能够作为无穷小的常数.

由极限的定义我们可得到重要定理：

定理 1.6　在自变量的同一变化过程 $x \to x_0$（或 $x \to \infty$）中，函数 $f(x)$ 具有极限 A 的充分必要条件是 $f(x)=A+\alpha$，其中 α 是该变化过程的无穷小.

证明从略. 这个定理表明，有极限的变量可以表示为它的极限与一个无穷小的和.

根据极限的定义与极限的四则运算法则，不难理解无穷小具有如下一些性质：

定理 1.7　(1) 有限个无穷小的和仍为无穷小；

(2) 有限个无穷小的积仍为无穷小；

(3) 有界函数与无穷小的乘积仍为无穷小.

注　定理中谈到的无穷小指的是在自变量的同一变化过程中的无穷小.

例 1.18　求极限 $\lim\limits_{x \to 0} x \sin \dfrac{1}{x}$.

解　因为 $\lim\limits_{x \to 0} x=0$，而 $\left|\sin \dfrac{1}{x}\right| \leqslant 1$，有界，所以有

$$\lim_{x \to 0} x \sin \frac{1}{x}=0.$$

1.6.2　无穷大(量)

定义 1.17　如果当 $x \to x_0$（或 $x \to \infty$）时，对应的函数的绝对值 $|f(x)|$ 无限增大，那么称函数 $f(x)$ 为当 $x \to x_0$（或 $x \to \infty$）时的**无穷大(量)**，记作

$$\lim_{x \to x_0} f(x)=\infty \ (\text{或} \lim_{x \to \infty} f(x)=\infty).$$

确切地说，$f(x)$ 是当 $x \to x_0$ 时的无穷大，是指对任意给定的正数 M（无论它多大），总存在正数 δ，当 $0<|x-x_0|<\delta$ 时，$f(x)$ 总满足 $|f(x)|>M$.

如果将上面的 $|f(x)|>M$ 改为 $f(x)>M$（或 $f(x)<-M$），就可得到正（负）无穷大的定义，分别记作 $\lim\limits_{x \to x_0} f(x)=+\infty$（或 $\lim\limits_{x \to x_0} f(x)=-\infty$）.

对自变量的其他变化过程中的（正、负）无穷大也可作类似定义.

注 1　同无穷小一样，无穷大与自变量的变化过程分不开，不能脱离自变量的变化过程谈无穷大.

注 2　与无穷小不同的是，在自变量的同一变化过程中，两个无穷大相加或相减的结果是不确定的，须具体问题具体考虑.

注 3　无穷大不是一个数，不能把它与一个很大的数（如 10^{100}）混为一谈.

注 4　无穷大一定是无界函数，而无界函数不一定是无穷大.

1.6.3　无穷大与无穷小的关系

下面的定理给出了无穷大和无穷小的关系.

定理 1.8　在自变量的同一变化过程中，如果 $f(x)$ 为无穷大，则 $\dfrac{1}{f(x)}$ 为无穷小；反之，如

果$f(x)$为无穷小且$f(x)\neq 0$,则$\dfrac{1}{f(x)}$为无穷大.

下面举例说明如何利用上面的定理来计算极限.

例 1.19 求极限$\lim\limits_{x\to 1}\dfrac{1}{\ln x}$.

解 因为$\lim\limits_{x\to 1}\ln x=0$,根据无穷小和无穷大的关系知

$$\lim_{x\to 1}\frac{1}{\ln x}=\infty.$$

例 1.20 求极限$\lim\limits_{x\to\infty}\dfrac{x^4}{x^3+5}$.

解 因为$\lim\limits_{x\to\infty}\dfrac{x^3+5}{x^4}=\lim\limits_{x\to\infty}\left(\dfrac{1}{x}+\dfrac{5}{x^4}\right)=0$,根据无穷小和无穷大的关系知

$$\lim_{x\to\infty}\frac{x^4}{x^3+5}=\infty.$$

1.6.4 无穷小的比较

根据无穷小的性质,两个无穷小的和、差、积仍是无穷小;但两个无穷小的商会出现不同的情况. 例如,当$x\to 0$时,$x,x^2,\sin x$都是无穷小,而$\lim\limits_{x\to 0}\dfrac{x^2}{x}=0,\lim\limits_{x\to 0}\dfrac{x}{x^2}=\infty,\lim\limits_{x\to 0}\dfrac{\sin x}{x}=1$. 研究无穷小的商,在微分学中有重要的意义.

定义 1.18 设α和β是自变量同一变化过程中的两个无穷小,且$\beta\neq 0$(下面仅以$x\to x_0$来定义,其余极限过程类似).

(1)如果$\lim\limits_{x\to x_0}\dfrac{\alpha}{\beta}=0$,则称$\alpha$是当$x\to x_0$时$\beta$的**高阶无穷小**,记作$\alpha=o(\beta)\ (x\to x_0)$.

(2)如果$\lim\limits_{x\to x_0}\dfrac{\alpha}{\beta}=\infty$,则称$\alpha$是当$x\to x_0$时$\beta$的**低阶无穷小**.

(3)如果$\lim\limits_{x\to x_0}\dfrac{\alpha}{\beta}=C\ (C\neq 0)$,则称$\alpha$与$\beta$是当$x\to x_0$时的**同阶无穷小**;特别地,当$C=1$时,称$\alpha$与$\beta$是当$x\to x_0$的**等价无穷小**,记作$\alpha\sim\beta\ (x\to x_0)$.

如果α是当$x\to x_0$时β的高阶无穷小,即$\lim\limits_{x\to x_0}\dfrac{\alpha}{\beta}=0$,由无穷小与无穷大的关系知,$\lim\limits_{x\to x_0}\dfrac{\beta}{\alpha}=\infty$,所以相应有$\beta$是当$x\to x_0$时$\alpha$的低阶无穷小. 就前述三个无穷小$x,x^2,\sin x\ (x\to 0)$而言,$x^2$是$x$的高阶无穷小,$x$是$x^2$的低阶无穷小,而$\sin x$与$x$是等价无穷小.

例 1.21 证明:当$n\to\infty$时,$\sqrt{n+1}-\sqrt{n}$与$\dfrac{1}{\sqrt{n}}$是同阶无穷小.

证 由于$\lim\limits_{n\to\infty}\dfrac{\sqrt{n+1}-\sqrt{n}}{\dfrac{1}{\sqrt{n}}}=\lim\limits_{n\to\infty}\dfrac{\dfrac{(\sqrt{n+1}-\sqrt{n})(\sqrt{n+1}+\sqrt{n})}{\sqrt{n+1}+\sqrt{n}}}{\sqrt{n}}$

$$=\lim_{n\to\infty}\frac{1}{\sqrt{1+\dfrac{1}{n}}+1}=\frac{1}{2},$$

故当 $n\to\infty$ 时，$\sqrt{n+1}-\sqrt{n}$ 与 $\frac{1}{\sqrt{n}}$ 是同阶无穷小.

例 1.22　证明当 $x\to 0$ 时，$\ln(1+x)\sim x$.

证　$\lim\limits_{x\to 0}\frac{\ln(1+x)}{x}=\lim\limits_{x\to 0}\ln(1+x)^{\frac{1}{x}}=\ln\left[\lim\limits_{x\to 0}(1+x)^{\frac{1}{x}}\right]=\ln \mathrm{e}=1$，即

$$\text{当 } x\to 0 \text{ 时}, \ln(1+x)\sim x.$$

注　在同一极限过程中的两个无穷小并不是总能比较的. 例如，由 $\lim\limits_{x\to 0}x\sin\frac{1}{x}=0$ 知，$x\sin\frac{1}{x}$ 是 $x\to 0$ 时的无穷小. 而 $\lim\limits_{x\to 0}\frac{x\sin\frac{1}{x}}{x}=\lim\limits_{x\to 0}\sin\frac{1}{x}$ 不存在，故不能比较 $x\sin\frac{1}{x}$ 与 x.

关于等阶无穷小，有下面这个定理.

定理 1.9　设 $\alpha\sim\alpha'$，$\beta\sim\beta'(x\to x_0)$，且 $\lim\limits_{x\to x_0}\frac{\beta'}{\alpha'}$ 存在，则

$$\lim_{x\to x_0}\frac{\beta}{\alpha}=\lim_{x\to x_0}\frac{\beta'}{\alpha'}.$$

证　$\lim\limits_{x\to x_0}\frac{\beta}{\alpha}=\lim\limits_{x\to x_0}\left(\frac{\beta}{\beta'}\cdot\frac{\beta'}{\alpha'}\cdot\frac{\alpha'}{\alpha}\right)=\lim\limits_{x\to x_0}\frac{\beta}{\beta'}\cdot\lim\limits_{x\to x_0}\frac{\beta'}{\alpha'}\cdot\lim\limits_{x\to x_0}\frac{\alpha'}{\alpha}=\lim\limits_{x\to x_0}\frac{\beta'}{\alpha'}$.

上述定理表明，在求两个无穷小之比的极限时，分子、分母都可以用各自的等价无穷小来替换. 因此，只要无穷小的替换运用适当，往往可以极大地简化运算，加快计算速度.

下面给出当 $x\to 0$ 时的等价无穷小：

$$\sin\sim x;\tan x\sim x;\arcsin x\sim x;\arctan x\sim x;1-\cos x\sim\frac{1}{2}x^2;\ln(1+x)\sim x;\mathrm{e}^x-1\sim x.$$

例 1.23　求 $\lim\limits_{x\to 0}\frac{\tan 3x}{\sin 5x}$.

解　当 $x\to 0$ 时，$\tan 3x\sim 3x$、$\sin 5x\sim 5x$，所以

$$\lim_{x\to 0}\frac{\tan 3x}{\sin 5x}=\lim_{x\to 0}\frac{3x}{5x}=\frac{3}{5}.$$

例 1.24　求 $\lim\limits_{x\to 0}\frac{\sin x}{x^3+3x}$.

解　当 $x\to 0$ 时，$\sin x\sim x$，无穷小 x^3+3x 与其本身显然是等价的，所以

$$\lim_{x\to 0}\frac{\sin x}{x^3+3x}=\lim_{x\to 0}\frac{x}{x^3+3x}=\lim_{x\to 0}\frac{1}{x^2+3}=\frac{1}{3}.$$

例 1.25　求 $\lim\limits_{x\to 0}\frac{\tan x-\sin x}{x^3}$.

解　$\lim\limits_{x\to 0}\frac{\tan x-\sin x}{x^3}=\lim\limits_{x\to 0}\frac{\sin x(1-\cos x)}{\cos x\cdot x^3}=\lim\limits_{x\to 0}\frac{1}{\cos x}\cdot\lim\limits_{x\to 0}\frac{\sin x(1-\cos x)}{x^3}$

$$=\lim_{x\to 0}\frac{x\cdot\frac{1}{2}x^2}{x^3}=\frac{1}{2}.$$

此例作如下计算是错误的：

$$\lim_{x \to 0} \frac{\tan x - \sin x}{x^3} = \lim_{x \to 0} \frac{x - x}{x^3} = 0.$$

也就是说,在加减运算中加减因子一般不能用它们各自的等价无穷小来替换,只有在乘除运算中乘积因子可以用其等价无穷小替换.

习题 1.6

1. 下列函数在什么情况下是无穷小,在什么情况下是无穷大?

(1) $y = \frac{1}{x^3}$;　　(2) $y = \frac{1}{x+1}$;

(3) $y = e^x$;　　(4) $y = \ln x$.

2. 设 $a_n \neq 0$、$b_m \neq 0$ 均为常数,m、n 为正整数,求极限:

$$\lim_{x \to \infty} \frac{a_n x^n + a_{n-1} x^{n-1} + \cdots + a_1 x + a_0}{b_m x^m + b_{m-1} x^{m-1} + \cdots + b_1 x + b_0}.$$

3. 求极限.

(1) $\lim\limits_{x \to \infty} \frac{5x}{x^2+1}$;　　(2) $\lim\limits_{x \to \infty} \frac{x^3+2x^2+1}{3x}$;

(3) $\lim\limits_{x \to 2} \frac{x^3+2x^2}{(x-2)^2}$;　　(4) $\lim\limits_{x \to \infty} (2x^3 - x + 1)$.

4. 函数 $y = x \cos x$ 在 $(-\infty, +\infty)$ 内是否有界? 当 $x \to \infty$ 时,函数是否为无穷大,为什么?

5. 当 $x \to 0$ 时,$2x - x^2$ 与 $x^2 - x^3$ 相比,哪一个是高阶无穷小?

6. 证明:当 $x \to \frac{1}{2}$ 时,$\arcsin(1-2x)$ 与 $4x^2 - 1$ 是同阶无穷小.

7. 证明:当 $x \to 0$ 时,$1 - \cos x \sim \frac{x^2}{2}$.

8. 利用等阶无穷小的性质,求下列极限.

(1) $\lim\limits_{x \to 0} \frac{\arctan 3x}{5x}$;　　(2) $\lim\limits_{x \to 0} \frac{\ln(1+3x\sin x)}{\tan x^2}$;

(3) $\lim\limits_{x \to 1} \frac{\arcsin(1-x)}{\ln x}$;　　(4) $\lim\limits_{x \to 0} \frac{\sin(x^3)\tan x}{1-\cos x^2}$;

(5) $\lim\limits_{x \to 0} \frac{\sin(x^n)}{(\sin x)^m}$ (m、n 为正整数);　　(6) $\lim\limits_{x \to 0} \frac{2\sin x - \sin 2x}{x^3}$.

9. 证明等阶无穷小具有下列性质.

(1) 自反性:$\alpha \sim \alpha$.

(2) 对称性:若 $\alpha \sim \beta$,则 $\beta \sim \alpha$.

(3) 传递性:若 $\alpha \sim \beta$,$\beta \sim \gamma$,则 $\alpha \sim \gamma$.

1.7　函数的连续性

客观世界的许多现象和事物不仅是运动变化的，而且其运动变化的过程往往是连续不断的，如气温的变化、植物的生长以及人体身高的变化等. 这种变化的特点是：时间变化很小时，气温的变化、植物生长的变化以及人体身高的改变也很微小. 这种现象反映在数学上就是函数的连续性，它是微分学的一个重要概念.

1.7.1　函数的连续性的概念

定义 1.19　设函数 $y=f(x)$ 在点 x_0 的一个邻域内有定义，且

$$\lim_{x\to x_0} f(x)=f(x_0),$$

则称函数 $y=f(x)$ 在点 x_0 **处连续**.

定义表明函数 $y=f(x)$ 在点 x_0 处连续必须满足三个条件：

(1) $f(x)$ 在点 x_0 处有定义；

(2) $f(x)$ 在点 x_0 处有极限，即 $\lim\limits_{x\to x_0} f(x)$ 存在；

(3) $\lim\limits_{x\to x_0} f(x)$ 等于点 x_0 处的函数值.

例 1.26　试证 $f(x)=\begin{cases} x\sin\dfrac{1}{x}, & x\neq 0 \\ 0, & x=0 \end{cases}$ 在 $x=0$ 处连续.

证　因为 $\lim\limits_{x\to x_0} f(x)=\lim\limits_{x\to x_0} x\sin\dfrac{1}{x}=0$，且 $f(0)=0$，故有

$$\lim_{x\to 0} f(x)=f(0),$$

即函数 $f(x)$ 在 $x=0$ 处连续.

需要注意的是，在讨论极限 $\lim\limits_{x\to x_0} f(x)$ 是否存在时，只要求 $f(x)$ 在点 x_0 的去心邻域中有定义，但讨论 $f(x)$ 在点 x_0 处连续时，$f(x)$ 必须在点 x_0 的邻域（包括 x_0）中有定义.

若记 $\Delta x=x-x_0$，则称 Δx 为自变量 x 的**增量**（或**改变量**），记 $\Delta y=f(x_0+\Delta x)-f(x_0)$，称 Δy 为函数 $f(x)$ 在 x_0 处的**增量**（或**改变量**）.

注意增量 Δx 不是 Δ 与 x 的积，而是一个不可分割的记号. 它可以是正的，也可以是负的.

在引入增量的定义以后，可发现 $x\to x_0$ 等价于 $\Delta x\to 0$，$f(x)=f(x_0+\Delta x)\to f(x_0)$ 等价于 $\Delta y\to 0$，那么函数 $y=f(x)$ 在点 x_0 处连续时也可以作如下定义.

定义 1.19′　设函数 $y=f(x)$ 在点 x_0 的一个邻域内有定义，如果当自变量在点 x_0 处的增量 Δx 趋近零时，对应的函数增量也趋近零，即

$$\lim_{\Delta x\to 0} \Delta y=0,$$

则称函数 $y=f(x)$ 在点 x_0 **处连续**.

由定义可以看出，函数在一点连续的本质特征是当自变量变化很小时，对应的函数的变

化也很小. 例如,函数 $y=x^2$ 在 $x_0=2$ 处是连续的,因为

$$\lim_{x\to0}\Delta y=\lim_{\Delta x\to0}[f(2+\Delta x)-f(2)]$$
$$=\lim_{\Delta x\to0}[(2+\Delta x)^2-2^2]=\lim_{\Delta x\to0}[4\Delta x+(\Delta x)^2]=0.$$

定义 1.20 若函数 $f(x)$ 在 $(a,x_0]$ 内有定义,且 $f(x_0-0)=\lim\limits_{x\to x_0^-}f(x)=f(x_0)$,则称 $f(x)$ 在点 x_0 处**左连续**.

定义 1.21 若函数 $f(x)$ 在 $[x_0,b)$ 内有定义,且 $f(x_0+0)=\lim\limits_{x\to x_0^+}f(x)=f(x_0)$,则称 $f(x)$ 在点 x_0 处**右连续**.

由函数在一点的极限与左、右极限的关系,可知函数在点 x_0 处连续与在点 x_0 处左、右连续之间有如下关系:

定理 1.10 函数 $f(x)$ 在点 x_0 处连续的充分必要条件是 $f(x)$ 在点 x_0 处左连续且右连续.

例 1.27 已知函数 $f(x)=\begin{cases}x^2+1, x<0\\2x+a, x\geqslant0\end{cases}$ 在点 $x=0$ 处连续,求 a 的值.

解 $\lim\limits_{x\to0^-}f(x)=\lim\limits_{x\to0^-}(x^2+1)=1$, $\lim\limits_{x\to0^+}f(x)=\lim\limits_{x\to0^+}(2x+a)=a$,且 $f(0)=a$,

因为 $f(x)$ 在点 $x=0$ 处连续,故

$$\lim_{x\to0^-}f(x)=\lim_{x\to0^+}f(x)=f(0),$$

即 $a=1$.

定义 1.22 如果函数 $y=f(x)$ 在区间 I 上的每一点都连续,则称函数 $y=f(x)$ 在区间 I 上连续,也称 $f(x)$ 为区间 I 上的**连续函数**. 如果区间 I 包括端点,那么函数在区间的左端点处右连续,在区间的右端点处左连续.

连续函数的图形是一条连续而不间断的曲线.

定义 1.23 如果函数 $f(x)$ 在点 x_0 处不连续,则称 $f(x)$ 在点 x_0 处**间断**,称点 x_0 为函数 $f(x)$ 的**间断点**或**不连续点**.

由函数在某点处连续的定义可知,如果 $f(x)$ 在点 x_0 处满足下列三个条件之一,则 x_0 为 $f(x)$ 的间断点:

(1) $f(x)$ 在点 x_0 处没有定义;

(2) $\lim\limits_{x\to x_0}f(x)$ 不存在;

(3) 在点 x_0 处 $f(x)$ 有定义且 $\lim\limits_{x\to x_0}f(x)$ 存在,但是

$$\lim_{x\to x_0}f(x)\neq f(x_0).$$

函数的间断点常分为下面两类:

第一类间断点 设点 x_0 为 $f(x)$ 的间断点,且左极限 $f(x_0-0)$ 及右极限 $f(x_0+0)$ 都存在,则称点 x_0 为 $f(x)$ 的第一类间断点.

当 $f(x_0-0)\neq f(x_0+0)$ 时,点 x_0 为 $f(x)$ 的**跳跃间断点**.

若 $\lim\limits_{x\to x_0}f(x)=A\neq f(x_0)$ 或 $f(x)$ 在点 x_0 处无定义,则称点 x_0 为 $f(x)$ 的**可去间断点**.

第二类间断点 如果 $f(x)$ 在点 x_0 处的左、右极限至少有一个不存在,则称点 x_0 为函数 $f(x)$ 的第二类间断点.

常见的第二类间断点有**无穷间断点**（如$\lim\limits_{x\to x_0}f(x)=\infty$）和**振荡间断点**（在 $x\to x_0$ 的过程中，$f(x)$ 无限振荡，极限不存在）.

例 1.28　设$f(x)=\begin{cases}\dfrac{1}{x^2},x\leqslant 1,x\neq 0\\ \dfrac{x^2-4}{x-2},x>1,x\neq 2\end{cases}$，求函数$f(x)$的间断点，并判断其类型.

解　结合函数的图形可知，在 $x=0$ 处，$f(x)$ 无定义且$\lim\limits_{x\to 0}f(x)=\infty$，所以点 $x=0$ 是$f(x)$的第二类间断点且为无穷间断点.

在 $x=1$ 处，$f(1)=1$，但$\lim\limits_{x\to 1^-}f(x)=\lim\limits_{x\to 1^-}\dfrac{1}{x^2}=1$，$\lim\limits_{x\to 1^+}f(x)=\lim\limits_{x\to 1^+}\dfrac{x^2-4}{x-2}=3$，

$$\lim_{x\to 1^-}f(x)\neq\lim_{x\to 1^+}f(x),$$

所以点 $x=1$ 是$f(x)$的第一类间断点且为跳跃间断点.

在 $x=2$ 处，$f(x)$ 无定义，且$\lim\limits_{x\to 2^-}f(x)=\lim\limits_{x\to 2^+}f(x)=\lim\limits_{x\to 2}\dfrac{x^2-4}{x-2}=4$，

所以点 $x=2$ 是$f(x)$的第一类间断点且为可去间断点，如图 1.11 所示.

例 1.29　讨论函数$f(x)=\sin\dfrac{1}{x}$在 $x=0$ 处的连续性.

解　因为$f(x)$在 $x=0$ 处没有定义，且$\lim\limits_{x\to 0}\sin\dfrac{1}{x}$不存在，所以 $x=0$ 为函数的第二类间断点且为振荡间断点，如图 1.12 所示.

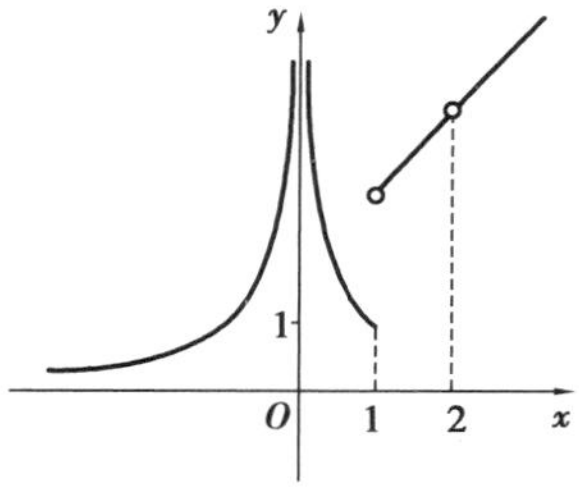

图 1.11

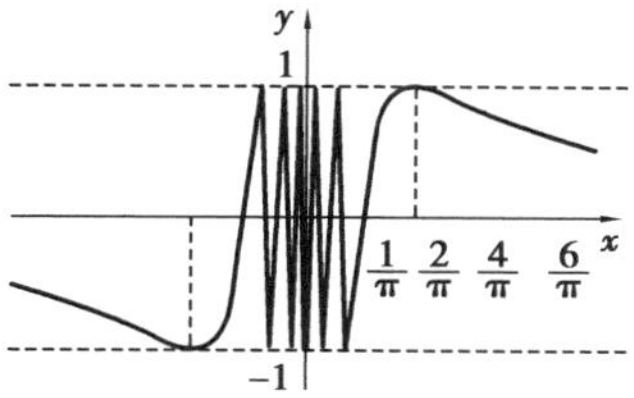

图 1.12

1.7.2　初等函数的连续性

从前面的例子可知，基本初等函数在定义域内是连续的，随后我们自然会有疑问：一般的初等函数的连续性如何？

定理 1.11　设函数 $f(x)$ 和 $g(x)$ 在点 x_0 处连续，则 $f(x)\pm g(x)$，$f(x)\cdot g(x)$，$\dfrac{f(x)}{g(x)}$（$g(x_0)\neq 0$）在点 x_0 处也连续.

例如，$\sin x$，$\cos x$ 在$(-\infty,+\infty)$内连续，故 $\tan x=\dfrac{\sin x}{\cos x}$，$\cot x=\dfrac{\cos x}{\sin x}$，$\sec x=\dfrac{1}{\cos x}$，$\csc x=\dfrac{1}{\sin x}$在它们的定义域内都是连续的.

定理 1.12　设函数 $u=\varphi(x)$ 在点 x_0 处连续，$y=f(u)$ 在点 $u_0=\varphi(x_0)$ 处连续，那么复合函数 $y=f[\varphi(x)]$ 在点 x_0 处连续.

定理告诉我们，连续函数经过复合运算（只要有意义）仍是连续函数，这为我们求复合函数的极限提供了一个方法. 例如，$y=\sin u$、$u=x^2$ 都是连续函数，所以它们复合而成的函数 $y=\sin x^2$ 也是连续函数，从而 $\lim\limits_{x\to\sqrt{\frac{\pi}{2}}}\sin x^2=\sin\left(\sqrt{\frac{\pi}{2}}\right)^2=\sin\frac{\pi}{2}=1$.

综上所述，可以得到关于初等函数连续性的重要定理.

定理 1.13　初等函数在其定义区间内连续.

注　这里所说的定义区间是指包含在定义域内的区间.

定理的结论非常重要，这是因为微积分的研究对象主要是连续或分段连续的函数. 而一般应用中遇到的函数基本上是初等函数，其总是满足连续性的条件，从而使微积分具有广阔的应用前景. 此外，它还提供了一种求极限的方法，今后在求初等函数定义区间内各点的极限时，只要计算它在该点处的函数值即可.

例 1.30　求 $\lim\limits_{x\to1}\dfrac{x^2+\ln(2-x)}{4\arctan x}$.

解　由于 $f(x)=\dfrac{x^2+\ln(2-x)}{4\arctan x}$ 是初等函数，它在点 $x=1$ 处有定义，从而在该点连续，故

$$\lim_{x\to1}\frac{x^2+\ln(2-x)}{4\arctan x}=f(1)=\frac{1^2+\ln(2-1)}{4\arctan 1}=\frac{1}{\pi}.$$

例 1.31　求 $\lim\limits_{x\to0}\dfrac{\sqrt{x+1}-1}{x}$.

解　函数 $f(x)=\dfrac{\sqrt{x+1}-1}{x}$ 是初等函数，但它在 $x=0$ 处无定义，因而在该点不连续. 先将分子有理化

$$\lim_{x\to0}\frac{\sqrt{x+1}-1}{x}=\lim_{x\to0}\frac{x}{x(\sqrt{x+1}+1)}=\lim_{x\to0}\frac{1}{\sqrt{x+1}+1}=\frac{1}{2}.$$

1.7.3　闭区间上连续函数的性质

闭区间上的连续函数具有一些重要的性质，这些性质有助于我们进一步分析函数. 下面介绍几个闭区间上连续函数的基本性质，但略去对其严格的证明，只借助几何图来直观理解.

定理 1.14（**最值定理**）　在闭区间上连续的函数一定有最大值和最小值.

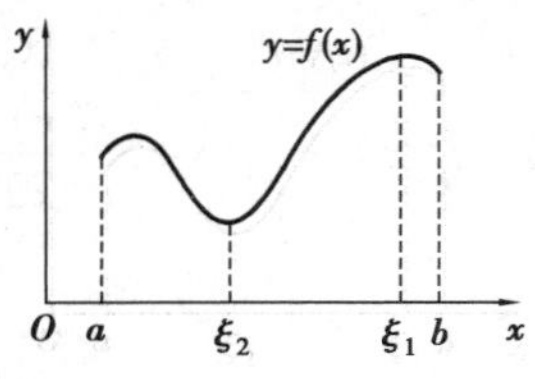

图 1.13

定理表明：若函数 $f(x)$ 在闭区间 $[a,b]$ 上连续，则至少存在一点 $\xi_1\in[a,b]$，使 $f(\xi_1)$ 是 $f(x)$ 在闭区间 $[a,b]$ 上的最大值，即对任一 $x\in[a,b]$，有 $f(x)\leqslant f(\xi_1)$；又至少存在一点 $\xi_2\in[a,b]$，使 $f(\xi_2)$ 是 $f(x)$ 在闭区间 $[a,b]$ 上的最小值，即对任一 $x\in[a,b]$，有 $f(x)\geqslant f(\xi_2)$.（图 1.13）

如果函数在开区间连续或在闭区间上有间断点，那么函数在该区间上不一定有最大值和最小值. 例如，函数 $y=x^2$ 在 $(-2,2)$ 内连续，有最小值但无最大值

(图 1.14);又如函数 $y=\frac{1}{|x|}$ 在闭区间[-1,1]上有间断点 $x=0$,它在该区间内也不存在最大值(图 1.15).

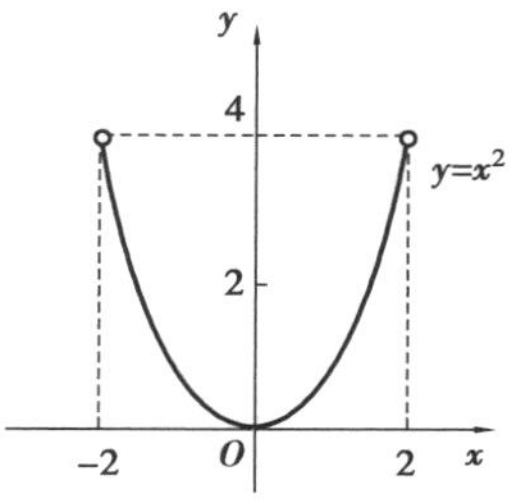

图 1.14

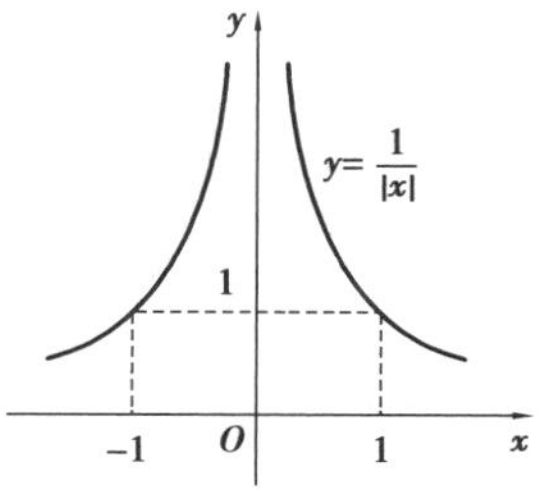

图 1.15

注 以上这两个条件只是最值的充分而非必要条件.

推论 在闭区间上连续的函数一定在该区间上有界.

定理 1.15(介值定理) 若函数 $f(x)$ 在闭区间上连续,且 $f(a)\neq f(b)$,则对于介于 $f(a)$ 与 $f(b)$ 之间的任何一个数 μ,至少存在一点 $c\in(a,b)$,使得 $f(c)=\mu$.

定理表明:连续曲线 $y=f(x)$ 与水平直线 $y=\mu$ 至少相交于一点(图 1.16).

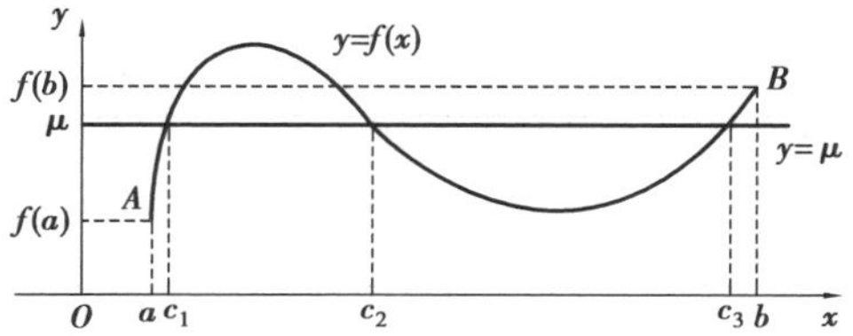

图 1.16

推论 在闭区间上连续的函数必可取得介于最小值 m 和最大值 M 之间的任何值.

定理 1.16(零点定理) 若函数 $f(x)$ 在闭区间 $[a,b]$ 上连续,且 $f(a)\cdot f(b)<0$,则至少存在一点 $c\in(a,b)$,使 $f(c)=0$.

例 1.32 证明方程 $x^5-3x=1$ 在 $(1,2)$ 内至少有一个实根.

证 设 $f(x)=x^5-3x-1$,则 $f(x)$ 在 $[1,2]$ 上连续,且

$$f(1)=-3<0,f(2)=25>0.$$

由零点定理知,至少存在一点 $c\in(1,2)$,使 $f(c)=0$,即方程 $x^5-3x=1$ 在 $(1,2)$ 内至少有一个实根.

注 零点定理虽然说明了函数零点的存在性,但没有给出寻求零点的方法. 尽管如此,它仍然有重要的理论价值. 在实际中,常常会遇到方程求根的问题,如果能预先判定方程在某区间中必有根,就可以运用这个定理,通过计算机程序算出根的近似值.

习题 1.7

1. 讨论函数 $f(x)=\begin{cases}3x-2, & x\geqslant 0\\ \dfrac{\sin x}{x}, & x<0\end{cases}$ 在 $x=0$ 处的连续性.

2. 设$f(x)=\begin{cases}e^x, x<0\\ a+x, x\geqslant 0\end{cases}$，$a$ 取何值可以使$f(x)$成为$(-\infty,+\infty)$内的连续函数？

3. 确定 a、b 的值，使函数$f(x)=\begin{cases}\dfrac{1}{x}\sin 2x, & x<0\\ a, & x=0\\ x\sin\dfrac{1}{x}+b, & x>0\end{cases}$在 $x=0$ 处连续.

4. 求极限.

(1) $\lim\limits_{x\to\frac{\pi}{9}}\ln(2\cos 3x)$；　　(2) $\lim\limits_{x\to\frac{\pi}{4}}(\sin 2x)^3$.

5. 证明方程 $x\cdot 2^x=1$ 至少有一个小于 1 的正根.

本章应用拓展——极限理论

函数是现代数学的基本概念之一，是高等数学的主要研究对象，极限理论是高等数学中最基础、最重要的理论之一，贯穿整个高等数学. 极限思想在现代数学乃至物理学等学科中有着广泛的应用，这是由它本身固有的思维功能所决定的. 极限思想揭示了变量与常量、无限与有限的对立统一关系，是唯物辩证法的对立统一规律在数学领域的应用. 借助极限思想，人们可以从有限认识无限，从“不变”认识“变”，从“直线构成形”认识“曲线构成形”，从量变去认识质变，从近似去认识精确. 体现极限思想的关于无限变化趋势的实例非常多，经典例子如庄子之棰、芝诺悖论、刘辉割圆术；现代例子如金属加热、室内水温、人口预测、传染病人数、放射物衰减等. 由此可见，无限在现代科学数学发展领域中占据着十分重要的地位，甚至可以说，没有无限的延伸，就没有现代的数学学科.

人类对“无限”的认识是一个漫长的过程. 冒白烟的大烟囱远远看去都是圆的，但仔细看，大烟囱是用砖砌成的，每一块砖都是直角的. 因为砌大烟囱的砖多，如果我们想象成无穷块砖砌成了一个圆圈，也就不会感觉奇怪了. 因为当一个圆被分成无穷份时，每一份“似乎”是直的. 再比如用锉刀锉一个零件，每一刀锉下去都是直的，成品却是圆滑的. 其中的道理也和“无限”相关. 因为当一条光滑的曲线被均分成无穷份时，每一份“似乎”是直的，同样，锉刀锉零件的次数多，想象其锉了无穷多次，那么合在一起的效果就是零件是圆滑的.

随着科技和互联网的快速发展，很多行业的发展也悄然改变，如人工智能、大数据、物联网、5G 技术应用等. 我们应把握时代的机遇，而不是像温水中的青蛙一样，沉溺在舒适的环境中. 数学中指数函数的极限或许可以让想奋发的你直观地感受到坚持做出改变后的意想不到的收获！

$$1^{365}=1$$

$$1.01^{365}=37.5\cdots$$

$$1.02^{365}=1\ 377.4\cdots$$

你每天没有进步，一年以后，你还是原来的你，原地踏步；

你坚持每天多 0.01 的进步，一年以后，前进一小步；

你坚持每天多 0.02 的进步，一年以后，成功一大步.

不积跬步，无以至千里；不积小流，无以成江海. 水滴石穿，贵在坚持. 其实我们很多时候缺少的不是努力的决心，而是持之以恒的毅力. 将上面指数函数的底数变化一下，再来看看这带来什么样的改变.

$$0.99^{365}=0.03\cdots$$

$$0.98^{365}=0.0006\cdots$$

看着 0.03 与 0.000 6 ，是不是觉得 0.01 的退步将带来很大的变化？

每天退步一点，再退步一点点，你将一无所有！

勤学如初起之苗，不见其增，日有所长；堕学如磨刀之石，不见其损，日有所亏. 我们不要在本该学习的时光里选择贪玩，在本该奋斗的年纪选择安逸.

总习题 1

1. 填空题.

(1) 函数 $f(x)=\sqrt{3-x}+\arcsin\dfrac{3-2x}{5}$ 的定义域是________.

(2) 函数 $y=\log_a\sqrt{\sin 2x}$ 是由________，________，________，________复合而成的.

(3) 函数 $f(x)=x^2(x<0)$ 的反函数是________.

(4) 考虑奇偶性，函数 $f(x)=a^x-a^{-x}$ 是________.

(5) 无穷小是以________为极限的函数.

(6) 若 $\lim\limits_{x\to x_0}f(x)=0$，$\lim\limits_{x\to x_0}g(x)=A\neq 0$，则 $\lim\limits_{x\to x_0}\dfrac{f(x)}{g(x)}=$ ________.

(7) $\lim\limits_{n\to\infty}\dfrac{\sin x}{x}=$ ________，$\lim\limits_{n\to 0}\dfrac{\sin x}{x}=$ ________，$\lim\limits_{n\to\infty}x\sin\dfrac{1}{x}=$ ________.

(8) 设 $f(x)=\dfrac{1-x}{1+x}$，则 $f\left(\dfrac{1}{x}\right)=$ ________.

(9) $f(x)=\dfrac{1}{\ln(x-1)}$ 的连续区间是________.

(10) 已知 $f(x)=\begin{cases}e^x(\sin x+\cos x), & x>0\\ 2x+a, & x\leqslant 0\end{cases}$ 是 $(-\infty,+\infty)$ 上的连续函数，则 $a=$ ________.

2. 选择题.

(1) 函数 $f(x)=\dfrac{1}{x}$ 在(　　)内有界.

A. $(-\infty,0)$　　B. $(0,+\infty)$　　C. $(0,2)$　　D. $(2,+\infty)$

(2) 若函数 $f(x)=\dfrac{mx}{4x-3}$ 在其定义域内恒有 $f[f(x)]=x$，则 m 的值是(　　).

A. 3　　B. $\dfrac{3}{2}$　　C. $-\dfrac{3}{2}$　　D. -3

(3) 若 $\lim\limits_{x\to x_0}f(x)=\infty$，$\lim\limits_{x\to x_0}g(x)=\infty$，则必有(　　).

A. $\lim\limits_{x\to x_0}[f(x)+g(x)]=\infty$　　B. $\lim\limits_{x\to x_0}[f(x)-g(x)]=\infty$

C. $\lim\limits_{x\to x_0}kf(x)=\infty$（$k$ 为非零常数）　　D. $\lim\limits_{x\to x_0}\dfrac{1}{f(x)+g(x)}=0$

(4) 下列等式中正确的是(　　).

A. $\lim\limits_{x\to\infty}(1+x)^{\frac{1}{x}}=\mathrm{e}$　　B. $\lim\limits_{x\to 0}\left(1+\dfrac{1}{x}\right)^{x}=\mathrm{e}$

C. $\lim\limits_{x\to 0}(1+x)^{\frac{1}{x}}=\mathrm{e}$　　D. $\lim\limits_{x\to\infty}\left(1+\dfrac{1}{x}\right)^{\frac{1}{x}}=\mathrm{e}$

(5) $f(x)$ 在点 $x=x_0$ 处有定义是 $f(x)$ 在 $x=x_0$ 处连续的(　　).

A. 必要而非充分条件　　B. 充分而非必要条件

C. 充分必要条件　　D. 无关的条件

(6) 当 $x\to 0^+$ 时，下列函数中无穷小是(　　).

A. $x\sin\dfrac{1}{x}$　　B. $\mathrm{e}^{\frac{1}{x}}$　　C. $\ln x$　　D. $\dfrac{1}{x}\sin x$

(7) 当 $x\to 0$ 时，$(1-\cos x)^2$ 是 $\sin^2 x$ 的(　　).

A. 高阶无穷小　　B. 低阶无穷小

C. 同阶无穷小，但不等阶　　D. 等阶无穷小

(8) 当 $x\to 0$ 时，$(1-\cos x)\ln(1+x^2)$ 是比 $x\sin x^n$ 高阶的无穷小，而 $x\sin x^n$ 是比 $\mathrm{e}^{x^2}-1$ 高阶的无穷小，则 $n=$(　　).

A. 4　　B. 3　　C. 2　　D. 1

(9) 当(　　)时，变量 $\dfrac{x^2-1}{x(x-1)}$ 是无穷大.

A. $x\to 0$　　B. $x\to 1$　　C. $x\to -1$　　D. $x\to\infty$

(10) 设 $f(x)=\begin{cases}\dfrac{1}{x}\sin\dfrac{x}{3}, & x\neq 0\\ a, & x=0\end{cases}$ 在 $(-\infty,+\infty)$ 上是连续的，则 $a=$(　　).

A. 0　　B. 1　　C. $\dfrac{1}{3}$　　D. 3

3. 求下列极限.

(1) $\lim\limits_{x\to 4}\dfrac{x^2-6x+8}{x^2-5x+4}$；　　(2) $\lim\limits_{x\to\infty}\left(1+\dfrac{2}{x}\right)\left(1-\dfrac{1}{x^2}\right)$；

(3) $\lim\limits_{x\to\infty} x\ln\dfrac{1+x}{x}$;

(4) $\lim\limits_{x\to\infty}\dfrac{2x^2-5}{5x^2-3x-8}$;

(5) $\lim\limits_{x\to\infty}\dfrac{5\cos 4x}{x}$;

(6) $\lim\limits_{x\to 0} x\cot x$;

(7) $\lim\limits_{x\to 0}\dfrac{\sqrt[m]{1+x}-1}{x}$($m$ 为正整数);

(8) $\lim\limits_{x\to \pi}\dfrac{\sin x}{\pi-x}$;

(9) $\lim\limits_{x\to 0}\dfrac{x^2\sin\dfrac{1}{x}}{\sin 2x}$;

(10) $\lim\limits_{x\to\infty}\left(\dfrac{x^2-1}{x^2+1}\right)^{x^2}$.

4. 设函数 $f(x)=\begin{cases} e^x, x<0 \\ a+x, x\geqslant 0 \end{cases}$ 在 $(-\infty,+\infty)$ 上连续,求 a 的值.

5. 设 $f(x)$、$g(x)$ 在 $[a,b]$ 上均连续,且 $f(a)<g(a)$, $f(b)>g(b)$,试证明方程 $f(x)=g(x)$ 在 (a,b) 内必有实根.

6. 证明方程 $x=a\sin x+b(a>0,b>0)$ 至少有一个不超过 $a+b$ 的正根.

第 2 章
导数与微分

微分学是微积分的两大分支之一，它的核心概念是导数和微分，而求导数是微分学中的基本运算. 在本章中，我们主要讨论导数与微分的概念以及它们的计算方法. 至于导数的应用，将在第 3 章讨论.

2.1 导数的概念

2.1.1 导数的概念

我们在解决实际问题时，除了需要了解变量之间的函数关系，有时还需要研究变量变化的快慢程度. 例如，物体运动的速度、城市人口增长的速度、国民经济发展的速度、劳动生产率等. 只有引入导数的概念，才能更好地说明这些量的变化情况. 下面先看两个实际的例子.

1. 自由落体运动的瞬时速度

已知自由落体的运动方程为 $s=\frac{1}{2}gt^2, t\in[0,T]$. 试讨论落体在时刻 $t_0(0<t_0<T)$ 的速度.

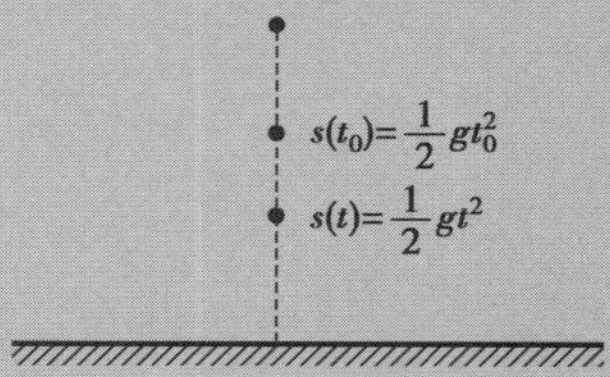

图 2.1

取一邻近于 t_0 的时刻 t（图 2.1），这时落体在 t_0 到 t 这一段时间内的平均速度

$$\bar{v}=\frac{s(t)-s(t_0)}{t-t_0}=\frac{\frac{1}{2}gt^2-\frac{1}{2}gt_0^2}{t-t_0}=\frac{1}{2}g(t+t_0). \tag{2.1}$$

它近似反映了落体在时刻 t_0 的快慢程度，而且当 t 越接近 t_0 时，它反映得越准确. 若令 $t\to t_0$，

则式(2.1)的极限 gt_0 就刻画了落体在 t_0 时刻的速度(或瞬时速度). 即

$$v=\lim_{t\to t_0}\frac{s(t)-s(t_0)}{t-t_0}=\lim_{t\to t_0}\frac{1}{2}g(t+t_0)=gt_0. \tag{2.2}$$

2. 产品总成本的变化率

设某产品的总成本 C 是产量 Q 的函数,即 $C=C(Q)(Q>0)$,当总产量 Q 由 Q_0 变到 $Q_0+\Delta Q$ 时,总成本的增量为 $\Delta C=C(Q_0+\Delta Q)-C(Q_0)$,此时称 $\frac{\Delta C}{\Delta Q}=\frac{C(Q_0+\Delta Q)-C(Q_0)}{\Delta Q}$ 为产量由 Q_0 变到 $Q_0+\Delta Q$ 时总成本的平均变化率. 当 $\Delta Q\to 0$ 时,如果极限 $\lim\limits_{\Delta Q\to 0}\frac{\Delta C}{\Delta Q}=\lim\limits_{\Delta Q\to 0}\frac{C(Q_0+\Delta Q)-C(Q_0)}{\Delta Q}$ 存在,则此极限表示产量为 Q_0 时总成本的变化率. 经济学中也称之为总成本在 Q_0 时的**边际成本**.

抛开上面两个实例的实际意义,从数学角度看,它们的数学结构完全相同,都是函数的改变量与自变量的改变量之比在自变量的改变量趋近零时的极限. 将上面两个实例在数量关系上的这种共性抽象出来,就得到了下面的导数概念.

定义 2.1 设函数 $y=f(x)$ 在点 x_0 的某邻域 $U(x_0)$ 内有定义,当自变量 x 在点 x_0 处取得增量 $\Delta x[x_0+\Delta x\in U(x_0)]$ 时,相应的,函数 y 取得的增量 $\Delta y=f(x_0+\Delta x)-f(x_0)$,如果当 $\Delta x\to 0$ 时,极限

$$\lim_{\Delta x\to 0}\frac{\Delta y}{\Delta x}=\lim_{\Delta x\to 0}\frac{f(x_0+\Delta x)-f(x_0)}{\Delta x} \tag{2.3}$$

存在,则称此极限值为函数 $y=f(x)$ 在点 x_0 处的**导数**(或**微商**),并称函数 $y=f(x)$ 在点 x_0 处**可导**,记为

$$f'(x_0),y'\big|_{x=x_0},\text{或}\left.\frac{\mathrm{d}y}{\mathrm{d}x}\right|_{x=x_0},\left.\frac{\mathrm{d}f(x)}{\mathrm{d}x}\right|_{x=x_0}.$$

函数 $f(x)$ 在点 x_0 处可导有时也称为函数 $f(x)$ 在点 x_0 处**具有导数**或**导数存在**.

导数的定义还可以采用不同的表达式. 例如,在式(2.3)中,令 $h=\Delta x$,则

$$f'(x_0)=\lim_{h\to 0}\frac{f(x_0+h)-f(x_0)}{h}. \tag{2.4}$$

又如,若记 $x=x_0+\Delta x$,则 $\Delta x\to 0$ 等价于 $x\to x_0$,即

$$f'(x_0)=\lim_{x\to x_0}\frac{f(x)-f(x_0)}{x-x_0}. \tag{2.5}$$

定义 2.2 如果极限式(2.3)不存在,则称函数 $y=f(x)$ 在点 x_0 处**不可导**,x_0 称为函数 $y=f(x)$ 的**不可导点**.

特别的,如果极限不存在的原因是当 $\Delta x\to 0$ 时,$\frac{\Delta y}{\Delta x}\to\infty$,为方便起见,有时也称函数 $y=f(x)$ 在点 x_0 处的**导数为无穷大**,并记作 $f'(x_0)=\infty$.

例 2.1 求函数 $f(x)=x^3$ 在 $x=1$ 处的导数.

解 由于

$$\lim_{\Delta x\to 0}\frac{f(1+\Delta x)-f(1)}{\Delta x}=\lim_{\Delta x\to 0}\frac{(1+\Delta x)^3-1}{\Delta x}=\lim_{\Delta x\to 0}[3+3\Delta x+(\Delta x)^2]=3$$

所以
$$f'(1)=3.$$

例 2.2 证明函数 $f(x)=\begin{cases}x\sin\dfrac{1}{x}, & x\neq 0\\ 0, & x=0\end{cases}$ 在 $x=0$ 处不可导.

解 由于 $\dfrac{f(0+\Delta x)-f(0)}{\Delta x}=\sin\dfrac{1}{\Delta x}$，当 $\Delta x\to 0$ 时，上式极限不存在，所以 $f(x)$ 在 $x=0$ 处不可导.

在求函数 $y=f(x)$ 在点 x_0 处的导数时，$x\to x_0$ 的方式是任意的. 如果 x 仅从 x_0 的左侧趋近 x_0(即 $x\to x_0^-$ 或 $\Delta x\to 0^-$)时，极限

$$\lim_{\Delta x\to 0^-}\frac{\Delta y}{\Delta x}=\lim_{\Delta x\to 0^-}\frac{f(x_0+\Delta x)-f(x_0)}{\Delta x}$$

存在，则称该极限值为函数 $y=f(x)$ 在点 x_0 处的**左导数**，记为 $f'_-(x_0)$，即

$$f'_-(x_0)=\lim_{\Delta x\to 0^-}\frac{\Delta y}{\Delta x}=\lim_{\Delta x\to 0^-}\frac{f(x_0+\Delta x)-f(x_0)}{\Delta x}=\lim_{x\to x_0^-}\frac{f(x)-f(x_0)}{x-x_0}.$$

类似地，可以定义函数 $y=f(x)$ 在点 x_0 处的**右导数**，记为 $f'_+(x_0)$，即

$$f'_+(x_0)=\lim_{\Delta x\to 0^+}\frac{\Delta y}{\Delta x}=\lim_{\Delta x\to 0^+}\frac{f(x_0+\Delta x)-f(x_0)}{\Delta x}=\lim_{x\to x_0^+}\frac{f(x)-f(x_0)}{x-x_0}.$$

左导数和右导数统称为**单侧导数**. 与极限的情形一样，导数与单侧导数有如下关系：

定理 2.1 若函数 $y=f(x)$ 在点 x_0 的某邻域内有定义，则 $f'(x_0)$ 存在的充分必要条件是 $f'_+(x_0)$ 与 $f'_-(x_0)$ 都存在且相等.

这个定理常常用于判定分段函数在分段点处是否可导.

例 2.3 求函数 $f(x)=\begin{cases}\sin x, & x<0\\ x, & x\geqslant 0\end{cases}$ 在 $x=0$ 处的导数.

解 当 $\Delta x<0$ 时，$\Delta y=f(0+\Delta x)-f(0)=\sin\Delta x-0=\sin\Delta x$，故

$$f'_-(0)=\lim_{\Delta x\to 0^-}\frac{\Delta y}{\Delta x}=\lim_{\Delta x\to 0^-}\frac{\sin\Delta x}{\Delta x}=1.$$

当 $\Delta x>0$ 时，$\Delta y=f(0+\Delta x)-f(0)=\Delta x-0=\Delta x$，故

$$f'_+(0)=\lim_{\Delta x\to 0^+}\frac{\Delta y}{\Delta x}=\lim_{\Delta x\to 0^+}\frac{\Delta x}{\Delta x}=1.$$

由于
$$f'_-(0)=f'_+(0)=1,\text{故}$$
$$f'(0)=1.$$

2.1.2 导数的几何意义

如果函数 $y=f(x)$ 在点 x_0 处可导，则 $f'(x_0)$ 在几何上就是曲线 $y=f(x)$ 在点 $M(x_0,y_0)$ 处的切线的斜率. 即

$$f'(x_0)=\tan\alpha,$$

其中，α 是曲线 $y=f(x)$ 在点 M 处的切线的倾斜角(图 2.2).

于是，由直线的点斜式方程知，曲线 $y=f(x)$ 在点 $M(x_0,y_0)$ 处的切线方程为

$$y-y_0=f'(x_0)(x-x_0).$$

法线方程为

$$y-y_0=-\frac{1}{f'(x_0)}(x-x_0).$$

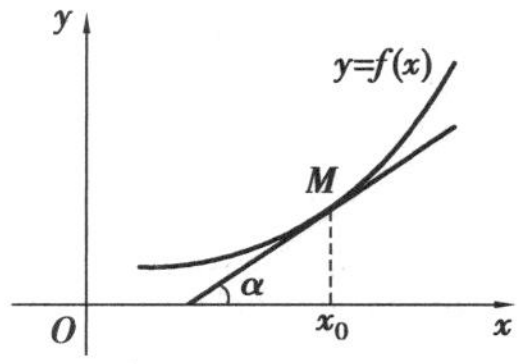

图 2.2

如果 $f'(x_0)=0$，则切线方程为 $y=y_0$，即切线平行于 x 轴.

如果 $f'(x_0)=\infty$，则切线方程为 $x=x_0$，即切线垂直于 x 轴.

例 2.4 求曲线 $y=x^{\frac{3}{2}}$ 在点 $(1,1)$ 处的切线方程和法线方程.

解 因为 $y'=\frac{3}{2}x^{\frac{1}{2}}$，$y'|_{x=1}=\frac{3}{2}$，

从而所求切线方程为 $$y-1=\frac{3}{2}(x-1),$$

即 $$3x-2y-1=0.$$

所求法线方程为 $$y-1=-\frac{2}{3}(x-1),$$

即 $$2x+3y-5=0.$$

例 2.5 曲线 $y=\ln x$ 上哪一点的切线平行于直线 $y=2x+1$？

解 因为 $(\ln x)'=\frac{1}{x}$，令 $\frac{1}{x}=2$，得 $x=\frac{1}{2}$；再将 $x=\frac{1}{2}$ 代入 $y=\ln x$，得 $y=-\ln 2$，即曲线 $y=\ln x$ 在点 $\left(\frac{1}{2},-\ln 2\right)$ 处的切线平行于直线 $y=2x+1$.

2.1.3 可导与连续的关系

函数 $y=f(x)$ 在点 x_0 处可导是指 $\lim\limits_{\Delta x\to 0}\frac{\Delta y}{\Delta x}$ 存在，而连续是指 $\lim\limits_{\Delta x\to 0}\Delta y=0$，那么这两种极限存在什么关系呢？下面的定理回答了这个问题.

定理 2.2 如果函数 $y=f(x)$ 在点 x_0 处可导，则它在点 x_0 处连续.

证明从略. 需要指出的是该定理的逆命题不成立，即函数在点 x_0 处连续，但在该点处不一定可导.

例 2.6 讨论函数 $f(x)=\begin{cases}x\sin\frac{1}{x}, & x\neq 0\\ 0, & x=0\end{cases}$ 在 $x=0$ 处的连续性和可导性.

解
$$\Delta y=f(0+\Delta x)-f(0)=f(\Delta x)-f(0)=\Delta x\sin\frac{1}{\Delta x},$$

$$\lim_{\Delta x\to 0}\Delta y=\lim_{\Delta x\to 0}\Delta x\sin\frac{1}{\Delta x}=0.$$

所以，$f(x)$ 在点 $x=0$ 处连续. 而由例 2.2 知 $f(x)$ 在点 x_0 处不可导.

一个连续函数，似乎除了少数特殊的点，在其他每一点上总是可导的. 在历史上的很长一段时间内，这种看法几乎得到所有数学家的肯定. 然而实际上并非如此，1872 年德国数学家卡

尔·维尔斯特拉斯(1815—1897 年)构造出一个处处连续但处处不可导的例子. 维尔斯特拉斯的反例构造出来后,在数学界和思想界引起极大的震动,因为对于这类函数,传统的数学方法已无能为力,这使得经典数学研究陷入了一次危机. 但是反过来,这次危机的产生促使数学家们去思索新的方法对这类函数进行研究,从而促使人们在微积分研究中从依赖直观转向依赖理性思维,大大促进了微积分逻辑基础的创建.

2.1.4 导函数

定义 2.3 若函数 $y=f(x)$ 在区间 I 上的每一点都可导(对区间端点,则只要求它存在左(或右)导数),则称 **$f(x)$ 在区间 I 上可导**. 这时,对于每一个 $x\in I$,都有一个导数 $f'(x)$(在区间端点处则是单侧导数)与之对应. 这样就确定了一个定义在 I 上的函数,称为 $f(x)$ 在 I 上的**导函数**,也简称**导数**,记作 y', $f'(x)$, $\frac{\mathrm{d}y}{\mathrm{d}x}$ 或 $\frac{\mathrm{d}}{\mathrm{d}x}f(x)$.

把式(2.3)或式(2.4)中的 x_0 换成 x,即得导数的定义式

$$f'(x)=\lim_{\Delta x\to 0}\frac{f(x+\Delta x)-f(x)}{\Delta x},$$

或

$$\frac{\mathrm{d}y}{\mathrm{d}x}=\lim_{h\to 0}\frac{f(x+h)-f(x)}{h}.$$

注 1 在上面两式中,虽然 x 可以取区间 I 内的任何值,但在取极限的过程中,x 是常量,Δx(或 h)是变量.

注 2 $\frac{\mathrm{d}y}{\mathrm{d}x}$ 是一个整体,$\frac{\mathrm{d}}{\mathrm{d}x}$ 表示对 x 求导,$\frac{\mathrm{d}y}{\mathrm{d}x}$ 表示 y 作为 x 的函数对 x 求导.

注 3 $f(x)$ 在点 x_0 处的导数 $f'(x_0)$ 就是导函数 $f'(x)$ 在点 x_0 处的函数值,即

$$f'(x_0)=f'(x)\big|_{x=x_0}.$$

我们常将函数在一点处的导数值和函数在某个区间内的导函数均称为导数,在后面提到的导数中,可以根据问题的实际意义区分其具体是导数值还是导函数.

下面我们根据导数的定义来计算部分基本初等函数的导数.

例 2.7 求函数 $y=C$(C 为常数)的导数.

解 $f'(x)=\lim\limits_{\Delta x\to 0}\frac{f(x+\Delta x)-f(x)}{\Delta x}=\lim\limits_{\Delta x\to 0}\frac{C-C}{\Delta x}=0,$

即
$$(C)'=0.$$

例 2.8 求函数 $y=x^n$(n 为正整数)的导数.

解 $\frac{\mathrm{d}y}{\mathrm{d}x}=\lim\limits_{h\to 0}\frac{(x+h)^n-x^n}{h}=\lim\limits_{h\to 0}\left[nx^{n-1}+\frac{n(n-1)}{2}x^{n-2}h+\cdots+h^{n-1}\right]=nx^{n-1},$

即
$$(x^n)'=nx^{n-1}.$$

更一般地,
$$(x^\mu)'=\mu x^{\mu-1}(\mu\in R).$$

例如,$(\sqrt{x})'=(x^{\frac{1}{2}})'=\frac{1}{2}x^{\frac{1}{2}-1}=\frac{1}{2\sqrt{x}}$,$\left(\frac{1}{x}\right)'=(x^{-1})'=-x^{-2}=-\frac{1}{x^2}$.

例 2.9 求函数 $y=\sin x$ 的导数.

解 $\frac{dy}{dx}=\lim\limits_{\Delta x\to 0}\frac{\sin(x+\Delta x)-\sin x}{\Delta x}=\lim\limits_{\Delta x\to 0}\frac{2\cos\frac{(x+\Delta x)+x}{2}\sin\frac{(x+\Delta x)-x}{2}}{\Delta x}$

$$=\lim_{\Delta x\to 0}\cos\left(x+\frac{\Delta x}{2}\right)\frac{\sin\frac{\Delta x}{2}}{\frac{\Delta x}{2}}=\cos x.$$

即 $$(\sin x)'=\cos x.$$

同理可得 $(\cos x)'=-\sin x$.

例 2.10 求函数 $y=\log_a x(a>0,a\neq 1)$ 的导数.

解 $y'=\lim\limits_{\Delta x\to 0}\frac{\log_a(x+\Delta x)-\log_a x}{\Delta x}=\lim\limits_{\Delta x\to 0}\log_a\left(1+\frac{\Delta x}{x}\right)^{\frac{1}{\Delta x}}=\log_a e^{\frac{1}{x}}=\frac{1}{x\ln a}$.

即 $$(\log_a x)'=\frac{1}{x\ln a}.$$

特别的,$(\ln x)'=\frac{1}{x}$.

习题 2.1

1. 用定义求下列函数在指定点的导数.

(1) $y=10x^2,x=-1$; (2) $y=\ln x,x=e$;

(3) $y=x^2+3x+2,x=x_0$; (4) $y=\sin(3x+1),x=x_0$.

2. 若 $f'(x_0)$ 存在且不为零,求下列极限.

(1) $\lim\limits_{\Delta x\to 0}\frac{f(x_0+\Delta x)-f(x_0-\Delta x)}{\Delta x}$;

(2) $\lim\limits_{\Delta x\to 0}\frac{f(x_0-\Delta x)-f(x_0)}{\Delta x}$;

(3) $\lim\limits_{h\to 0}\frac{h}{f(x_0+2h)-f(x_0-h)}$.

3. 求曲线 $y=e^x$ 在点(0,1)处的切线方程和法线方程.

4. 设曲线 $y=ax^2$ 在 $x=1$ 处有切线 $y=3x+b$,求 a 与 b 的值.

5. 函数 $f(x)=\begin{cases}x, & x<0\\ \ln(1+x), & x\geqslant 0\end{cases}$ 在 $x=0$ 处是否可导?

2.2 函数的求导法则

上一节由定义出发求出了一些简单函数的导数,对于一般函数的导数,当然也可以用定义来求,但极为烦琐. 从本节开始,将逐步介绍几个基本的求导法则和一些基本初等函数的求导公式，借助它们来简化求导数的过程.

2.2.1 函数的和、差、积、商的求导法则

定理 2.3 设函数 $u(x)$ 和 $v(x)$ 在点 x 处都可导，则它们的和、差、积、商（分母不为零）在点 x 处也可导，且

(1) $[u(x)\pm v(x)]'=u'(x)\pm v'(x)$；

(2) $[u(x)v(x)]'=u'(x)v(x)+u(x)v'(x)$；

(3) $\left[\dfrac{v(x)}{u(x)}\right]'=\dfrac{v'(x)u(x)-v(x)u'(x)}{u^2(x)}\quad [u(x)\neq 0]$.

证明从略. 需要指出的是，定理 2.3 中的(1)、(2)都可以推广到有限多个函数运算的情形. 例如，设 $u=u(x)$、$v=v(x)$、$w=w(x)$ 都在点 x 处可导，则有

$$(u-v+w)'=u'-v'+w',$$

$$(uvw)'=u'vw+uv'w+uvw'.$$

推论 1 若 $v(x)=c$（常数），则 $(cu)'=cu'$.

推论 2 若 $v(x)=1$，则 $\left[\dfrac{1}{u(x)}\right]'=-\dfrac{u'(x)}{u^2(x)}$.

例 2.11 设 $y=3x^4-5x^2+e^x+8$，求 y'.

解 $y'=(3x^4-5x^2+e^x+8)'=(3x^4)'-(5x^2)'+(e^x)'+8'=12x^3-10x+e^x$.

例 2.12 设 $y=t^2\ln t$，求 $\dfrac{dy}{dt}$.

解 $\dfrac{dy}{dt}=(t^2)'\ln t+t^2(\ln t)'=2t\ln t+t^2\cdot\dfrac{1}{t}=2t\ln t+t$.

例 2.13 设 $y=\tan x$，求 y'.

解 $y'=(\tan x)'=\left(\dfrac{\sin x}{\cos x}\right)'=\dfrac{(\sin x)'\cos x-\sin x(\cos x)'}{\cos^2 x}=\dfrac{1}{\cos^2 x}=\sec^2 x$.

即
$$(\tan x)'=\sec^2 x.$$
类似的，可以证明 $(\cot x)'=-\csc^2 x$.

例 2.14 设 $y=\sec x$，求 y'.

解 $y'=(\sec x)'=\left(\dfrac{1}{\cos x}\right)'=-\dfrac{(\cos x)'}{\cos^2 x}=\dfrac{\sin x}{\cos^2 x}=\sec x\tan x$.

即
$$(\sec x)'=\sec x\tan x.$$
类似的，可以证明
$$(\csc x)'=-\csc x\cot x.$$

2.2.2 反函数的求导法则

定理 2.4 设函数 $y=f(x)$ 是函数 $x=\varphi(y)$ 的反函数，如果函数 $\varphi(y)$ 在某区间 I 上严格单调、可导且 $\varphi'(y)\neq 0$，则函数 $f(x)$ 在与 I 对应的区间内也可导，且有

$$f'(x)=\frac{1}{\varphi'(y)}\text{或}\frac{dy}{dx}=\frac{1}{\dfrac{dx}{dy}}.$$

即反函数的导数等于直接函数导数的倒数.

注 $f'(x)$是对 x 求导,而 $\varphi'(y)$是对 y 求导.

例 2.15 求 $y=\arcsin x$ 的导数.

解 因为 $x=\sin y$ 在$\left(-\dfrac{\pi}{2},\dfrac{\pi}{2}\right)$内单调增加、可导,且$\dfrac{dx}{dy}=\cos y>0$,故其反函数 $y=\arcsin x$ 在$(-1,1)$上可导,且

$$(\arcsin x)'=\frac{1}{(\sin y)'}=\frac{1}{\cos y}=\frac{1}{\sqrt{1-\sin^2 y}}=\frac{1}{\sqrt{1-x^2}}.$$

即

$$(\arcsin x)'=\frac{1}{\sqrt{1-x^2}}.$$

同理可证,$(\arccos x)'=-\dfrac{1}{\sqrt{1-x^2}}$,$(\arctan x)'=\dfrac{1}{1+x^2}$,$(\mathrm{arccot}\ x)'=-\dfrac{1}{1+x^2}$.

例 2.16 求 $y=a^x(a>0$ 且 $a\neq 1)$的导数.

解 因为 $x=\log_a y$ 在$(0,+\infty)$内单调、可导,且$\dfrac{dx}{dy}=\dfrac{1}{y\ln a}\neq 0$,故其反函数 $y=a^x$ 在$(-\infty,+\infty)$内可导,且$(a^x)'=\dfrac{1}{(\log_a y)'}=\dfrac{1}{\dfrac{1}{y\ln a}}=y\ln a=a^x\ln a$.

即

$$(a^x)'=a^x\ln a.$$

特别的,$(e^x)'=e^x$.

2.2.3 复合函数的求导法则

定理 2.5 设函数 $u=\varphi(x)$在点 x 处可导,函数 $y=f(u)$在点 $u=\varphi(x)$处可导,则复合函数 $y=f[\varphi(x)]$在点 x 处也可导,且有

$$\{f[\varphi(x)]\}'=f'(u)\cdot\varphi'(x)\text{或}\frac{dy}{dx}=\frac{dy}{du}\cdot\frac{du}{dx}.$$

定理给出的复合函数求导法则通常称为**链式法则**,也就是由外层到内层逐层求导的方法,其也可以推广到有限多个函数复合的情形. 例如,$y=f(u)$,$u=g(v)$,$v=h(x)$都可导,则它们的复合函数 $y=f\{g[h(x)]\}$也可导,且

$$\frac{dy}{dx}=\frac{dy}{du}\cdot\frac{du}{dv}\cdot\frac{dv}{dx}=f'(u)\cdot g'(v)\cdot h'(x).$$

因此,在运用法则的时候必须明确是对哪个变量求导,对于有多个函数复合的情形要尤为注意.

例 2.17 设 $y=(1+2x)^{10}$,求$\dfrac{dy}{dx}$.

解 设 $y=u^{10}$,$u=1+2x$,则

$$\frac{dy}{dx}=\frac{dy}{du}\cdot\frac{du}{dx}=10u^9\cdot 2=20(1+2x)^9.$$

熟练以后也可以不写出中间变量,如上例的求解过程也可写作:

解 $\dfrac{dy}{dx}=10(1+2x)^9\cdot(1+2x)'=20(1+2x)^9$.

例 2.18 求函数 $x=e^{\sin t^3}$ 的导数$\dfrac{dx}{dt}$.

解 $\dfrac{dx}{dt}=e^{\sin t^3}\cdot(\sin t^3)'=e^{\sin t^3}\cdot\cos t^3\cdot(t^3)'=3t^2\cos t^3 e^{\sin t^3}$.

为了方便查阅,我们将基本初等函数的导数公式和导数运算法则归纳如下:

(1)基本初等函数的导数公式.

①$(C)'=0$(C 为常数);

②$(x^\mu)'=\mu x^{\mu-1}(\mu\in R)$;

③$(a^x)'=a^x\ln a,(e^x)'=e^x$;

④$(\log_a x)'=\dfrac{1}{x\ln a},(\ln x)'=\dfrac{1}{x}$;

⑤$(\sin x)'=\cos x,(\cos x)'=-\sin x$,

$(\tan x)'=\sec^2 x,(\cot x)'=-\csc^2 x$,

$(\sec x)'=\sec x\tan x,(\csc x)'=-\csc x\cot x$;

⑥$(\arcsin x)'=\dfrac{1}{\sqrt{1-x^2}},(\arccos x)'=-\dfrac{1}{\sqrt{1-x^2}}$,

$(\arctan x)'=\dfrac{1}{1+x^2},(\text{arccot}\, x)'=-\dfrac{1}{1+x^2}$.

(2)函数的和、差、积、商的求导法则.

设 $u=u(x)$、$v=v(x)$ 可导,则

①$(u\pm v)'=u'\pm v'$;

②$(uv)'=u'v+uv'$;

③$\left(\dfrac{v}{u}\right)'=\dfrac{v'u-vu'}{u^2}(u\neq 0)$.

(3)反函数的求导法则.

$$\frac{dy}{dx}=\frac{1}{\dfrac{dx}{dy}}.$$

(4)复合函数的求导法则.

设 $y=f(u),u=g(x)$,则 $\dfrac{dy}{dx}=\dfrac{dy}{du}\cdot\dfrac{du}{dx}$.

习题 2.2

1. 求下列函数的导数.

(1)$y=5x^3-2^x+3e^x+4$;

(2)$y=(\sqrt{x}+1)\left(\dfrac{1}{\sqrt{x}}-1\right)$;

(3)$y=\dfrac{\ln x}{x}$;

(4)$y=(x+1)(x+2)(x+3)$.

2. 求曲线 $y=2\sin x+x^2$ 上横坐标为 $x=0$ 的点处的切线和法线方程.

3. 求下列函数的导数.

(1) $y=(2x+5)^4$;　　(2) $y=\tan x^2$;

(3) $y=\left(\arcsin \dfrac{x}{2}\right)^2$;　　(4) $y=\ln\sqrt{x}+\sqrt{\ln x}$;

(5) $y=e^{\sqrt{1+x^2}}$;　　(6) $y=\sin^n x\cos nx$.

4. 设 $f(x)$ 为可导函数,求 $\dfrac{dy}{dx}$.

(1) $y=f(x^2)$;　　(2) $y=f[f(x)]$;

(3) $y=\arctan f(x)$;　　(4) $y=f(\arctan x)$.

2.3 隐函数及由参数方程所确定函数的导数

2.3.1 隐函数的导数

函数 $y=f(x)$ 表示两个变量 x 与 y 之间的对应关系,这种对应关系可以用各种不同的方式来表达. 直接给出由自变量 x 的取值求因变量的对应值 y 的规律(计算公式)的函数称为**显函数**,如 $y=\ln(x+\sqrt{1+x^2})$. 有些函数的变量 y 与 x 之间的关系是通过一个二元方程 $F(x,y)=0$ 来确定的,这样的函数称为**隐函数**,如 $x+y^3-1=0$, $e^x-e^y-xy=0$.

有些隐函数可以化为显函数,如 $x+y^3-1=0$ 可化为 $y=\sqrt[3]{1-x}$. 但在一般情况下,隐函数是不容易或无法显化的,如对于 $e^x-e^y-xy=0$,就无法从中解出 x 或 y. 因而我们希望有一种方法可直接通过方程来确定隐函数的导数,且这个过程与隐函数的显化无关.

假设由方程 $F(x,y)=0$ 所确定的函数为 $y=y(x)$,将它代回方程 $F(x,y)=0$ 中,得恒等式 $F[x,f(x)]=0$. 再利用复合函数求导法则,在上式两边同时对 x 求导,解出所求导数 $\dfrac{dy}{dx}$,这就是**隐函数求导法**.

例 2.19　设由方程 $e^x-e^y-xy=0$ 确定了函数 $y=y(x)$,求 $\dfrac{dy}{dx}$.

解　在方程两边同时对 x 求导,得

$$e^x-e^y\cdot y'-(y+xy')=0,$$

即

$$(e^y+x)y'=e^x-y,$$

从而

$$\frac{dy}{dx}=y'=\frac{e^x-y}{e^y+x}.$$

从上例可以看出,用隐函数求导法在方程两边同时对自变量 x 求导的过程中,凡遇到含 y 的项,都把 y 当作中间变量看待,即 y 是 x 的函数,然后利用复合函数的求导法则求导.

2.3.2 由参数方程所确定函数的导数

有些函数关系可以用**参数方程**

$$\begin{cases}x=\varphi(t),\\ y=\chi(t)\end{cases}(\alpha\leqslant t\leqslant\beta) \tag{2.6}$$

来确定. 例如,以原点为圆心、以 2 为半径的圆,可用参数方程$\begin{cases}x=2\cos t\\ y=2\sin t\end{cases}(0\leqslant t\leqslant 2\pi)$来表示,其中参数 t 是圆上的点 $M(x,y)$ 与圆点的连线 OM 和 x 轴正向的夹角,通过参数 t 确定了变量 x 与 y 之间的函数关系.

对于由参数方程(2.6)所确定的函数的求导问题,一个自然的想法是从方程中消去参数 t,化为直接由 x、y 确定的方程再求导,这就变成我们所熟悉的问题了. 但是一般情况下消去参数 t 是很困难的(或者没有必要),因此我们希望有一种方法能直接由参数方程(2.6)求出它所确定函数的导数.

假定 $\varphi'(t)$、$\chi'(t)$ 都存在,$\varphi'(t)\neq 0$,并且函数 $x=\varphi(t)$ 存在可导的反函数 $t=\varphi^{-1}(x)$,则 y 通过 t 成为 x 的复合函数:

$$y=\chi(t)=\chi[\varphi^{-1}(x)].$$

由复合函数求导法则知$\frac{\mathrm{d}y}{\mathrm{d}x}=\frac{\mathrm{d}y}{\mathrm{d}t}\cdot\frac{\mathrm{d}t}{\mathrm{d}x}$,再由反函数求导法则知$\frac{\mathrm{d}t}{\mathrm{d}x}=\frac{1}{\frac{\mathrm{d}x}{\mathrm{d}t}}$,从而得出参数方程(2.6)所确定函数的求导公式:

$$\frac{\mathrm{d}y}{\mathrm{d}x}=\frac{\frac{\mathrm{d}y}{\mathrm{d}t}}{\frac{\mathrm{d}x}{\mathrm{d}t}}=\frac{\chi'(t)}{\varphi'(t)}.$$

例 2.20 设方程$\begin{cases}x=t+\frac{1}{t}\\ y=t-\frac{1}{t}\end{cases}$确定了函数 $y=y(x)$,求$\frac{\mathrm{d}y}{\mathrm{d}x}$.

解 $\frac{\mathrm{d}y}{\mathrm{d}x}=\frac{\frac{\mathrm{d}y}{\mathrm{d}t}}{\frac{\mathrm{d}x}{\mathrm{d}t}}=\frac{1+\frac{1}{t^2}}{1-\frac{1}{t^2}}=\frac{t^2+1}{t^2-1}.$

例 2.21 求椭圆$\begin{cases}x=a\cos t,\\ y=b\sin t\end{cases}(0\leqslant t\leqslant 2\pi)$在 $t=\frac{\pi}{4}$处的切线方程.

解 $t=\frac{\pi}{4}$时,椭圆上的相应点 $M_0(x_0,y_0)$ 的坐标是

$$x_0=a\cos\frac{\pi}{4}=\frac{\sqrt{2}}{2}a,\ y_0=b\sin\frac{\pi}{4}=\frac{\sqrt{2}}{2}b,$$

而
$$\frac{dy}{dx}=\frac{\frac{dy}{dt}}{\frac{dx}{dt}}=\frac{b\cos t}{-a\sin t}=-\frac{b}{a}\cot t,$$

$$\left.\frac{dy}{dx}\right|_{t=\frac{\pi}{4}}=-\frac{b}{a}\cot\frac{\pi}{4}=-\frac{b}{a},$$

从而椭圆在点 M_0 处的切线方程为

$$y-\frac{\sqrt{2}}{2}b=-\frac{b}{a}\left(x-\frac{\sqrt{2}}{2}a\right),$$

即
$$bx+ay-\sqrt{2}ab=0.$$

习题 2.3

1. 求下列方程所确定的隐函数的导数$\frac{dy}{dx}$.

(1) $x^2+xy+y^2=100$;　　(2) $xy=e^{x+y}$.

2. 求由方程 $\sin(xy)+\ln(y-x)=x$ 所确定的隐函数 $y=y(x)$ 在 $x=0$ 处的导数$\left.\frac{dy}{dx}\right|_{x=0}$.

3. 求由下列参数方程所确定的函数的导数.

(1) $\begin{cases}x=\theta(1-\sin\theta),\\ y=\theta\cos\theta;\end{cases}$　　(2) $\begin{cases}x=\ln(1+t^2),\\ y=t-\arctan t.\end{cases}$

4. 求曲线$\begin{cases}x=t^3+4t\\ y=6t^2\end{cases}$上的切线与直线$\begin{cases}x=-7t\\ y=12t-5\end{cases}$平行的点.

2.4 高阶导数

在本章 2.1 节我们已经看到，函数 $y=f(x)$ 的导数 $f'(x)$ 可以解释函数 y 关于自变量 x 的变化率. 在自然科学和其他学科中我们经常会遇到函数对自变量的变化率的问题.

设 $s=s(t)\ (0\leqslant t\leqslant T)$ 为直线运动的运动方程，则物体运动的速度 $v(t)=s'(t)$. 若要进一步研究速度随时间的变化情况，就要考虑 v 对 t 的变化率，即 v 对 t 的导数，该导数以 a 记之，它被称为物体运动的加速度，所以 $a=\frac{dv}{dt}=\frac{d}{dt}[s'(t)]=\frac{d}{dt}\left(\frac{ds}{dt}\right)$，$\frac{d}{dt}\left(\frac{ds}{dt}\right)$ 可记为$\frac{d^2s}{dt^2}$或 $s''(t)$，称为路程函数 $s(t)$ 对 t 的二阶导数. 如果运动是匀速的，即 v 是一个常数，则物体加速度 $a=0$. 在自由落体的情况中，物体加速度 $a=g\approx 9.81\ \mathrm{cm/s^2}$，称 g 为重力加速度.

一般的，函数 $y=f(x)$ 的导数 $f'(x)$ 仍然是 x 的函数，它再对 x 求导，即导数的导数，称为 $f(x)$ 对 x 的**二阶导数**，记为 $f''(x)$，y''，$\frac{d^2y}{dx^2}$或$\frac{d^2}{dx^2}f(x)$. 故

$$y''=(y')' \quad 或 \quad \frac{d^2y}{dx^2}=\frac{d}{dx}\left(\frac{dy}{dx}\right).$$

类似地，二阶导数$f''(x)$作为x的函数，再对x求导，即二阶导数的导数，称为$f(x)$的**三阶导数**，记为$f'''(x)$，y'''，$\frac{d^3y}{dx^3}$或$\frac{d^3}{dx^3}f(x)$. 如此可以定义$f(x)$对x的四阶、五阶导数等，$f(x)$对x的**n阶导数**记为$f^{(n)}(x)$，$y^{(n)}$，$\frac{d^ny}{dx^n}$或$\frac{d^n}{dx^n}f(x)$，它表示$f(x)$对x的$n-1$阶导数的导数，即

$$y^{(n)}=[y^{(n-1)}]' \quad 或 \quad \frac{d^ny}{dx^n}=\frac{d}{dx}\left(\frac{d^{n-1}y}{dx^{n-1}}\right).$$

二阶和二阶以上的导数统称为**高阶导数**. 相应的，$f'(x)$也可称为**一阶导数**.

由此可见，求函数的高阶导数就是对函数逐次求导，至所要求的阶数为止。因此，仍可运用前面讲述的各种求导方法.

例 2.22 设$y=ax+b$，求y''.

解 $y'=a$，$y''=0$.

例 2.23 设$y=e^{-x}\cos x$，求y''及y'''.

解 $y'=-e^{-x}\cos x+e^{-x}(-\sin x)=-e^{-x}(\cos x+\sin x)$，

$y''=e^{-x}(\cos x+\sin x)-e^{-x}(-\sin x+\cos x)=2e^{-x}\sin x$，

$y'''=2(-e^{-x}\sin x+e^{-x}\cos x)=2e^{-x}(\cos x-\sin x)$.

下面来看隐函数以及由参数方程所确定函数的高阶导数的求法.

例 2.24 求由方程$x^4+y^4=16$所确定的隐函数$y=y(x)$的二阶导数.

解 方程两边同时对x求导，得$x^3+y^3\cdot y'=0$，

从而解得

$$y'=-\frac{x^3}{y^3},$$

再在上式两边同时对x求导，得 $$y''=-\frac{3x^2y^3-x^3\cdot 3y^2\cdot y'}{(y^3)^2},$$

将$y'=-\frac{x^3}{y^3}$代入上式右端，得

$$y''=-\frac{3x^2y^3-3x^3y^2\left(-\frac{x^3}{y^3}\right)}{y^6}=-\frac{3x^2(x^4+y^4)}{y^7},$$

注意到x、y满足$x^4+y^4=16$，故

$$y''=-\frac{48x^2}{y^7}.$$

在得到y'的表达式后，也可以在$x^3+y^3\cdot y'=0$的两边同时对x求导，得到同样的结果.

例 2.25 求由参数方程$\begin{cases}x=a\cos t\\y=b\sin t\end{cases}$所确定函数的二阶导数$\frac{d^2y}{dx^2}$.

解 $$\frac{dy}{dx}=\frac{\frac{dy}{dt}}{\frac{dx}{dt}}=\frac{b\cos t}{-a\sin t}=-\frac{b}{a}\cot t,$$

$$\frac{d^2y}{dx^2}=\frac{d}{dx}\left(\frac{dy}{dx}\right)=\frac{d}{dt}\left(\frac{dy}{dx}\right)\cdot\frac{dt}{dx}=\frac{\frac{d}{dt}\left(\frac{dy}{dx}\right)}{\frac{dx}{dt}}=\frac{\left(-\frac{b}{a}\cot t\right)'}{(a\cos t)'}=-\frac{b}{a^2\sin^3 t}.$$

一般地，由参数方程$\begin{cases}x=\varphi(t)\\y=\chi(t)\end{cases}$$(\alpha\leqslant t\leqslant\beta)$表示的函数有$\frac{dy}{dx}=\frac{\chi'(t)}{\varphi'(t)}$，如果二阶导数存在，注意到$\frac{dy}{dx}$仍为 t 的函数，因此

$$\frac{d^2y}{dx^2}=\frac{d}{dt}\left(\frac{dy}{dx}\right)\cdot\frac{1}{\frac{dx}{dt}}=\frac{\chi''(t)\varphi'(t)-\chi'(t)\varphi''(t)}{[\varphi'(t)]^2}\cdot\frac{1}{\varphi'(t)}$$

$$=\frac{\chi''(t)\varphi'(t)-\chi'(t)\varphi''(t)}{[\varphi'(t)]^3}\tag{2.7}$$

注 虽然$\frac{dy}{dx}=\frac{\chi'(t)}{\varphi'(t)}$，但$\frac{d^2y}{dx^2}\neq\frac{\chi''(t)}{\varphi''(t)}$，而且$\frac{d^2y}{dx^2}\neq\left[\frac{\chi'(t)}{\varphi'(t)}\right]'_t$. 因为$\frac{d^2y}{dx^2}$是$\frac{dy}{dx}$再对 x 求导，而不是对 t 求导，这里 t 仍是中间变量，x 是自变量.

有了式(2.7)，例 2.25 又可以按下面的方式来求解.

解 设 $\varphi(t)=a\cos t$，$\chi(t)=b\sin t$，则

$$\varphi'(t)=-a\sin t,\varphi''(t)=-a\cos t;\chi'(t)=b\cos t,\chi''(t)=-b\sin t,$$

由式(2.7)有

$$\frac{d^2y}{dx^2}=\frac{(-b\sin t)(-a\sin t)-b\cos t(-a\cos t)}{(-a\sin t)^3}=-\frac{ab}{a^3\sin^3 t}=-\frac{b}{a^2\sin^3 t}.$$

下面介绍几个初等函数的 n 阶导数.

例 2.26 求指数函数 $y=e^x$ 的 n 阶导数.

解 $y'=e^x,y''=e^x,y'''=e^x,y^{(4)}=e^x$，

一般地，可得 $y^{(n)}=e^x$，即 $(e^x)^{(n)}=e^x$.

例 2.27 求幂函数 $y=x^\mu(\mu\in R)$的 n 阶导数.

解 $y'=\mu x^{\mu-1},y''=\mu(\mu-1)x^{\mu-2},y'''=\mu(\mu-1)(\mu-2)x^{\mu-3}$，

一般地，可得 $y^{(n)}=\mu(\mu-1)\cdots(\mu-n+1)x^{\mu-n}$，

即

$$(x^\mu)^{(n)}=\mu(\mu-1)\cdots(\mu-n+1)x^{\mu-n}.$$

特别地，若 $\mu=-1$，则有$\left(\frac{1}{x}\right)^{(n)}=(-1)^n\frac{n!}{x^{n+1}}$.

若 μ 为自然数，则有$(x^n)^{(n)}=n(n-1)\cdots(n-n+1)=n!$，$(x^n)^{(n+1)}=0$.

例 2.28 求三角函数 $y=\sin x$ 的 n 阶导数.

解 $y'=\cos x=\sin\left(x+\frac{\pi}{2}\right)$，

$$y''=\cos\left(x+\frac{\pi}{2}\right)=\sin\left(x+\frac{\pi}{2}+\frac{\pi}{2}\right)=\sin\left(x+2\cdot\frac{\pi}{2}\right),$$

$$y'''=\cos\left(x+2\cdot\frac{\pi}{2}\right)=\sin\left(x+2\cdot\frac{\pi}{2}+\frac{\pi}{2}\right)=\sin\left(x+3\cdot\frac{\pi}{2}\right),$$

一般的,可得 $$y^{(n)}=(\sin x)^{(n)}=\sin\left(x+n\cdot\frac{\pi}{2}\right),$$

类似的,可求得 $$(\cos x)^{(n)}=\cos\left(x+n\cdot\frac{\pi}{2}\right).$$

习题 2.4

1. 求下列函数的二阶导数.

(1) $y=2x^3+\ln x$; (2) $y=\tan x$;

(3) $y=(1+x^2)\arctan x$; (4) $y=xe^{x^2}$.

2. 求下列各函数的二阶导数,其中 $f(u)$ 为二阶可导.

(1) $f(x^2)$; (2) $f(e^{-x})$;

(3) $f(\ln x)$; (4) $\ln f(x)$.

3. 求由下列方程所确定隐函数的二阶导数.

(1) $x^2-y^2=1$; (2) $y=1+xe^y$.

4. 求由下列参数方程所确定函数的二阶导数.

(1) $\begin{cases} x=\dfrac{t^2}{2}, \\ y=1-t; \end{cases}$ (2) $\begin{cases} x=a(t-\sin t), \\ y=a(1-\cos t). \end{cases}$

5. 验证函数 $y=e^x\sin x$ 满足关系式 $y''-2y'+2y=0$.

6. 求下列函数的 n 阶导数.

(1) $y=xe^x$; (2) $y=\sin^2 x$.

2.5 函数的微分

2.5.1 微分的概念

先分析一个具体问题. 设有一块边长为 x_0 的正方形金属薄片,由于受到温度变化的影响,边长从 x_0 变到 $x_0+\Delta x$,此金属薄片的面积改变了多少?

如图 2.3 所示,此金属薄片原面积 $S={x_0}^2$,受温度变化的影响后,面积变为 $(x_0+\Delta x)^2$,因此面积的改变量为

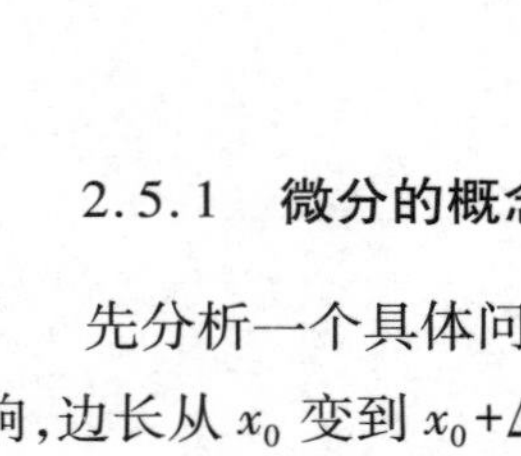

图 2.3

$$\Delta S=(x_0+\Delta x)^2-{x_0}^2=2x_0\Delta x+(\Delta x)^2.$$

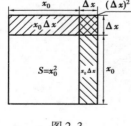

从上式可以看出,ΔS 由两部分组成:第一部分 $2x_0\Delta x$ 是 Δx 的线性函数(即图 2.3 中带单斜线的部分);第二部分 $(\Delta x)^2$ 是图中带交叉斜线的部分,当 $\Delta x\to 0$ 时,$(\Delta x)^2$ 是比 Δx 高阶的无穷小(即 $(\Delta x)^2=o(\Delta x)$). 由此可见,当边长有微小的改变时,其所引起的正方形面积的改变 ΔS 可以近似地用第一部分——Δx 的线性函数 $2x_0\Delta x$ 来代替,

由此产生的误差是比 Δx 高阶的无穷小.

是否所有函数在某一点的改变量都能表示为一个该点自变量改变量的线性函数与自变量改变量的高阶无穷小的和呢？这个线性部分是什么，如何求？下面具体来讨论这些问题.

定义 2.4 设函数 $y=f(x)$ 在点 x_0 的一个邻域 $U(x_0)$ 中有定义，Δx 是 x 在 x_0 点的改变量（也称增量），$x_0+\Delta x\in U(x_0)$，如果相应的函数改变量（即增量）$\Delta y=f(x_0+\Delta x)-f(x_0)$ 可表示为

$$\Delta y=A\Delta x+o(\Delta x)\ (\Delta x\to 0),\tag{2.8}$$

其中，A 是与 Δx 无关的常数，则称函数 $y=f(x)$ 在点 x_0 处**可微**，并且称 $A\Delta x$ 为函数 $y=f(x)$ 在点 x_0 的**微分**，记作 $\mathrm{d}y\big|_{x=x_0}$（简记为 $\mathrm{d}y$）或 $\mathrm{d}f(x_0)$，即

$$\mathrm{d}y=A\Delta x \quad 或 \quad \mathrm{d}f(x_0)=A\Delta x.\tag{2.9}$$

由定义可知 $\Delta y=\mathrm{d}y+o(\Delta x)$，这就是说，函数的微分与增量仅相差一个比 Δx 高阶的无穷小. 由于 $\mathrm{d}y$ 是 Δx 的线性函数，所以当 $A\neq 0$ 时，也说微分 $\mathrm{d}y$ 是增量 Δy 的**线性主部**. Δy 主要由 $\mathrm{d}y$ 来决定.

接下来很自然产生了一个问题，什么样的条件下，函数在某一点才可微呢？式(2.9)中与 Δx 无关的常数 A 该如何求？要解决这个问题，首先设函数 $y=f(x)$ 在点 x_0 处可微，即

$$\Delta y=A\Delta x+o(\Delta x),$$

两边除以 Δx，得 $\dfrac{\Delta y}{\Delta x}=A+\dfrac{o(\Delta x)}{\Delta x}$，于是当 $\Delta x\to 0$ 时，由上式就得到

$$A=\lim_{\Delta x\to 0}\frac{\Delta y}{\Delta x}=f'(x_0),$$

即函数 $y=f(x)$ 在点 x_0 处可导，且 $A=f'(x_0)$.

反之，设函数 $y=f(x)$ 在点 x_0 处可导，即有 $\lim\limits_{\Delta x\to 0}\dfrac{\Delta y}{\Delta x}=f'(x_0)$，根据极限与无穷小的关系，得

$$\frac{\Delta y}{\Delta x}=f'(x_0)+\alpha,$$

其中，$\alpha\to 0(\Delta x\to 0)$，由此得到 $\Delta y=f'(x_0)\Delta x+\alpha\Delta x$. 由于 $\alpha\Delta x=o(\Delta x)$，且 $f'(x_0)$ 不依赖 Δx，根据微分的定义知，函数 $y=f(x)$ 在点 x_0 处可微. 综合上面的讨论，我们得到如下结论.

定理 2.6 函数 $y=f(x)$ 在点 x_0 处可微的充分必要条件是函数 $y=f(x)$ 在点 x_0 处可导，这时式(2.9)中的 A 等于 $f'(x_0)$.

本定理不仅揭示了函数 $y=f(x)$ 在点 x_0 处的可导性与可微性等价，还给出了函数 $f(x)$ 在 x_0 处的微分与导数的关系式，即

$$\mathrm{d}f(x_0)=f'(x_0)\Delta x.$$

若函数 $y=f(x)$ 在区间 I 上的每一点都可微，则称 $y=f(x)$ 为区间 I 上的**可微函数**. 函数 $y=f(x)$ 在区间 I 上的**微分**记作

$$\mathrm{d}y=f'(x)\Delta x.\tag{2.10}$$

设 $y=\varphi(x)=x$，则 $\varphi'(x)=1$，所以 $\mathrm{d}y=\mathrm{d}x=\varphi'(x)\Delta x=\Delta x$. 由此我们规定自变量的微分 $\mathrm{d}x$ 就等于自变量的增量 Δx，于是式(2.10)可以改写为

$$\mathrm{d}y=f'(x)\mathrm{d}x.\tag{2.11}$$

即函数的微分等于函数的导数与自变量微分的乘积，例如 $d(\sin x)=\cos x\mathrm{d}x$.

如果将式(2.11)改写成$\frac{dy}{dx}=f'(x)$,那么函数的导数就等于函数的微分与自变量微分的商.因此,导数又被称为"微商".在这以前,我们总把$\frac{dy}{dx}$作为一个整体的运算记号来看待,有了微分的概念后,也可以把它看作一个分式.

例2.29 已知$y=x^4+3x^2-8x+6$,求dy.

解
$$y'=4x^3+6x-8,$$
由导数和微分的关系知
$$dy=(4x^3+6x-8)dx.$$

例2.30 求函数$y=\arctan 2x$在$x=1$处的微分.

解
$$y'|_{x=1}=\left.\frac{2}{1+(2x)^2}\right|_{x=1}=\frac{2}{1+4}=\frac{2}{5},$$
故函数在$x=1$处的微分为
$$dy=\frac{2}{5}dx.$$

2.5.2 微分的几何意义

在直角坐标系中,函数$y=f(x)$的图形是一条曲线.设点$M(x_0,y_0)$是该曲线上的一个定点,当自变量x在点x_0处取增量Δx时,就得到曲线上另一个点$N(x_0+\Delta x,y_0+\Delta y)$.从图2.4可知

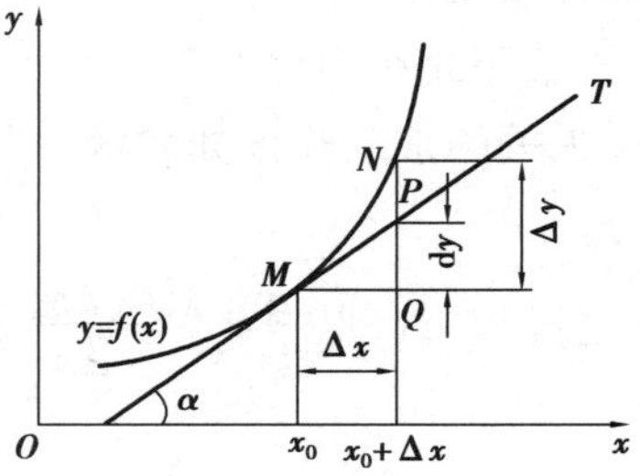

图2.4

$$|MQ|=\Delta x,|QN|=\Delta y.$$
过点M作曲线的切线MT,它的倾角为α,则
$$|QP|=|MQ|\cdot\tan\alpha=\Delta x\cdot f'(x_0),$$
即
$$dy=|QP|.$$

由此可见,对可微函数$y=f(x)$而言,当Δy是曲线$y=f(x)$上点的纵坐标的增量时,dy就是曲线在该点的切线上的点的纵坐标的增量,当$|\Delta x|$很小时,$|\Delta y-dy|$比$|\Delta x|$小得多.因此,在点M的邻近,我们可以用切线段$|MP|$来近似代替曲线段$|MN|$.

2.5.3 微分的运算

因为函数$y=f(x)$的微分为$dy=f'(x)dx$,所以由基本初等函数的求导公式及求导法则,可以得到相应的微分公式和微分运算法则.

1.基本初等函数的微分公式

(1)$dc=0$(c为常数); (2)$d(x^\mu)=\mu x^{\mu-1}dx$;

(3)$d(a^x)=a^x\ln a dx$; (4)$d(e^x)=e^x dx$;

(5)$d(\log_a x)=\frac{1}{x\ln a}dx$; (6)$d(\ln x)=\frac{1}{x}dx$;

(7)$d(\sin x)=\cos x dx$; (8)$d(\cos x)=-\sin x dx$;

(9)$d(\tan x)=\sec^2 x dx$; (10)$d(\cot x)=-\csc^2 x dx$;

(11)$d(\arcsin x)=\frac{1}{\sqrt{1-x^2}}dx$; (12)$d(\arccos x)=-\frac{1}{\sqrt{1-x^2}}dx$;

(13) $d(\arctan x)=\frac{1}{1+x^2}dx$;　　(14) $d(\text{arccot } x)=-\frac{1}{1+x^2}dx$.

2. 函数和、差、积、商的微分法则

设 $u=u(x)$, $v=v(x)$ 可微，则有

$d(u\pm v)=du\pm dv$;　　$d(cu)=cdu$;

$d(uv)=udv+vdu$;　　$d\left(\frac{v}{u}\right)=\frac{udv-vdu}{u^2}(u\neq 0)$.

3. 复合函数的微分法则

设 $y=f(x)$ 及 $u=g(x)$ 都可导，则复合函数 $y=f[g(x)]$ 的微分为

$$dy=\frac{dy}{dx}\cdot dx=f'(u)\cdot g'(x)dx.$$

由于 $g'(x)dx=du$，所以复合函数 $y=f[g(x)]$ 的微分公式也可以写成

$$dy=f'(u)du \quad 或 \quad dy=\frac{dy}{du}du.$$

由此可见，无论 u 是自变量还是另一个变量的可微函数，微分形式 $dy=f'(u)du$ 保持不变，这一性质称为**一阶微分形式不变性**. 这一性质表明，当变换自变量时，微分形式 $dy=f'(u)du$ 并不改变.

例 2.31　设 $y=e^{\sin x}$，求 dy.

解一　用公式 $dy=f'(x)dx$ 得

$$dy=(e^{\sin x})'dx=e^{\sin x}\cos x dx.$$

解二　用一阶微分形式不变性得

$$dy=de^{\sin x}=e^{\sin x}d(\sin x)=e^{\sin x}\cos x dx.$$

例 2.32　求由方程 $e^{xy}=2x+y^3$ 所确定隐函数 $y=y(x)$ 的微分 dy.

解　对方程两边求微分，得

$$d(e^{xy})=d(2x+y^3),\ e^{xy}dxy=d(2x)+d(y^3),$$

$$e^{xy}(ydx+xdy)=2dx+3y^2dy,$$

$$dy=\frac{2-ye^{xy}}{xe^{xy}-3y^2}dx.$$

2.5.4　微分在近似计算中的应用

若函数 $y=f(x)$ 在点 x_0 处可微，则

$$\Delta y=f'(x_0)\Delta x+o(\Delta x)=dy+o(\Delta x) \quad (\Delta x\to 0)$$

当 $|\Delta x|$ 很小时，有 $\Delta y\approx dy$，即

$$f(x_0+\Delta x)-f(x_0)\approx f'(x_0)\Delta x, \tag{2.12}$$

或

$$f(x_0+\Delta x)\approx f(x_0)+f'(x_0)\Delta x. \tag{2.13}$$

也就是说，为求得 $f(x)$ 的近似值，可找一个邻近 x 的值 x_0，只要 $f(x_0)$ 和 $f'(x_0)$ 易于计算，那么以 x 代替式(2.13)中的 $x_0+\Delta x$ 就可得到 $f(x)$ 的近似值

$$f(x)\approx f(x_0)+f'(x_0)\Delta x.$$

例 2.33 用微分求$\sqrt{102}$与$\sqrt{98}$的近似值.

解 令$f(x)=\sqrt{x}$,取$x_0=100$,$x_0+\Delta x=102$,即$\Delta x=2$,

且$f'(x_0)=\dfrac{1}{2\sqrt{x_0}}=\dfrac{1}{2\sqrt{100}}$,由式(2.13)有

$$\sqrt{102}\approx\sqrt{100}+\frac{1}{2\sqrt{100}}\cdot 2=10.1.$$

同理,当$x_0+\Delta x=98$时$\Delta x=-2$,由式(2.13)有

$$\sqrt{98}\approx\sqrt{100}+\frac{1}{2\sqrt{100}}\cdot(-2)=9.9.$$

特别的,式(2.13)中取$x_0=0$有

$$f(x)\approx f(0)+f'(0)x \quad (|x|<<1).$$

由此可以得到工程上常用的几个近似公式:

$$\sin x\approx x,\tan x\approx x,\arcsin x\approx x,\ln(1+x)\approx x,e^x\approx 1+x,(1+x)^\mu\approx 1+\mu x.$$

习题 2.5

1. 求下列函数的微分.

(1)$y=5x^3+3x+1$; (2)$y=\dfrac{1}{x}+2\sqrt{x}$;

(3)$y=x\sin 2x$; (4)$y=2\ln^2 x+x$;

(5)$y=x^2e^{2x}$; (6)$y=\dfrac{\cos 2x}{1+\sin x}$.

2. 求下列方程确定的隐函数$y=y(x)$的微分dy.

(1)$x^3y^2-\sin y^4=0$; (2)$\tan y=x+y$.

3. 求下列各式的近似值.

(1)$\ln 1.01$; (2)$e^{-0.02}$.

4. 一个外直径为 10 cm 的球,球壳的厚度为$\dfrac{1}{8}$ cm,试求球壳体积的近似值.

5. 扩音器插头为圆柱形,截面半径r为 0.15 cm,长度l为 4 cm,为了提高它的导电性能,必须在这圆柱的侧面镀一层厚度为 0.001 cm 的纯铜,约需多少克纯铜?

6. 正方体的棱长$x=10$ m,如果棱长增加 0.1 m,求此正方体体积增加量的精确值与近似值.

7. 将适当的函数填入下列括号内,使等式成立.

(1)d(　　　)$=2dx$; (2)d(　　　)$=3xdx$;

(3)d(　　　)$=\sin ax dx$; (4)d(　　　)$=\dfrac{1}{1+x}dx$;

(5)d(　　　)$=e^{-2x}dx$; (6)d(　　　)$=\dfrac{1}{\sqrt{x}}dx$;

(7)d(　　　)$=\sec^2 3x dx$; (8)d(　　　)$=\dfrac{1}{\sqrt{1-4x^2}}dx$.

本章应用拓展——数学建模在导数中的应用

数学是科学之门的一把钥匙,也是一个重在实践的学科. 自然科学中几乎所有的重大发现无不依赖于数学的发展与进步. 数学作为一门重要的基础学科和一种精确的科学语言,是人类文明的一个重要组成部分,在社会各领域中发挥着越来越重要的作用,高科技的出现使得数学与工程技术,在更广阔的范围内和更深刻的程度上直接地相互作用,把社会推进到数学工程技术发展的新时代,数学是各学科可以共同使用的语言. 数学建模在导数教学中的主要作用就是指导实践,通过数学建模的方式,在最大程度上将数学理论用于实践才是数学研究的根本目的. 对于建模来说,将抽象的导数转换成生活实践中的具体数值尤为重要.

数学建模过程可以归纳为以下基本步骤:问题的提出与分析;模型的简化假设;模型的建立与求解;模型的检验和应用.

例:(人口增长模型)某地区近年来的人口数据见表 2. 1.

表 2. 1 某地区近年来的人口数据(单位:千人)

年份	人口	增加人口
2015 年	570	—
2016 年	591	21
2017 年	613	22
2018 年	636	23

(1)根据上面的表格提出问题:估计在 2023 年,该地区人口将以何种速率增长?

(2)模型的建立.

为了弄清该地区人口是如何增长的,我们观察表 2. 1 第三列中人口的年增加量. 如果人口是线性增长的,那么第三列中的数据应该是相同的;但人口越多其增长得就越快,第三列中数据就不同. 根据第二列数据,可近似得到

$$\frac{2016\text{ 年人口}}{2015\text{ 年人口}}=\frac{591\text{ 千人}}{570\text{ 千人}}\approx 1.037,$$

$$\frac{2017\text{ 年人口}}{2016\text{ 年人口}}=\frac{613\text{ 千人}}{591\text{ 千人}}\approx 1.037,$$

$$\frac{2018\text{ 年人口}}{2017\text{ 年人口}}=\frac{636\text{ 千人}}{613\text{ 千人}}\approx 1.037.$$

以上结果表明,2015—2016 年、2016—2017 年和 2017—2018 年,人口都分别增长了约 3. 7%.

设 t 是自 2015 年以来的年数,则

当 $t=0$ 时,2015 年人口 $=570=570\times(1.037)^0$,

当 $t=1$ 时,2016 年人口 $=591=570\times(1.037)^1$,

当 $t=2$ 时,2017 年人口 $=613=570\times(1.037)^2$,

当 $t=3$ 时，2018 年人口 $=636=570\times(1.037)^3$.

设 2015 年后 t 年的人口为 P，则该地区的人口模型为

$$P=570\times(1.037)^t.$$

(3) 模型求解：由于瞬时增长率是导数，故需要计算 $\frac{dP}{dt}$ 在 $t=8$ 时的值，则

$$\frac{dP}{dt}=\frac{d[570\times(1.037)^t]}{dt}=570\times(\ln 1.037)\times(1.037)^t$$
$$=20.709\times(1.037)^t.$$

将 $t=8$ 代入，得 $20.709\times(1.037)^8=27.694$.

故该地区的人口在 2023 年年初大约以每年 27.694 千人即以 27 694 人的速率增长.

本例体现了运用函数和导数的知识来构建数学模型，最终用高等数学的知识求出所求量的建模思想. 数学建模是数学逻辑思维在实际应用中的体现，是运用数学的语言和方法，通过抽象、简化建立能近似刻画并解决实际问题的一种强有力的手段. 在工作生活中，任何工作领域与数学都有着紧密的关联，我们学习过的数学定理、公式和解题方法都有着不同的应用领域，从数学课程的学习中获得的数学的思维方法和看待问题的着眼点等，使大家受益终身.

总习题 2

1. 填空题.

(1) 可导函数________连续，连续函数________可导.

(2) 函数 $f(x)$ 在点 x_0 处可导是 $f(x)$ 在点 x_0 处可微的________条件.

(3) 设 $f(x)=x$，则 $f(0)=$________，$f'(0)=$________；设 $g(x)=x^2$，则 $g(0)=$________，$g'(0)=$________；设 $h(x)=x^{\frac{1}{3}}$，则 $h(0)=$________，而在 $x=0$ 处________.

(4) 设 $f(x)=e^{mx}$，则 $f^{(n)}(x)=$________.

(5) $y=2x^2+\ln x$，则 $y''|_{x=1}=$________.

(6) 设 $y=f(2x)$，其中 $f(x)$ 具有二阶连续导数，则 $y''=$________.

(7) 设 $y=\log_2\sqrt{\sin 3x}+3^{x^2}$，则 $y=$____________.

(8) 设函数 $y=f(x)$ 由方程 $xy+2\ln x=y^4$ 确定，则曲线 $y=f(x)$ 在点 (1,1) 处的切线方程是____________.

(9) 设 $df(x)=\left(\frac{1}{1+x^2}+\cos 2x+e^{3x}\right)dx$，则 $f(x)=$____________.

(10) 用微分近似计算得 $\sqrt[4]{82}\approx$____________.

2. 选择题.

(1) 设 $f(x)$ 为可导函数，且满足条件 $\lim\limits_{x\to 0}\frac{f(1)-f(1-x)}{2x}=-1$，则曲线 $y=f(x)$ 在点 $[1,f(1)]$ 处的切线斜率为（　　）.

A. 2　　B. −1　　C. $\frac{1}{2}$　　D. −2.

(2) 设 $f(x)=\cos x$，则 $\lim\limits_{\Delta x\to 0}\frac{f(a)-f(a-\Delta x)}{\Delta x}=$(　　).

A. $\sin a$　　B. $-\sin a$　　C. $\cos a$　　D. $-\cos a$

(3) 下列结论错误的是(　　).

A. 如果函数 $f(x)$ 在点 $x=x_0$ 处连续，则 $f(x)$ 在点 $x=x_0$ 处可导

B. 如果函数 $f(x)$ 在点 $x=x_0$ 处不连续，则 $f(x)$ 在点 $x=x_0$ 处不可导

C. 如果函数 $f(x)$ 在点 $x=x_0$ 处可导，则 $f(x)$ 在点 $x=x_0$ 处连续

D. 如果函数 $f(x)$ 在点 $x=x_0$ 处不可导，则 $f(x)$ 在点 $x=x_0$ 处不连续

(4) 设 $f(x)=x(x+1)(x+2)(x+3)$，则 $f'(0)=$(　　).

A. 6　　B. 3　　C. 2　　D. 0

(5) 设 $f(x)=\begin{cases}\frac{2}{3}x^3, x\leqslant 1\\ x^2, x>1\end{cases}$，则 $f(x)$ 在 $x=1$ 处的(　　).

A. 左、右导数都存在　　B. 左导数存在，右导数不存在

C. 左导数不存在，右导数存在　　D. 左、右导数都不存在

(6) 设 $y=\ln\left(\frac{x}{2}\right)+2^x-\sin e$，则 $y'=$(　　).

A. $\frac{2}{x}+2^x-\cos e$　　B. $\frac{1}{x}+2^x\ln 2-\cos e$

C. $\frac{1}{2x}+2^x\ln 2$　　D. $\frac{1}{x}+2^x\ln 2$

(7) 已知 $y=x\ln x$，则 $y'''=$(　　).

A. $\frac{1}{x^2}$　　B. $\frac{1}{x}$　　C. $-\frac{1}{x^2}$　　D. $\frac{2}{x^3}$

(8) 当 $|\Delta x|$ 充分小，$f'(x)\neq 0$ 时，函数 $y=f(x)$ 的改变量 Δy 与微分 dy 的关系是(　　).

A. $\Delta y=dy$　　B. $\Delta y<dy$　　C. $\Delta y>dy$　　D. $\Delta y\approx dy$

(9) 设 $y=f(u)$ 是可微函数，u 是 x 的可微函数，则 $dy=$(　　).

A. $f'(u)u\,dx$　　B. $f'(u)du$　　C. $f'(u)dx$　　D. $f'(u)u'du$

(10) 给半径为 R 的球加热，如果球的半径伸长 ΔR，则球的体积增加了(　　).

A. $\frac{4}{3}\pi R^3\Delta R$　　B. $4\pi R^3\Delta R$　　C. $4\Delta R$　　D. $4\pi R\Delta R$

3. 求下列函数的导数.

(1) $y=(3x+5)^3(5x+4)^5$;　　(2) $y=x^a+a^x+a^a$;

(3) $y=e^{-\frac{1}{x}}$;　　(4) $y=x\sqrt{1-x^2}+\arcsin x$;

(5) $y=\log_a(1+x^2)$;　　(6) $y=\ln\sqrt{x}+\sqrt{\ln x}$;

(7) $y=\arctan\frac{x+1}{x-1}$;　　(8) $y=x\arcsin\frac{x}{2}+\sqrt{4-x^2}$;

(9) $y=\frac{\arccos x}{\sqrt{1-x^2}}$；

(10) $y=x^2 e^{-2x}\sin 3x$.

4. 求下列函数的二阶导数.

(1) $y=x^3\cos 2x$；

(2) $y=\ln\sqrt{\frac{1-x}{1+x^2}}$；

(3) $y=x\ln x$；

(4) $y=\tan 2x$.

5. 求下列函数的 n 阶导数.

(1) $y=\ln(1+x)$；

(2) $y=(1+x)^n$.

6. 求下列函数的微分.

(1) $y=\sqrt{1-x^2}$；

(2) $y=\ln x^2$；

(3) $y=\frac{x}{1-x^2}$；

(4) $y=e^{-x}\cos x$；

(5) $y=\arcsin\sqrt{x}$；

(6) $y=\tan\frac{x}{2}$.

7. 由方程 $e^{xy}+y^2=\cos x$ 确定 y 为 x 的函数,求$\frac{dy}{dx}$.

8. 方程 $y-xe^y=1$ 确定 y 为 x 的函数,求$y''|_{x=0}$.

9. 由方程 $x-y+\frac{1}{2}\sin y=0$ 确定 y 为 x 的函数,求$\frac{d^2y}{dx^2}$.

10. 求隐函数 $xy=e^{x+y}$ 的微分 dy.

11. 求曲线$\begin{cases}x=1+t^2,\\y=t\end{cases}$在 $t=2$ 处的切线方程.

12. 设扇形的圆心角 $\alpha=60°$,半径 $R=100$ cm. 如果 R 不变,α 减少 $30'$,扇形的面积大约会改变多少？如果 α 不变,R 增加 1 cm,扇形的面积大约会改变多少？

第 3 章 中值定理与导数的应用

在第 2 章中，我们从分析变化率的问题出发，引入了导数的概念，并讨论了导数的求法. 在本章我们将应用导数来研究函数及曲线的某些性态，并利用这些知识解决一些实际问题. 为此，下面先介绍微分中值定理，它们是导数应用的理论基础.

3.1 中值定理

要利用导数来研究函数的性质，首先要了解导数值与函数值之间的联系. 反映这些联系的是微分学中的几个中值定理. 在本节中，我们先学习罗尔定理，然后根据它推出拉格朗日中值定理和柯西中值定理.

3.1.1 罗尔定理

定理 3.1(罗尔定理) 若函数 $y=f(x)$ 满足：(1) 在闭区间 $[a,b]$ 上连续；(2) 在开区间 (a,b) 内可导；(3) 在端点处的函数值相等，即 $f(a)=f(b)$，则在 (a,b) 内至少有一点 $\xi(a<\xi<b)$，使得 $f'(\xi)=0$.

证明从略.

罗尔定理的几何意义：如果连续光滑曲线 $y=f(x)$ 在点 A、B 处的纵坐标相等，那么在弧 $\overset{\frown}{AB}$ 上至少有一点 $C[\xi,f(\xi)]$，曲线在 C 点的切线平行于 x 轴，如图 3.1 所示.

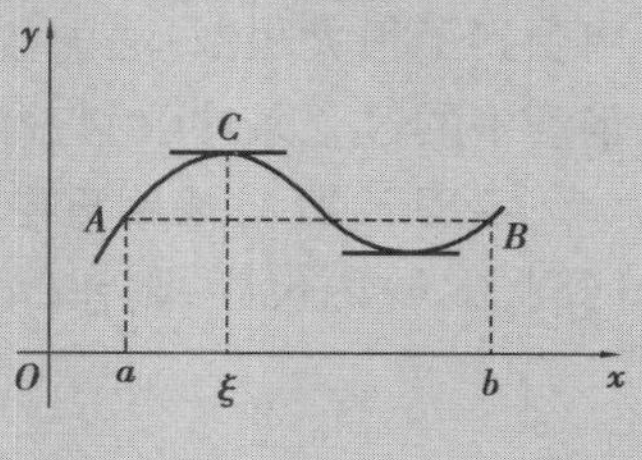

图 3.1

例 3.1 判定函数 $f(x)=x^2-x-2$ 在区间 $[-1,2]$ 上是否满足罗尔定理.

解
$$f(x)=x^2-x-2=(x-2)(x+1),f(-1)=f(2)=0$$
$$f'(x)=2x-1$$

显然$f(x)$在$[-1,2]$上满足罗尔定理的三个条件,存在$\xi=\dfrac{1}{2}\in(-1,2)$,使$f'\left(\dfrac{1}{2}\right)=0$,符合罗尔定理的结论.

例 3.2 证明方程 $x^5+x-1=0$ 只有一个正根.

证 设$f(x)=x^5+x-1$,则$f(x)$在$[0,1]$上连续,且$f(0)=-1,f(1)=1,f(0)\cdot f(1)<0$. 由零点定理知,至少存在一点 $x_0\in(0,1)$,使$f(x_0)=0$,即方程 $x^5+x-1=0$ 有一个正根 x_0.

再来证明 x_0 是方程的唯一正根,选用反证法. 设另有 $x_1\in(0,1),x_1\neq x_0,f(x_1)=0$. 易见函数$f(x)$在以 x_0、x_1 为端点的区间上满足罗尔定理的条件,故至少存在一点ξ(介于 x_0、x_1 之间),使得$f'(\xi)=0$,但$f'(x)=5x^4+1>0$,矛盾.

故方程 $x^5+x-1=0$ 只有一个正根.

注 如果罗尔定理的三个条件中有一个条件不满足,则该定理的结论就可能不成立. 如图 3.2 中四个图形均不存在ξ,使$f'(\xi)=0$.

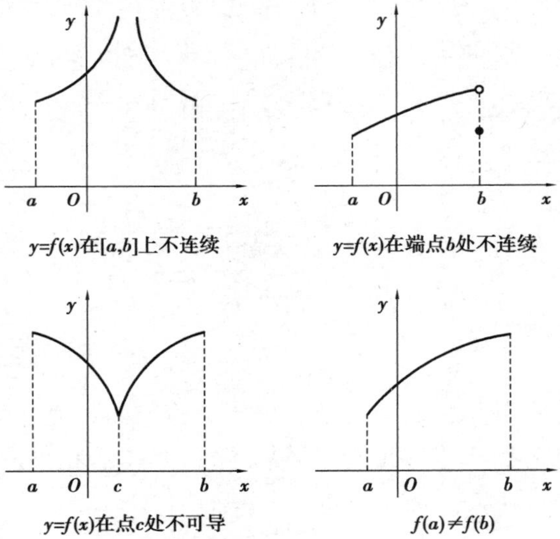

图 3.2

3.1.2 拉格朗日中值定理

罗尔定理中的条件$f(a)=f(b)$很特殊,一般的函数不满足这个条件,因此罗尔定理的应用受到了很大限制. 法国数学家拉格朗日在罗尔定理的基础上作了进一步研究,取消了罗尔定理中的这个条件限制,得到了在微分学中具有重要地位的拉格朗日中值定理.

定理 3.2(拉格朗日中值定理) 若函数$f(x)$满足:(1)在闭区间$[a,b]$上连续;(2)在开区间(a,b)内可导,则在(a,b)内至少存在一点$\xi(a<\xi<b)$,使得

$$\frac{f(b)-f(a)}{b-a}=f'(\xi). \tag{3.1}$$

证明从略.

拉格朗日中值定理的几何意义:如图3.3所示,可以看出$\frac{f(b)-f(a)}{b-a}$为弦AB的斜率,而$f'(\xi)$为曲线在C点处的切线的斜率.拉格朗日中值定理表明,在满足定理条件的情况下,曲线上至少有一点C,使曲线在C点处的切线平行于弦AB.

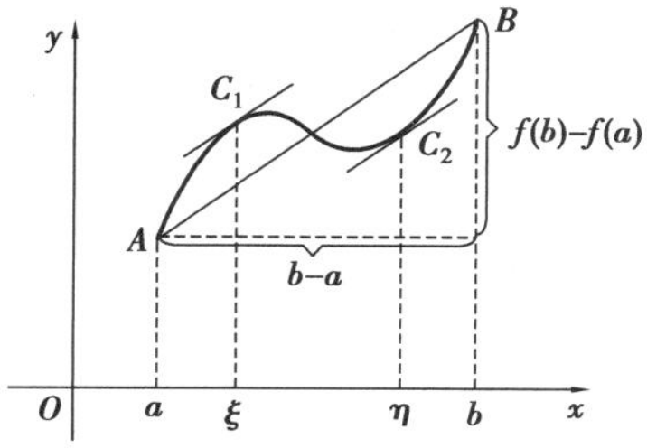

图3.3

式(3.1)称为**拉格朗日中值公式**.它也可以写成

$$f(b)-f(a)=f'(\xi)(b-a),a<\xi<b. \tag{3.2}$$

设x为区间$[a,b]$内一点,$x+\Delta x$为这个区间内的另一点($\Delta x>0$或$\Delta x<0$),则拉格朗日中值公式在区间$[x,x+\Delta x]$(或$[x+\Delta x,x]$)上的形式为

$$f(x+\Delta x)-f(x)=f'(x+\theta\Delta x)\cdot\Delta x(0<\theta<1). \tag{3.3}$$

这里的数值θ是在0与1之间,所以$x+\theta\Delta x$是在x与$x+\Delta x$之间.

如果记$f(x)$为y,则式(3.3)又可写成

$$\Delta y=f'(x+\theta\Delta x)\cdot\Delta x(0<\theta<1). \tag{3.4}$$

我们知道,函数的微分$dy=f'(x)\cdot\Delta x$是函数的增量Δy的近似表达式,一般说来,以dy近似代替Δy时所产生的误差只有当$\Delta x\to0$时才趋近零;而式(3.4)则表示在Δx为有限时,$f'(x+\theta\Delta x)\cdot\Delta x$就是增量$\Delta y$的准确表达式,它精确地表达了函数在一个区间上的增量与函数在这个区间内某点处的导数之间的关系,因此拉格朗日中值定理又称为**有限增量定理**或**微分中值定理**.

与罗尔定理一样,拉格朗日中值定理只是断定了满足式(3.1)的中值ξ的存在性,并没有给出确定ξ的方法或说明这种ξ有多少个,但它仍然具有重要的理论意义.

拉格朗日中值定理的条件一般函数都能满足,所以应用比较广泛,从拉格朗日中值定理可以得到以下两个重要推论.

推论1 若函数$f(x)$在区间I上的导数恒等于零,则$f(x)$在区间I上是一个常数.

推论2 若函数$f(x)$与$g(x)$在区间I上恒有$f'(x)=g'(x)$,则在区间I上

$$f(x)=g(x)+C\qquad(C\text{为常数}).$$

推论2在积分学中有重要应用.

例3.3 证明当$a>b>0$时,$\frac{a-b}{a}<\ln\frac{a}{b}<\frac{a-b}{b}$成立.

证 设$f(x)=\ln x,x\in[b,a]$,则$f(x)$在$[b,a]$上连续,(b,a)内可导.由拉格朗日中值定理知存在一点$\xi\in(b,a)$,使

$$f(a)-f(b)=f'(\xi)(a-b),\text{即}\quad \ln a-\ln b=\frac{1}{\xi}(a-b),$$

又由于 $b<\xi<a$，故 $\frac{1}{a}<\frac{1}{\xi}<\frac{1}{b}$，且 $a-b>0$，因而有

$$\frac{1}{a}(a-b)<\ln a-\ln b<\frac{1}{b}(a-b),$$

即

$$\frac{a-b}{a}<\ln\frac{a}{b}<\frac{a-b}{b}.$$

3.1.3　柯西中值定理

拉格朗日中值定理还可以推广到两个函数的情形.

定理 3.3（柯西中值定理）　若函数 $f(x)$ 及 $g(x)$ 满足：(1)在闭区间 $[a,b]$ 上连续；(2)在开区间 (a,b) 内可导；(3)在 (a,b) 内每一点处 $g'(x)\neq 0$，则在 (a,b) 内至少存在一点 $\xi(a<\xi<b)$，使得

$$\frac{f(b)-f(a)}{g(b)-g(a)}=\frac{f'(\xi)}{g'(\xi)}. \tag{3.5}$$

当 $g(x)=x$ 时，柯西中值定理就是拉格朗日中值定理. 但是需要注意的是，使用柯西中值定理的时候，不能分别对函数 $f(x)$ 和 $g(x)$ 在 $[a,b]$ 上应用拉格朗日中值定理，由

$$f(b)-f(a)=f'(\xi)(b-a),\xi\in(a,b),$$
$$g(b)-g(a)=g'(\xi)(b-a),\xi\in(a,b).$$

相除来推出式(3.5). 这是因为上面两式中的 ξ 不一定是 (a,b) 内的同一点.

习题 3.1

1. 下列函数在给定区间上是否满足罗尔定理的条件？若满足，求出定理结论中的 ξ.

(1) $y=2x^2-x-3,\left[-1,\frac{3}{2}\right]$；

(2) $y=e^{x^2}-1,[-1,1]$.

2. 下列函数在给定区间上是否满足拉格朗日中值定理的条件？若满足，求出定理结论中的 ξ.

(1) $y=x^3-5x^2+x-2,[-1,0]$；

(2) $y=\ln x,[1,e]$.

3. 函数 $f(x)=x^3$ 与 $g(x)=x^2+1$ 在区间 $[1,2]$ 上是否满足柯西中值定理的条件？若满足，求出定理结论中的 ξ.

4. 设 $f(x)$ 在 $[0,\pi]$ 上连续，在 $(0,\pi)$ 内可导，试证：在 $(0,\pi)$ 内至少存在一点 ξ，使得

$$f'(\xi)\sin\xi+f(\xi)\cos\xi=0.$$

5. 若函数 $f(x)$ 在 $[a,b]$ 内具有二阶导数，且 $f(x_1)=f(x_2)=f(x_3)$，其中 $a<x_1<x_2<x_3<b$，证明：在 (x_1,x_3) 内至少有一点 ξ，使得 $f''(\xi)=0$.

6. 证明以下恒等式.

(1) $\arcsin x+\arccos x=\frac{\pi}{2},x\in[0,1]$；

(2) $\arctan x-\frac{1}{2}\arccos\frac{2x}{1+x^2}=\frac{\pi}{4},x\in[1,+\infty]$.

7. 证明下列不等式.

(1) $e^x > e \cdot x, x>1$;　　(2) $\frac{x}{1+x} < \ln(1+x) < x, x>0$.

3.2 洛必达法则

如果当 $x \to a$(或 $x \to \infty$)时,两个函数 $f(x)$ 与 $g(x)$ 都趋近零或都趋近无穷大,那么极限 $\lim\limits_{\substack{x\to a \\ (x\to\infty)}} \frac{f(x)}{g(x)}$ 可能存在,也可能不存在,通常把这类极限称为**未定式**,并简记为 $\frac{0}{0}$ 型或 $\frac{\infty}{\infty}$ 型未定式. 对于这类极限,即使它存在,也不能直接用极限的除法运算法则来求解. 下面将以导数为工具,推导出计算未定式的一种简便又重要的方法——洛必达法则.

3.2.1 $\frac{0}{0}$ 型和 $\frac{\infty}{\infty}$ 型未定式

定理 3.4(洛必达法则) 设函数 $f(x)$ 和 $g(x)$ 在点 a 的某去心邻域 $\mathring{U}(a)$ 内有定义,且满足条件:

(1) $\lim\limits_{x\to a} f(x)=0, \lim\limits_{x\to a} g(x)=0$ [或 $\lim\limits_{x\to a} f(x)=\infty, \lim\limits_{x\to a} g(x)=\infty$];

(2) 在 $\mathring{U}(a)$ 内, $f'(x)$ 与 $g'(x)$ 都存在,且 $g'(x)\neq 0$;

(3) $\lim\limits_{x\to a} \frac{f'(x)}{g'(x)}$ 存在(或为无穷大),则

$$\lim_{x\to a} \frac{f(x)}{g(x)} = \lim_{x\to a} \frac{f'(x)}{g'(x)}.$$

证明从略.

注 1 $\lim\limits_{x\to a} \frac{f(x)}{g(x)}$ 必须是 $\frac{0}{0}$ 型或 $\frac{\infty}{\infty}$ 型未定式.

注 2 若将定理中的 $x\to a$ 换成 $x\to a^{\pm}$, $x\to\infty$ 或 $x\to\pm\infty$,只要相应修改条件,也可得到同样的结论.

在定理中的条件满足的情况下,法则可以被多次应用,即 $\lim\limits_{x\to a} \frac{f(x)}{g(x)} = \lim\limits_{x\to a} \frac{f'(x)}{g'(x)} = \lim\limits_{x\to a} \frac{f''(x)}{g''(x)}$,且可以依此类推,这种用导数商的极限来计算函数商的极限的方法称为**洛必达法则**.

例 3.4 求 $\lim\limits_{x\to 0} \frac{e^x - e^{-x}}{3x}$.

解 这是 $\frac{0}{0}$ 型未定式,由洛必达法则可得

$$\lim_{x\to 0} \frac{e^x - e^{-x}}{3x} = \lim_{x\to 0} \frac{(e^x - e^{-x})'}{(3x)'} = \lim_{x\to 0} \frac{e^x + e^{-x}}{3} = \frac{2}{3}.$$

例 3.5 求$\lim\limits_{x\to 1}\dfrac{x^3-3x+2}{x^3-x^2-x+1}$.

解 这是$\dfrac{0}{0}$型未定式,连续应用洛必达法则两次,可得

$$\lim_{x\to 1}\frac{x^3-3x+2}{x^3-x^2-x+1}=\lim_{x\to 1}\frac{3x^2-3}{3x^2-2x-1}=\lim_{x\to 1}\frac{6x}{6x-2}=\frac{3}{2}.$$

这里$\lim\limits_{x\to 1}\dfrac{6x}{6x-2}$已经不再是未定式,不能再对它应用洛必达法则,否则会导致计算错误.

例 3.6 求$\lim\limits_{x\to+\infty}\dfrac{\frac{\pi}{2}-\arctan x}{\sin\frac{1}{x}}$.

解 这是$\dfrac{0}{0}$型未定式,由洛必达法则可得

$$\lim_{x\to+\infty}\frac{\frac{\pi}{2}-\arctan x}{\sin\frac{1}{x}}=\lim_{x\to+\infty}\frac{\left(\frac{\pi}{2}-\arctan x\right)'}{\left(\sin\frac{1}{x}\right)'}=\lim_{x\to+\infty}\frac{-\frac{1}{1+x^2}}{\left(\cos\frac{1}{x}\right)\left(-\frac{1}{x^2}\right)}$$

$$=\lim_{x\to+\infty}\frac{x^2}{1+x^2}\cdot\lim_{x\to+\infty}\frac{1}{\cos\frac{1}{x}}=1\times 1=1.$$

例 3.7 求$\lim\limits_{x\to 0^+}\dfrac{\ln\sin 2x}{\ln x}$.

解 这是$\dfrac{\infty}{\infty}$型未定式,由洛必达法则可得

$$\lim_{x\to 0^+}\frac{\ln\sin 2x}{\ln x}=\lim_{x\to 0^+}\frac{\frac{2\cos 2x}{\sin 2x}}{\frac{1}{x}}=\lim_{x\to 0^+}\frac{\cos 2x}{\frac{\sin 2x}{2x}}=1.$$

例 3.8 求$\lim\limits_{x\to+\infty}\dfrac{e^x}{x^3}$.

解 $\lim\limits_{x\to+\infty}\dfrac{e^x}{x^3}=\lim\limits_{x\to+\infty}\dfrac{e^x}{3x^2}=\lim\limits_{x\to+\infty}\dfrac{e^x}{6x}=\lim\limits_{x\to+\infty}\dfrac{e^x}{6}=+\infty$.

洛必达法则虽然是求未定式的一种有效方法,但其若能与其他求极限的方法结合使用,效果会更好.比如能化简时先化简,可以应用等价无穷小替换或重要极限等方法时也应尽可能应用,以简化计算.

例 3.9 求$\lim\limits_{x\to 0}\dfrac{3x-\sin 3x}{(1-\cos x)\ln(1+2x)}$.

解 当$x\to 0$时,$1-\cos x\sim\dfrac{1}{2}x^2$,$\ln(1+2x)\sim 2x$.

$$\lim_{x\to 0}\frac{3x-\sin 3x}{(1-\cos x)\ln(1+2x)}=\lim_{x\to 0}\frac{3x-\sin 3x}{x^3}=\lim_{x\to 0}\frac{3-3\cos 3x}{3x^2}$$

$$=\lim_{x\to 0}\frac{3\sin 3x}{2x}=\frac{9}{2}.$$

本题若一开始时就用洛必达法则，会使运算复杂化，计算会比较费事，大家不妨试一试.

应用洛必达法则求极限时有一点需要引起注意. 如果$\lim\limits_{x\to a}\dfrac{f'(x)}{g'(x)}$不存在且不等于$\infty$，只表明洛必达法则失效，并不意味着$\lim\limits_{x\to a}\dfrac{f(x)}{g(x)}$不存在，此时应改用其他方法求之.

例如，$\lim\limits_{x\to\infty}\dfrac{x+\sin x}{x}$是$\dfrac{\infty}{\infty}$型未定式，分子分母分别求导数后会得到$\lim\limits_{x\to\infty}\dfrac{1+\cos x}{1}$，由$\lim\limits_{x\to\infty}\cos x$不存在知$\lim\limits_{x\to\infty}\dfrac{1+\cos x}{1}$不存在，但不能说$\lim\limits_{x\to\infty}\dfrac{x+\sin x}{x}$不存在. 事实上，$\lim\limits_{x\to\infty}\dfrac{x+\sin x}{x}=\lim\limits_{x\to\infty}\left(1+\dfrac{\sin x}{x}\right)=1+0=1$.

3.2.2 其他类型的未定式

除前面讲述的$\dfrac{0}{0}$型和$\dfrac{\infty}{\infty}$型未定式外，还有$0\cdot\infty$，$\infty-\infty$，∞^0，0^0，1^∞等类型的未定式. 求这类未定式，就是通过适当的变换，将它们化为$\dfrac{0}{0}$或$\dfrac{\infty}{\infty}$型未定式，下面通过例子加以说明.

例 3.10 求$\lim\limits_{x\to 0^+}x\ln x$.

解 这是$0\cdot\infty$型未定式. 由于$x\ln x=\dfrac{\ln x}{\frac{1}{x}}$，所以它能转化为$\dfrac{\infty}{\infty}$型未定式，应用洛必达法则得

$$\lim_{x\to 0^+}x\ln x=\lim_{x\to 0^+}\frac{\ln x}{\frac{1}{x}}=\lim_{x\to 0^+}\frac{\frac{1}{x}}{-\frac{1}{x^2}}=\lim_{x\to 0^+}(-x)=0.$$

例 3.11 求$\lim\limits_{x\to\frac{\pi}{2}}(\sec x-\tan x)$.

解 这是$\infty-\infty$型未定式. 由于$\sec x-\tan x=\dfrac{1-\sin x}{\cos x}$，所以它能化为$\dfrac{0}{0}$型未定式，于是由洛必达法则得

$$\lim_{x\to\frac{\pi}{2}}(\sec x-\tan x)=\lim_{x\to\frac{\pi}{2}}\frac{1-\sin x}{\cos x}=\lim_{x\to\frac{\pi}{2}}\frac{-\cos x}{-\sin x}=0.$$

例 3.12 求$\lim\limits_{x\to 0^+}x^x$.

解 这是0^0型未定式. 设$y=x^x$，则$\ln y=\ln x^x=x\ln x$. 由例 3.10 知

$$\lim_{x\to 0^+}\ln y=\lim_{x\to 0^+}x\ln x=0,$$

从而有 $\lim\limits_{x\to 0^+}y=\lim\limits_{x\to 0^+}x^x=e^0=1$.

例 3.13 求$\lim\limits_{x\to 0}(\cos x)^{\frac{1}{x^2}}$.

解 这是 1^∞ 型未定式. 设 $y=(\cos x)^{\frac{1}{x^2}}$,则 $\ln y=\frac{\ln\cos x}{x^2}$.

$$\lim_{x\to0}\ln y=\lim_{x\to0}\frac{\ln\cos x}{x^2}=\lim_{x\to0}\frac{\frac{1}{\cos x}\cdot(-\sin x)}{2x}$$

$$=\lim_{x\to0}\frac{\sin x}{x}\cdot\frac{1}{-2\cos x}=-\frac{1}{2},$$

从而有
$$\lim_{x\to0}y=\lim_{x\to0}(\cos x)^{\frac{1}{x^2}}=\mathrm{e}^{-\frac{1}{2}}.$$

习题 3.2

1. 用洛必达法则求下列极限.

(1) $\lim\limits_{x\to0}\frac{\mathrm{e}^x-\mathrm{e}^{-x}}{\sin x}$;

(2) $\lim\limits_{x\to\frac{\pi}{2}}\frac{\ln\sin x}{(\pi-2x)^2}$;

(3) $\lim\limits_{x\to a}\frac{\sin x-\sin a}{x-a}$;

(4) $\lim\limits_{x\to1}\frac{x^\alpha-1}{x^\beta-1},\beta\neq0$;

(5) $\lim\limits_{x\to1}\frac{x^{10}-10x+9}{x^5-5x+4}$;

(6) $\lim\limits_{x\to0^+}\frac{\ln\tan7x}{\ln\tan2x}$;

(7) $\lim\limits_{x\to\infty}\frac{\ln\left(1+\frac{1}{x}\right)}{\operatorname{arccot} x}$;

(8) $\lim\limits_{x\to1}\left(\frac{2}{x^2-1}-\frac{1}{x-1}\right)$;

(9) $\lim\limits_{x\to0}\left(\frac{1}{x}-\frac{1}{\mathrm{e}^x-1}\right)$;

(10) $\lim\limits_{x\to0}x\cot2x$;

(11) $\lim\limits_{x\to0^+}x^{\sin x}$;

(12) $\lim\limits_{x\to0}(1+\sin x)^{\frac{1}{x}}$.

2. 验证极限 $\lim\limits_{x\to0}\frac{x^2\sin\frac{1}{x}}{\sin x}$ 存在,但不能用洛必达法则求出.

3. 当 a 与 b 取何值时,$\lim\limits_{x\to0}\left(\frac{\sin 3x}{x^3}+\frac{a}{x^2}+b\right)=0$?

3.3 函数的单调性、极值、最值

3.3.1 函数的单调性

如果函数 $y=f(x)$ 在 (a,b) 上单调增加(或减少),那么它的图形是一条沿 x 轴正向上升(或下降)的曲线,如图 3.4 所示. 这时可见曲线 $C:y=f(x)\,[x\in(a,b)]$ 在每一点的切线的倾角都是锐角(或钝角),从而 $f'(x)\geqslant0$(或 $f'(x)\leqslant0$). 由此可见,函数的单调性与导数的符号有着密切的关系.

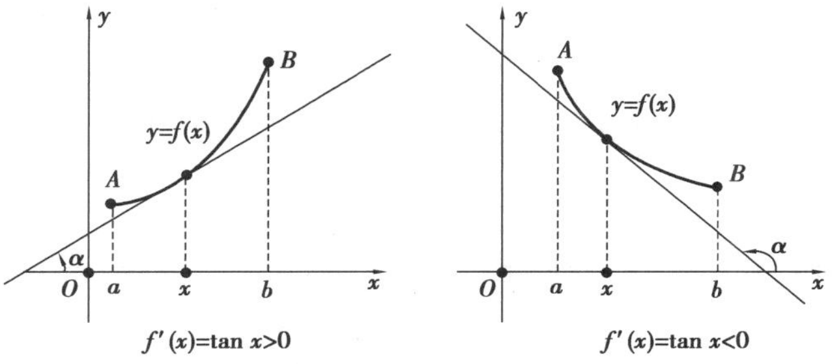

图 3.4

反过来,我们可以用导数的符号来判别函数的单调性,下面用拉格朗日中值定理来讨论这个问题.

定理 3.5　设函数 $f(x)$ 在 $[a,b]$ 上连续,在 (a,b) 内可导,

(1)若在 (a,b) 内 $f'(x)>0$,则函数 $f(x)$ 在 $[a,b]$ 上单调增加;

(2)若在 (a,b) 内 $f'(x)<0$,则函数 $f(x)$ 在 $[a,b]$ 上单调减少.

证　任取两点 x_1、$x_2\in(a,b)$,设 $x_1<x_2$,由拉格朗日中值定理知,存在 $\xi(x_1<\xi<x_2)$,使得

$$f(x_2)-f(x_1)=f'(\xi)(x_2-x_1).$$

(1)若在 (a,b) 内 $f'(x)>0$,则 $f'(\xi)>0$,可得 $f(x_2)-f(x_1)>0$,即 $f(x_2)>f(x_1)$,故函数 $f(x)$ 在 $[a,b]$ 上单调增加;

(2)若在 (a,b) 内 $f'(x)<0$,则 $f'(\xi)<0$,可得 $f(x_2)-f(x_1)<0$,即 $f(x_2)<f(x_1)$,故函数 $f(x)$ 在 $[a,b]$ 上单调减少.

注 1　如果将定理中的闭区间 $[a,b]$ 换成其他各种区间(包括无穷区间),结论仍然成立.

注 2　函数的单调性是一个区间上的性质,函数在区间内个别点的导数为零并不影响函数在该区间上的单调性. 因此将条件 $f'(x)>0(f'(x)<0)$ 改成 $f'(x)\geqslant 0(f'(x)\leqslant 0)$,但函数只在有限个点处的导数为零,结论依然成立.

例如,函数 $y=x^3$ 在其定义域 $(-\infty,+\infty)$ 内是单调增加的,但其导数 $y'=3x^2$ 在 $x=0$ 处为零.

如果函数在某区间内是单调的,则称该区间为函数的**单调区间**.

例 3.14　讨论函数 $y=\mathrm{e}^x-x+1$ 的单调性.

解　函数 $y=\mathrm{e}^x-x+1$ 的定义域为 $(-\infty,+\infty)$,又有 $y'=\mathrm{e}^x-1$,由 $y'=0$ 得 $x=0$. 因为在 $(-\infty,0)$ 内 $y'<0$,所以函数 $y=\mathrm{e}^x-x+1$ 在 $(-\infty,0]$ 上单调减少;因为在 $(0,+\infty)$ 内 $y'>0$,所以函数 $y=\mathrm{e}^x-x+1$ 在 $[0,+\infty)$ 上单调增加.

例 3.15　讨论函数 $y=\sqrt[3]{x^2}$ 的单调性.

解　函数的定义域为 $(-\infty,+\infty)$. 当 $x\neq 0$ 时,$y'=\dfrac{2}{3\sqrt[3]{x}}$;当 $x=0$ 时,函数的导数不存在,但在该点连续. 在 $(-\infty,0)$ 内,$y'<0$,因此函数 $y=\sqrt[3]{x^2}$ 在 $(-\infty,0]$ 上单调减少,在 $(0,+\infty)$ 内,$y'>0$,因此函数 $y=\sqrt[3]{x^2}$ 在 $[0,+\infty)$ 上单调增加.

从例 3.15 可以看出,如果函数在某些点处不可导,则划分函数的单调区间的分点还应包括这些导数不存在的点,从而可以得到确定函数 $y=f(x)$ 单调性的一般步骤如下:

(1)确定函数 $y=f(x)$ 的定义域;

(2)求出使 $f'(x)=0$ 和 $f'(x)$ 不存在的点,这些点将定义域分成若干小区间;

(3)确定 $f'(x)$ 在各个小区间的正负号,从而判定函数的单调性.

例 3.16 讨论函数 $y=\frac{x^2-x+4}{x-1}$ 的单调性.

解 函数的定义域为 $(-\infty,1)\cup(1,+\infty)$,且

$$y'=\frac{x^2-2x-3}{(x-1)^2}=\frac{(x-3)(x+1)}{(x-1)^2}.$$

令 $y'=0$,得 $x_1=-1,x_2=3$,另外 $x=1$ 是导数不存在的点.它们将定义域分成4个区间:$(-\infty,-1)$,$(-1,1)$,$(1,3)$,$(3,+\infty)$.函数在定义域上的增减性见表 3.1.

表 3.1

x	$(-\infty,-1)$	$(-1,1)$	$(1,3)$	$(3,+\infty)$
y	+	−	−	+

因此,函数 $y=\frac{x^2-x+4}{x-1}$ 在 $(-\infty,-1]$,$[3,+\infty)$ 上单调增加;在 $[-1,1)$,$(1,3]$ 上单调减少.

例 3.17 证明:当 $x>1$ 时,$2\sqrt{x}>3-\frac{1}{x}$.

证 令 $f(x)=2\sqrt{x}-\left(3-\frac{1}{x}\right)$,则

$$f'(x)=\frac{1}{\sqrt{x}}-\frac{1}{x^2}=\frac{x\sqrt{x}-1}{x^2}.$$

$f(x)$ 在 $[1,+\infty)$ 上连续,且当 $x>1$ 时,$f'(x)>0$,因此在区间 $[1,+\infty)$ 上,$f(x)$ 单调增加.

由于 $f(1)=2\sqrt{1}-(3-1)=0$,所以当 $x>1$ 时,$f(x)>f(1)=0$,

即
$$2\sqrt{x}-\left(3-\frac{1}{x}\right)>0,$$

亦即
$$2\sqrt{x}>3-\frac{1}{x}\ (x>1).$$

3.3.2 函数的极值

定义 3.1 设函数 $y=f(x)$ 在点 x_0 的一个邻域内有定义,对该邻域内异于点 x_0 的 x,有以下定义:

(1)若 $f(x_0)>f(x)$,则称 $f(x_0)$ 为函数 $f(x)$ 的**极大值**,称 x_0 为函数 $f(x)$ 的**极大值点**;

(2)若 $f(x_0)<f(x)$,则称 $f(x_0)$ 为函数 $f(x)$ 的**极小值**,称 x_0 为函数 $f(x)$ 的**极小值点**.

函数的极大值和极小值统称函数的**极值**,极大值点和极小值点统称为**极值点**.显然,函数的极值是一个局部性的概念,它只是与极值点邻近的所有点的函数值相比较而言的,并不意味着它在函数的整个定义区间内最大或最小.

定理 3.6(极值存在的必要条件) 设函数 $y=f(x)$ 在点 x_0 处可导,且点 x_0 为函数的极值

点，则$f'(x_0)=0$.

从定理3.6可知，曲线在极值点处的切线平行于x轴，如图3.5所示.

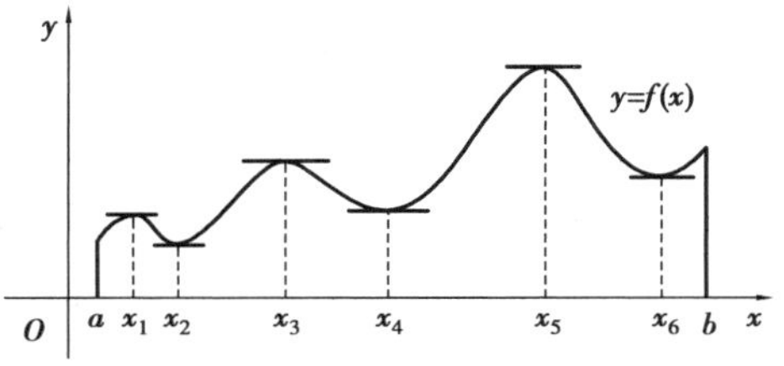

图3.5

根据定理3.6，可导函数$f(x)$的极值点必定是它的驻点，但函数的驻点不一定是极值点，即定理3.6的逆定理不成立. 例如，函数$y=x^3$在点$x=0$处的导数等于零，但显然$x=0$不是$y=x^3$的极值点.

另外，函数在导数不存在的点处也可能取得极值. 例如，函数$f(x)=|x|$在点$x=0$处不可导，但函数在该点取得极小值.

因此，当我们求出函数的驻点和不可导点后，还要从这些点中判断哪些是极值点，以便进一步对极值点判断是极大值点还是极小值点. 下面给出函数极值点判断的充分条件.

定理3.7（极值的第一充分条件） 设函数$f(x)$在点x_0的一个邻域$U(x_0,\delta)$上连续，在去心邻域$\mathring{U}(x_0,\delta)$上可导.

(1)若$x\in(x_0-\delta,x_0)$时，$f'(x)<0$，而$x\in(x_0,x_0+\delta)$时，$f'(x)>0$，则$f(x_0)$是$f(x)$的极小值；

(2)若$x\in(x_0-\delta,x_0)$时，$f'(x)>0$，而$x\in(x_0,x_0+\delta)$时，$f'(x)<0$，则$f'(x_0)$是$f(x)$的极大值.

证明从略.

例3.18 求函数$f(x)=x^3-3x^2-9x+5$的极值.

解 函数$f(x)$的定义域为$(-\infty,+\infty)$，且

$$f'(x)=3x^2-6x-9=3(x+1)(x-3).$$

令$f'(x)=0$，得驻点$x_1=-1$，$x_2=3$.

$f(x)$的单调区间及取值见表3.2.

表3.2

x	$(-\infty,-1)$	-1	$(-1,3)$	3	$(3,+\infty)$
$f'(x)$	+	0	−	0	+
$f(x)$	↗	极大值	↘	极小值	↗

由上表可知，函数的极大值为$f(-1)=10$，极小值为$f(3)=-22$.

例3.19 求函数$f(x)=x-\dfrac{3}{2}x^{\frac{2}{3}}$的单调区间和极值.

解 函数$f(x)$的定义域为$(-\infty,+\infty)$，且$f'(x)=1-x^{-\frac{1}{3}}$，当$x=1$时$f'(x)=0$，而$x=0$时

$f'(x)$不存在，$f(x)$的单调区间及取值见表3.3.

表3.3

x	$(-\infty,0)$	0	$(0,1)$	1	$(1,+\infty)$
$f'(x)$	+	不存在	−	0	+
$f(x)$	↗	极大值	↘	极小值	↗

由上表可知，函数$f(x)$在区间$(-\infty,0)$、$(1,+\infty)$上单调增加，在区间$(0,1)$上单调减少，在点$x=0$处有极大值$f(0)=0$，在点$x=1$处有极小值$f(1)=-\frac{1}{2}$.

当函数在驻点处的二阶导数存在且不为零时，还有如下判定定理.

定理3.8(极值的第二充分条件) 设函数$y=f(x)$在点x_0处的二阶导数存在，若$f'(x_0)=0$，$f''(x_0)\neq 0$，则点x_0是函数$y=f(x)$的极值点，且

(1)当$f''(x_0)>0$时，$f(x_0)$为$f(x)$的极小值；

(2)当$f''(x_0)<0$时，$f(x_0)$为$f(x)$的极大值.

证明从略.

注 用极值的第二充分条件判断极值点时，x_0必须是驻点；如果$f''(x_0)=0$或$f''(x_0)$不存在，定理3.8失效，但可用第一充分条件进行判断.

例3.20 求函数$f(x)=2x^2-\ln x$的极值.

解 函数的定义域为$x>0$，且

$$f'(x)=4x-\frac{1}{x}=\frac{4x^2-1}{x}.$$

令$f'(x)=0$，得驻点$x=\frac{1}{2}\left(x=-\frac{1}{2}\text{不在定义域内，所以不是驻点}\right)$. 虽有分母等于零的点$x=0$，但它也不在定义域内，故不予考虑. 又因

$$f''\left(\frac{1}{2}\right)=4+\frac{1}{x^2}\bigg|_{x=\frac{1}{2}}=8>0,$$

所以$f\left(\frac{1}{2}\right)=\frac{1}{2}+\ln 2$是极小值.

3.3.3 函数的最值

在实际生活中，常常会遇到这样一类问题：求“产量最大”“用料最省”“成本最低”“效率最高”等，这类问题在数学上就是求函数的最大值和最小值的问题，统称为**最值问题**. 前面讨论了局部最大与局部最小即极值问题，而最大值与最小值的问题则是涉及全局、整体的概念. 最值问题与极值问题之间有什么联系呢?

设函数$f(x)$在闭区间$[a,b]$上连续，由闭区间上的连续函数的性质可知，函数$f(x)$在闭区间$[a,b]$上必存在最大值和最小值. 最值可能出现在极值点或端点处.

一般求函数$f(x)$在$[a,b]$上的最值的步骤如下：

(1)找出函数$f(x)$在开区间(a,b)内的所有驻点和不可导点，设这些点的横坐标为x_1，

$x_2,\cdots,x_n$;

(2) 比较 $f(x_1),f(x_2),\cdots,f(x_n),f(a)、f(b)$ 的大小，最大者就是函数 $f(x)$ 在 $[a,b]$ 上的最大值，最小者就是函数 $f(x)$ 在 $[a,b]$ 上的最小值.

例 3.21 求函数 $f(x)=2x^3+3x^2-12x+10$ 在 $[-3,4]$ 上的最大值与最小值.

解 $f'(x)=6x^2+6x-12=6(x+2)(x-1)$.

令 $f'(x)=0$，得驻点 $x_1=-2,x_2=1$.

计算驻点及区间端点的函数值：$f(-2)=30,f(1)=3,f(-3)=19,f(4)=138$. 比较它们知，函数 $f(x)$ 在 $[-3,4]$ 上取得最大值 $f(4)=138$，最小值 $f(1)=3$.

在实际问题中，往往根据问题的实际意义就可以断定函数 $f(x)$ 确有最值，而且一定在定义区间内部取得. 这时如果 $f(x)$ 在定义区间内部只有一个驻点 x_0，那么不再运用充分条件讨论 $f(x_0)$ 是不是极值，可直接断定 $f(x_0)$ 是最大值(或最小值).

例 3.22 设有边长为 l 的正方形纸板，将其四角剪去相等大小的小正方形，叠成一个无盖的盒子，小正方形的边长为多少时，叠成的盒子的体积为最大？

解 设剪去的小正方形的边长为 x，则盒子的体积为

$$V=(l-2x)^2x,x\in\left(0,\frac{l}{2}\right),$$

求导得

$$V'=l^2-8lx+12x^2.$$

令 $V'=0$，求得驻点 $x=\frac{l}{6}\left(x=\frac{l}{2}\text{不在定义域内，不予考虑}\right)$.

由于盒子的体积最大值一定存在，且在区间 $\left(0,\frac{l}{2}\right)$ 内取得，而在区间 $\left(0,\frac{l}{2}\right)$ 内只有一个驻点 $x=\frac{l}{6}$，此点即为所求的最大值点. 即当 $x=\frac{l}{6}$ 时，盒子体积为最大，最大值为

$$V\left(\frac{l}{6}\right)=\frac{2}{27}l^3.$$

例 3.23 要铺设一条石油管道，将石油从炼油厂输送到石油灌装点(图 3.6)，炼油厂附近有条宽 2.5 km 的河，灌装点在炼油厂的对岸沿河下游 10 km 处. 如果在水中铺设管道的费用为 6 万元/km，在河边铺设管道的费用为 4 万元/km，试在河边找一点 P，使管道建设费最低.

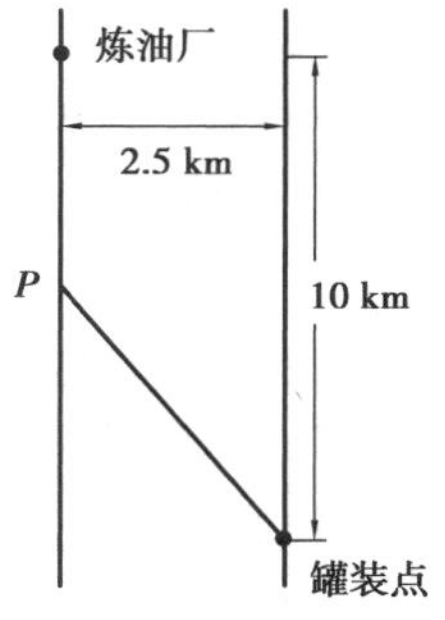

图 3.6

解 设点 P 距炼油厂的距离为 x，管道建设费为 y，由题意知

$$\begin{aligned}y&=4x+6\sqrt{(10-x)^2+2.5^2}\\&=4x+6\sqrt{(10-x)^2+6.25},\end{aligned}$$

$$y'=4-\frac{6(10-x)}{\sqrt{(10-x)^2+6.25}}.$$

令 $y'=0$，得驻点 $x=10\pm\sqrt{5}$，舍去大于 10 的驻点，于是最小值点为 $x=10-\sqrt{5}\approx7.764$，代入求得管道铺设费最低约为 51.18 万元.

习题 3.3

1. 确定下列函数的单调区间及极值.

(1) $y=2x^3-6x^2-18x+7$； (2) $y=2x+\frac{8}{x}(x>0)$；

(3) $y=x+\sqrt{1-x}$； (4) $y=2x^2-\ln x$.

2. 证明下列不等式.

(1) 当 $x>0$ 时，$1+\frac{1}{2}x>\sqrt{1+x}$；

(2) 当 $0<x<\frac{\pi}{2}$ 时，$\tan x>x+\frac{1}{3}x^3$；

(3) 当 $0<x<\frac{\pi}{2}$ 时，$\sin x+\tan x>2x$.

3. 试求方程 $\sin x=x$ 只有一个实根.

4. 求下列函数的最大值、最小值.

(1) $y=x^4-2x^2+5,-2\leqslant x\leqslant 2$； (2) $y=x+\frac{1}{x},\frac{1}{2}\leqslant x\leqslant 2$.

5. 某农场欲围成一个面积为 6 m^2 的矩形场地，正面所用材料造价为 10 元/m，其余 3 面造价为 5 元/m，场地长、宽各为多少时所用材料费最少？

6. 设某商品的总成本函数为 $C(Q)=1\,000+3Q$，需求函数为 $Q=-100P+1\,000$（P 为该商品的单价），求能使利润最大的 P 值.

本章应用拓展—— 函数最优值问题模型

1. 可乐易拉罐的设计问题

1.1 问题背景

如何在可乐易拉罐生产中最大限度地减轻单罐质量，提高材料利用率，降低生产成本，是企业追求的重要目标. 易拉罐的形状和尺寸如何时，才能最大限度地节省材料？这是一个条件极值问题，也就是在满足易拉罐体积为 355 mL 的条件下求易拉罐质量的最小值问题.

1.2 模型假设

(1) 假设易拉罐的整个罐体用料全为铝，且密度为 ρ，各个部分的厚度是均匀的.

(2) 假设易拉罐体积为 355 mL.

(3) 易拉罐的上端卷口材料对质量的影响很小，可不计.

(4) 易拉罐底端的曲面可简化成一个平面.

(5) 易拉罐拉环不加考虑.

1.3 模型建立

设易拉罐的质量为 y，易拉罐圆柱侧面厚度为 a，易拉罐上下底面厚度为 b，易拉罐的体积

为 V,圆柱的高度为 h,圆柱的底面半径为 r.

根据易拉罐的造价与易拉罐的质量成正比,可得:

$$y=\rho(2\pi r^2 b+2\pi rha)=\rho\left(2\pi r^2 b+\frac{2V}{r}a\right).$$

要求质量 y 的最小值,可进行求导,使导数为零:

令 $y'=\frac{\mathrm{d}y}{\mathrm{d}r}=\rho\left(4\pi rb-\frac{2V}{r^2}a\right)=0$,解得 $r^3=\frac{Va}{2\pi b}$,

$$y''=\rho\left(4\pi rb+\frac{4V}{r^3}a\right)>0.$$

由 $V=\pi r^2 h$,得到 $h=\frac{2br}{a}r$.

所以正圆柱体形易拉罐的高与直径之比为底面厚度与侧面厚度之比时,用料最节省,成本最低.

2. **血管分支问题**

2.1 **问题背景**

血管系统由动脉、小动脉、微血管和静脉组成,它将血液从心脏传输到各个器官,再流回到心脏. 血管系统应该使心脏推进血液所需能量最小,而且当血液阻力减少时所需能量也减少,根据泊肃叶定律,血液阻力 R 的计算式为 $R=C\frac{L}{r^4}$. 其中,L 为血管的长度,r 是血管的半径,C 为正常数,由血液黏度决定.(泊肃叶是通过实验发现这条定律的)如图 3.7 所示,半径为 r_1 的主血管延伸出一条半径为 r_2 的支血管,二者的夹角为 θ.

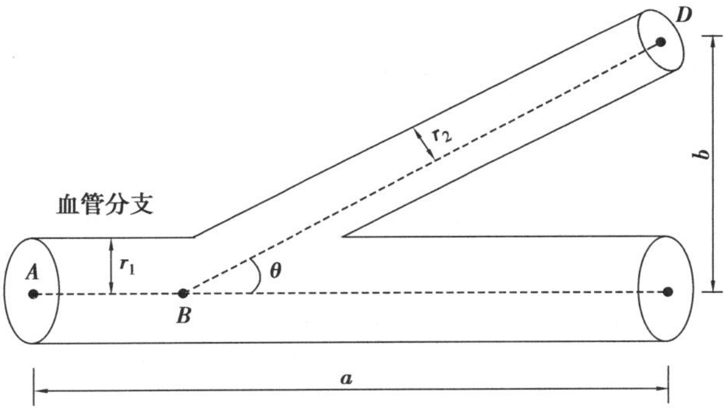

图 3.7

(1)利用泊肃叶定律证明沿路径 ABD,血液总阻力为

$$R(\theta)=C\left(\frac{a-b\cot\theta}{r_1^4}+\frac{b\csc\theta}{r_2^4}\right)$$

其中 a、b 为图中所示长度.

(2)证明当 $\cos\theta=\frac{r_2^4}{r_1^4}$时,血液阻力最小.

(3)当细血管半径是粗血管半径的$\frac{2}{3}$,求两血管夹角的最优值.(精确到最趋近的度数)

2.2 **模型假设**

(1)分支点处的三条血管在同一平面(若不在同一平面就不符合能量最小原则);(几何上的假设)

(2)血液流动受到的阻力可看成黏性流体在刚性管道中流动受到的阻力;(物理上的假设)

(3)血液对血管壁提供营养的能量随血管壁内表面积和管壁内体积的增加而增加,血管壁所占体积取决于血管壁厚度,厚度近似与血管半径成正比.(生理上的假设)

2.3 **模型建立**

根据上述假设及对假设的进一步分析得到如下信息.

(1)由直角三角形的边角关系,得

$|AB|=a-|BD|\cos\theta, |BD|\sin\theta=b$,

即$|BD|=b\csc\theta, |AB|=a-b\cot\theta$.

所以沿路径ABD,血液总阻力为

$$R(\theta)=C\frac{|AB|}{r_1^4}+C\frac{|BD|}{r_2^4}=C\left(\frac{a-b\cot\theta}{r_1^4}+\frac{b\csc\theta}{r_2^4}\right).$$

(2)血液总阻力为

$$R(\theta)=C\frac{|AB|}{r_1^4}+C\frac{|BD|}{r_2^4}=C\left(\frac{a-b\cot\theta}{r_1^4}+\frac{b\csc\theta}{r_2^4}\right).$$

要求阻力的最小值,可进行求导,使导数为零:

求导得 $$R'(\theta)=C\left(\frac{b\csc^2\theta}{r_1^4}-\frac{b\csc\theta\cot\theta}{r_2^4}\right)=bC\csc\theta\left(\frac{\csc\theta}{r_1^4}-\frac{\cot\theta}{r_2^4}\right),$$

令$R'(\theta)=0$,化简得$\frac{\csc\theta}{r_1^4}=\frac{\cot\theta}{r_2^4}$,即$\cos\theta=\frac{r_2^4}{r_1^4}$.

易于验证:

$\cos\theta<\frac{r_2^4}{r_1^4}$时,$R'(\theta)<0$; $\cos\theta>\frac{r_2^4}{r_1^4}$时,$R'(\theta)>0$.

所以当$\cos\theta=\frac{r_2^4}{r_1^4}$时,阻力为极小值(也是最小值).

(3)当$r_2=\frac{2}{3}r_1$时,$\cos\theta=\left(\frac{2}{3}\right)^4$,$\theta=\arccos\left(\frac{2}{3}\right)^4\approx 79°$.

总习题 3

1. 填空题.

(1)设$f(x)=1-x^{\frac{2}{3}}$,则$f(x)$在$[-1,1]$上不满足罗尔定理的一个条件是________.

(2)函数$f(x)=e^x$及$g(x)=x^2$在区间$[a,b]$上满足柯西中值定理条件,即存在点$\xi\in$

(a,b)，使________.

(3) 设 $\lim\limits_{x\to 0}\dfrac{\ln(1+x)-\left(ax+\dfrac{b}{2}x^2\right)}{x\sin x}=12$，则 $a=$________，$b=$________.

(4) 函数 $f(x)=\dfrac{e^x}{x}$ 的单调增加区间是________，单调减少区间是________.

(5) 设 $f(x)$ 在 $[a,b]$ $(a<b)$ 连续，在 (a,b) 内可导，且在 (a,b) 内除 x_1 及 x_2 两点处的导数为零外，其他各点处的导数都为负值，则 $f(x)$ 在 $[a,b]$ 上的最大值为________.

(6) 设 $f(x)=x(x+1)(2x+1)(3x-1)$，则在 $(-1,0)$ 内方程 $f'(x)=0$ 有________个实根；在 $(-1,1)$ 内方程 $f''(x)=0$ 有________个实根.

2. 选择题.

(1) 在区间 $[-1,1]$ 上满足罗尔定理条件的函数是（　　）.

A. $f(x)=\dfrac{1}{x^2}$　　B. $f(x)=|x|$　　C. $f(x)=1-x^2$　　D. $f(x)=x^2-2x-1$

(2) 函数 $f(x)=\dfrac{1}{x}$ 满足拉格朗日中值定理条件的区间是（　　）.

A. $[-2,2]$　　B. $[-2,0]$　　C. $[1,2]$　　D. $[0,1]$

(3) 若对任意 $x\in(a,b)$，有 $f'(x)=g'(x)$，则（　　）.

A. 对任意 $x\in(a,b)$，有 $f(x)=g(x)$

B. 存在 $x_0\in(a,b)$，使 $f(x_0)=g(x_0)$

C. 对任意 $x\in(a,b)$，有 $f(x)=g(x)+C_0$（C_0 是某个常数）

D. 对任意 $x\in(a,b)$，有 $f(x)=g(x)+C$（C 是任意常数）

(4) 设 $\lim\limits_{x\to x_0}\dfrac{f(x)}{g(x)}$ 为未定式，则 $\lim\limits_{x\to x_0}\dfrac{f'(x)}{g'(x)}$ 存在是 $\lim\limits_{x\to x_0}\dfrac{f(x)}{g(x)}$ 也存在的（　　）.

A. 必要条件　　B. 充分条件

C. 充分必要条件　　D. 既非充分条件也非必要条件

(5) 求极限 $\lim\limits_{x\to\infty}\dfrac{x-\sin x}{x+\sin x}$，下列解法正确的是（　　）.

A. 用洛必达法则，原式 $=\lim\limits_{x\to\infty}\dfrac{1-\cos x}{1+\cos x}=\lim\limits_{x\to\infty}\dfrac{\sin x}{-\sin x}=-1$

B. 不用洛必达法则，极限不存在

C. 不用洛必达法则，原式 $=\lim\limits_{x\to\infty}\dfrac{1-\dfrac{\sin x}{x}}{1+\dfrac{\sin x}{x}}=\dfrac{1-1}{1+1}=0$

D. 不用洛必达法则，原式 $=\lim\limits_{x\to\infty}\dfrac{1-\dfrac{\sin x}{x}}{1+\dfrac{\sin x}{x}}=\dfrac{1-0}{1+0}=1$

(6)设函数 $y=\dfrac{2x}{1+x^2}$,其在(　　).

A. $(-\infty,+\infty)$上单调增加

B. $(-\infty,+\infty)$上单调减少

C. $(-1,1)$上单调增加,在其余区间单调减少

D. $(-1,1)$上单调减少,其余区间上单调增加

(7)设函数 $y=f(x)$ 在 $x=x_0$ 处有 $f'(x_0)=0$,在 $x=x_1$ 处 $f'(x_1)$不存在,则(　　).

A. $x=x_0$ 及 $x=x_1$ 一定都是极值点　　B. 只有 $x=x_0$ 是极值点

C. $x=x_0$ 与 $x=x_1$ 都可能不是极值点　　D. $x=x_0$ 与 $x=x_1$ 至少有一个点是极值点

(8)设 x_0 为 $f(x)$的最大值点,则(　　).

A. 必有 $f'(x_0)=0$　　B. 必有 $f''(x_0)<0$

C. $f'(x_0)=0$ 或不存在　　D. $f(x_0)$为 $f(x)$在定义域内的最大值点

(9)设 x_0 为 $f(x)$在$[a,b]$上的最大值点,则(　　).

A. $f'(x_0)=0$ 或不存在　　B. 必有 $f''(x_0)<0$

C. x_0 为 $f(x)$的极值点　　D. $x_0=a$、b 或为 $f(x)$的极大值点

(10)已知函数 $f(x)=x^3+ax^2+bx$ 在 $x=1$ 处取得极值-2,则(　　).

A. $a=-3,b=0$ 且 $x=1$ 为函数 $f(x)$的极小值点

B. $a=0,b=-3$ 且 $x=1$ 为函数 $f(x)$的极小值点

C. $a=-3,b=0$ 且 $x=1$ 为函数 $f(x)$的极大值点

D. $a=0,b=-3$ 且 $x=1$ 为函数 $f(x)$的极大值点

3. 证明不等式:$nb^{n-1}(a-b)<a^n-b^n<na^{n-1}(a-b)\ (n>1,a>b>0)$.

4. 求下列极限.

(1) $\lim\limits_{x\to+\infty}\dfrac{x}{e^x}$;　　(2) $\lim\limits_{x\to0}\dfrac{e^x-1}{xe^x+e^x-1}$;　　(3) $\lim\limits_{x\to1}\dfrac{\ln x}{x-1}$;

(4) $\lim\limits_{x\to1}\dfrac{x^3-3x^2+2}{x^3-x^2-x+1}$;　　(5) $\lim\limits_{x\to\frac{\pi}{2}^+}\dfrac{\ln\left(x-\dfrac{\pi}{2}\right)}{\tan x}$;　　(6) $\lim\limits_{x\to0}\dfrac{(e^x-1-x)^2}{x\sin^3 x}$.

5. 设函数 $f(x)=\begin{cases}\dfrac{1-\cos x}{x^2}, & x>0\\ k, & x=0\\ \dfrac{1}{x}-\dfrac{1}{e^x-1}, & x<0\end{cases}$,当 k 为何值时,$f(x)$在点 $x=0$ 处连续?

6. 讨论函数 $f(x)=\dfrac{\ln x}{x}$的单调区间和极值.

7. 求下列函数的极值.

(1) $y=x^2e^{-x}$;　　(2) $y=3-\sqrt[3]{(x-2)^2}$;

(3) $y=(x-3)^2(x-2)$;　　(4) $y=2x-\ln(4x)^2$.

8. 求下列函数在给定区间上的最小值与最大值.

(1) $y=\ln(x^2+1)$, $x\in[-1,2]$;　　(2) $y=\dfrac{x^2}{1+x}$, $x\in\left[-\dfrac{1}{2},1\right]$;

(3) $y=x+\sqrt{x}$, $x\in[0,4]$;　　(4) $y=e^{-x}(x+1)$, $x\in[1,4]$.

9. 已知函数 $f(x)=ax^3-6ax^2+b(a>0)$,在区间 $[-1,2]$ 上的最大值为3,最小值为−29,求 a 与 b 的值.

10. 欲做一个容积为300 m^3 的无盖圆柱形蓄水池,已知池底单位造价为池周围单位造价的2倍,蓄水池的尺寸应怎样设计才能使总造价最低?

11. 一房地产公司有50套公寓要出租. 当月租金定为1 000元时,公寓会全部租出去,当月租金每增加50元时,就会多一套公寓租不出去,而租出去的公寓每月需花费100元的维修费. 试问,房租定为多少可获得最大收入?

12. 已知某厂生产 x 件产品的成本为 $C=25\,000+200x+\dfrac{1}{40}x^2$.(单位:元)问:

(1)若使平均成本最小,应生产多少件产品?

(2)若产品以每件500元售出,要使利润最大,应生产多少件产品?

第 4 章 不定积分

微分学的基本问题是研究如何从已知函数求出它的导函数,那么与之相反的问题是:如何求一个未知函数,使其导数恰好是某一已知的函数.解决这种逆问题是数学理论研究本身的需要,其还出现在许多实际问题中,例如,已知曲线上每一点处的切线斜率(或它满足的某种规律),求曲线方程;已知速度 $v(t)$,求路程 $s(t)$;等等.这是积分学的基本问题.

4.1 不定积分的定义与性质

4.1.1 原函数与不定积分的定义

定义 4.1 设函数 $f(x)$ 在区间 I 上有定义,如果存在函数 $F(x)$,使得对任何 $x\in I$ 均有

$$F'(x)=f(x) \quad 或 \quad dF(x)=f(x)dx,$$

则称函数 $F(x)$ 为 $f(x)$ 在区间 I 上的一个**原函数**.

例如,$\frac{1}{3}x^3$ 是 x^2 在区间 $(-\infty,+\infty)$ 上的一个原函数,因为 $\left(\frac{1}{3}x^3\right)'=x^2$;又有 $\frac{1}{2}\sin 2x$ 与 $1+\frac{1}{2}\sin 2x$ 都是 $\cos 2x$ 在区间 $(-\infty,+\infty)$ 内的原函数,因为 $\left(\frac{1}{2}\sin 2x\right)'=\left(1+\frac{1}{2}\sin 2x\right)'=\cos 2x$.

下面给出两点说明:

(1)如果函数 $f(x)$ 有一个原函数 $F(x)$,即 $F'(x)=f(x)$,那么,对于任意常数 C,显然也有

$$[F(x)+C]'=F'(x)=f(x),$$

即函数 $F(x)+C$ 也是 $f(x)$ 的原函数,故函数 $f(x)$ 的原函数有无穷多个.

(2)如果函数 $f(x)$ 有一个原函数 $F(x)$,则 $F(x)+C$ 包含函数 $f(x)$ 的所有原函数.

综上所述,如果函数存在一个原函数,则必有无穷多个原函数,且它们彼此间只相差一个常数. 这同时也揭示了全体原函数的结构,即若 $F(x)$ 是 $f(x)$ 在区间 I 上的一个原函数,则 $f(x)$ 的全体原函数可以写成 $F(x)+C$ 的形式,其中 C 为任意常数. 由此给出函数不定积分的定义.

定义 4.2 函数 $f(x)$ 在区间 I 上的全体原函数称为 $f(x)$ 在区间 I 上的**不定积分**,记作

$$\int f(x)\,\mathrm{d}x,$$

其中,称"$\int$"为**积分号**,$f(x)$ 为**被积函数**,$f(x)\,\mathrm{d}x$ 为**被积表达式**,x 为**积分变量**.

注 由不定积分的定义可以看出,求函数 $f(x)$ 的不定积分就是求 $f(x)$ 的全体原函数,只需要找出函数 $f(x)$ 的一个原函数,再加上任意常数 C.

因此,本节开始时所举的例子可写为

$$\int x^2\,\mathrm{d}x = \frac{1}{3}x^3 + C,$$

$$\int \cos 2x\,\mathrm{d}x = \frac{1}{2}\sin 2x + C.$$

不定积分的几何意义:若 $F(x)$ 是 $f(x)$ 的一个原函数,则称 $y=F(x)$ 的图像为 $f(x)$ 的一条**积分曲线**. 于是,函数 $f(x)$ 的不定积分在几何上表示由 $f(x)$ 的某一条积分曲线沿纵轴方向任意平移所得的一切积分曲线组成的曲线族(图 4.1). 如果规定所求曲线通过点 (x_0,y_0),则从

$$y_0=F(x_0)+C$$

中能唯一确定 C,这种条件称为**初始条件**.

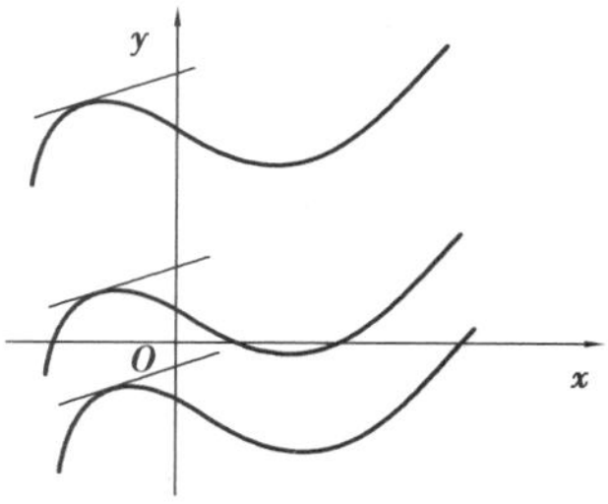

图 4.1

例 4.1 已知曲线 $y=f(x)$ 在任一点的切线斜率为 x^2,且曲线通过点(0,1),求曲线的方程.

解 由题意可知,$f'(x)=x^2$,即 $f(x)$ 是 x^2 的一个原函数,从而

$$f(x) = \int x^2\,\mathrm{d}x = \frac{1}{3}x^3 + C,$$

又由于曲线经过点(0,1),故 $C=1$,

于是所求曲线为

$$y=\frac{1}{3}x^3+1.$$

例 4.2 求不定积分 $\int \frac{1}{x}\mathrm{d}x$.

解 当 $x>0$ 时,由于 $(\ln x)'=\frac{1}{x}$,所以 $\ln x$ 是 $\frac{1}{x}$ 在 $(0,+\infty)$ 内的一个原函数. 因此在 $(0,+\infty)$ 内,$\int \frac{1}{x}\mathrm{d}x = \ln x + C$;

当 $x<0$ 时,由于 $[\ln(-x)]'=-\frac{1}{x}(-1)=\frac{1}{x}$,所以 $\ln(-x)$ 是 $\frac{1}{x}(-\infty,0)$ 内的一个原函

数. 因此在$(-\infty,0)$内,$\int \frac{1}{x}dx=\ln(-x)+C$,将$x>0$及$x<0$的结果合起来,可得

$$\int \frac{1}{x}dx=\ln|x|+C.$$

4.1.2 基本积分表

如何求函数$f(x)$的原函数?我们发现这比求导数困难很多.原因在于原函数的定义不像导数那样具有构造性,即它只告诉我们其导数恰好等于$f(x)$,而没有指出怎样由$f(x)$求出它的原函数的具体形式和途径.但由不定积分的定义可知

(1) $\left[\int f(x)dx\right]'=f(x)$ 或 $d\left[\int f(x)dx\right]=f(x)dx$; (4.1)

(2) $\int f'(x)dx=f(x)+C$ 或 $\int df(x)=f(x)+C$. (4.2)

式(4.1)表明先积分后求导,两者作用相互抵消;反之,式(4.2)表明先求导后积分,两者作用抵消后还留有积分常数.所以在常数范围内,积分运算与求导运算(或微分运算)是互逆的.因此由基本初等函数的求导公式,可以写出与之相对应的不定积分公式.为了今后应用方便,我们列出一些基本的积分公式,得到以下**基本积分表**:

(1) $\int kdx=kx+C$(k是常数);

(2) $\int x^{\mu}dx=\frac{x^{\mu+1}}{\mu+1}+C(\mu\neq-1)$;

(3) $\int \frac{1}{x}dx=\ln|x|+C$;

(4) $\int \frac{dx}{1+x^2}=\arctan x+C$;

(5) $\int \frac{dx}{\sqrt{1-x^2}}=\arcsin x+C$;

(6) $\int \cos xdx=\sin x+C$;

(7) $\int \sin xdx=-\cos x+C$;

(8) $\int \frac{dx}{\cos^2 x}=\int \sec^2 xdx=\tan x+C$;

(9) $\int \frac{dx}{\sin^2 x}=\int \csc^2 xdx=-\cot x+C$;

(10) $\int \sec x\tan xdx=\sec x+C$;

(11) $\int \csc x\cot xdx=-\csc x+C$;

(12) $\int e^x dx=e^x+C$;

(13) $\int a^x dx=\frac{a^x}{\ln a}+C$.

以上基本积分公式是求不定积分的基础,必须熟记.

例4.3 求不定积分$\int \frac{1}{\sqrt{x}}dx$.

解 $\int \frac{1}{\sqrt{x}}dx=\int x^{-\frac{1}{2}}dx=\frac{1}{-\frac{1}{2}+1}x^{-\frac{1}{2}+1}+C=2x^{\frac{1}{2}}+C.$

例4.4 求不定积分$\int x^2\sqrt{x}dx$.

解 $\int x^2\sqrt{x}dx=\int x^{\frac{5}{2}}dx=\frac{1}{\frac{5}{2}+1}x^{\frac{5}{2}+1}+C=\frac{2}{7}x^{\frac{7}{2}}+C.$

4.1.3 不定积分的性质

性质 1 设函数 $f(x)$ 与 $g(x)$ 的原函数存在,则

$$\int[f(x) \pm g(x)]\mathrm{d}x = \int f(x)\mathrm{d}x \pm \int g(x)\mathrm{d}x.$$

性质 2 设函数 $f(x)$ 的原函数存在,k 为非零常数,则

$$\int kf(x)\mathrm{d}x = k\int f(x)\mathrm{d}x.$$

利用基本积分表以及不定积分的这两个性质,可以求出一些简单函数的不定积分.

例 4.5 求不定积分 $\int(\mathrm{e}^x - 2\sin x + \sqrt{2}x^3)\mathrm{d}x$.

解
$$\begin{aligned}\int(\mathrm{e}^x - 2\sin x + \sqrt{2}x^3)\mathrm{d}x &= \int\mathrm{e}^x\mathrm{d}x - 2\int\sin x\mathrm{d}x + \sqrt{2}\int x^3\mathrm{d}x \\ &= \mathrm{e}^x + 2\cos x + \frac{\sqrt{2}}{4}x^4 + C.\end{aligned}$$

例 4.6 求不定积分 $\int\frac{(1-x)^3}{x^2}\mathrm{d}x$.

解
$$\begin{aligned}\int\frac{(1-x)^3}{x^2}\mathrm{d}x &= \int\frac{1-3x+3x^2-x^3}{x^2}\mathrm{d}x = \int\left(\frac{1}{x^2} - \frac{3}{x} + 3 - x\right)\mathrm{d}x \\ &= -\frac{1}{x} - 3\ln|x| + 3x - \frac{1}{2}x^2 + C.\end{aligned}$$

例 4.7 求不定积分 $\int\frac{x^2}{1+x^2}\mathrm{d}x$.

解
$$\begin{aligned}\int\frac{x^2}{1+x^2}\mathrm{d}x &= \int\frac{(x^2+1)-1}{1+x^2}\mathrm{d}x = \int\left(1 - \frac{1}{1+x^2}\right)\mathrm{d}x \\ &= \int\mathrm{d}x - \int\frac{1}{1+x^2}\mathrm{d}x = x - \arctan x + C.\end{aligned}$$

例 4.8 求不定积分 $\int\tan^2 x\mathrm{d}x$.

解
$$\int\tan^2 x\mathrm{d}x = \int(\sec^2 x - 1)\mathrm{d}x = \tan x - x + C.$$

习题 4.1

1. 求下列不定积分.

(1) $\int\sqrt{x\sqrt{x}}\,\mathrm{d}x$;

(2) $\int(2-x)^3\mathrm{d}x$;

(3) $\int\frac{x^2-\sqrt{x}+1}{x\sqrt{x}}\mathrm{d}x$;

(4) $\int(\sqrt{x}-1)\left(x+\frac{1}{\sqrt{x}}\right)\mathrm{d}x$;

(5) $\int\frac{x^2+\sin^2 x}{x^2\sin^2 x}\mathrm{d}x$;

(6) $\int\frac{1}{x^2(1+x^2)}\mathrm{d}x$;

(7) $\int\left(\sqrt{\frac{1-x}{1+x}} + \sqrt{\frac{1+x}{1-x}}\right)\mathrm{d}x$;

(8) $\int\left(\frac{3}{1+x^2} - \frac{2}{\sqrt{1-x^2}}\right)\mathrm{d}x$;

(9) $\int 2^{2x} \cdot 3^x \mathrm{d}x$;

(10) $\int \frac{2 \cdot 3^x - 5 \cdot 2^x}{3^x}\mathrm{d}x$;

(11) $\int \frac{e^{2x} - 1}{e^x - 1}\mathrm{d}x$;

(12) $\int \cot^2 x\mathrm{d}x$;

(13) $\int \frac{1}{1 + \cos 2x}\mathrm{d}x$;

(14) $\int \frac{\cos 2x}{\cos x + \sin x}\mathrm{d}x$;

(15) $\int \frac{\cos 2x}{\sin^2 x + \cos^2 x}\mathrm{d}x$;

(16) $\int \sec x(\sec x - \tan x)\mathrm{d}x$.

2. 已知曲线上任一点 x 处的切线斜率为$\frac{1}{2\sqrt{x}}$,且曲线经过点(4,3),求此曲线的方程.

4.2 换元积分法

能直接利用基本积分公式和性质计算的不定积分是十分有限的,因此有必要进一步研究不定积分的求法. 本节把复合函数的求导法则反过来用于求不定积分,就得到了求不定积分的换元积分法. 换元积分法有两类:第一换元积分法和第二换元积分法,下面分别讨论.

4.2.1 第一换元积分法(凑微分法)

定理 4.1 设 $f(u)$ 具有原函数 $F(u)$, $u=\varphi(x)$ 可导,则有换元公式

$$\int f[\varphi(x)]\varphi'(x)\mathrm{d}x = \int f(u)\mathrm{d}u = F(u) + C = F[\varphi(x)] + C.$$

证 因为 $F'(u)=f(u)$, $u=\varphi(x)$,根据复合函数微分法有

$$\{F[\varphi(x)]+C\}'=F'[\varphi(x)]\cdot\varphi'(x)=f[\varphi(x)]\cdot\varphi'(x),$$

所以

$$\int f[\varphi(x)]\varphi'(x)\mathrm{d}x = F[\varphi(x)] + C.$$

第一换元积分法是将用基本积分表和积分性质不易求的积分 $\int g(x)\mathrm{d}x$, 凑成 $\int f[\varphi(x)]\varphi'(x)\mathrm{d}x$ 的形式,再作变换, $u = \varphi(x)$,因此第一换元积分法也称**凑微分法**.

例 4.9 求不定积分$\int \sin 2x\mathrm{d}x$.

解 被积函数 $\sin 2x$ 是一个复合函数: $\sin 2x = \sin u$, $u = 2x$. 而 $u' = 2$,因此有

$$\int \sin 2x\mathrm{d}x = \frac{1}{2}\int \sin 2x \cdot 2\mathrm{d}x = \frac{1}{2}\int \sin 2x\mathrm{d}(2x) = \frac{1}{2}\int \sin u\mathrm{d}u$$

$$= -\frac{1}{2}\cos u + C = -\frac{1}{2}\cos 2x + C.$$

例 4.10 求不定积分$\int xe^{x^2}dx$.

解 令 $u=x^2, u'=2x$,则

$$\int xe^{x^2}dx=\frac{1}{2}\int e^{x^2}dx^2=\frac{1}{2}\int e^u du=\frac{1}{2}e^u+C=\frac{1}{2}e^{x^2}+C.$$

例 4.11 求不定积分$\int x\sqrt{1+2x^2}dx$.

解 令 $u=1+2x^2, u'=4x$,则

$$\int x\sqrt{1+2x^2}dx=\frac{1}{4}\int\sqrt{1+2x^2}d(1+2x^2)=\frac{1}{4}\int u^{\frac{1}{2}}du$$

$$=\frac{1}{4}\times\frac{2}{3}u^{\frac{3}{2}}+C=\frac{1}{6}(1+2x^2)^{\frac{3}{2}}+C.$$

从以上例子可以看出,第一换元积分法的关键是“凑微分”,即能看出一个函数与“dx”的乘积是哪一个函数的微分. 这就要求熟悉导数公式或微分公式,并能将它们反过来用,例如,

$$xdx=\frac{1}{2}dx^2=\frac{1}{4}d(1+2x^2).$$

那么,将积分凑成什么形式好呢? 应遵循以下两点:

(1)$\varphi(x)$恰好为被积函数$f[\varphi(x)]$的内部函数;

(2)$\int f(u)du$ 的积分容易求得.

下面列出一些常用的凑微分形式.

(1)$dx=\frac{1}{a}d(ax+b)$;

(2)$\frac{1}{x}dx=d(\ln|x|)=\frac{1}{a}d(a\ln|x|+b)$;

(3)$xdx=\frac{1}{2}dx^2=\frac{1}{2a}d(ax^2+b)$;

(4)$\frac{1}{\sqrt{x}}dx=2d\sqrt{x}=\frac{2}{a}d(a\sqrt{x}+b)$;

(5)$a^x dx=\frac{1}{\ln a}da^x$;

(6)$\frac{1}{x^2}dx=-d\left(\frac{1}{x}\right)$;

(7)$\cos xdx=d(\sin x)$;

(8)$\sin xdx=-d(\cos x)$;

(9)$\sec^2 xdx=d(\tan x)$;

(10)$\csc^2 xdx=-d(\cot x)$;

(11)$\sec x\tan xdx=d(\sec x)$;

(12)$\csc x\cot xdx=-d(\csc x)$;

(13)$\frac{1}{\sqrt{1-x^2}}dx=d(\arcsin x)$;

(14)$\frac{1}{1+x^2}dx=d(\arctan x)$.

熟练运用凑微分法后,计算时可以省略换元步骤,直接写出结果.

例 4.12 求不定积分$\int\frac{1}{x^2}\cos\frac{1}{x}dx$.

解 $\int\frac{1}{x^2}\cos\frac{1}{x}dx=-\int\cos\frac{1}{x}d\left(\frac{1}{x}\right)=-\sin\frac{1}{x}+C.$

例 4.13 求不定积分$\int\cos^2 xdx$.

解 $\int\cos^2 xdx=\int\frac{1+\cos 2x}{2}dx=\frac{1}{2}\left(\int dx+\int\cos 2xdx\right)$

$$= \frac{1}{2}x + \frac{1}{4}\int \cos 2x\mathrm{d}(2x) = \frac{1}{2}x + \frac{1}{4}\sin 2x + C.$$

例 4.14 求不定积分 $\int \tan x\mathrm{d}x$.

解 $\int \tan x\mathrm{d}x = \int \frac{\sin x}{\cos x}\mathrm{d}x = -\int \frac{1}{\cos x}\mathrm{d}(\cos x) = -\ln|\cos x| + C.$

例 4.15 求不定积分 $\int \sec x\mathrm{d}x$.

解 $\int \sec x\mathrm{d}x = \int \frac{1}{\cos x}\mathrm{d}x = \int \frac{\cos x}{\cos^2 x}\mathrm{d}x = \int \frac{\mathrm{d}(\sin x)}{1 - \sin^2 x} = \frac{1}{2}\ln\left(\frac{1 + \sin x}{1 - \sin x}\right) + C$

$$= \ln\left|\frac{1 + \sin x}{\cos x}\right| + C = \ln|\sec x + \tan x| + C.$$

4.2.2 第二换元积分法

如果不定积分 $\int f(x)\mathrm{d}x$ 用前面介绍的方法都不易求得,可作适当变量替换 $x = \varphi(t)$,所得到的关于新积分变量 t 的不定积分

$$\int f[\varphi(t)]\varphi'(t)\mathrm{d}t$$

可以求得,从而可以解决 $\int f(x)\mathrm{d}x$ 的计算问题,这就是**第二换元积分法**.

定理 4.2 设 $x = \varphi(t)$ 是单调、可导函数,且 $\varphi'(t) \neq 0$,又设 $f[\varphi(t)]\varphi'(t)$ 具有原函数 $F(t)$,则

$$\int f(x)\mathrm{d}x = \int f[\varphi(t)]\varphi'(t)\mathrm{d}t = F(t) + C = F[\varphi^{-1}(x)] + C.$$

注 由定理 4.2 可知,第二换元积分法的换元与回代过程与第一换元积分法的正好相反.

第二换元积分法常用于求解含有根式的被积函数的不定积分,下面介绍两种常用的第二换元积分法.

1. 简单根式代换

例 4.16 求不定积分 $\int \frac{\sqrt{x - 1}}{x}\mathrm{d}x$.

解 令 $\sqrt{x - 1} = t$,则 $x = 1 + t^2$,$\mathrm{d}x = 2t\mathrm{d}t$,于是

$$\int \frac{\sqrt{x - 1}}{x}\mathrm{d}x = \int \frac{t}{1 + t^2}\cdot 2t\mathrm{d}t = 2\int\left(1 - \frac{1}{1 + t^2}\right)\mathrm{d}t$$
$$= 2(t - \arctan t) + C$$
$$= 2(\sqrt{x - 1} - \arctan\sqrt{x - 1}) + C.$$

例 4.17 求不定积分 $\int \frac{\mathrm{d}x}{\sqrt{x} + \sqrt[3]{x}}$.

解 令$\sqrt[6]{x}=t$,则$x=t^6$,$\mathrm{d}x=6t^5\mathrm{d}t$,于是

$$\int\frac{\mathrm{d}x}{\sqrt{x}+\sqrt[3]{x}}=\int\frac{1}{t^3+t^2}\cdot 6t^5\mathrm{d}t=6\int\left(t^2-t+1-\frac{1}{1+t}\right)\mathrm{d}t$$
$$=2t^3-3t^2+6t-6\ln|1+t|+C$$
$$=2\sqrt{x}-3\sqrt[3]{x}+6\sqrt[6]{x}-6\ln|1+\sqrt[6]{x}|+C.$$

2. 三角代换

例 4.18 求不定积分$\int\sqrt{a^2-x^2}\mathrm{d}x(a>0)$.

解 令$x=a\sin t$,$t\in\left(-\frac{\pi}{2},\frac{\pi}{2}\right)$,则

$$\sqrt{a^2-x^2}=\sqrt{a^2-a^2\sin^2 t}=a\cos t,\mathrm{d}x=a\cos t\mathrm{d}t,$$

故有

$$\int\sqrt{a^2-x^2}\mathrm{d}x=\int a^2\cos^2 t\mathrm{d}t=a^2\int\frac{1+\cos 2t}{2}\mathrm{d}t$$
$$=\frac{a^2}{2}\left(t+\frac{1}{2}\sin 2t\right)+C=\frac{a^2}{2}(t+\sin t\cos t)+C.$$

为了将变量t还原回原来的积分变量x,由$x=a\sin t$作直角三角形(图 4.2),可知$\cos t=\frac{\sqrt{a^2-x^2}}{a}$,代入上式得

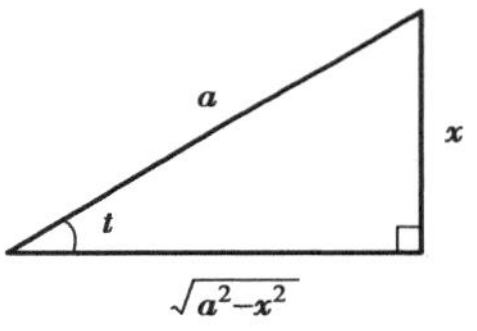

图 4.2

$$\int\sqrt{a^2-x^2}\mathrm{d}x=\frac{a^2}{2}\left(\arcsin\frac{x}{a}+\frac{x}{a}\cdot\frac{\sqrt{a^2-x^2}}{a}\right)+C$$
$$=\frac{a^2}{2}\arcsin\frac{x}{a}+\frac{x}{2}\sqrt{a^2-x^2}+C.$$

例 4.19 求不定积分$\int\frac{1}{\sqrt{x^2+a^2}}\mathrm{d}x(a>0)$.

解 令$x=a\tan t$,$t\in\left(-\frac{\pi}{2},\frac{\pi}{2}\right)$,则

$$\sqrt{x^2+a^2}=\sqrt{a^2+a^2\tan^2 t}=a\sec t,\mathrm{d}x=a\sec^2 t\mathrm{d}t,$$

故有

$$\int\frac{1}{\sqrt{x^2+a^2}}\mathrm{d}x=\int\frac{1}{a\sec t}\cdot a\sec^2 t\mathrm{d}t=\int\sec t\mathrm{d}t$$
$$=\ln|\sec t+\tan t|+C.$$

由$x=a\tan t$作直角三角形(图 4.3),可知$\sec t=\frac{\sqrt{x^2+a^2}}{a}$,代入上式得

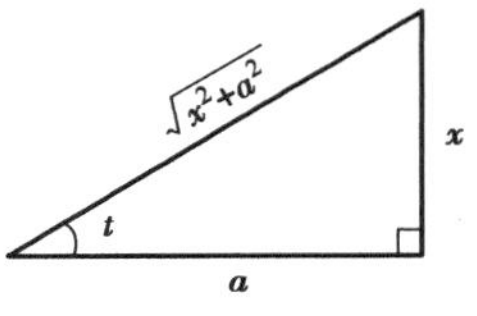

图 4.3

$$\int\frac{1}{\sqrt{x^2+a^2}}\mathrm{d}x=\ln\left|\frac{\sqrt{x^2+a^2}}{a}+\frac{x}{a}\right|+C$$
$$=\ln\left|\sqrt{x^2+a^2}+x\right|+C_1,$$

其中，$C_1=C-\ln a$.

例 4.20 求不定积分$\int \frac{1}{\sqrt{x^2-a^2}}\mathrm{d}x(a>0)$.

解 设 $x=a\sec t, t\in\left(0,\frac{\pi}{2}\right)$，则

$$\sqrt{x^2-a^2}=\sqrt{a^2\sec^2 t-a^2}=a\tan t, \mathrm{d}x=a\sec t\tan t\mathrm{d}t,$$

故有

$$\int \frac{1}{\sqrt{x^2-a^2}}\mathrm{d}x=\int \frac{1}{a\tan t}\cdot a\sec t\tan t\mathrm{d}t=\int \sec t\mathrm{d}t$$

$$=\ln|\sec t+\tan t|+C.$$

由 $x=a\sec t$ 作直角三角形（图 4.4），

可知 $\tan t=\frac{\sqrt{x^2-a^2}}{a}$，代入上式得

$$\int \frac{1}{\sqrt{x^2-a^2}}\mathrm{d}x=\ln\left|\frac{x}{a}+\frac{\sqrt{x^2-a^2}}{a}\right|+C$$

$$=\ln\left|x+\sqrt{x^2-a^2}\right|+C_1,$$

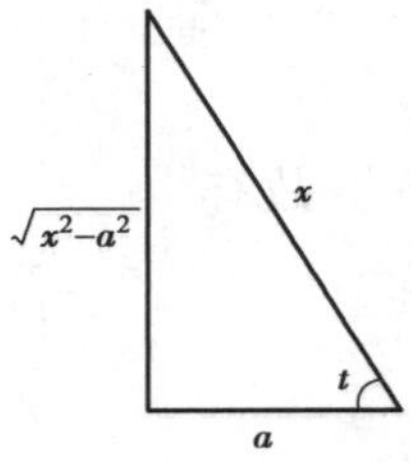

图 4.4

其中，$C_1=C-\ln a$.

通过上述三个例子可以看到，三角代换常用于求解被积函数为二次根式的不定积分；而且当被积函数有$\sqrt{a^2-x^2}$、$\sqrt{x^2+a^2}$、$\sqrt{x^2-a^2}$时，可分别作代换，$x=a\sin t$、$x=a\tan t$、$x=a\sec t$，从而化去根式.

习题 4.2

1. 填空，使下列等式成立.

(1) $x^3\mathrm{d}x=$________ $\mathrm{d}(3x^4-2)$；

(2) $\frac{1}{x^2}\mathrm{d}x=$________ $\mathrm{d}\left(\frac{1}{x}+3\right)$；

(3) $\frac{1}{\sqrt{x}}\mathrm{d}x=$________ $\mathrm{d}(2-\sqrt{x})$；

(4) $\frac{1}{x}\mathrm{d}x=$________ $\mathrm{d}(3-5\ln|x|)$；

(5) $\mathrm{e}^{2x}\mathrm{d}x=$________ $\mathrm{d}(\mathrm{e}^{2x}+1)$；

(6) $\frac{1}{\cos^2 2x}\mathrm{d}x=$________ $\mathrm{d}(\tan 2x+1)$；

(7) $\frac{1}{\sqrt{1-9x^2}}\mathrm{d}x=$________ $\mathrm{d}(\arcsin 3x)$；

(8) $\frac{1}{1+9x^2}\mathrm{d}x=$________ $\mathrm{d}(5-3\arctan 3x)$.

2. 求下列不定积分.

(1) $\int \frac{x}{1+x^2}\mathrm{d}x$；

(2) $\int \frac{1}{\sqrt[3]{2-3x}}\mathrm{d}x$；

(3) $\int \frac{\ln x}{x}\mathrm{d}x$；

(4) $\int \frac{\cos\sqrt{x}}{\sqrt{x}}\mathrm{d}x$；

(5) $\int \frac{1}{x\ln x\ln\ln x}\mathrm{d}x$；

(6) $\int \frac{\sin x}{\cos^3 x}\mathrm{d}x$；

(7) $\int \cos^3 x\mathrm{d}x$; (8) $\int \tan^3 x\mathrm{d}x$.

3. 求下列不定积分.

(1) $\int \frac{\sqrt{x^2-9}}{x}\mathrm{d}x$; (2) $\int \frac{1}{1+\sqrt{1-x^2}}\mathrm{d}x$;

(3) $\int \frac{\mathrm{d}x}{\sqrt{(x^2+1)^3}}$; (4) $\int \frac{1}{\sqrt{9x^2-4}}\mathrm{d}x$;

(5) $\int x\sqrt{x-2}\,\mathrm{d}x$; (6) $\int \frac{1}{\sqrt{x}+\sqrt[4]{x}}\mathrm{d}x$;

(7) $\int \frac{\sqrt{x+1}-1}{\sqrt{x+1}+1}\mathrm{d}x$; (8) $\int \frac{1}{1+\sqrt{2x}}\mathrm{d}x$.

4.3 分部积分法

前面在复合函数求导法则的基础上,得到了换元积分法,从而可以解决许多积分的计算问题,但有些积分如$\int xe^x\mathrm{d}x$、$\int x\cos x\mathrm{d}x$等利用换元积分法仍无法求解. 本节要介绍另一个求积分的基本方法——分部积分法,它是由两个函数乘积的微分法推导而来的.

设 $u=u(x)$、$v=v(x)$具有连续导数,由函数乘积的微分法有

$$\mathrm{d}(uv)=u\mathrm{d}v+v\mathrm{d}u,$$

即

$$u\mathrm{d}v=\mathrm{d}(uv)-v\mathrm{d}u,$$

两边求不定积分得

$$\int u\mathrm{d}v = uv - \int v\mathrm{d}u. \tag{4.3}$$

式(4.3)称为**分部积分公式**. 它的特点是先求出一部分原函数 uv,另一部分积分$\int v\mathrm{d}u$ 比$\int u\mathrm{d}v$ 容易求得. 下面通过例题来说明如何运用这个重要公式.

例 4.21 求不定积分$\int x\cos x\mathrm{d}x$.

解一 设 $u=x,\mathrm{d}v=\cos x\mathrm{d}x$,则 $\mathrm{d}u=\mathrm{d}x, v=\sin x$,由式(4.3)得

$$\int x\cos x\mathrm{d}x = x\sin x - \int \sin x\mathrm{d}x = x\sin x+\cos x+C.$$

解二 设 $u=\cos x,\mathrm{d}v=x\mathrm{d}x$,则 $\mathrm{d}u=-\sin x\mathrm{d}x, v=\frac{x^2}{2}$,由式(4.3)得

$$\int x\cos x\mathrm{d}x = \frac{x^2}{2}\cos x + \int \frac{x^2}{2}\sin x\mathrm{d}x.$$

比较一下不难发现,第二种解法中,被积函数中 x 的幂次反而升高了,积分的难度更大了,因此这样选择 u、dv 是不合适的.一般在应用分部积分法选取 u 和 dv 时要考虑下面两点:

(1) v 应容易求得;

(2) $\int v du$ 要比 $\int u dv$ 容易积分.

例 4.22 求不定积分 $\int x^2 e^x dx$.

解 设 $u = x^2, dv = e^x dx$,则 $du = 2x dx, v = e^x$,于是,由式(4.3)得

$$\int x^2 e^x dx = \int x^2 de^x = x^2 e^x - \int 2x e^x dx,$$

这里积分 $\int x e^x dx$ 应比 $\int x^2 e^x dx$ 容易计算,因为被积函数中 x 的幂次降低了一次,可对 $\int x e^x dx$ 再用一次分部积分法.设 $u = x, dv = e^x dx$,则 $du = dx, v = e^x$,于是

$$\begin{aligned}\int x^2 e^x dx &= x^2 e^x - 2\int x de^x = x^2 e^x - 2\left(x e^x - \int e^x dx\right)\\ &= x^2 e^x - 2x e^x + 2e^x + C.\end{aligned}$$

例 4.23 求不定积分 $\int \ln x dx$.

解 设 $u = \ln x, dv = dx$,则 $du = \frac{1}{x} dx, v = x$,由式(4.3)得

$$\int \ln x dx = x \ln x - \int x \cdot \frac{1}{x} dx = x \ln x - x + C.$$

例 4.24 求不定积分 $\int x \arctan x dx$.

解 设 $u = \arctan x, dv = x dx$,则 $du = \frac{1}{1 + x^2} dx, v = \frac{x^2}{2}$,由式(4.3)得

$$\begin{aligned}\int x \arctan x dx &= \int \arctan x d\left(\frac{1}{2}x^2\right) = \frac{1}{2}x^2 \arctan x - \frac{1}{2}\int \frac{x^2}{1 + x^2} dx\\ &= \frac{1}{2}(x^2 + 1)\arctan x - \frac{1}{2}x + C.\end{aligned}$$

总结上面四个例题可知:如果被积函数是幂函数与正(余)弦函数或幂函数与指数函数的乘积,可以考虑用分部积分法,并选幂函数为 u;如果被积函数是幂函数与对数函数或幂函数与反三角函数的乘积,也可以考虑用分部积分法,这时选对数函数或反三角函数为 u.

在对运算方法熟练后,分部积分的替换过程可以省略.

例 4.25 求不定积分 $\int x \ln x dx$.

解 $$\begin{aligned}\int x \ln x dx &= \int \ln x d\frac{x^2}{2} = \frac{x^2}{2}\ln x - \int \frac{x^2}{2} d\ln x\\ &= \frac{x^2}{2}\ln x - \frac{1}{2}\int x dx = \frac{x^2}{2}\ln x - \frac{x^2}{4} + C.\end{aligned}$$

例 4.26 求不定积分 $\int e^x \sin x dx$.

解 $\int e^x \sin x dx = \int \sin x \cdot de^x = e^x \sin x - \int e^x \cos x dx = e^x \sin x - \int \cos x de^x$

$$= e^x \sin x - e^x \cos x - \int e^x \sin x dx.$$

上式最后一项正好是所求积分,移到等式左边然后除以 2,便得

$$\int e^x \sin x dx = \frac{1}{2} e^x (\sin x - \cos x) + C.$$

注 上例是一个运用分部积分法的典型例子. 事实上,这里也可以选取 $u = e^x$、$dv = \sin x dx$,同样也是经过两次分部积分后产生循环式,从而解出所求积分. 值得注意的是,最后一步移项后,等式右端已不包含积分项,所以必须加上任意常数 C.

在积分过程中往往要兼用换元积分法和分部积分法,如例 4.27.

例 4.27 求 $\int e^{\sqrt{x}} dx$.

解 令 $\sqrt{x} = t$,则 $x = t^2$,$dx = 2tdt$. 故有

$$\int e^{\sqrt{x}} dx = 2\int te^t dt = 2\int t de^t = 2(te^t - \int e^t dt) = 2e^t(t - 1) + C,$$

再用 $t = \sqrt{x}$ 回代,便得所求积分:

$$\int e^{\sqrt{x}} dx = 2e^{\sqrt{x}}(\sqrt{x} - 1) + C.$$

习题 4.3

求下列不定积分.

(1) $\int x \sin 2x dx$;

(2) $\int x^2 \cos x dx$;

(3) $\int \ln^2 x dx$;

(4) $\int xe^{-x} dx$;

(5) $\int \arcsin x dx$;

(6) $\int x^2 \arctan x dx$;

(7) $\int e^{-2x} \sin \frac{x}{2} dx$;

(8) $\int e^{\sqrt[3]{x}} dx$.

本章应用拓展——森林救火模型

1. 问题背景

2020 年 3 月底,四川省凉山彝族自治州木里县火灾发生一周年之际,凉山彝族自治州西昌市突发森林大火,18 名扑火队员及 1 名向导不幸罹难. 森林火灾突发性强、破坏性大,对生态环境和人类的生命财产安全造成极大威胁. 而山火往往出现在地势崎岖的山区,交通、通信不便,给扑救带来了很大的困难. 因此,森林火灾一直是全球性议题,森林火灾的防治与扑救

也一直是世界性难题.我国幅员辽阔,森林资源和植物类型极为丰富.增强对森林火灾的综合治理能力,是保护我国森林资源、避免悲剧重演的有效措施.

2.问题分析

森林失火后,消防队员接到报警后会赶去灭火.消防队要根据当时的实际情况迅速做出判断:派多少队员前去救火才能最大限度地减少损失,既能保证扑灭火灾,又能尽可能地减少消防开支.派出的出警消防队员人数的多少和火灾造成的损失大小密切相关,人数越多,损失越小,但救火的开支会比较大;若派出的消防队员较少,火灾造成的森林损失可能会比较大.所以,需要考虑出警消防队员的费用和发生火灾的森林的损失之和,以此确定出警消防队员的数量.

森林损失的大小与烧毁面积有关,烧毁面积与燃烧速度、燃烧时间有关.假定森林中的植被价值是一样的,那么森林的损失大小完全由被毁的森林面积确定,而面积又由着火的时长(灭火时间减去起火时间)确定,而着火的时长由出警的消防队员的数量确定.

另外,消防队员的救火开支由参加灭火的消防队员的数量和灭火时间的长短确定.救火开支包含灭火设备的消耗、灭火人员的开支,这两项费用和救火的消防人员的数量及灭火所用时间有关,还包含运送消防队员及设备的一次性开支,这一项费用仅和消防队员的数量有关.

3.模型假设

(1)森林失火时间为 $t=0$,消防队员救火时间为 $t=t_1$,火灾被熄灭的时间 $t=t_2$.设 t 时刻被毁的面积为 $S(t)$,根据导数的定义,$S'(t)$ 表示 t 时刻烧毁面积的变化率,也表示 t 时刻火势的蔓延程度.当 $0\leqslant t\leqslant t_1$,火势是越来越大的,$S'(t)$ 随着 t 的增加而增加;当 $t_1\leqslant t\leqslant t_2$,消防员开始救火,$S'(t)$ 随着 t 的增加而减少;当 $t_1=t_2$ 时,$S'(t)=0$.

(2)森林中植被的价值都一样,且火灾是在无风条件下发生的.森林的损失费用与森林被毁面积呈线性关系,线性系数为 c_1,则森林的损失共为 $c_1S(t_2)$.

(3)在 $0\leqslant t\leqslant t_1$ 的时间内,$S'(t)$ 与 t 呈线性关系(正比),且随着 t 的增加而增加,不妨设其比例系数 β 为火势蔓延速度.火势的蔓延可以视为以着火点为中心,以匀速向四周蔓延且呈圆形,则被毁森林区域可被视为圆形,圆的半径(即蔓延半径)与时间呈线性关系(正比).

(4)设出警的消防队员人数为 x,每个消防队员的单位时间费用为 c_2,每个队员参加本次救火的一次性费用为 c_3,则出警消防队员的总救火费用为 $c_2x(t_2-t_1)+c_3x$.

(5)从消防员开始救火的时刻起,β 开始下降,降为 $\beta-\lambda x$,其中 λ 表示各个消防队员的灭火速度,显然 $\beta<\lambda x$.

4.模型的建立与求解

根据假设(3),被烧毁森林区域(圆)的半径 r 与时间 t 成正比,而烧毁面积 $S(t)$ 与 r^2 呈正比,所以森林烧毁面积 $S(t)$ 与时间 t^2 成正比,火势蔓延程度 $S'(t)$ 与时间 t 成正比.当 $0\leqslant t\leqslant t_1$,$S'(t)$ 呈线性增加;$t_1<t\leqslant t_2$,$S'(t)$ 呈线性减少直至为 0,记 $S'(t_1)=b$,如图 4.5 所示.

只考虑火的蔓延速度和消防队员的灭火速度,可得:

$$S'(t)=\begin{cases}\beta t, & 0<t\leqslant t_1\\ \beta t-\lambda x(t-t_1), & t_1<t\leqslant t_2\end{cases},$$

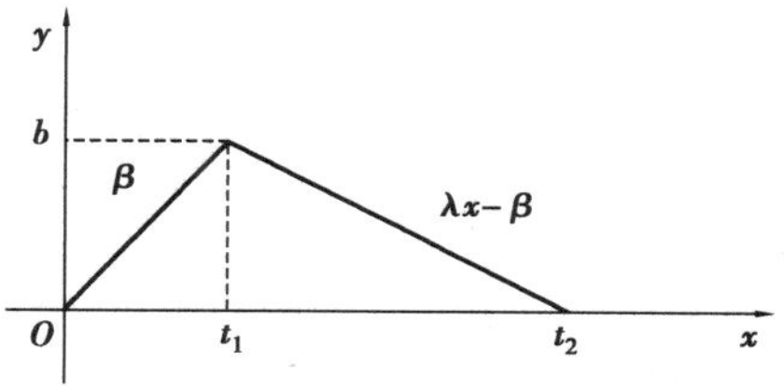

图 4.5

由于在 t_2 时火被扑灭，显然应有 $S'(t_2)=0$，得 $t_2-t_1=\dfrac{\beta t_1}{\lambda x-\beta}$，即 $t_2=\dfrac{\beta t_1}{\lambda x-\beta}+t_1$.

又有 $S'(t_1)=\beta t_1=b$，所以 $S(t_2)=\int_0^{t_2}S'(t)\,\mathrm{d}t=\dfrac{1}{2}bt_1+\dfrac{b^2}{2(\lambda x-\beta)}$.

由假设(4)得到救火的总费用：

$$C(x)=\frac{1}{2}c_1bt_1+\frac{c_1b^2}{2(\lambda x-\beta)}+\frac{c_2xb}{\lambda x-\beta}+c_3x,$$

求 $C(x)$ 的最小值. 令导数等于零，可求得总费用最小时的消防队员数量. 即 $C'(x)=0$，得到 $x=\sqrt{\dfrac{c_1\lambda b^2+2c_2\beta b}{2c_3\lambda^2}}+\dfrac{\beta}{\lambda}$.

总费用最小时，派出消防队员的数量 x 在实际计算中应取整.

总习题 4

1. 填空题.

(1) 设 $f(x)$ 是连续函数，则 $\mathrm{d}\int f(x)\mathrm{d}x=$ ________；$\int \mathrm{d}f(x)=$ ________；$\dfrac{\mathrm{d}}{\mathrm{d}x}\int f(x)\mathrm{d}x=$ ________；$\int f'(x)\mathrm{d}x=$ ________. [其中 $f'(x)$ 存在]

(2) 设 $F_1(x)$、$F_2(x)$ 是 $f(x)$ 的两个不同的原函数，且 $f(x)\neq 0$，则 $F_1(x)-F_2(x)=$ ______.

(3) 若 $f(x)$ 的导函数是 $\sin x$，则 $f(x)$ 的全体原函数为________.

(4) 设 $f'(x^2)=\dfrac{1}{x}(x>0)$，则 $f(x)=$ ________.

(5) $\int f(x)\mathrm{d}x=\mathrm{e}^x\cos 2x+C$，则 $f(x)=$ ________.

(6) 设 $\int xf(x)\mathrm{d}x=\arcsin x+C$，则 $\int\dfrac{\mathrm{d}x}{f(x)}=$ ________.

2. 用适当的方法求下列不定积分.

(1) $\int\dfrac{x}{x+5}\mathrm{d}x$；

(2) $\int\left(\dfrac{1-x}{x}\right)^2\mathrm{d}x$；

(3) $\int\dfrac{\mathrm{e}^{3x}-1}{\mathrm{e}^x-1}\mathrm{d}x$；

(4) $\int\dfrac{2^x-3^{x-1}}{6^{x+1}}\mathrm{d}x$；

(5) $\int 2^{5x+1}\mathrm{d}x$;

(6) $\int \frac{\arcsin\sqrt{x}}{\sqrt{x}}\mathrm{d}x$;

(7) $\int \frac{2x}{1+x^2}\mathrm{d}x$;

(8) $\int \frac{2x}{1+x^4}\mathrm{d}x$;

(9) $\int \frac{x^3\mathrm{d}x}{4+9x^8}$;

(10) $\int \frac{\mathrm{e}^x}{9+\mathrm{e}^{2x}}\mathrm{d}x$;

(11) $\int \frac{1}{\cos^4 x}\mathrm{d}x$;

(12) $\int \frac{\cot x}{1+\sin x}\mathrm{d}x$;

(13) $\int \sin^3 x\cos^5 x\mathrm{d}x$;

(14) $\int \sin\sqrt{x}\,\mathrm{d}x$;

(15) $\int \frac{\sqrt[3]{x}}{x(\sqrt{x}+\sqrt[3]{x})}\mathrm{d}x$;

(16) $\int \frac{\arcsin x}{\sqrt{1-x^2}}\mathrm{d}x$;

(17) $\int \ln 9x\mathrm{d}x$;

(18) $\int x^3\ln x\mathrm{d}x$;

(19) $\int \frac{1}{x\ln^2 x}\mathrm{d}x$;

(20) $\int \frac{\ln(\ln x)}{x}\mathrm{d}x$;

(21) $\int \frac{\arcsin x}{x^2}\mathrm{d}x$;

(22) $\int \sin x\ln\tan x\mathrm{d}x$;

(23) $\int \mathrm{e}^{\sqrt{2x+1}}\mathrm{d}x$;

(24) $\int \mathrm{e}^{2x}\sin^2 x\mathrm{d}x$.

第 5 章
定积分及其应用

前面我们讨论了积分学中的不定积分问题，下面讨论积分学的另一个重要问题——定积分问题. 我们先从实际问题中引出定积分的定义，然后讨论它的有关性质. 值得注意的是，定积分与不定积分虽然是两个不同的概念，但它们之间有密切的联系，这种联系导出了定积分的计算方法. 最后我们讨论定积分在几何与物理上的应用.

5.1 定积分的概念与性质

5.1.1 定积分问题举例

1. 求曲边梯形的面积

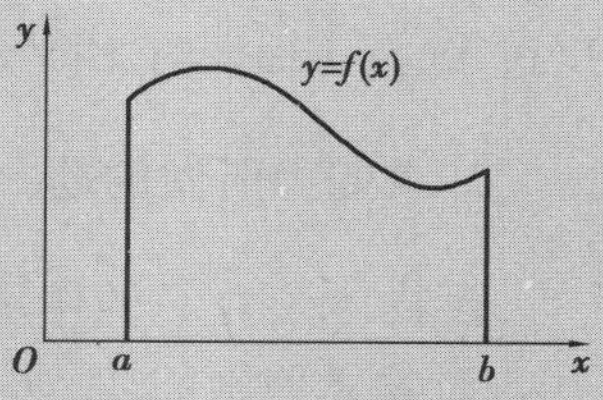

图 5.1

设函数 $y=f(x)$ 为闭区间 $[a,b]$ 上的连续函数，且 $f(x)\geqslant 0$. 由曲线 $y=f(x)$，直线 $x=a$、$x=b$ 以及 x 轴所围成的平面图形(图 5.1)称为**曲边梯形**.

如何计算上述曲边梯形的面积呢? 首先，不难看出该曲边梯形的面积 A 取决于区间 $[a,b]$ 及定义在这个区间上的函数 $f(x)$. 如果 $f(x)$ 在 $[a,b]$ 上恒为常数 h，此时曲边梯形为矩形，其面积 $A=h(b-a)$. 现在的问题是 $f(x)$ 在 $[a,b]$ 上不是常数，而是变化着的，因此它的面积就不能简单地用矩形的面积公式来计算. 但是由于 $f(x)$ 在 $[a,b]$ 上是连续的，即当 x 的改变很小时，$f(x)$ 的改变也很小，因此，如果将 $[a,b]$ 分成许多小区间，相应地将曲边梯形分割成许多小曲边梯形，每个小曲边梯形可以被近似地看成小矩形，则所有这些小矩形面积的和就是整个曲边梯形面积的近似值. 显然,对曲边梯形的分割愈细,其近似小矩形的程度愈大. 因此,将区间$[a,b]$无限细分并使每个小区间的长度都趋近零时,小矩形面积之和的极限就可以定义为所要求的曲边梯形的面积.

根据上述分析,曲边梯形的面积 A 可按下面的步骤得到.(图 5.2)

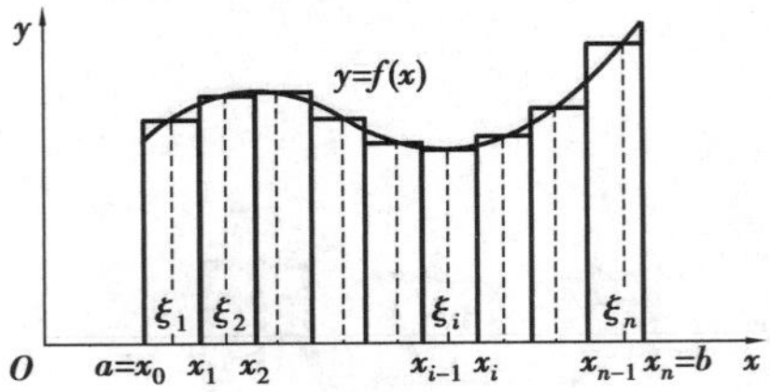

图 5.2

(1)分割. 在区间$[a,b]$内任意插入 $n-1$ 个分点,即

$$a=x_0<x_1<x_2<\cdots<x_{i-1}<x_i<\cdots<x_{n-1}<x_n=b,$$

把区间$[a,b]$分成 n 个小区间$[x_0,x_1],[x_1,x_2],\cdots,[x_{i-1},x_i],\cdots,[x_{n-1},x_n]$. 然后用直线 $x=x_i$ $(i=1,2,\cdots,n-1)$把曲边梯形相应地分割成 n 个小曲边梯形,记小区间$[x_{i-1},x_i]$的长度为 $\Delta x_i=x_i-x_{i-1}(i=1,2,\cdots,n)$,并将区间$[x_{i-1},x_i]$上小曲边梯形的面积记作 $\Delta A_i(i=1,2,\cdots,n)$.

(2)近似. 在每个小区间$[x_{i-1},x_i]$上任取一点 ξ_i,以 $f(\xi_i)$为高、Δx_i 为底边作小矩形,其面积为 $f(\xi_i)\Delta x_i(i=1,2,\cdots,n)$,以此作为$[x_{i-1},x_i]$上的小曲边梯形面积 ΔA_i 的近似值,即

$$\Delta A_i\approx f(\xi_i)\Delta x_i\quad(i=1,2,\cdots,n).$$

(3)求和. 将 n 个小矩形的面积相加,就得到曲边梯形面积 A 的近似值,即

$$A\approx\sum_{i=1}^{n}f(\xi_i)\Delta x_i.$$

(4)取极限. 当上述分割越来越细时,取上面和式的极限,便得到所求曲边梯形的面积 A. 记 $\lambda=\max\{\Delta x_1,\Delta x_2,\cdots,\Delta x_n\}$,只要 $\lambda\to0$,就可以保证所有小区间的长度趋近零. 即

$$A=\lim_{\lambda\to0}\sum_{i=1}^{n}f(\xi_i)\Delta x_i.$$

注 $\lambda\to0$ 表示分割越来越细的极限过程,这时插入的分点数 n 也越来越多,即 $n\to\infty$;但反过来,当 $n\to\infty$ 时,并不一定能保证 $\lambda\to0$.

2. 求变力所做的功

设物体受力 F 的作用,沿 x 轴由点 a 移动至点 b,并设力 F 处处平行于 x 轴(图 5.3). 求力 F 对物体所做的功. 如果 F 是恒力,则 $W=F\cdot(b-a)$. 现在的问题是,若 F 是物体所在位置 x 的连续函数,$F=F(x)$,$a\leqslant x\leqslant b$,那么力 F 对物体所做的功 W 应如何计算呢? 我们仍按求曲边梯形面积的思想来分析.

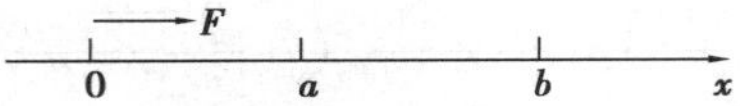

图 5.3

(1)分割. 在$[a,b]$中任意插入 $n-1$ 个分点,即

$$a=x_0<x_1<x_2<\cdots<x_{i-1}<x_i<\cdots<x_{n-1}<x_n=b,$$

把区间 $[a,b]$ 分成 n 个小区间：

$$[x_0,x_1],[x_1,x_2],\cdots,[x_{i-1},x_i],\cdots,[x_{n-1},x_n],$$

记小区间 $[x_{i-1},x_i]$ 的长度为

$$\Delta x_i=x_i-x_{i-1}(i=1,2,\cdots,n),$$

并将力 $F(x)$ 在区间 $[x_{i-1},x_i]$ 上所做的功记为 $\Delta W_i(i=1,2,\cdots,n)$.

(2)近似. 在每个小区间 $[x_{i-1},x_i]$ 上任取一点 ξ_i，以 ξ_i 处的作用力 $F(\xi_i)$ 作为小区间 $[x_{i-1},x_i]$ 上各点的作用力，于是

$$\Delta W_i\approx F(\xi_i)\Delta x_i,(i=1,2,\cdots,n).$$

(3)求和. 将 n 个小区间上的功相加，就得到力 $F(x)$ 所做功的近似值，即

$$W\approx\sum_{i=1}^{n}F(\xi_i)\Delta x_i.$$

(4)取极限. 为保证所有小区间的长度都趋近零，记 $\lambda=\max\{\Delta x_1,\Delta x_2,\cdots,\Delta x_n\}$，当 $\lambda\to 0$ 时，取上述和式的极限，得到力 $F(x)$ 在区间 $[a,b]$ 上所做的功，即

$$W=\lim_{\lambda\to 0}\sum_{i=1}^{n}F(\xi_i)\Delta x_i.$$

从上述两个例子可以看出，无论是求曲边梯形的面积，还是求变力所做的功，通过“分割、近似、求和、取极限”，其都能转化为形如 $\sum_{i=1}^{n}f(\xi_i)\Delta x_i$ 的和式的极限问题. 在科学技术领域还有许多问题都归结为求这种和式的极限，抽象地研究这种和式的极限，就得到定积分的定义.

5.1.2　定积分的定义

定义 5.1　设函数 $f(x)$ 在区间 $[a,b]$ 上有定义，在 $[a,b]$ 中任意插入 $n-1$ 个分点，即

$$a=x_0<x_1<x_2<\cdots<x_{i-1}<x_i<\cdots<x_{n-1}<x_n=b.$$

把 $[a,b]$ 分成 n 个小区间 $[x_0,x_1],[x_1,x_2],\cdots,[x_{i-1},x_i],\cdots,[x_{n-1},x_n]$，各个小区间的长度为 $\Delta x_i=x_i-x_{i-1}(i=1,2,\cdots,n)$. 在每个小区间 $[x_{i-1},x_i]$ 上任取一点 $\xi_i(x_{i-1}\leqslant\xi_i\leqslant x_i)$，作出函数值 $f(\xi_i)$ 与小区间长度 Δx_i 的乘积 $f(\xi_i)\Delta x_i(i=1,2,\cdots,n)$，并作和式 $\sum_{i=1}^{n}f(\xi_i)\Delta x_i$. 记 $\lambda=\max\{\Delta x_1,\Delta x_2,\cdots,\Delta x_n\}$. 如果不论对 $[a,b]$ 怎样划分，也不论在小区间 $[x_{i-1},x_i]$ 上怎样取点 ξ_i，只要当 $\lambda\to 0$ 时上述和式的极限都存在且相等，则称此极限值为函数 $f(x)$ 在区间 $[a,b]$ 上的**定积分**，记作 $\int_a^b f(x)\mathrm{d}x$，即

$$\int_a^b f(x)\mathrm{d}x=\lim_{\lambda\to 0}\sum_{i=1}^{n}f(\xi_i)\Delta x_i.$$

其中 $f(x)$ 称为**被积函数**，$f(x)\mathrm{d}x$ 称为**被积表达式**，x 称为**积分变量**，a 称为**积分下限**，b 称为**积分上限**，$[a,b]$ 称为**积分区间**.

当 $\int_a^b f(x)\mathrm{d}x$ 存在时，也称函数 $f(x)$ 在区间 $[a,b]$ 上可积，通常把和式 $\sum_{i=1}^{n}f(\xi_i)\Delta x_i$ 称为 $f(x)$ 的**积分和**.

对于定积分的定义要注意以下几点：

(1) 定积分$\int_a^b f(x)\mathrm{d}x$是积分和式的极限,是一个数值,它的值仅与被积函数$f(x)$和积分区间有关,而与积分变量的记号无关,即

$$\int_a^b f(x)\mathrm{d}x = \int_a^b f(t)\mathrm{d}t = \int_a^b f(u)\mathrm{d}u.$$

(2) 定积分$\int_a^b f(x)\mathrm{d}x$存在是指积分和$\sum_{i=1}^{n} f(\xi_i)\Delta x_i$在$\lambda\to 0$时的极限存在,与区间$[a,b]$的分法和点$\xi_i$的选取无关.

函数$f(x)$在区间$[a,b]$上满足怎样的条件,可保证$f(x)$在区间$[a,b]$上一定可积?这就是求$f(x)$可积的充分条件,这个问题在这里不作深入讨论,只给出下面几个结论:

(1) 若函数$f(x)$在区间$[a,b]$上连续,则$f(x)$在区间$[a,b]$上可积.

(2) 若函数$f(x)$在区间$[a,b]$上有界,且只有有限个间断点,则$f(x)$在区间$[a,b]$上可积.

(3) 若函数$f(x)$在区间$[a,b]$上单调,则$f(x)$在区间$[a,b]$上可积.

本章以下所讨论的函数$f(x)$,如不作声明,则假定所讨论的定积分是存在的(即$f(x)$是可积的).

由定积分的定义可知,前面所讨论的两个例子均可用定积分来计算.

(1) 曲边梯形的面积A等于函数$f(x)(f(x)\geqslant 0)$在$[a,b]$上的定积分,即

$$A = \int_a^b f(x)\mathrm{d}x.$$

(2) 变力所做的功W等于函数$F(x)$在区间$[a,b]$上的定积分,即

$$W = \int_a^b F(x)\mathrm{d}x.$$

例 5.1 求定积分$\int_0^1 x^2\mathrm{d}x$.

解 因为被积函数$f(x)=x^2$是区间$[0,1]$上的连续函数,所以此定积分是存在的,且与区间$[0,1]$的分法和点ξ_i的选取无关. 为了便于计算,不妨将区间$[0,1]$分成n个相等的小区间,则各小区间的长$\Delta x_i=\dfrac{1}{n}$,分点为

$$x_0=0,x_1=\frac{1}{n},x_2=\frac{2}{n},\cdots,x_n=\frac{n}{n}=1.$$

取$\xi_i=x_i(i=1,2,\cdots,n)$,则

$$\begin{aligned}\sum_{i=1}^{n} f(\xi_i)\Delta x_i &= \sum_{i=1}^{n}\left(\frac{i}{n}\right)^2\cdot\frac{1}{n} = \frac{1}{n^3}(1^2+2^2+\cdots+n^2)\\ &=\frac{1}{6}\cdot\frac{n(n+1)(2n+1)}{n^3}\\ &=\frac{1}{6}\left(1+\frac{1}{n}\right)\left(2+\frac{1}{n}\right).\end{aligned}$$

因此
$$\int_0^1 x^2\mathrm{d}x = \lim_{n\to\infty}\sum_{i=1}^{n} f(\xi_i)\Delta x_i = \frac{1}{6}\lim_{n\to\infty}\left(1+\frac{1}{n}\right)\left(2+\frac{1}{n}\right)=\frac{1}{3}.$$

5.1.3 定积分的几何意义

由前面的讨论知，在$[a,b]$上$f(x)\geqslant 0$时，定积分$\int_a^b f(x)\mathrm{d}x$在几何上表示由曲线$y=f(x)$，直线$y=0$、$x=a$、$x=b$所围成的曲边梯形（图5.4）的面积A.

如果在$[a,b]$上$f(x)\leqslant 0$时，由曲线$y=f(x)$，直线$y=0$、$x=a$、$x=b$所围成的曲边梯形位于x轴的下方（图5.5），此时$\int_a^b f(x)\mathrm{d}x$在几何上表示该曲边梯形面积的相反数.

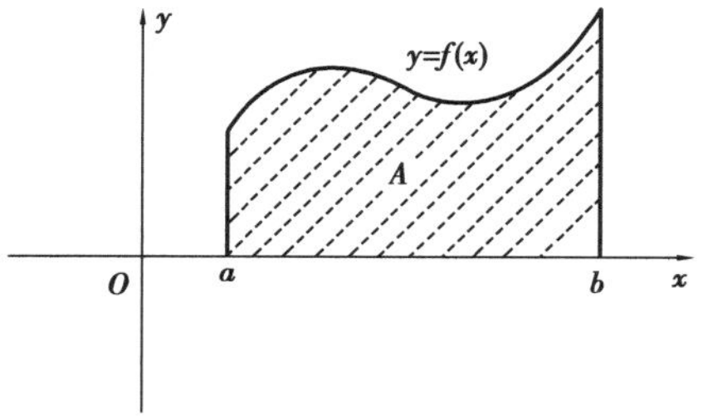

图5.4

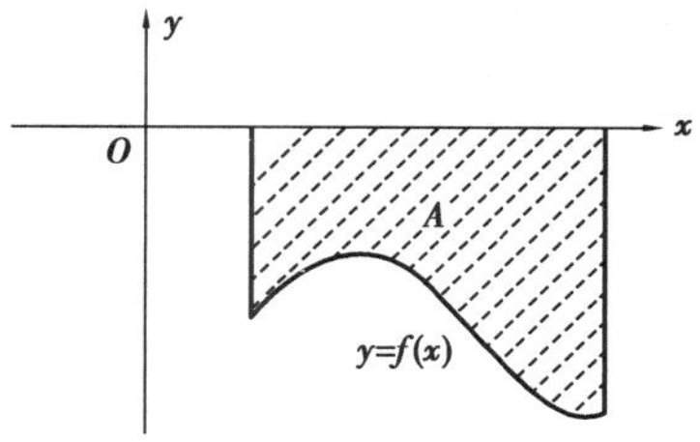

图5.5

如图5.6所示，$f(x)$在区间$[a,b]$上既可取正值也可取负值，则$\int_a^b f(x)\mathrm{d}x$在几何上表示介于曲线$y=f(x)$，直线$y=0$、$x=a$、$x=b$之间的各部分面积的代数和，即

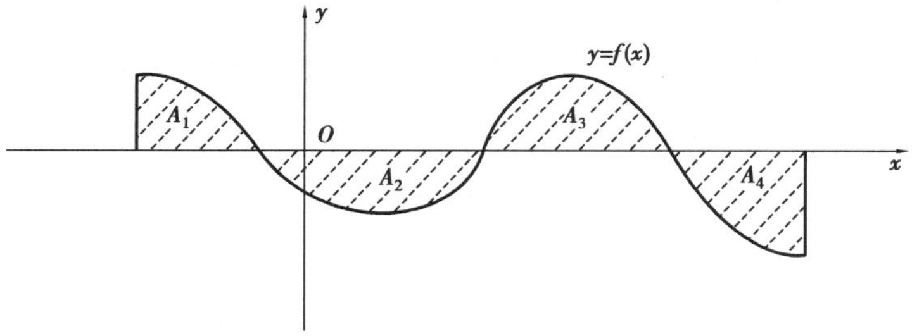

图5.6

$$\int_a^b f(x)\mathrm{d}x = A_1 - A_2 + A_3 - A_4.$$

5.1.4 定积分的性质

为了进一步讨论定积分的计算，下面介绍定积分的一些性质. 下面的讨论中假定被积函数是可积的，同时为了计算和应用方便，这里先对定积分作两点补充规定：

(1) 当$a=b$时，$\int_a^b f(x)\mathrm{d}x=0$；

(2) 当$a>b$时，$\int_a^b f(x)\mathrm{d}x=-\int_b^a f(x)\mathrm{d}x$.

上述规定是容易理解的. 这样不论是$a<b$、$a>b$还是$a=b$，符号$\int_a^b f(x)\mathrm{d}x$均有意义.

根据上述规定，交换定积分的上、下限，其绝对值不变而符号相反. 因此，在下面的讨论中如无特别指出,对定积分上、下限的大小不加限制.

性质 1 $\int_a^b [f(x) \pm g(x)]\mathrm{d}x = \int_a^b f(x)\mathrm{d}x \pm \int_a^b g(x)\mathrm{d}x$.

注 此性质可以推广到有限多个函数的情形.

性质 2 $\int_a^b kf(x)\mathrm{d}x = k\int_a^b f(x)\mathrm{d}x$ (k 为常数).

性质 3 $\int_a^b f(x)\mathrm{d}x = \int_a^c f(x)\mathrm{d}x + \int_c^b f(x)\mathrm{d}x$,其中 c 可以在$[a,b]$之内,也可以在$[a,b]$之外. 当然此时要求$f(x)$在相应的区间内可积.

性质 3 表明定积分对于积分区间具有可加性.

性质 4 $\int_a^b 1\mathrm{d}x = \int_a^b \mathrm{d}x = b - a$.

$\int_a^b \mathrm{d}x$ 在几何上表示以$[a,b]$为底、$f(x)=1$为高的矩形的面积.

性质 5 如果在$[a,b]$上有$f(x) \leqslant g(x)$,则有

$$\int_a^b f(x)\mathrm{d}x \leqslant \int_a^b g(x)\mathrm{d}x.$$

推论 1 若在区间$[a,b]$上$f(x) \geqslant 0$,则

$$\int_a^b f(x)\mathrm{d}x \geqslant 0 \quad (a < b).$$

推论 2 $\left|\int_a^b f(x)\mathrm{d}x\right| \leqslant \int_a^b |f(x)|\mathrm{d}x (a < b)$.

性质 6 设 M、m 分别是函数$f(x)$在区间$[a,b]$上的最大值和最小值,则

$$m(b-a) \leqslant \int_a^b f(x)\mathrm{d}x \leqslant M(b-a).$$

性质 7(积分中值定理) 如果函数$f(x)$在区间$[a,b]$上连续,则在$[a,b]$上至少存在一点ξ,使得

$$\int_a^b f(x)\mathrm{d}x = f(\xi)(b-a)(a \leqslant \xi \leqslant b).$$

这个公式称为**积分中值公式**.

积分中值定理的几何意义:由曲线 $y=f(x)$ $(f(x) \geqslant 0)$,直线 $y=0$, $x=a$, $x=b$ 所围成的曲边梯形的面积等于以区间$[a,b]$为底、$f(\xi)$为高的矩形的面积(图 5.7).

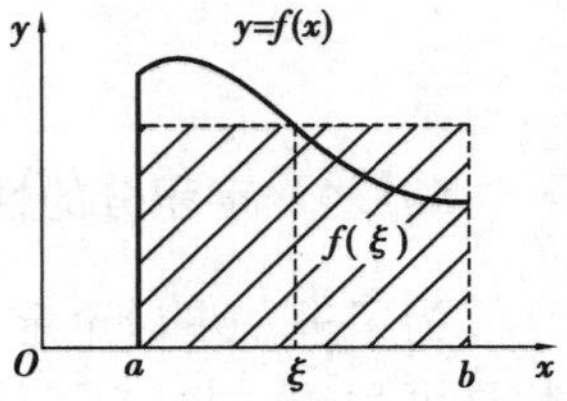

图 5.7

由上述几何意义易知,数值$\frac{1}{b-a}\int_a^b f(x)\mathrm{d}x$表示连续曲线$f(x)$在区间$[a,b]$上的平均高度,也称为函数$f(x)$在区间$[a,b]$上的**平均值**.

习题 5.1

1. 利用定积分的定义计算$\int_a^b x\mathrm{d}x (a < b)$.

2. 利用定积分的几何意义,证明下列等式.

(1) $\int_0^1 2x\mathrm{d}x = 1$；　　(2) $\int_0^1 \sqrt{1-x^2}\mathrm{d}x = \frac{\pi}{4}$；

(3) $\int_{-\pi}^{\pi} \sin x\mathrm{d}x = 0$；　　(4) $\int_0^{2\pi} \cos x\mathrm{d}x = 0$.

3. 设 $\int_{-1}^{1} 3f(x)\mathrm{d}x = 18$，$\int_{-1}^{3} f(x)\mathrm{d}x = 4$，$\int_{-1}^{3} g(x)\mathrm{d}x = 3$，求：

(1) $\int_{-1}^{1} f(x)\mathrm{d}x$；　　(2) $\int_1^3 f(x)\mathrm{d}x$；

(3) $\int_3^{-1} g(x)\mathrm{d}x$；　　(4) $\int_{-1}^{3} \frac{1}{5}[4f(x) + 3g(x)]\mathrm{d}x$.

4. 根据定积分的性质，比较下列各对积分的大小.

(1) $\int_0^1 x^2\mathrm{d}x$ 与 $\int_0^1 x^3\mathrm{d}x$；　　(2) $\int_1^2 x^2\mathrm{d}x$ 与 $\int_1^2 x^3\mathrm{d}x$；

(3) $\int_1^2 \ln x\mathrm{d}x$ 与 $\int_1^2 \ln^2 x\mathrm{d}x$；　　(4) $\int_0^{\frac{\pi}{2}} x\mathrm{d}x$ 与 $\int_0^{\frac{\pi}{2}} \sin x\mathrm{d}x$.

5. 估计下列各积分的值.

(1) $\int_1^4 (x^2 + 1)\mathrm{d}x$；　　(2) $\int_1^4 \frac{1}{2+x}\mathrm{d}x$；

(3) $\int_1^2 \frac{x}{1+x^2}\mathrm{d}x$；　　(4) $\int_{\frac{\pi}{4}}^{\frac{5}{4}\pi} (1 + \sin^2 x)\mathrm{d}x$.

5.2 微积分的基本定理

积分学中的一个重要问题是定积分的计算问题，如果用定积分的定义（即通过求和的极限）来计算，往往十分复杂，甚至是不可能的. 下面介绍的定理不仅揭示了定积分和不定积分这两个看起来完全不相干的概念之间的联系，还提供了计算定积分的有效方法.

5.2.1 变上限函数及其导数

设函数 $f(x)$ 在 $[a,b]$ 上连续，则对于任意一点 $x \in [a,b]$，定积分 $\int_a^x f(t)\mathrm{d}t$ 在 $[a,b]$ 上定义了一个关于 x 的函数，记为 $\Phi(x)$，即

$$\Phi(x) = \int_a^x f(t)\mathrm{d}t \quad (a \leqslant x \leqslant b)$$

称 $\Phi(x)$ 为**积分上限函数**（或**变上限函数**）.

如果 $f(x) \geqslant 0$（$\forall x \in [a,b]$），则 $\Phi(x)$ 表示在区间 $[a,x]$ 上以 $y = f(x)$ 为曲边的曲边梯形的面积（图 5.8）.

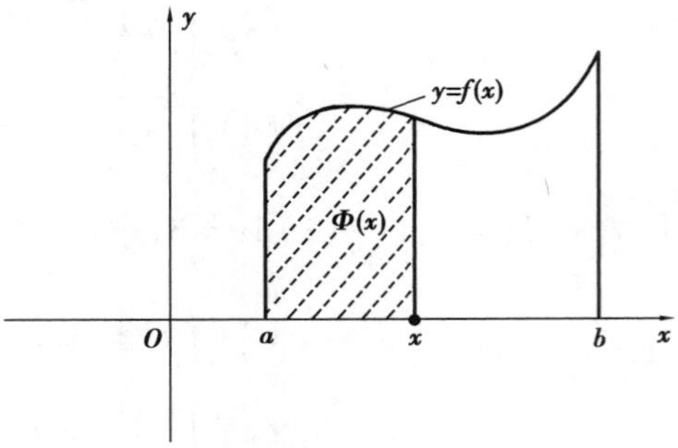

图 5.8

关于 $\Phi(x)$ 的可导性,我们有下面的定理.

定理 5.1 若函数 $f(x)$ 在 $[a,b]$ 上连续,则变上限函数 $\Phi(x)=\int_a^x f(t)\,dt$ 在 $[a,b]$ 上可导,且其导数

$$\Phi'(x)=\frac{d}{dx}\int_a^x f(t)\,dt=f(x)\,(a\leqslant x\leqslant b).$$

证明从略.

注 定理 5.1 说明,只要 $f(x)$ 是连续函数,它就一定存在原函数. 事实上,变上限函数就是 $f(x)$ 的一个原函数.

利用复合函数的求导法则,可进一步得到下列公式:

(1) $\dfrac{d}{dx}\int_a^{\varphi(x)} f(t)\,dt=f[\varphi(x)]\varphi'(x)$;

(2) $\dfrac{d}{dx}\int_{\chi(x)}^{\varphi(x)} f(t)\,dt=f[\varphi(x)]\varphi'(x)-f[\chi(x)]\chi'(x)$.

例 5.2 求 $\dfrac{d}{dx}\left[\int_0^x e^{t^2-t}dt\right]$.

解 $\dfrac{d}{dx}\left[\int_0^x e^{t^2-t}dt\right]=e^{x^2-x}$.

例 5.3 求 $\dfrac{d}{dx}\left[\int_{\sqrt{x}}^{x^2}\ln(1+t^2)\,dt\right]$.

解 $\dfrac{d}{dx}\left[\int_{\sqrt{x}}^{x^2}\ln(1+t^2)\,dt\right]=\ln[1+(x^2)^2](x^2)'-\ln[1+(\sqrt{x})^2](\sqrt{x})'$

$$=2x\ln(1+x^4)-\frac{1}{2\sqrt{x}}\ln(1+x).$$

例 5.4 求极限 $\lim\limits_{x\to 0}\dfrac{\int_{\cos x}^{1}e^{-t^2}dt}{x^2}$.

解 这是 $\dfrac{0}{0}$ 型未定式,可应用洛必达法则. 由于

$$\frac{d}{dx}\int_{\cos x}^{1}e^{-t^2}dt=-\frac{d}{dx}\int_1^{\cos x}e^{-t^2}dt=-e^{\cos^2 x}(\cos x)'=\sin x\cdot e^{-\cos^2 x},$$

所以
$$\lim_{x\to0}\frac{\int_{\cos x}^{1}e^{-t^2}dt}{x^2}=\lim_{x\to0}\frac{\sin x\cdot e^{-\cos^2x}}{2x}=\frac{1}{2e}.$$

5.2.2 微积分基本定理(牛顿-莱布尼茨公式)

定理 5.2 设函数 $f(x)$ 在 $[a,b]$ 上连续,$F(x)$ 是 $f(x)$ 在 $[a,b]$ 上的任一原函数,则
$$\int_a^b f(x)dx=F(b)-F(a). \tag{5.1}$$

证 已知 $F(x)$ 是 $f(x)$ 的一个原函数,由定理 5.1 知,$\Phi(x)=\int_a^x f(t)dt$ 也是 $f(x)$ 的一个原函数,所以
$$\Phi(x)-F(x)=C(C\text{ 为常数}),$$
即
$$\int_a^x f(t)dt=F(x)+C.$$

在上式中令 $x=a$,得 $C=-F(a)$,再代入上式得
$$\int_a^x f(t)dt=F(x)-F(a).$$

再令 $x=b$ 并把积分变量 t 换成 x,便得
$$\int_a^b f(x)dx=F(b)-F(a).$$

定理 5.1 与定理 5.2 将导数或微分与定积分联系起来,是沟通微分学与积分学的桥梁.式(5.1)把定积分的计算归结为求原函数的问题,揭示了定积分与不定积分的内在联系,称为**牛顿-莱布尼茨公式或微积分基本定理**.通常将 $F(b)-F(a)$ 记为 $[F(x)]_a^b$ 或 $F(x)\big|_a^b$,于是牛顿-莱布尼茨公式可写成
$$\int_a^b f(x)dx=[F(x)]_a^b\text{ 或}\int_a^b f(x)dx=F(x)\big|_a^b.$$

例 5.5 计算 $\int_0^1 x^2dx$.

解 $\frac{x^3}{3}$ 是 x^2 的一个原函数,由牛顿-莱布尼茨公式有
$$\int_0^1 x^2dx=\frac{x^3}{3}\bigg|_0^1=\frac{1}{3}-\frac{0}{3}=\frac{1}{3}.$$

例 5.6 计算 $\int_{-1}^1\frac{1}{1+x^2}dx$.

解 由于 $\arctan x$ 是 $\frac{1}{1+x^2}$ 的一个原函数,所以
$$\int_{-1}^1\frac{1}{1+x^2}dx=\arctan x\big|_{-1}^1=\arctan 1-\arctan(-1)=\frac{\pi}{2}.$$

例 5.7 计算 $\int_0^\pi f(x)dx$,其中 $f(x)=\begin{cases}\sin x,x\in\left[0,\frac{\pi}{2}\right)\\ \cos x,x\in\left[\frac{\pi}{2},\pi\right]\end{cases}$.

解 $\int_0^{\pi} f(x)\,\mathrm{d}x = \int_0^{\frac{\pi}{2}} f(x)\,\mathrm{d}x + \int_{\frac{\pi}{2}}^{\pi} f(x)\,\mathrm{d}x$

$= \int_0^{\frac{\pi}{2}} \sin x\mathrm{d}x + \int_{\frac{\pi}{2}}^{\pi} \cos x\mathrm{d}x$

$= [-\cos x]_0^{\frac{\pi}{2}} + [\sin x]_{\frac{\pi}{2}}^{\pi} = 1 - 1 = 0.$

习题 5.2

1. 求下列导数.

(1) $\dfrac{\mathrm{d}}{\mathrm{d}x}\int_0^x \sqrt{1+t^4}\,\mathrm{d}t$;

(2) $\dfrac{\mathrm{d}}{\mathrm{d}x}\int_x^{-1} t\mathrm{e}^{-t}\mathrm{d}t$;

(3) $\dfrac{\mathrm{d}}{\mathrm{d}x}\int_0^{x^2} \dfrac{1}{\sqrt{1+t^2}}\mathrm{d}t$;

(4) $\dfrac{\mathrm{d}}{\mathrm{d}x}\int_{x^2}^{x^3} \mathrm{e}^t\mathrm{d}t$.

2. 设 $f(x) = \int_0^{x^2} \dfrac{\mathrm{d}x}{1+x^3}$，求 $f''(1)$.

3. 求下列定积分.

(1) $\int_{-1}^{1} (x^3 + 3x^2 - x + 2)\,\mathrm{d}x$;

(2) $\int_1^2 \left(x^2 + \dfrac{1}{x^4}\right)\mathrm{d}x$;

(3) $\int_4^9 \sqrt{x}(1+\sqrt{x})\,\mathrm{d}x$;

(4) $\int_{-1}^{0} \dfrac{3x^4 + 3x^2 + 1}{x^2 + 1}\mathrm{d}x$;

(5) $\int_{-\frac{1}{2}}^{\frac{1}{2}} \dfrac{1}{\sqrt{1-x^2}}\mathrm{d}x$;

(6) $\int_0^{\sqrt{3}a} \dfrac{\mathrm{d}x}{a^2 + x^2}$;

(7) $\int_0^{\frac{\pi}{4}} \tan^2\theta\mathrm{d}\theta$;

(8) $\int_0^{2\pi} |\sin x|\mathrm{d}x$.

4. 设函数 $f(x) = \begin{cases} \sqrt{x}, 0 \leqslant x \leqslant 1, \\ \mathrm{e}^x, 1 < x \leqslant 3, \end{cases}$ 求 $\int_0^3 f(x)\,\mathrm{d}x$.

5. 求下列极限.

(1) $\lim\limits_{x\to 0} \dfrac{\int_0^x \arctan t\mathrm{d}t}{x^2}$;

(2) $\lim\limits_{x\to 0} \dfrac{\int_0^x \cos t^2\mathrm{d}t}{\int_0^x \frac{\sin t}{t}\mathrm{d}t}$;

(3) $\lim\limits_{x\to 0} \dfrac{\int_{2x}^{0} \sin t^2\mathrm{d}t}{x^3}$;

(4) $\lim\limits_{x\to 0} \dfrac{\int_0^{x^2} \sin^{\frac{3}{2}} t\mathrm{d}t}{\int_0^x t(t - \sin t)\,\mathrm{d}t}$.

5.3 定积分的换元积分法和分部积分法

由微积分基本公式知,求定积分$\int_a^b f(x)\mathrm{d}x$的问题可以转化为求被积函数$f(x)$的原函数在区间$[a,b]$上增量的问题、前面用换元积分法和分部积分法可以求出一些函数的原函数,因此,在一定条件下,这两种方法对定积分仍适用,下面就来介绍这两种积分方法在定积分上的应用.

5.3.1 定积分的换元积分法

定理 5.3 设函数$f(x)$在区间$[a,b]$上连续,函数$x=\varphi(t)$满足下列条件:

(1)$\varphi(\alpha)=a,\varphi(\beta)=b$;

(2)$\varphi(t)$在$[\alpha,\beta]$(或$[\beta,\alpha]$)上单调,且其导数$\varphi'(t)$连续.

则有

$$\int_a^b f(x)\mathrm{d}x=\int_\alpha^\beta f[\varphi(t)]\varphi'(t)\mathrm{d}t. \tag{5.2}$$

式(5.2)称为**定积分的换元公式**.

在利用式(5.2)时有以下几点值得注意:

(1)用$x=\varphi(t)$把原来的变量x替换成新变量t时,积分限也要换成对应于新变量t的积分限,即“换元换限”.

(2)由$\varphi(\alpha)=a$、$\varphi(\beta)=b$确定的α、β,可能有$\alpha<\beta$,也可能有$\alpha>\beta$,但对于新变量t的积分来说,一定是α对应于$x=a$的值,β对应于$x=b$的值.

(3)在求出$f[\varphi(t)]\varphi'(t)$的一个原函数$G(t)$后,不必像求不定积分那样用$t=\varphi^{-1}(x)$回代,只要直接计算$G(\beta)-G(\alpha)$.

例 5.8 求$\int_0^a\sqrt{a^2-x^2}\mathrm{d}x(a>0)$.

解 设$x=a\sin t$,则$\mathrm{d}x=a\cos t\mathrm{d}t$. 且当$x=0$时,$t=0$;当$x=a$时,$t=\frac{\pi}{2}$. 于是

$$\int_0^a\sqrt{a^2-x^2}\mathrm{d}x=a^2\int_0^{\frac{\pi}{2}}\cos^2 t\mathrm{d}t=a^2\int_0^{\frac{\pi}{2}}\frac{1+\cos^2 t}{2}\mathrm{d}t$$

$$=\frac{a^2}{2}\left[t+\frac{1}{2}\sin 2t\right]_0^{\frac{\pi}{2}}=\frac{\pi a^2}{4}.$$

大家不妨设$x=a\cos t$再计算一次.

例 5.9 求$\int_0^4\frac{\sqrt{x}\mathrm{d}x}{1+\sqrt{x}}$.

解 设$\sqrt{x}=t$,则$x=t^2$,$\mathrm{d}x=2t\mathrm{d}t$. 且当$x=0$时,$t=0$;当$x=4$时,$t=2$. 于是

$$\int_0^4 \frac{\sqrt{x}\,dx}{1+\sqrt{x}} = \int_0^2 \frac{t\cdot 2t\,dt}{1+t} = 2\int_0^2 \frac{(t^2-1)+1}{t+1}dt = 2\int_0^2\left(t-1+\frac{1}{1+t}\right)dt$$

$$= 2\left[\frac{t^2}{2} - t + \ln(1+t)\right]_0^2 = 2\ln 3.$$

例 5.10 求$\int_0^{\frac{\pi}{2}} \cos^5 x \sin x dx$.

解
$$\int_0^{\frac{\pi}{2}} \cos^5 x \sin x dx = -\int_0^{\frac{\pi}{2}} \cos^5 x d(\cos x),$$

令 $t=\cos x$,当 $x=0$ 时,$t=1$;当 $x=\frac{\pi}{2}$ 时,$t=0$. 于是

$$\int_0^{\frac{\pi}{2}} \cos^5 x \sin x dx = -\int_1^0 t^5 dt = \left[\frac{1}{6}t^6\right]_0^1 = \frac{1}{6}.$$

也可以不换字母,直接计算:

$$\int_0^{\frac{\pi}{2}} \cos^5 x \sin x dx = -\int_0^{\frac{\pi}{2}} \cos^5 x d(\cos x) = -\frac{1}{6}\cos^6 x\Big|_0^{\frac{\pi}{2}} = \frac{1}{6}.$$

例 5.11 证明:(1) 若$f(x)$在$[-a,a]$上连续且为偶函数,则

$$\int_{-a}^a f(x)dx = 2\int_0^a f(x)dx;$$

(2) 若$f(x)$在$[-a,a]$上连续且为奇函数,则$\int_{-a}^a f(x)dx = 0$.

证
$$\int_{-a}^a f(x)dx = \int_{-a}^0 f(x)dx + \int_0^a f(x)dx,$$

对积分$\int_{-a}^0 f(x)dx$作变量代换,令$x=-t$,则$dx=-dt$,且当$x=-a$时,$t=a$;当$x=0$时,$t=0$.
于是

$$\int_{-a}^0 f(x)dx = -\int_a^0 f(-t)dt = \int_0^a f(-t)dt.$$

(1) 若$f(x)$是偶函数,则$f(-t)=f(t)$,于是

$$\int_{-a}^0 f(x)dx = \int_0^a f(-t)dt = \int_0^a f(t)dt = \int_0^a f(x)dx.$$

所以

$$\int_{-a}^a f(x)dx = 2\int_0^a f(x)dx.$$

(2) 若$f(x)$是奇函数,则$f(-t)=-f(t)$,于是

$$\int_{-a}^0 f(x)dx = \int_0^a f(-t)dt = -\int_0^a f(t)dt = -\int_0^a f(x)dx,$$

所以

$$\int_{-a}^a f(x)dx = \int_0^a f(x)dx - \int_0^a f(x)dx = 0.$$

由例 5.11 可知,利用对称区间上奇函数、偶函数的积分性质,可简化定积分的计算.

例如,求$\int_{-3}^3 \frac{2\sin x}{x^4+3x^2+1}dx$. 由于积分区间$[-3,3]$是对称区间,且$\frac{2\sin x}{x^4+3x^2+1}$是奇函

数,所以$\int_{-3}^{3}\frac{2\sin x}{x^4+3x^2+1}\mathrm{d}x=0.$

例 5.12 求$\int_{-\frac{\pi}{2}}^{\frac{\pi}{2}}(\mathrm{e}^x-\mathrm{e}^{-x}+\cos x)\mathrm{d}x.$

解 因为$\left[-\frac{\pi}{2},\frac{\pi}{2}\right]$是对称区间,且 $\mathrm{e}^x-\mathrm{e}^{-x}$ 是奇函数,$\cos x$ 是偶函数,所以

$$\int_{-\frac{\pi}{2}}^{\frac{\pi}{2}}(\mathrm{e}^x-\mathrm{e}^{-x}+\cos x)\,\mathrm{d}x=\int_{-\frac{\pi}{2}}^{\frac{\pi}{2}}(\mathrm{e}^x-\mathrm{e}^{-x})\mathrm{d}x+\int_{-\frac{\pi}{2}}^{\frac{\pi}{2}}\cos x\mathrm{d}x$$
$$=0+2\int_{0}^{\frac{\pi}{2}}\cos x\mathrm{d}x=2\sin x\Big|_{0}^{\frac{\pi}{2}}=2.$$

5.3.2 定积分的分部积分法

设函数 $u=u(x)$、$v=v(x)$ 在区间$[a,b]$上具有连续导数,则

$$\mathrm{d}(uv)=u\mathrm{d}v+v\mathrm{d}u,$$

移项得

$$u\mathrm{d}v=\mathrm{d}(uv)-v\mathrm{d}u,$$

分别求上式两端在$[a,b]$上的定积分,得

$$\int_a^b u\mathrm{d}v=\int_a^b\mathrm{d}(uv)-\int_a^b v\mathrm{d}u,$$

即

$$\int_a^b u\mathrm{d}v=uv\Big|_a^b-\int_a^b v\mathrm{d}u. \tag{5.3}$$

这就是**定积分的分部积分公式**.

例 5.13 求$\int_1^2 x\ln x\mathrm{d}x.$

解 $\int_1^2 x\ln x\mathrm{d}x=\frac{1}{2}\int_1^2\ln x\mathrm{d}x^2$

$$=\frac{1}{2}\left[x^2\ln x\Big|_1^2-\int_1^2x^2\mathrm{d}(\ln x)\right]=2\ln 2-\frac{1}{2}\int_1^2x\mathrm{d}x$$
$$=2\ln 2-\frac{1}{4}x^2\Big|_1^2=2\ln 2-\frac{3}{4}.$$

例 5.14 求$\int_{\frac{1}{2}}^{1}\mathrm{e}^{-\sqrt{2x-1}}\mathrm{d}x.$

解 令 $t=\sqrt{2x-1}$,则 $\mathrm{d}x=t\mathrm{d}t$,且当 $x=\frac{1}{2}$ 时,$t=0$;当 $x=1$ 时,$t=1$. 于是

$$\int_{\frac{1}{2}}^{1}\mathrm{e}^{-\sqrt{2x-1}}\mathrm{d}x=\int_0^1 t\mathrm{e}^{-t}\mathrm{d}t,$$

再利用分部积分法得

$$\int_0^1 t\mathrm{e}^{-t}\mathrm{d}t=-t\mathrm{e}^{-t}\Big|_0^1+\int_0^1\mathrm{e}^{-t}\mathrm{d}t=-\frac{1}{\mathrm{e}}-(\mathrm{e}^{-t})\Big|_0^1=1-\frac{2}{\mathrm{e}}.$$

习题 5.3

1. 计算下列定积分.

(1) $\int_1^2 \frac{1}{(3x-1)^2}dx$; (2) $\int_0^1 te^{-\frac{t^2}{2}}dt$;

(3) $\int_0^{\frac{\pi}{2}} \sin\varphi\cos^2\varphi d\varphi$; (4) $\int_{\frac{\pi}{6}}^{\frac{\pi}{2}} \cos^2 u du$;

(5) $\int_4^9 \frac{\sqrt{x}}{\sqrt{x}-1}dx$; (6) $\int_1^e \frac{(\ln x)^4}{x}dx$;

(7) $\int_0^1 \frac{1}{e^x+e^{-x}}dx$; (8) $\int_0^{\pi} \sqrt{\sin x-\sin^3 x}dx$;

(9) $\int_0^a x^2\sqrt{a^2-x^2}dx(a>0)$; (10) $\int_0^a \frac{1}{(x^2+a^2)^{\frac{3}{2}}}dx(a>0)$.

2. 设 $f(x)$ 在 $[a,b]$ 上连续,且 $\int_a^b f(x)dx=1$,求 $\int_a^b f(a+b-x)dx$.

3. 证明: $\int_x^1 \frac{dx}{1+x^2}=\int_1^{\frac{1}{x}} \frac{dx}{1+x^2}(x>0)$.

4. 利用函数的奇偶性,计算下列定积分.

(1) $\int_{-\pi}^{\pi} x^2\sin x dx$; (2) $\int_{-\frac{\pi}{2}}^{\frac{\pi}{2}} 4\cos^4 x dx$;

(3) $\int_{-1}^1 \frac{1}{\sqrt{4-x^2}}\left(\frac{1}{1+e^x}-\frac{1}{2}\right)dx$; (4) $\int_{-2}^3 x\sqrt{|x|}dx$.

5. 计算下列定积分.

(1) $\int_0^{\frac{\pi}{4}} x\cos 2x dx$; (2) $\int_0^1 t^2e^t dt$;

(3) $\int_0^1 x\arctan x dx$; (4) $\int_0^{\frac{\pi}{2}} e^{-x}\sin 2x dx$;

(5) $\int_{\frac{1}{e}}^e |\ln x|dx$; (6) $\int_0^{2\pi} |x\sin x|dx$.

5.4 广义积分

前面所讨论的定积分 $\int_a^b f(x)dx$ 有两个最基本的限制:积分区间 $[a,b]$ 的有限性以及被积函数 $f(x)$ 的有界性. 但在一些实际问题中,我们常会遇到无穷区间上的积分或被积函数在积分区间上无界的积分,这两类积分称为广义积分或反常积分. 相应地,前面所讨论的定积分称为常义积分或正常积分.

5.4.1 无穷限的广义积分

定义 5.2 设函数$f(x)$在无穷区间$[a,+\infty)$上连续，若极限$\lim\limits_{b\to+\infty}\int_a^b f(x)\mathrm{d}x$存在，则称此极限为**函数$f(x)$在无穷区间$[a,+\infty)$上的广义积分**，记为$\int_a^{+\infty}f(x)\mathrm{d}x$，即

$$\int_a^{+\infty}f(x)\mathrm{d}x=\lim_{b\to+\infty}\int_a^b f(x)\mathrm{d}x.$$

此时也称**广义积分$\int_a^{+\infty}f(x)\mathrm{d}x$收敛**；若极限$\lim\limits_{b\to+\infty}\int_a^b f(x)\mathrm{d}x$不存在，则称**广义积分$\int_a^{+\infty}f(x)\mathrm{d}x$发散**.

类似地，可定义**函数$f(x)$在无穷区间$(-\infty,b]$上的广义积分**

$$\int_{-\infty}^{b}f(x)\mathrm{d}x=\lim_{a\to-\infty}\int_a^b f(x)\mathrm{d}x.$$

定义 5.3 函数$f(x)$在无穷区间$(-\infty,+\infty)$上的广义积分定义为

$$\int_{-\infty}^{+\infty}f(x)\mathrm{d}x=\int_{-\infty}^{c}f(x)\mathrm{d}x+\int_{c}^{+\infty}f(x)\mathrm{d}x.$$

其中c为任意实数，当上式右端两个积分都收敛时，**广义积分$\int_{-\infty}^{+\infty}f(x)\mathrm{d}x$收敛**，否则，称**广义积分$\int_{-\infty}^{+\infty}f(x)\mathrm{d}x$发散**. 上述广义积分统称为无穷限的广义积分.

若$F(x)$是$f(x)$的一个原函数，记

$$F(+\infty)=\lim_{x\to+\infty}F(x),F(-\infty)=\lim_{x\to-\infty}F(x).$$

则广义积分可表示为（如果极限存在）：

$$\int_a^{+\infty}f(x)\mathrm{d}x=F(x)\Big|_a^{+\infty}=F(+\infty)-F(a);$$

$$\int_{-\infty}^{b}f(x)\mathrm{d}x=F(x)\Big|_{-\infty}^{b}=F(b)-F(-\infty);$$

$$\int_{-\infty}^{+\infty}f(x)\mathrm{d}x=F(x)\Big|_{-\infty}^{+\infty}=F(+\infty)-F(-\infty).$$

例 5.15 计算广义积分$\int_0^{+\infty}x\mathrm{e}^{-x^2}\mathrm{d}x$.

解 对任意的$b>0$，有

$$\int_0^b x\mathrm{e}^{-x^2}\mathrm{d}x=-\frac{1}{2}\mathrm{e}^{-x^2}\Big|_0^b=\frac{1}{2}(1-\mathrm{e}^{-b^2}),$$

于是

$$\lim_{b\to+\infty}\int_0^b x\mathrm{e}^{-x^2}\mathrm{d}x=\lim_{b\to+\infty}\frac{1}{2}(1-\mathrm{e}^{-b^2})=\frac{1}{2},$$

所以

$$\int_0^{+\infty}x\mathrm{e}^{-x^2}\mathrm{d}x=\lim_{b\to+\infty}\int_0^b x\mathrm{e}^{-x^2}\mathrm{d}x=\frac{1}{2}.$$

在理解广义积分定义的实质后，上述求解过程也可直接写成

$$\int_0^{+\infty}x\mathrm{e}^{-x^2}\mathrm{d}x=-\frac{1}{2}\mathrm{e}^{-x^2}\Big|_0^{+\infty}=-\frac{1}{2}(0-1)=\frac{1}{2}.$$

例 5.16 判断广义积分$\int_0^{+\infty}\sin x\mathrm{d}x$的敛散性.

解 对任意的 $b>0$,有

$$\int_0^b\sin x\mathrm{d}x=-\cos x\Big|_0^b=1-\cos b,$$

因为$\lim\limits_{b\to+\infty}(1-\cos b)$不存在,所以广义积分$\int_0^{+\infty}\sin x\mathrm{d}x$发散.

例 5.17 计算广义积分$\int_{-\infty}^{+\infty}\dfrac{\mathrm{d}x}{1+x^2}$.

解 $\displaystyle\int_{-\infty}^{+\infty}\frac{\mathrm{d}x}{1+x^2}=\arctan x\Big|_{-\infty}^{+\infty}=\lim_{x\to+\infty}\arctan x-\lim_{x\to-\infty}\arctan x=\frac{\pi}{2}-\left(-\frac{\pi}{2}\right)=\pi.$

例 5.18 自地面垂直向上发射火箭,若要使火箭的位置超出地球的引力范围,需要多大的初始速度?

解 设地球的半径为 R,地球的质量为 M,火箭的质量为 m. 当火箭上升至地面距离为 x 时,需要克服地球的引力做功,根据万有引力定律,该引力为

$$f=\frac{kMm}{(R+x)^2},$$

其中 k 为引力常数,由于在地面(即 $x=0$)时,$f=mg$,故有 $kM=R^2g$. 代入上式,有

$$f=\frac{R^2gm}{(R+x)^2}.$$

当火箭再上升 $\mathrm{d}x$ 时,克服地球引力所做的微功是

$$\mathrm{d}W=\frac{R^2gm\mathrm{d}x}{(R+x)^2}.$$

火箭脱离地球的引力范围,可理解为火箭上升到无穷远处. 为此,克服地球引力所做的功为

$$W=\int_0^{+\infty}\mathrm{d}w=\int_0^{+\infty}\frac{R^2gm}{(R+x)^2}\mathrm{d}x=R^2gm\left(-\frac{1}{R+x}\right)\Bigg|_0^{+\infty}=Rgm.$$

最后,这些功是由火箭的动能转化来的. 若火箭离开地面时的初速度为 v_0,则它具有动能$\frac{1}{2}mv_0^2$,所以为了火箭的位置能超出地面的引力范围,必须令$\frac{1}{2}mv_0^2\geqslant Rmg$,即

$$v_0\geqslant\sqrt{2Rg},$$

由于 $g=9.8\ \mathrm{m/s^2}$,$R=6.37\times10^6\ \mathrm{m}$,故有

$$v_0\geqslant\sqrt{2\times6.37\times10^6\times9.8}\approx11.2\times10^3\mathrm{m/s}=11.2\ \mathrm{km/s}.$$

也就是说,为了让火箭的位置超出地球的引力范围,它的初速度必须大于 11.2 km/s. 这个速度就是所谓的第二宇宙速度.

5.4.2 无界函数的广义积分

另一类广义积分,就是无界函数的积分问题.

定义 5.4 设函数 $f(x)$ 在区间 $(a,b]$ 上连续,在点 a 的右邻域内无界,取 $\varepsilon>0$,如果极限

$$\lim_{\varepsilon \to 0^+} \int_{a+\varepsilon}^{b} f(x)\,\mathrm{d}x$$

存在,则称广义积分$\int_a^b f(x)\,\mathrm{d}x$ **收敛**,并称此极限为广义积分的值,有

$$\int_a^b f(x)\,\mathrm{d}x = \lim_{\varepsilon \to 0^+} \int_{a+\varepsilon}^{b} f(x)\,\mathrm{d}x.$$

否则,称广义积分$\int_a^b f(x)\,\mathrm{d}x$ **发散**,$x = a$ 为其**瑕点**.

类似地,可定义函数$f(x)$ 在区间$[a,b)$ 上的广义积分

$$\int_a^b f(x)\,\mathrm{d}x = \lim_{\varepsilon \to 0^+} \int_{a}^{b-\varepsilon} f(x)\,\mathrm{d}x.$$

定义 5.5 设函数$f(x)$ 在区间$[a,b]$ 上除点$c(a < c < b)$ 外连续,且$\lim\limits_{x \to c} f(x) = \infty$,则函数$f(x)$ 在区间$[a,b]$ 上的广义积分定义为

$$\int_a^b f(x)\,\mathrm{d}x = \int_a^c f(x)\,\mathrm{d}x + \int_c^b f(x)\,\mathrm{d}x.$$

当上式右端两个积分都收敛时,称**广义积分**$\int_a^b f(x)\,\mathrm{d}x$ **收敛**,否则,称**广义积分**$\int_a^b f(x)\,\mathrm{d}x$ **发散**.

无界函数的广义积分又称**瑕积分**,定义中函数$f(x)$ 的无界间断点称为**瑕点**.

例 5.19 求$\int_0^a \frac{1}{\sqrt{a^2 - x^2}}\mathrm{d}x\,(a > 0)$.

解 被积函数$f(x) = \frac{1}{\sqrt{a^2 - x^2}}$在$[0,a)$ 上连续,且$\lim\limits_{x \to a^-} f(x) = \infty$,即$f(x)$ 在$x = a$处无界,所以

$$\int_0^a \frac{1}{\sqrt{a^2 - x^2}}\mathrm{d}x = \lim_{\varepsilon \to 0^+} \int_0^{a-\varepsilon} \frac{1}{\sqrt{a^2 - x^2}}\mathrm{d}x = \lim_{\varepsilon \to 0^+} \left[\arcsin \frac{x}{a}\right]_0^{a-\varepsilon}$$

$$= \lim_{\varepsilon \to 0^+} \arcsin \frac{a - \varepsilon}{a} = \frac{\pi}{2}.$$

例 5.20 讨论积分$\int_{-1}^{1} \frac{1}{x^2}\mathrm{d}x$ 的敛散性.

解 被积函数$f(x) = \frac{1}{x^2}$在$[-1,1]$上除$x=0$ 外都连续,且$\lim\limits_{x \to 0} \frac{1}{x^2} = \infty$,即$f(x)$在点$x=0$处无界,所以

$$\int_{-1}^{1} \frac{1}{x^2}\mathrm{d}x = \int_{-1}^{0} \frac{1}{x^2}\mathrm{d}x + \int_0^1 \frac{1}{x^2}\mathrm{d}x$$

$$= \lim_{\varepsilon_1 \to 0^+} \int_{-1}^{0-\varepsilon_1} \frac{1}{x^2}\mathrm{d}x + \lim_{\varepsilon_2 \to 0^+} \int_{0+\varepsilon_2}^{1} \frac{1}{x^2}\mathrm{d}x$$

$$= \lim_{\varepsilon_1 \to 0^+} \left[-\frac{1}{x}\right]_{-1}^{-\varepsilon_1} + \lim_{\varepsilon_2 \to 0^+} \left[-\frac{1}{x}\right]_{\varepsilon_2}^{1}$$

$$= \lim_{\varepsilon_1 \to 0^+} \left(\frac{1}{\varepsilon_1} - 1\right) + \lim_{\varepsilon_2 \to 0^+} \left(-1 + \frac{1}{\varepsilon_2}\right),$$

由于这两个极限都不存在,所以广义积分$\int_{-1}^{1}\frac{1}{x^2}dx$是发散的.

此题如果没有注意到$x=0$是被积函数的瑕点,仍然按正常积分计算,就会得出如下错误的结果:

$$\int_{-1}^{1}\frac{1}{x^2}dx=\left[-\frac{1}{x}\right]_{-1}^{1}=-2.$$

习题 5.4

1. 判断下列广义积分的敛散性,若收敛,求其值.

(1) $\int_{1}^{+\infty}\frac{1}{x^4}dx$;　　(2) $\int_{\frac{2}{\pi}}^{+\infty}\frac{1}{x^2}\sin\frac{1}{x}dx$;

(3) $\int_{0}^{+\infty}e^{-\sqrt{x}}dx$;　　(4) $\int_{1}^{5}\frac{x}{\sqrt{5-x}}dx$;

(5) $\int_{1}^{e}\frac{dx}{x\sqrt{1-(\ln x)^2}}$;　　(6) $\int_{\frac{\pi}{4}}^{\frac{3\pi}{4}}\frac{1}{\cos^2 x}dx$.

2. 已知$\int_{-\infty}^{+\infty}P(x)dx=1$,其中

$$P(x)=\begin{cases}\dfrac{C}{\sqrt{1-x^2}}, & |x|<1\\ 0, & |x|\geqslant 1\end{cases},$$

求C的值.

5.5　定积分的应用

定积分是求某种总量的数学模型,它在几何学、物理学、经济学、社会学等方面都有着广泛的应用,显示了它的巨大魅力. 也正是这些广泛的应用,推动着积分学不断发展和完善. 因此,在学习的过程中,我们不仅要掌握计算某些实际问题的公式,还要深刻领会用定积分解决实际问题的基本思想和方法——微元法.

5.5.1　微元法

回顾一下用定积分求曲边梯形的面积及变力所做的功时,所用的方法都是先把整体进行分割,然后在局部范围内"以直代曲"求出整体量在局部范围内的近似值,再求和、取极限,从而得到整体量. 为了今后应用方便,我们把这种用定积分求整体量的步骤简化成下面三步.

第一步:取微分小段. 分割区间$[a,b]$,在其中任取一个小区间,记为$[x,x+\Delta x]$.

第二步:表示微元. 设所求的量是Q,取$\xi_i=x$(因为定积分的值与ξ_i的选法无关,因而ξ_i可取成小区间的左端点x),求出Q的局部量ΔQ的近似值$dQ=f(x)\cdot\Delta x$,即

$$\Delta Q \approx \mathrm{d}Q = f(x) \cdot \Delta x = f(x)\,\mathrm{d}x,$$

所以 $f(x) \cdot \Delta x$(或 $f(x)\,\mathrm{d}x$)称为整体量的微元.

第三步:用定积分表示所求的量. 把这些微元相加、取极限就得到整体量的定积分表达式

$$Q = \int_a^b f(x)\,\mathrm{d}x.$$

用以上步骤解决实际问题的方法称为**微元法**(或称**元素法**).

5.5.2 平面图形的面积

1. 直角坐标系下平面图形的面积

由前面的讨论我们知道,对于非负函数 $f(x)$,定积分 $\int_a^b f(x)\,\mathrm{d}x$ 表示由曲线 $y=f(x)$ 与直线 $x=a$、$x=b$ 以及 x 轴所围成的曲边梯形的面积. 被积表达式 $f(x)\,\mathrm{d}x$ 就是面积微元 $\mathrm{d}A$,即

$$\mathrm{d}A = f(x)\,\mathrm{d}x,$$

所求曲边梯形的面积为

$$A = \int_a^b \mathrm{d}A = \int_a^b f(x)\,\mathrm{d}x.$$

一般地,由两条曲线 $y=f(x)$,$y=g(x)$ $(f(x) \geqslant g(x))$ 及直线 $x=a$,$x=b$ 所围成的图形(图5.9)的面积 A. 根据微元法的思想,在区间 $[a,b]$ 上任取一小区间 $[x,x+\mathrm{d}x]$,设此小区间上的图形面积为 ΔA,则 ΔA 近似等于高为 $f(x)-g(x)$、底为 $\mathrm{d}x$ 的窄矩形的面积,从而得到面积微元 $\mathrm{d}A=[f(x)-g(x)]\mathrm{d}x$,再以 $[f(x)-g(x)]\mathrm{d}x$ 为被积表达式,在区间 $[a,b]$ 上作定积分,使得所求面积为

$$A = \int_a^b [f(x) - g(x)]\,\mathrm{d}x. \tag{5.4}$$

类似地,若求由 $x=\chi(y)$,$x=\varphi(y)$ $[\varphi(y) \geqslant \chi(y)]$ 及直线 $y=c$、$y=d$ 所围成的图形(图5.10)的面积 A,由微元法得

$$A = \int_c^d [\varphi(y) - \chi(y)]\,\mathrm{d}y. \tag{5.5}$$

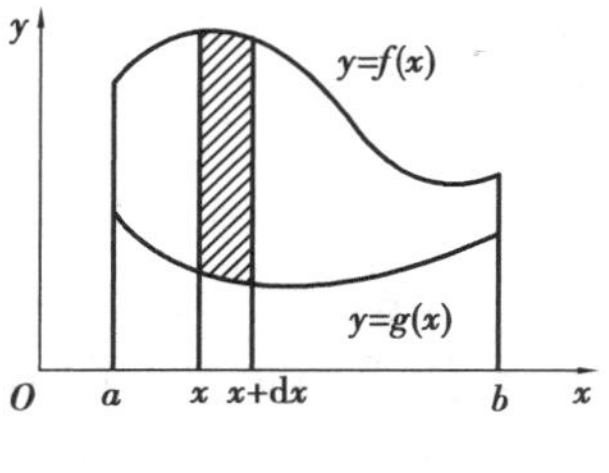

图5.9

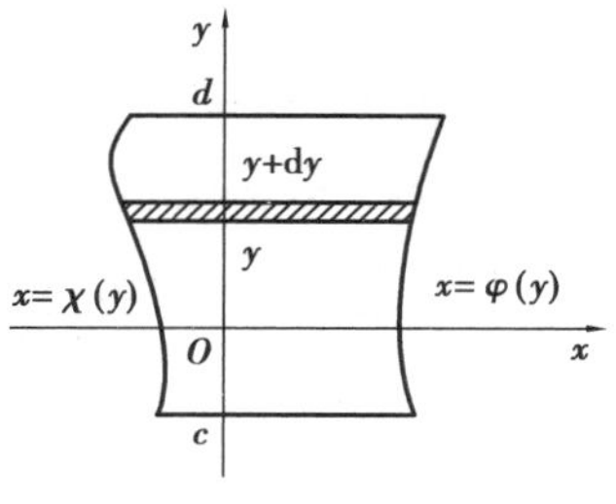

图5.10

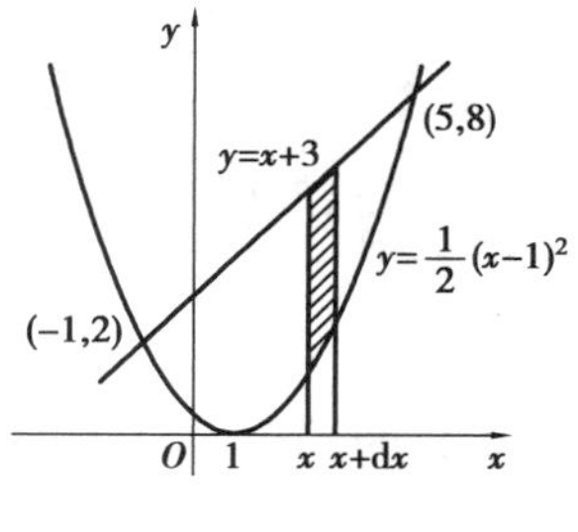

图5.11

例5.21 求曲线 $y=\frac{1}{2}(x-1)^2$ 与直线 $y=x+3$ 所围图形的面积.

解 作出草图,如图5.11所示,由方程组

$$\begin{cases} y=\frac{1}{2}(x-1)^2, \\ y=x+3 \end{cases}$$

得交点为(-1,2)和(5,8).

取 x 为积分变量,在区间[-1,5]上任取一区间[x,x+dx],对应的面积微元为

$$dA=\left[(x+3)-\frac{1}{2}(x-1)^2\right]dx,$$

故所求面积为

$$\begin{aligned} A &= \int_{-1}^{5}\left[(x-3)-\frac{1}{2}(x-1)^2\right]dx \\ &= \left[\frac{(x-3)^2}{2}-\frac{1}{6}(x-1)^3\right]_{-1}^{5} \\ &= 18. \end{aligned}$$

上例中,如果取 y 为积分变量,则 y 的变化区间[0,8]应分成两个区间[0,2]和[2,8],在[0,2]上的面积微元为 $dA=[(1+\sqrt{2y})-(1-\sqrt{2y})]dy$,在[2,8]上的面积微元 $dA=[(1+\sqrt{2y})-(y-3)]dy$,故所求面积为

$$A=\int_0^2[(1+\sqrt{2y})-(1-\sqrt{2y})]dy+\int_2^8[(1+\sqrt{2y})-(y-3)]dy.$$

显然选择取 x 为积分变量比较简单,由此可见,在具体计算中选取合适的积分变量是非常重要的. 式(5.4)、式(5.5)也可作为公式直接使用.

例 5.22 求抛物线 $\sqrt{y}=x$ 与直线 $y=-x$、$y=1$ 所围图形的面积.

解 作出草图,如图 5.12 所示,显然曲线交点为(-1,1)、(0,0)和(1,1). 从图形来看,选取 y 为积分变量较合适. y 的变化范围为[0,1],由式(5.5)知,所求面积为

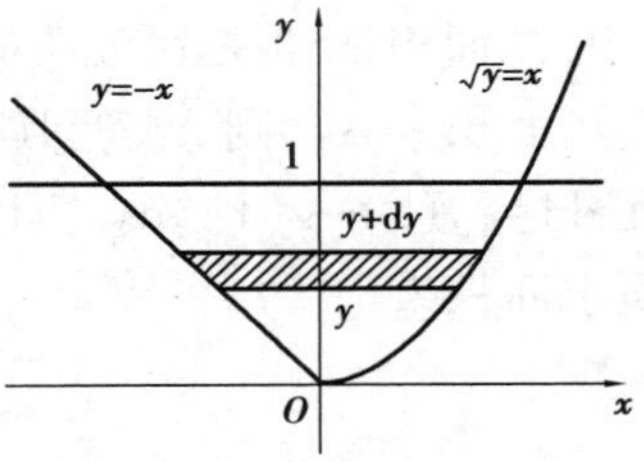

图 5.12

$$A=\int_0^1[\sqrt{y}-(y)]dy=\frac{7}{6}.$$

2. 极坐标下平面图形的面积

设曲线方程以极坐标形式给出:

$$r=r(\theta)\ (\alpha\leqslant\theta\leqslant\beta),$$

求由曲线 $r=r(\theta)$、射线 $\theta=\alpha$ 和 $\theta=\beta$ 所围成的曲边扇形(图 5.13)的面积 A. 可选取 θ 为积分变量,它的变化区间是[α,β],对应于[α,β]上的任一小区间[θ,θ+dθ]的小曲边扇形的面积可以用半径 $r=r(\theta)$、中心角为 dθ 的扇形面积来近似表示,从而得到曲边扇形的面积微元为

$$dA=\frac{1}{2}[r(\theta)]^2d\theta.$$

以 $\frac{1}{2}[r(\theta)]^2d\theta$ 为被积表达式,在闭区间[α,β]上作定积分,便得所求图形的面积为

$$A = \int_{\alpha}^{\beta} \frac{1}{2}[r(\theta)]^2 \mathrm{d}\theta. \tag{5.6}$$

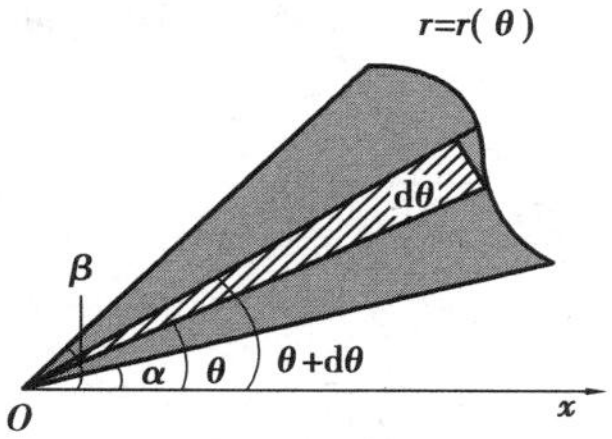

图 5.13

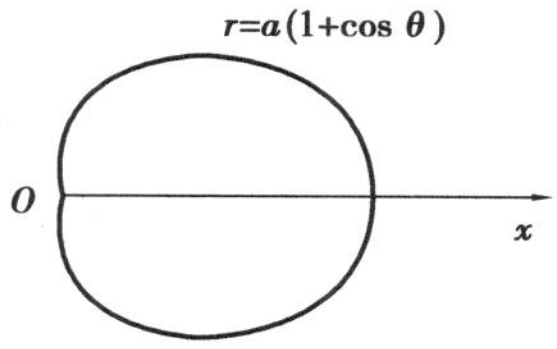

图 5.14

例 5.23 求心形线 $r=a(1+\cos\theta)$ 所围成图形的面积($a>0$,为常数).

解 作出草图,如图 5.14 所示. 利用图形对称,得

$$A = 2 \times \frac{1}{2}\int_0^{\pi}[r(\theta)]^2\mathrm{d}\theta = \int_0^{\pi} a^2(1+\cos\theta)^2\mathrm{d}\theta$$

$$= a^2\int_0^{\pi}(1+2\cos\theta+\cos^2\theta)\mathrm{d}\theta = a^2\int_0^{\pi}\left(\frac{3}{2}+2\cos\theta+\frac{1}{2}\cos 2\theta\right)\mathrm{d}\theta$$

$$= a^2\left[\frac{3}{2}\theta+2\sin\theta+\frac{1}{4}\sin 2\theta\right]_0^{\pi} = \frac{3}{2}\pi a^2.$$

5.5.3 立体的体积

1. 旋转体的体积

旋转体是指由平面图形绕着它所在平面内的一条直线旋转一周而成的立体.

求由连续曲线 $y=f(x)$,直线 $x=a$、$x=b(a<b)$ 及 x 轴所围成的曲边梯形绕 x 轴旋转一周而成的旋转体(图 5.15)的体积.

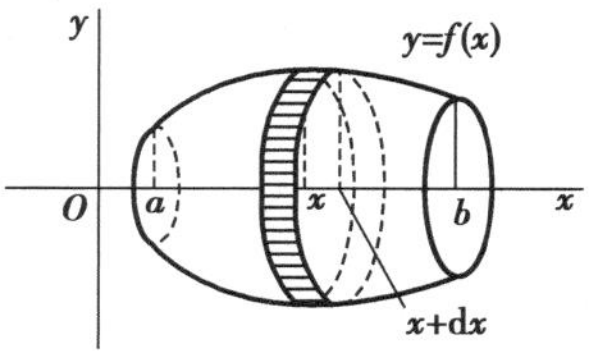

图 5.15

取 x 为积分变量,它的变化区间是 $[a,b]$,在任一小区间 $[x,x+\mathrm{d}x]$ 上的窄曲边梯形绕 x 轴旋转一周而成的薄片的体积,近似等于以 $|f(x)|$ 为底半径、$\mathrm{d}x$ 为高的扁圆柱体的体积,即体积微元为

$$\mathrm{d}V = \pi[f(x)]^2\mathrm{d}x,$$

以 $\pi[f(x)]^2\mathrm{d}x$ 为被积表达式,在闭区间 $[a,b]$ 上作定积分,便得所求旋转体的体积为

$$V = \int_a^b \pi[f(x)]^2\mathrm{d}x. \tag{5.7}$$

例 5.24 求底半径为 R、高为 h 的圆锥体的体积.

解 取直角坐标系如图 5.16 所示,圆锥体可以看作由直角三角形 OAB 绕 x 轴旋转得到的旋转体. 而 OA 的方程为

$$y = \frac{R}{h}x.$$

因此

$$V=\pi\int_0^h\left(\frac{R}{h}x\right)^2\mathrm{d}x=\frac{\pi R^2}{h^2}\cdot\frac{1}{3}x^3\bigg|_0^h=\frac{\pi}{3}R^2h.$$

类似地,可求得由曲线 $x=\varphi(y)$,直线 $y=c$、$y=d(c<d)$ 及 y 轴所围成的曲边梯形绕 y 轴旋转一周而成的旋转体(图 5.17)的体积为

$$V=\pi\int_c^d[\varphi(y)]^2\mathrm{d}y. \tag{5.8}$$

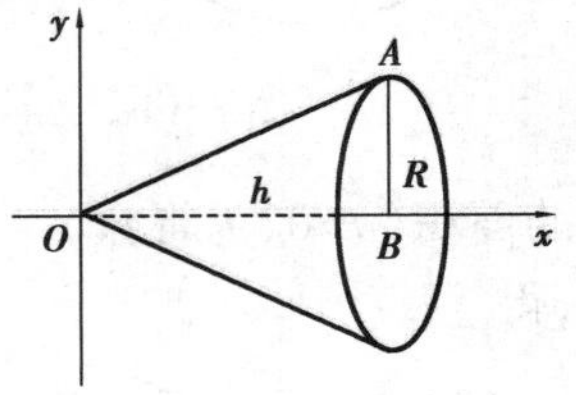

图 5.16

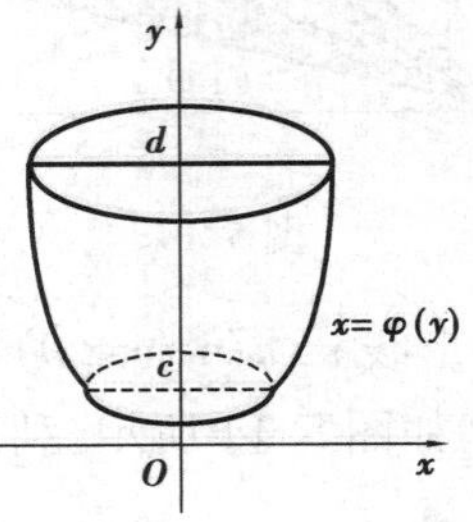

图 5.17

2. **平行截面的面积为已知的立体的体积**

设有一立体位于平面 $x=a$ 与 $x=b(a<b)$ 之间. 设任意一个垂直于 x 轴的平面与该立体相截的截面积为 $A(x)$,它是区间 $[a,b]$ 上的连续函数,求这个立体的体积 V(图 5.18).

取 x 求积分变量,它的变化区间是 $[a,b]$. 在任一小区间 $[x,x+\mathrm{d}x]$ 上的小薄片的体积,近似等于以点 x 处的截面面积 $A(x)$ 为底面积、以 $\mathrm{d}x$ 为高的扁柱体的体积,即体积微元为

$$\mathrm{d}V=A(x)\mathrm{d}x.$$

以 $A(x)\mathrm{d}x$ 为被积表达式,在闭区间 $[a,b]$ 上作定积分,便得所求立体的体积为

$$V=\int_a^b A(x)\mathrm{d}x. \tag{5.9}$$

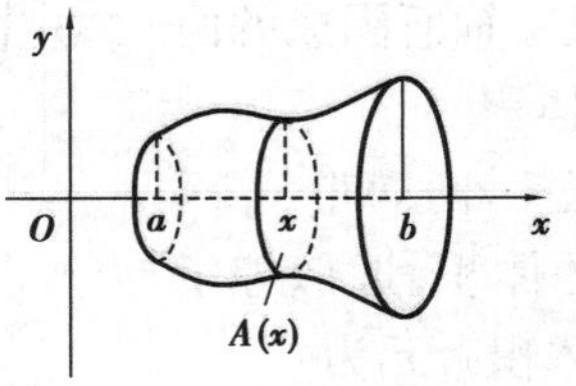

图 5.18

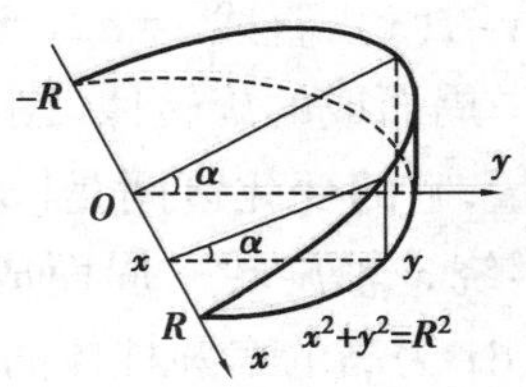

图 5.19

例 5.25 设有一个底面半径为 R 的圆柱被经过其底面直径的平面所截,且此平面与圆柱底面的夹角为 α,求这个平面截圆柱所得立体的体积.

解 如图 5.19 所示,取这个平面与圆柱底面的交线为 x 轴,底面上过圆心且垂直于 x 轴的直线为 y 轴,则底面圆的方程为

$$x^2+y^2=R^2.$$

取 x 求积分变量,变化区间为 $[-R,R]$,用过点 x 且垂直于 x 轴的平面截立体所得截面是一个直角三角形,截面积为

$$A(x)=\frac{1}{2}(R^2-x^2)\tan\alpha.$$

于是所求立体的体积为

$$V=\int_{-R}^{R}A(x)\mathrm{d}x=\int_{-R}^{R}\frac{1}{2}(R^2-x^2)\tan\alpha\mathrm{d}x$$
$$=\frac{1}{2}\tan\alpha\left[R^2x-\frac{1}{3}x^3\right]_{-R}^{R}=\frac{2}{3}R^3\tan\alpha.$$

5.5.4 定积分在物理上的应用

定积分在物理上也有着广泛的应用.与定积分在几何中的应用一样,关键是要找出所求量的微元.当然,除了必须仔细分析所讨论问题的特点外,还应以相应的物理定律为依据.下面仅以“变力沿直线所做的功”为例来说明微元法在物理中的应用,方法具有一般性.

由物理学知识知,如果物体在做直线运动的过程中受一个不变的力 F 的作用,且力的方向与物体的运动方向一致,那么在物体移动一段距离 S 时,力 F 对物体所做的功为

$$W=F\cdot S.$$

如果物体在运动过程中所受的力是变化的,设做直线运动的物体所受的力与移动的距离 x 之间满足 $y=F(x)$,求此力将物体从 $x=a$ 移动到 $x=b$ 所做的功.

变力在区间$[x,x+\mathrm{d}x]$内一小段距离上所做的功可视为常力所做的功,功的微元为

$$\mathrm{d}W=F(x)\mathrm{d}x,$$

因此,力 $F(x)$ 所做的总功为

$$W=\int_a^b F(x)\mathrm{d}x.$$

例 5.26 如图 5.20 所示,把一个带$+q$电量的点电荷放在 r 轴的坐标原点处,它产生一个电场.这个电场对周围的电荷有作用力.由物理学知识可知,如果将一个单位正电荷放在这个电场中距离原点为 r 的地方,那么电场对它的作用力的大小为 $F=k\frac{q}{r^2}$(k 为常数),当这个单位正电荷在电场中从 $r=a$ 处沿 r 轴移动到 $r=b$ 处时,计算电场力 F 对它所做的功.

解 取 r 为积分变量,$r\in[a,b]$,取任一小区间$[r,r+\mathrm{d}r]$,功的微元为

$$\mathrm{d}W=\frac{kq}{r^2}\mathrm{d}r,$$

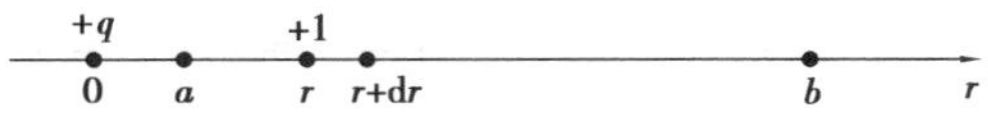

图 5.20

于是所求功为

$$W=\int_a^b\frac{kq}{r^2}\mathrm{d}r=kq\cdot\left(-\frac{1}{r}\right)\Big|_a^b=kq\left(\frac{1}{a}-\frac{1}{b}\right).$$

如果要考虑将单位电荷移到无穷远处,则

$$W=\int_a^{+\infty}\frac{kq}{r^2}\mathrm{d}r=kq\cdot\left(-\frac{1}{r}\right)\Big|_a^{+\infty}=\frac{kq}{a}.$$

例 5.27 一个圆柱形蓄水池高为 5 m,底半径为 3 m,池内盛满了水,要把池内的水全部吸出,需做多少功?

解 建立坐标系，如图 5.21 所示，取 x 为积分变量，$x\in[0,5]$，取任一小区间 $[x,x+\mathrm{d}x]$，将这一薄层水吸出所做的功的微元为

$$\mathrm{d}W=\rho g\mathrm{d}v=9.8\pi\cdot 3^2x\mathrm{d}x,$$

$$W=\int_0^5 9.8\pi\cdot 3^2x\mathrm{d}x=88.2\pi\left[\frac{x^2}{2}\right]_0^5\approx 3\ 462\ \mathrm{J}.$$

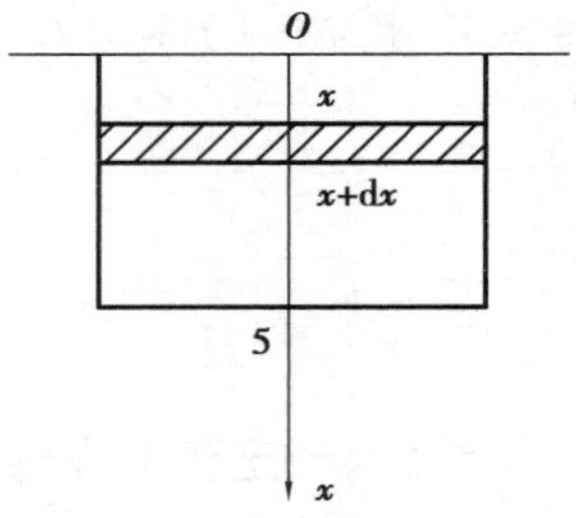

图 5.21

习题 5.5

1. 求由曲线 $y=\sqrt{x}$ 与直线 $y=x$ 所围成图形的面积.

2. 求由抛物线 $y^2=2x$ 与直线 $x-y-4=0$ 所围成图形的面积.

3. 求由曲线 $y=\dfrac{1}{x}$ 与直线 $y=x$、$x=2$ 所围成图形的面积.

4. 求在区间 $\left[0,\dfrac{\pi}{2}\right]$ 上，曲线 $y=\sin x$ 与直线 $x=0$、$y=1$ 所围成图形的面积.

5. 求由曲线 $r=2a\cos\theta$ 所围成图形的面积.

6. 求由曲线 $r=2a(2+\cos\theta)$ 所围成图形的面积.

7. 求下列平面图形分别绕 x 轴、y 轴旋转所得旋转体的体积.

(1) 曲线 $y=\sqrt{x}$ 与直线 $x=1$、$x=4$、$y=0$ 围成的图形；

(2) 曲线 $y=x^3$ 与直线 $x=2$、$y=0$ 围成的图形.

8. 求底面是半径为 R 的圆，而垂直于底面上一条固定直径的所有截面都是等边三角形的立体的体积.

9. 用求平行截面面积为已知立体的体积的方法，导出求旋转体体积的式(5.7)与式(5.8).

10. 一物体按规律 $x=ct^3$ 做直线运动，媒质的阻力与速度的平方成正比，计算物体由 $x=0$ 移至 $x=a$ 克服媒质阻力所做的功.

11. 有一圆锥形贮水池，池口直径为 20 m，深 15 m，池内盛满了水，求将全部池水抽到池外所做的功.

本章应用拓展——预测病毒的传播

1. 问题背景

当疫情出现大规模暴发迹象时，我国有关部门以及专家学者会通过科学方法预测疫情发展趋势，为抗击疫情提供大量、有效的科学依据，坚定大家“战役”成功的决心. 那他们是怎么从数学的角度来思考和分析病毒的传播的呢？

2. 问题分析

传染病的预测看似简单，而实际上，一项有科学依据的预测需要大量的科学数据的支撑.

传染病的数学模型是数学建模中的典型问题,其标准名称是流行病的数学模型. 建立传染病的数学模型来描述传染病的传播过程,研究传染病的传播速度、空间范围、传播途径、动力学机理等问题以指导对传染病的有效预防和控制,具有重要的现实意义.

3. 模型假设

首先,把传染病流行范围内的人群分为 S、E、I、R 四类,其具体含义如下:

- S 类,易感者,指缺乏免疫能力的健康人,与感染者接触后容易受到感染.
- E 类,暴露者,指接触过感染者但暂无传染性的人,适用于存在潜伏期的传染病.
- I 类,患病者,指具有传染性的患病者,可以传播给 S 类成员将其变为 E 类或 I 类成员.
- R 类,康复者,指病愈后具有免疫力的人. 如果免疫期有限,其仍可以重新变为 S 类成员,进而被感染,如果是终身免疫,则不能再变为 S 类、E 类或 I 类成员.

不同类型的传染病有各自的特点,在此以一般的传染病传播机理建立模型. 分别对 3 种建立成功的模型进行分析,便可以了解其传染病传播的大概情况.

模型一(SI 模型,如图 5.22 所示)

图 5.22

(1)SI 模型的假设

①考察地区的总人数 N 不变,即不考虑人员生死或迁移.

②人群分为易感者(S 类)和患病者(I 类)两类.

③易感者(S 类)与患病者(I 类)有效接触即被感染,变为患病者(I 类),无潜伏期、无治愈情况、无免疫力.

④日接触数 λ ,为每个患病者(I 类)每天有效接触的易感者(S 类)的平均数.

⑤将第 t 天时 S 类、I 类人群占比记为 $s(t)$ 、$i(t)$,数量为 $S(t)$ 、$I(t)$;初始日期 $t=0$ 时,S 类、I 类人群占比的初值为 s_0 、i_0.

(2)SI 模型的建立

由

$$N\frac{\mathrm{d}i}{\mathrm{d}t}=N\lambda si$$

得

$$\frac{\mathrm{d}i}{\mathrm{d}t}=\lambda i(1-i),i(0)=i_0$$

这是罗吉斯蒂克模型,用分离变量法可以求出其解析解为:

$$i(t)=\frac{i_0\mathrm{e}^{\lambda t}}{1+i_0(\mathrm{e}^{\lambda t}-1)}=\frac{1}{1+\left(\frac{1}{i_0}-1\right)\mathrm{e}^{-\lambda t}}$$

$$\text{患病人数 } I(t)=Ni(t)$$

罗吉斯蒂克方程的解为 S 形曲线,患者比例 $i(t)$ 从 i_0 迅速上升,通过曲线的拐点后上升变缓,当 $t\to\infty$ 、$t\to\infty$ 时 $i\to1$,即所有健康人终将被感染为患者,这显然不符合实际情况. 究其原因,是 SI 模型只考虑了健康的人可以被感染,而没有考虑到患者可以被治愈的情况. 下面的模型将增加关于患者被治愈的假设.

模型二(SIR 模型,如图 5.23 所示)

SIR 模型适用于具有易感者、患病者和康复者三类人群,可以治愈且治愈后终身免疫不再发的疾病.

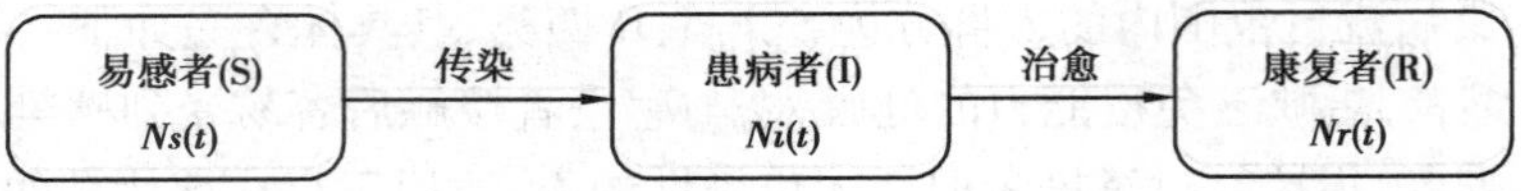

图 5.23

(1)SIR 模型假设

①考察地区的总人数 N 不变,即不考虑人员生死或迁移.

②人群分为易感者(S 类)、患病者(I 类)和康复者(R 类)三类.

③易感者(S 类)与患病者(I 类)有效接触即被感染,变为患病者(I 类);患病者(I 类)可被治愈,治愈后变为康复者(R 类);康复者(R 类)获得终身免疫不再易感;无潜伏期.

④日接触数 λ,为每个患病者(I 类)每天有效接触的易感者(S 类)的平均数.

⑤将第 t 天时 S 类、I 类、R 类人群占比记为 $s(t)$、$i(t)$、$r(t)$,数量为 $S(t)$、$I(t)$、$R(t)$;初始日期 $t=0$ 时,S 类、I 类、R 类人群占比的初值为 s_0、i_0、r_0.

⑥日治愈率 μ,为每天被治愈的患病者(I 类)数占患病者(I 类)总数的比例,平均治愈天数为$\frac{1}{\mu}$.

⑦传染期接触数 $\sigma=\frac{\lambda}{\mu}$,即每个患病者(I 类)在整个传染期内有效接触的易感者(S 类)数.

(2)SIR 模型的建立

由假设 1 显然有

$$S(t)+I(t)+R(t)=N,s(t)+i(t)+r(t)=1$$

对于病愈免疫的移出者有

$$N\frac{\mathrm{d}r}{\mathrm{d}t}=\mu Ni$$

则有

$$\begin{cases}N\dfrac{\mathrm{d}s}{\mathrm{d}t}=-N\lambda si,\\N\dfrac{\mathrm{d}i}{\mathrm{d}t}=N\lambda si-N\mu i,\\s(t)+i(t)+r(t)=1.\end{cases}$$

得:

$$\begin{cases}\dfrac{\mathrm{d}s}{\mathrm{d}t}=-\lambda si, \quad s(0)=s_0,\\\dfrac{\mathrm{d}i}{\mathrm{d}t}=\lambda si-\mu i, \quad i(0)=i_0.\end{cases}$$

SIR 模型不能求出解析解,只能通过数值计算方法求解.

模型三(SEIR 模型,如图 5.24 所示)

SEIR 模型在 SIR 模型的基础上考虑了潜伏状态,易感状态以单位时间传染概率 λ 转移至潜伏状态,潜伏状态以单位时间传染概率 δ 转移至感染状态.(图 5.24)

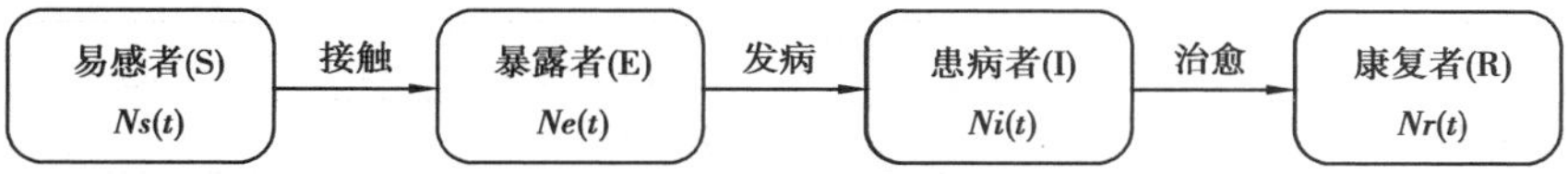

图 5.24

(1)SEIR 模型假设

①考察地区的总人数 N 不变,即不考虑人员生死或迁移.

②人群分为易感者(S 类)、暴露者(E 类)、患病者(I 类)和康复者(R 类)四类.

③易感者(S 类)与患病者(I 类)有效接触即变为暴露者(E 类),暴露者(E 类)经过平均潜伏期后成为患病者(I 类);患病者(I 类)可被治愈,治愈后变为康复者(R 类);康复者(R 类)获得终身免疫不再易感.

④日接触数 λ,为每个患病者每天有效接触的易感者(S 类)的平均人数.

⑤将第 t 天时 S 类、E 类、I 类、R 类人群占比记为 $s(t)$、$\mathrm{e}(t)$、$i(t)$、$r(t)$,数量为 $S(t)$、$E(t)$、$I(t)$、$R(t)$;初始日期 $t=0$ 时,S 类、E 类、I 类、R 类人群占比的初值为 s_0、e_0、i_0、r_0.

⑥日治愈率 μ,为每天被治愈的患病者(I 类)数占患病者(I 类)总数的比例,平均治愈天数为 $\frac{1}{\mu}$.

⑦日发病率 δ,每天发病成为患病者(I 类)的暴露者(E 类)占暴露者(E 类)总数的比例.

⑧传染期接触数 $\sigma=\frac{\lambda}{\mu}$,即每个患病者(I 类)在整个传染期内有效接触的易感者(S 类)人数.

(2)SEIR 模型的建立

由

$$
\begin{cases}
N\dfrac{\mathrm{d}s}{\mathrm{d}t}=-N\lambda si,\\
N\dfrac{\mathrm{de}}{\mathrm{d}t}=N\lambda si-N\delta \mathrm{e},\\
N\dfrac{\mathrm{d}i}{\mathrm{d}t}=N\delta \mathrm{e}-N\mu i,\\
N\dfrac{\mathrm{d}r}{\mathrm{d}t}=N\mu i.
\end{cases}
$$

得:

$$\begin{cases} \dfrac{\mathrm{d}s}{\mathrm{d}t}=-\lambda si, & s(0)=s_0, \\ \dfrac{\mathrm{de}}{\mathrm{d}t}=\lambda si-N\delta \mathrm{e}, & \mathrm{e}(0)=\mathrm{e}_0, \\ \dfrac{\mathrm{d}i}{\mathrm{d}t}=\delta \mathrm{e}-\mu i, & i(0)=i_0. \end{cases}$$

SEIR 模型不能求出解析解,可以通过数值计算方法求解.

4. 总结(模型的优缺点)

不同类型传染病的传播具有不同的特点,传染病的传播模型不是从医学角度分析传染病的传播过程,而是按照传播机理建立不同的数学模型. 以上 3 个传染病模型(SI、SIR、SEIR)体现了建模的不断深化. SI 模型描述了传染病的蔓延,但不符合实际;SIR 和 SEIR 模型则针对愈后是否免疫这两种情况,描述了传播过程,得到患者的变化情况. SIR 模型特别值得注意,它是研究更复杂、更实用的传染病模型的基础.

总习题 5

1. 填空题.

(1) 定积分的值取决于________.

(2) 若$\int_0^a(2x-1)\mathrm{d}x=2$,则 $a=$________.

(3) 由定积分的几何意义可知,定积分$\int_0^1\sqrt{1-x^2}\,\mathrm{d}x$ 的值是________.

(4) 设$f(x)$ 是连续的奇函数,且$\int_0^1 f(x)\mathrm{d}x=1$ 则$\int_{-1}^0 f(x)\mathrm{d}x=$________.

(5) $\dfrac{d}{\mathrm{d}x}\int_0^x\sin t^2\mathrm{d}t=$________.

(6) $\int_{-\infty}^{+\infty}\dfrac{A}{1+x^2}\mathrm{d}x=1$,则 $A=$________.

(7) 求极限$\lim\limits_{x\to0}\dfrac{\int_0^x\arctan t^2\mathrm{d}t}{x^3}=$________.

(8) 若$\int_{-a}^a(2x-1)\mathrm{d}x=4$,则 $a=$________.

(9) 由圆 $y=\sqrt{a^2-x^2}$ 与直线 $y=0$ 所围成图形的面积 $A=$________.

(10) 由不等式 $1\leqslant x^2+y^2\leqslant 4$ 所确定区域的面积 $A=$________.

2. 选择题.

(1) 定积分$\int_a^b f(x)\mathrm{d}x$是(　　).

A. 一个确定的常数　　B. $f(x)$的一个原函数

C. 一个函数族　　D. 一个非负常数

(2)设$f(x)$在上$[a,b]$连续,且x与t无关,则下面积分正确的是(　　).

A. $\int_a^b tf(x)\mathrm{d}x = t\int_a^b f(x)\mathrm{d}x$　　B. $\int_a^b xf(x)\mathrm{d}x = x\int_a^b f(x)\mathrm{d}x$

C. $\int_a^b tf(x)\mathrm{d}t = t\int_a^b f(x)\mathrm{d}t$　　D. $\int_a^b tf(x)\mathrm{d}t = x\int_a^b f(t)\mathrm{d}x$

(3) $\int_0^1 (\mathrm{e}^x + \mathrm{e}^{-x})\mathrm{d}x =$(　　).

A. $\mathrm{e}+\frac{1}{\mathrm{e}}$　　B. $2\mathrm{e}$　　C. $\frac{2}{\mathrm{e}}$　　D. $\mathrm{e}-\frac{1}{\mathrm{e}}$

(4)下面积分正确的是(　　).

A. $\int_{-\frac{\pi}{2}}^{\frac{\pi}{2}} \sin x\mathrm{d}x = 2\int_0^{\frac{\pi}{2}} \sin x\mathrm{d}x = 2$　　B. $\int_{-\frac{\pi}{2}}^{\frac{\pi}{2}} \cos x\mathrm{d}x = 2\int_0^{\frac{\pi}{2}} \cos x\mathrm{d}x = 2$

C. $\int_{-1}^{1} \frac{1}{x^2}\mathrm{d}x = -\frac{1}{x}\Big|_{-1}^{1} = 2$　　D. $\int_1^2 \ln x\mathrm{d}x = -\frac{1}{x}\Big|_1^2 = -\frac{1}{2}$

(5) 已知$\int_0^x [2f(t) - 1]\mathrm{d}t = f(x) - 1$,则$f'(0) =$(　　).

A. 2　　B. $2\mathrm{e} - 1$　　C. 1　　D. $\mathrm{e} - 1$

(6) 下列积分中能够直接应用牛顿-莱布尼茨公式的是(　　).

A. $\int_1^3 \frac{1}{2-x}\mathrm{d}x$　　B. $\int_0^3 \ln x\mathrm{d}x$　　C. $\int_{\frac{\pi}{4}}^{0} \tan x\mathrm{d}x$　　D. $\int_{-\frac{\pi}{2}}^{\frac{\pi}{2}} \cot x\mathrm{d}x$

(7) 极限$\lim\limits_{x\to 0}\dfrac{\int_0^x \sin t\mathrm{d}t}{\int_0^x t\mathrm{d}t} =$(　　).

A. -1　　B. 0　　C. 1　　D. 2

(8) 已知$f(x)$为偶函数且$\int_0^6 f(x)\mathrm{d}x = 8$,则$\int_{-6}^6 f(x)\mathrm{d}x =$(　　).

A. 0　　B. 4　　C. 8　　D. 16

(9) 由曲线$y = \sin x$与x轴,直线$x = 0$、$x = \frac{\pi}{2}$所围成图形的面积$A =$(　　).

A. $\frac{1}{2}$　　B. 1　　C. 2　　D. 3

(10) 下列广义积分收敛的是(　　).

A. $\int_1^{+\infty} \frac{1}{\sqrt{x}}\mathrm{d}x$　　B. $\int_1^{+\infty} \frac{1}{x^2}\mathrm{d}x$　　C. $\int_1^{+\infty} \frac{1}{x}\mathrm{d}x$　　D. $\int_1^{+\infty} \mathrm{e}^x\mathrm{d}x$

3. 求下列定积分.

(1) $\int_{0}^{\frac{1}{3}} \frac{1}{4-3x}\mathrm{d}x$;　　(2) $\int_{0}^{\pi} \cos^{2}\left(\frac{x}{2}\right)\mathrm{d}x$;

(3) $\int_{0}^{\frac{\pi}{2}} \sqrt{1-\sin 2x}\,\mathrm{d}x$;　　(4) $\int_{0}^{\pi} x\sqrt{\cos^{2}x-\cos^{4}x}\,\mathrm{d}x$;

(5) $\int_{0}^{3} \frac{1}{(1+t)\sqrt{t}}\mathrm{d}t$;　　(6) $\int_{0}^{1} x^{5}\ln^{3}x\,\mathrm{d}x$;

(7) $\int_{-3}^{2} \min(2,x^{2})\,\mathrm{d}x$;　　(8) $\int_{2}^{+\infty} \frac{1}{x^{2}-x}\mathrm{d}x$.

4. 设$f(x)=\begin{cases} x^{2}, & 0 \leqslant x \leqslant 1 \\ 2-x, & 1<x \leqslant 2 \end{cases}$,求$\int_{0}^{2} f(x)\,\mathrm{d}x$.

5. 设$f(5)=2$,$\int_{0}^{5} f(x)\,\mathrm{d}x=3$,求$\int_{0}^{5} xf'(x)\,\mathrm{d}x$.

6. 求函数 $F(x)=\int_{0}^{x} t(t-4)\,\mathrm{d}t$ 在$[-1,5]$上的最大值与最小值.

7. (1) 证明:$\int_{0}^{\frac{\pi}{2}} \frac{\sin x}{\sin x+\cos x}\mathrm{d}x=\int_{0}^{\frac{\pi}{2}} \frac{\cos x}{\sin x+\cos x}\mathrm{d}x$;

(2) 利用上面的结论求$\int_{0}^{\frac{\pi}{2}} \frac{\cos x}{\sin x+\cos x}\mathrm{d}x$.

8. 求由曲线 $y=\sin x$,$y=\cos x$ 与直线 $x=0$、$x=\pi$ 所围成图形的面积.

9. 求在区间$\left[0,\frac{\pi}{2}\right]$上,由曲线 $y=\sin x$ 与直线 $x=\frac{\pi}{2}$、$y=0$ 所围成的图形分别绕 x 轴、y 轴旋转所得的两个旋转体的体积.

第6章 微分方程

微积分学的主要研究对象是函数关系，然而在各类实际问题的求解中，其所研究的变量之间的函数关系往往很难直接得到，但根据一些科学原理，易于建立关于未知函数与其导数或微分的关系式. 这种含有未知函数导数或微分的方程，称为**微分方程**. 通过求解这种方程，同样可以找到指定未知量之间的函数关系.

微分方程是一门有着完整的理论体系、独立的数学分支. 本章我们主要介绍微分方程的一些基本概念和几种常用的微分方程的解法.

6.1 微分方程的基本概念

6.1.1 引例

例6.1 一曲线通过点(1,3)，且在该曲线上任一点$M(x,y)$处的切线斜率为$2x$，求该曲线的方程.

解 设所求曲线的方程为$y=y(x)$，由导数的几何意义可知

$$\frac{dy}{dx}=2x,$$

两边取积分，得

$$y=\int 2x\,dx=x^2+C(C\text{为任意常数}).$$

根据曲线过点(1,3)知$y(1)=3$，得

$$3=1^2+C,\text{则 }C=2,$$

于是所求曲线方程为 $y=x^2+2$.

例 6.2 列车在平直线路上以 20 m/s 的速度行驶,制动时列车获得加速度 $-0.4\ \text{m/s}^2$. 问制动后多长时间列车才能停住? 在这段时间内列车行驶了多少路程?

解 设列车刹车时的时刻为 $t=0$. 制动后经过 t s 时列车行驶的路程为 S,由加速度的物理意义可知

$$\frac{\mathrm{d}^2S}{\mathrm{d}t^2}=-0.4,$$

两边取积分,得

$$\frac{\mathrm{d}S}{\mathrm{d}t}=\int(-0.4)\,\mathrm{d}t=-0.4t+C_1,$$

两边再取积分,得

$$S=-0.2t^2+C_1t+C_2,$$

这里 C_1、C_2 都是任意常数,依题意,未知函数 $S=S(t)$ 还满足下列条件:

$$S(0)=0,S'(0)=20.$$

将它们代入 $\frac{\mathrm{d}S}{\mathrm{d}t}$ 与 S 的表达式中,即得 $C_1=20$, $C_2=0$,因此

$$S(t)=-0.2t^2+20t.$$

由于列车刹车时的速度为零,即

$$S'(t)=-0.4t+20=0,$$

求得 $t=50$ s,于是列车所走的路程为

$$S(50)=-0.2\times(50)^2+20\times50=500\ \text{m}.$$

从以上两个例子可以看到,在许多问题中,只能从含有未知函数的导数的等式中求解未知函数,于是我们引入微分方程的概念.

6.1.2 微分方程的基本概念

定义 6.1 含有未知函数的导数或微分的方程,称为**微分方程**. 未知函数是一元函数的微分方程,称为**常微分方程**. 例 6.1 和例 6.2 中建立的方程都是常微分方程.

定义 6.2 微分方程中所含未知函数的导数或微分的最高阶数,称为**微分方程的阶**. 例如,$xy'''+2y''+x^4y=0$ 是三阶常微分方程. n 阶微分方程的一般形式为

$$F[x,y,y',\cdots,y^{(n)}]=0$$

这里必须指出,在上述方程中 $y^{(n)}$ 必须出现,而 $x,y,y',\cdots,y^{(n-1)}$ 等变量则可以不出现. 如例 6.2 中的方程,除 $\frac{\mathrm{d}^2S}{\mathrm{d}t^2}$ 外,其余变量都没有出现.

定义 6.3 在微分方程中,若未知函数及其导数都是一次,且不含有这些变量的乘积项,则称这样的微分方程为**线性微分方程**. 例如,$y'+xy=\sin x$、$2y''-y'+2y=x$ 都是线性微分方程,但 $yy'=x$ 就不是线性微分方程.

定义 6.4 使微分方程成为恒等式的函数称为该微分方程的**解**.

如果微分方程的解中含有相互独立的任意常数,且任意常数的个数与微分方程的阶数相等,称这样的解为微分方程的**通解(一般解)**.

如果微分方程的解中不含有任意常数,称这样的解为微分方程的**特解**. 例如,$y=\frac{1}{2}x^2+C$(C 为任意常数)是方程 $y'=x$ 的通解,而 $y=\frac{1}{2}x^2+2$ 是该方程的一个特解.

注 相互独立的任意常数,是指它们不能通过合并而使通解中任意常数的个数减少. 例如,函数 $y=C_1e^x+3C_2e^x$ 是方程 $y''-3y'+2y=0$ 的解,但不是通解,因为 C_1、C_2 不是两个独立的任意常数,该函数可表示为 $y=(C_1+3C_2)e^x$,这种可以合并的任意常数只能算一个独立的任意常数.

定义 6.5 用未知函数及其各阶导数在某个特定点的值作为确定通解中任意常数的条件,这种条件称为**初始条件**. 求微分方程满足初始条件的特解的问题,称为**初值问题**.

一般地,一阶微分方程的初始条件为 $y|_{x=x_0}=y_0$;二阶微分方程的初始条件为 $y|_{x=x_0}=y_0$,$y'|_{x=x_0}=y_1$. 其中 x_0、y_0、y_1 都是已知常数.

例 6.3 验证函数 $y=C_1e^x+C_2e^{-x}$ 是微分方程 $y''-y=0$ 的通解(其中 C_1、C_2 为任意常数),并求满足初始条件 $y|_{x=0}=3$、$y'|_{x=0}=1$ 的特解.

解 由 $y=C_1e^x+C_2e^{-x}$ 得,$y'=C_1e^x-C_2e^{-x}$,$y''=C_1e^x+C_2e^{-x}$,
将 y''、y 带入微分方程,得 $(C_1e^x+C_2e^{-x})-(C_1e^x+C_2e^{-x})=0$,所以,函数 $y=C_1e^x+C_2e^{-x}$ 是微分方程的解;而解中含有两个任意常数,与微分方程的阶数相同,故函数 $y=C_1e^x+C_2e^{-x}$ 是微分方程的通解.

将初始条件 $y|_{x=0}=3$、$y'|_{x=0}=1$ 分别代入 $y=C_1e^x+C_2e^{-x}$、$y'=C_1e^x-C_2e^{-x}$,得

$$\begin{cases}C_1+C_2=3\\C_1-C_2=1\end{cases},\text{解得 } C_1=2, C_2=1.$$

所以,该初始条件下的特解为 $y=2e^x+e^{-x}$.

习题 6.1

1. 指出下列微分方程的阶数.

(1) $x(y')^2-2yy'+xy=0$;

(2) $(4x-5y)dx+(3x+y)dy=0$;

(3) $xy'''+3y''+2y=0$;

(4) $\frac{d^2y}{dx^2}+\left(\frac{dy}{dx}\right)^4+2y=0$.

2. 验证下列各题中的函数是否为所给微分方程的解.

(1) $xy'-y\ln y=0$, $y=e^{2x}$;

(2) $y''+y=0$, $y=\sin 2x$;

(3) $y''-2y'-3y=0$, $y=C_1e^{-x}+C_2e^{3x}$.

6.2 一阶微分方程

一阶微分方程的一般形式是

$$F(x,y,y')=0,$$

其中 x 为自变量,y 为未知函数,y'为未知函数 y 的导数.

一阶微分方程的通解含有一个任意常数,为了确定这个任意常数,必须给出一个初始条件,通常都是给出 $x=x_0$ 时未知函数对应的值 $y=y_0$,记作

$$y(x_0)=y_0 \quad 或 \quad y\big|_{x=x_0}=y_0.$$

6.2.1 可分离变量的微分方程

定义 6.6 若一阶微分方程经过恒等变形后能够化为形如

$$g(y)\,\mathrm{d}y=f(x)\,\mathrm{d}x$$

的方程,则称该一阶微分方程为**可分离变量的微分方程**.其中 $f(x)$、$g(y)$ 为连续函数.

求解可分离变量的方程的方法称为**分离变量法**,步骤如下:

(1)分离变量:$g(y)\,\mathrm{d}y=f(x)\,\mathrm{d}x$;

(2) 两边积分:$\int g(y)\,\mathrm{d}y=\int f(x)\,\mathrm{d}x$;

(3)求得通解:$G(y)=F(x)+C$,其中 $G(y)$ 和 $F(x)$ 分别为 $g(y)$ 和 $f(x)$ 的原函数,C 为任意常数.

例 6.4 求微分方程$\dfrac{\mathrm{d}y}{\mathrm{d}x}=\mathrm{e}^{2x-y}$ 的通解.

解 方程是可分离变量的,分离变量得 $\mathrm{e}^y\,\mathrm{d}y=\mathrm{e}^{2x}\,\mathrm{d}x$,

两边积分

$$\int \mathrm{e}^y\,\mathrm{d}y=\int \mathrm{e}^{2x}\,\mathrm{d}x,$$

得

$$\mathrm{e}^y=\frac{1}{2}\mathrm{e}^{2x}+C,$$

故原方程的通解为

$$\mathrm{e}^y=\frac{1}{2}\mathrm{e}^{2x}+C \quad (C\ 为任意常数).$$

注 该方程的通解以隐函数形式给出,称为**隐式通解**,可以不必将它化为显函数.

例 6.5 求微分方程$\dfrac{\mathrm{d}y}{\mathrm{d}x}=-\dfrac{y}{x}$的通解.

解 方程是可分离变量的,分离变量得$\dfrac{\mathrm{d}y}{y}=-\dfrac{\mathrm{d}x}{x}$,

两边积分得

$$\ln|y|=-\ln|x|+C_1(C_1\ 为任意常数),$$

从而

$$|xy|=\mathrm{e}^{C_1}或\ xy=\pm\mathrm{e}^{C_1}$$

其中 e^{C_1} 为任意正常数,可记 $C=\pm\mathrm{e}^{C_1}$,因此方程的通解为

$$xy=C(C\ 为任意常数).$$

为了计算方便,约定$\int\frac{1}{x}\mathrm{d}x=\ln x+C$,即只考虑了$x>0$的情况. 对$x<0$,可通过最后通解中的$C$来处理. 例如,本例可直接写出求解过程:

分离变量得 $$\frac{\mathrm{d}y}{y}=-\frac{\mathrm{d}x}{x},$$

两边积分得 $$\ln y=-\ln x+\ln C,$$

即 $$xy=C\text{ 或 }y=\frac{C}{x}(C\text{ 为任意常数}).$$

6.2.2 齐次方程

定义 6.7 形如

$$\frac{\mathrm{d}y}{\mathrm{d}x}=f\left(\frac{y}{x}\right)$$

的一阶微分方程称为**齐次微分方程**,简称**齐次方程**.

齐次方程通过变量代换,可化为可分离变量方程来求解. 具体求解齐次方程的步骤如下:

(1)变量代换,令$u=\frac{y}{x}$或$y=ux$,把u看作x的函数,求导得$\frac{\mathrm{d}y}{\mathrm{d}x}=u+x\frac{\mathrm{d}u}{\mathrm{d}x}$,代入原方程,化简得$u+x\frac{\mathrm{d}u}{\mathrm{d}x}=f(u)$;

(2)分离变量得,$\frac{1}{f(u)-u}\mathrm{d}u=\frac{1}{x}\mathrm{d}x$;

(3)两边积分得,$\int\frac{1}{f(u)-u}\mathrm{d}u=\int\frac{1}{x}\mathrm{d}x$;

(4)积分回代,积分后,以$\frac{y}{x}$代替u得通解.

例 6.6 求方程$\frac{\mathrm{d}y}{\mathrm{d}x}=\frac{y}{x}+\tan\frac{y}{x}$的通解,并求满足初始条件$y|_{x=1}=\frac{\pi}{2}$的特解.

解 令$u=\frac{y}{x}$,则$y=ux$,$\frac{\mathrm{d}y}{\mathrm{d}x}=u+x\frac{\mathrm{d}u}{\mathrm{d}x}$,

原方程可变形为 $u+x\frac{\mathrm{d}u}{\mathrm{d}x}=u+\tan u$,即$x\frac{\mathrm{d}u}{\mathrm{d}x}=\tan u$,

分离变量,整理得 $\frac{\cos u}{\sin u}\mathrm{d}u=\frac{1}{x}\mathrm{d}x$,

两边积分得 $\ln\sin u=\ln x+\ln C$,即$\sin u=Cx$,

将$u=\frac{y}{x}$代入上式,得原方程的通解$\sin\frac{y}{x}=Cx$.

由初始条件$x=1$,$y=\frac{\pi}{2}$得,$C=1$,故所求特解为$\sin\frac{y}{x}=x$.

6.2.3 一阶线性微分方程

定义 6.8 形如

$$\frac{\mathrm{d}y}{\mathrm{d}x}+P(x)y=Q(x) \tag{6.1}$$

的方程称为**一阶线性微分方程**. 其中函数 $P(x)$、$Q(x)$ 是某一区间 I 上已知的连续函数. 当 $Q(x)\equiv 0$ 时,方程(6.1)为

$$\frac{\mathrm{d}y}{\mathrm{d}x}+P(x)y=0 \tag{6.2}$$

称方程(6.2)为**齐次线性微分方程**;相应地,方程(6.1)称为**非齐次线性微分方程**.

1. 一阶齐次线性微分方程的求解

一阶齐次线性微分方程(6.2)是可分离变量的方程,分离变量,得

$$\frac{1}{y}\mathrm{d}y=-P(x)\mathrm{d}x,$$

两边积分得
$$\ln y=-\int P(x)\mathrm{d}x+\ln C,$$

即得通解

$$y=C\mathrm{e}^{-\int P(x)\mathrm{d}x}(C\text{ 为任意常数}). \tag{6.3}$$

例 6.7 求方程 $\mathrm{d}y=2y\cos x\mathrm{d}x$ 的通解.

解 将原方程化为 $\frac{\mathrm{d}y}{\mathrm{d}x}-(2\cos x)y=0$,这是一阶齐次线性微分方程,其中 $P(x)=-2\cos x$,由通解式(6.3)得通解为

$$y=C\mathrm{e}^{-\int P(x)\mathrm{d}x}=C\mathrm{e}^{-\int -2\cos x\mathrm{d}x}=C\mathrm{e}^{2\sin x}(C\text{ 为任意常数}).$$

2. 一阶非齐次线性微分方程的求解

为了求得一阶非齐次线性微分方程(6.1)的通解,常采用**常数变易法**:即求出对应齐次方程(6.2)的通解式(6.3)后,将通解中的常数 C 变易为待定函数 $u(x)$,并设方程(6.1)的通解为 $y=u(x)\mathrm{e}^{-\int P(x)\mathrm{d}x}$,将其对 x 求导,得 $\frac{\mathrm{d}y}{\mathrm{d}x}=u'(x)\mathrm{e}^{-\int P(x)\mathrm{d}x}-u(x)P(x)\mathrm{e}^{-\int P(x)\mathrm{d}x}$,将 y 和 $\frac{\mathrm{d}y}{\mathrm{d}x}$ 代入方程(6.1),得 $u'(x)=Q(x)\mathrm{e}^{\int P(x)\mathrm{d}x}$,积分得 $u(x)=\int Q(x)\mathrm{e}^{\int P(x)\mathrm{d}x}\mathrm{d}x+C$,故一阶非齐次线性微分方程(6.1)的通解为

$$y=\mathrm{e}^{-\int P(x)\mathrm{d}x}\left[\int Q(x)\mathrm{e}^{\int P(x)\mathrm{d}x}\mathrm{d}x+C\right] \tag{6.4}$$

或
$$y=C\mathrm{e}^{-\int P(x)\mathrm{d}x}+\mathrm{e}^{-\int P(x)\mathrm{d}x}\int Q(x)\mathrm{e}^{\int P(x)\mathrm{d}x}\mathrm{d}x \tag{6.5}$$

从通解公式(6.5)可以看出,一阶非齐次线性微分方程的通解是对应的齐次线性微分方程的通解与其本身的一个特解之和. 以后还可看到,这个结论对高阶非齐次线性微分方程亦成立.

例 6.8 求方程 $y'+y=\mathrm{e}^x$ 的通解.

解 这是一个一阶非齐次线性微分方程,其中 $P(x)=1$,$Q(x)=\mathrm{e}^x$.
由通解式(6.4)得

$$y = e^{-\int 1dx}\left(\int e^x \cdot e^{\int 1dx}dx + C\right) = e^{-x}\left(\int e^{2x}dx + C\right) = \frac{1}{2}e^x + Ce^{-x}.$$

例6.9 求方程 $xy' = y + x\ln x$ 的通解.

解 将原方程化为$\frac{dy}{dx} - \frac{1}{x}y = \ln x$,故 $P(x) = -\frac{1}{x}$,$Q(x) = \ln x$,

由通解式(6.4)得
$$y = e^{-\int\left(-\frac{1}{x}\right)dx}\left[\int(\ln x)e^{\int\left(-\frac{1}{x}\right)dx}dx + C\right]$$
$$= x\left[\int \ln x d(\ln x) + C\right] = \frac{x}{2}(\ln x)^2 + Cx.$$

习题6.2

1. 求下列微分方程的通解.

(1) $\frac{dy}{dx}=e^{x+y}$;

(2) $xydx+\sqrt{1-x^2}dy=0$;

(3) $\sec^2 x\tan ydx+\sec^2 y\tan xdy=0$;

(4) $y'=y\ln x$;

(5) $y^2+x^2\frac{dy}{dx}=xy\frac{dy}{dx}$;

(6) $x\frac{dy}{dx}=y\ln\frac{y}{x}$;

(7) $\frac{dy}{dx}+y=e^{-x}$;

(8) $xy'+y=\sin x$.

2. 求下列微分方程满足所给初始条件的特解.

(1) $\cos ydx+(1+e^{-x})\sin ydy=0, y|_{x=0}=\frac{\pi}{4}$;

(2) $(x+1)y'-y=(x+1)^2e^x, y|_{x=0}=1$.

3. 已知生产某种产品的总成本 C 由可变成本与固定成本两部分构成,假设可变成本 y 是产量 x 的函数,且 y 关于 x 的变化率等于$\frac{x^2+y^2}{2xy}$,固定成本为10,且当 $x=1$ 时 $y=3$,求总成本的函数 $C=C(x)$.

6.3 可降阶的二阶微分方程

二阶微分方程的一般形式为
$$F(x,y,y',y'')=0.$$
本节将介绍几个简单的、经过适当变换可将二阶降为一阶的微分方程.

6.3.1 $y''=f(x)$型的二阶微分方程

这是最简单的二阶微分方程,求解方法是逐次积分.

在方程 $y''=f(x)$ 两端积分,得

$$y' = \int f(x)\,dx + C_1,$$

再次积分,得

$$y = \int\left[\int f(x)\,dx + C_1\right]dx + C_2.$$

注 这种类型的方程的解法可推广到 n 阶微分方程 $y^{(n)}=f(x)$,只要连续积分 n 次,就可得此方程含有 n 个任意常数的通解.

例 6.10 求微分方程 $y''=xe^x$ 的通解.

解 对所给方程连续积分两次,得

$$y' = \int xe^x dx = (x-1)e^x + C_1$$

$$y=(x-2)e^x+C_1x+C_2(C_1、C_2 \text{ 为任意常数}).$$

6.3.2 $y''=f(x,y')$ 型的二阶微分方程

这种方程的特点是不显含未知函数 y,求解方法如下:

令 $y'=p(x)$,则 $y''=p'(x)$,原方程化为以 $p(x)$ 为未知函数的一阶微分方程

$$p'=f(x,p).$$

设其通解为

$$p=\varphi(x,C_1),$$

再由关系式 $y'=p(x)$,又得到一个一阶微分方程 $\frac{dy}{dx}=\varphi(x,C_1)$,对它进行积分,即可得到原微分方程的通解

$$y = \int\varphi(x,C_1)\,dx + C_2.$$

例 6.11 求微分方程 $y''=\frac{1}{x}y'+xe^x$ 的通解.

解 方程不显含未知函数 y,令 $y'=p(x)$,则 $y''=p'(x)$,于是

$$p'=\frac{1}{x}p+xe^x,\text{即}\quad p'-\frac{1}{x}p=xe^x,$$

这是关于 p 的一阶线性微分方程,故

$$y' = p = e^{\int\frac{1}{x}dx}\left(\int xe^x e^{-\int\frac{1}{x}dx}dx + C_1\right) = x(e^x + C_1),$$

从而所给微分方程的通解为

$$y = \int x(e^x + C_1)\,dx = (x-1)e^x + \frac{C_1}{2}x^2 + C_2(C_1、C_2 \text{ 为任意常数}).$$

6.3.3 $y''=f(y,y')$ 型的二阶微分方程

这种方程的特点是不显含自变量 x. 解决方法是把 y 暂时看作自变量,并作变换得 $y'=p(y)$,于是,由复合函数的求导法则有

$$y''=\frac{dp}{dx}=\frac{dp}{dy}\cdot\frac{dy}{dx}=p\frac{dp}{dy},$$

这样就将原方程化为

$$p\frac{\mathrm{d}p}{\mathrm{d}y}=f(y,p).$$

这是一个关于变量和的一阶微分方程，设它的通解为 $p=\varphi(y,C_1)$，再由 $\frac{\mathrm{d}y}{\mathrm{d}x}=p=\varphi(y,C_1)$ 可得微分方程 $y''=f(y,y')$ 的通解为

$$\int\frac{\mathrm{d}y}{\varphi(y,C_1)}=x+C_2(C_1、C_2\text{ 为任意常数}).$$

例 6.12 求微分方程 $yy''-y'^2=0$ 的通解.

解 方程不显含自变量 x，令 $y'=p(y)$，则 $y''=p\frac{\mathrm{d}y}{\mathrm{d}x}$，代入所给方程得

$$y\cdot p\frac{\mathrm{d}p}{\mathrm{d}y}-p^2=0,$$

即

$$p\left(y\cdot\frac{\mathrm{d}p}{\mathrm{d}y}-p\right)=0,$$

在 $p\neq0$、$y\neq0$ 时，约去 p 并分离变量，得

$$\frac{\mathrm{d}p}{p}=\frac{\mathrm{d}y}{y},$$

两端积分，得

$$\ln p=\ln y+\ln C_1,$$

即

$$p=C_1y,\text{或 } y'=C_1y,$$

再分离变量并在两端积分，就可得所给微分方程的通解

$$y=C_2\mathrm{e}^{C_1x}.$$

注 上述通解实际上也包含了 $p=0$（即 $C_1=0$ 的情形）和 $y=0$（即 $C_2=0$ 的情形）这两个解.

习题 6.3

1. 求下列微分方程的通解.

(1) $y''=x+\cos x$，　　(2) $y''=\frac{1}{1+x^2}$，

(3) $y''-y'=x$，　　(4) $y''+y'^2=0$，

(5) $yy''+y'^2=0$，　　(6) $y''=y'^3+y'$.

2. 求下列微分方程满足所给初始条件的特解.

(1) $y^3y''+1=0,y|_{x=1}=1,y'|_{x=1}=0$；

(2) $y'''=\mathrm{e}^{2x},y|_{x=1}=y'|_{x=1}=y''|_{x=1}=0$；

(3) $(1-x^2)y''-xy'=0,y|_{x=0}=0,y'|_{x=0}=1$；

(4) $y''=\frac{3x^2}{1+x^3}y',y|_{x=0}=1,y'|_{x=0}=4$.

6.4 二阶常系数线性微分方程

定义 6.9 形如

$$y''+py'+qy=f(x) \tag{6.6}$$

的方程,称为**二阶常系数线性微分方程**,其中 p、q 为常数,$f(x)$ 是 x 的已知函数.

如果 $f(x)=0$,方程(6.6)变为

$$y''+py'+qy=0. \tag{6.7}$$

方程(6.7)称为**二阶常系数齐次线性微分方程**. 相应地,方程(6.6)称为**二阶常系数非齐次线性微分方程**.

6.4.1 二阶常系数齐次线性微分方程的求解

定理 6.1 如果函数 $y_1(x)$ 与 $y_2(x)$ 是方程(6.7)的两个解,且 $\dfrac{y_1(x)}{y_2(x)}$ 不等于常数,则 $y=C_1y_1(x)+C_2y_2(x)$ 就是方程(6.7)的通解,其中 C_1、C_2 是任意常数.

$\dfrac{y_1(x)}{y_2(x)}$ 不等于常数这一条是很重要的. 如果 $\dfrac{y_1(x)}{y_2(x)}=k$(k 是常数),则 $y_1(x)=ky_2(x)$,于是

$$y=C_1y_1(x)+C_2y_2(x)=(C_1k+C_2)y_2(x)=Cy_2(x)$$

此时 y 中只含有一个任意常数,所以不是微分方程(6.7)的通解. 满足 $\dfrac{y_1(x)}{y_2(x)}$ 不等于常数这一条件的两个解叫作线性无关解. 因此,由定理 6.1 可知,求微分方程(6.7)的通解就归结为求它的两个线性无关的特解. 又微分方程(6.7)从形式上看,它的特点是 y''、y'、y 各乘以某常数后相加等于零,如果能找到一个函数 y,其中 y''、y' 与 y 之间只相差一个常数,这样的函数就有可能是微分方程(6.7)的特解. 易知在初等函数中,指数函数符合上述要求,于是,可假设微分方程(6.7)的解为 $y=e^{rx}$,将 $y=e^{rx}$、$y'=re^{rx}$、$y''=r^2e^{rx}$ 代入微分方程(6.7),得

$$e^{rx}(r^2+pr+q)=0,$$

因为 $e^{rx}\neq 0$,故有

$$r^2+pr+q=0. \tag{6.8}$$

由此可见,如果 r 是二次方程 $r^2+pr+q=0$ 的根,则 $y=e^{rx}$ 就是微分方程(6.6)的特解. 这样,齐次线性微分方程(6.7)的求解问题就转化为代数方程(6.8)的求根问题. 我们称方程(6.8)为微分方程(6.7)的**特征方程**,并称特征方程的两个根 r_1、r_2 为**特征根**.

下面就特征方程 $r^2+pr+q=0$ 的特征根的不同情况分别进行讨论.

(ⅰ)特征方程有两个不相等的实根,即 $r_1\neq r_2$.

此时 $p^2-4q>0$,$y_1=e^{r_1x}$、$y_2=e^{r_2x}$ 是方程(6.7)的两个特解,因为

$$\frac{y_1}{y_2}=\frac{e^{r_1x}}{e^{r_2x}}=e^{(r_1-r_2)x}\neq 常数,$$

所以方程(6.7)的通解为

$$y=C_1e^{r_1x}+C_2e^{r_2x}\quad(C_1、C_2\text{ 是任意常数}).$$

(ⅱ)特征方程有两个相等的实根,即 $r_1=r_2$.

此时 $p^2-4q=0$,特征根 $r_1=r_2=-\frac{p}{2}$,这样只能得到方程(6.7)的一个特解 $y_1=e^{r_1x}$,可以验证 $y_2=xe^{r_1x}$ 是方程(6.7)的另一个特解,而且$\frac{y_2}{y_1}=\frac{xe^{r_1x}}{e^{r_1x}}=x\neq$常数,所以方程(6.7)的通解为

$$y=C_1e^{r_1x}+C_2xe^{r_1x}=(C_1+C_2x)e^{r_1x}(C_1、C_2\text{ 是任意常数}).$$

(ⅲ)特征方程有一对共轭复根,即 $r_{1,2}=\alpha\pm i\beta$(α、β 为实常数,$\beta\neq0$).

此时 $p^2-4q<0$,$y_1=e^{(\alpha+i\beta)x}$,$y_2=e^{(\alpha-i\beta)x}$ 是方程(6.7)的两个特解,且$\frac{y_1}{y_2}\neq$常数,但它们是复值函数形式,为了得到实值函数形式,利用欧拉公式 $e^{i\theta}=\cos\theta+i\sin\theta$ 把两特解改写为 $y_1=e^{\alpha x}(\cos\beta x+i\sin\beta x)$,$y_2=e^{\alpha x}(\cos\beta x-i\sin\beta x)$,再将它们组合,得方程(6.7)的另外两个特解:

$$\bar{y}_1=\frac{1}{2}(y_1+y_2)=e^{\alpha x}\cos\beta x,\ \bar{y}_2=\frac{1}{2i}(y_1-y_2)=e^{\alpha x}\sin\beta x,$$

且$\frac{\bar{y}_1}{\bar{y}_2}=\frac{e^{\alpha x}\cos\beta x}{e^{\alpha x}\sin\beta x}=\cot\beta x\neq$常数,所以方程(6.7)的通解为

$$y=e^{\alpha x}(C_1\cos\beta x+C_2\sin\beta x)\quad(C_1、C_2\text{ 是任意常数}).$$

综上,求二阶常系数齐次线性微分方程 $y''+py'+qy=0$ 的通解的步骤如下:

(1)写出 $y''+py'+qy=0$ 的特征方程 $r^2+pr+q=0$;

(2)求出特征根 r_1、r_2;

(3)根据特征根的情况,按照表 6.1 写出通解.

表 6.1

特征方程 $r^2+pr+q=0$ 的根	**方程 $y''+py'+qy=0$ 的通解**
两个不相等的实根,$r_1\neq r_2$	$y=C_1e^{r_1x}+C_2e^{r_2x}$
两个相等的实根,$r_1=r_2$	$y=(C_1+C_2x)e^{r_1x}$
一对共轭复根,$r_{1,2}=\alpha\pm i\beta$	$y=e^{\alpha x}(C_1\cos\beta x+C_2\sin\beta x)$

例 6.13 求方程 $y''+5y'+6y=0$ 的通解.

解 特征方程为 $r^2+5r+6=0$,解得特征根为 $r_1=-2$,$r_2=-3$,
故通解为 $$y=C_1e^{-2x}+C_2e^{-3x}(C_1、C_2\text{ 是任意常数}).$$

例 6.14 求方程 $y''-2y'+y=0$ 的通解.

解 特征方程为 $r^2-2r+1=0$,解得特征根为 $r_1=r_2=1$,
故通解为 $y=(C_1+C_2x)e^x$(C_1、C_2 是任意常数).

例 6.15 求方程 $y''-4y'+13y=0$ 的通解.

解 特征方程为 $r^2-4r+13=0$,解得特征根为 $r_{1,2}=2\pm3i$,
所以 $\alpha=2$,$\beta=3$,故通解为 $y=e^{2x}(C_1\cos3x+C_2\sin 3x)$($C_1$、$C_2$ 是任意常数).

6.4.2 二阶常系数非齐次线性微分方程的求解

定理6.2 设 y^* 是方程(6.6)的一个特解，而 Y 是其对应的齐次方程(6.7)的通解，则 $y=Y+y^*$ 是二阶常系数非齐次线性微分方程(6.6)的通解.

例如，方程 $y''+y=x^2$，它对应的齐次方程 $y''+y=0$ 的通解为 $y=C_1\sin x+C_2\cos x$；又容易验证 $y=x^2-2$ 是该方程的一个特解，故 $y=C_1\sin x+C_2\cos x+x^2-2$ 是该方程的通解.

由定理6.2可知，只要求出方程(6.6)的一个特解和其对应的齐次方程(6.7)的通解，两个解相加就得到了方程(6.6)的通解. 上文中已经解决了求方程(6.6)对应的齐次方程(6.7)的通解的方法，因此，现在要解决的问题是如何求得方程(6.6)的一个特解 y^*.

方程(6.6)的特解的形式与右端的 $f(x)$ 有关，要对 $f(x)$ 的一般情形求方程(6.6)的特解仍是非常困难的，这里就只讨论一种情形.

当 $f(x)=P_m(x)e^{\lambda x}$，其中 λ 是常数，$P_m(x)$ 是 x 的一个 m 次多项式：

$$P_m(x)=a_0x^m+a_1x^{m-1}+\cdots+a_{m-1}x+a_m.$$

此时可以证明：$y''+py'+qy=P_m(x)e^{\lambda x}$ 具有形如 $y^*=x^kQ_m(x)e^{\lambda x}$ 的特解，其中 $Q_m(x)$ 与 $P_m(x)$ 都是 m 次多项式，而 k 按 λ 不是特征方程的根、是特征方程的单根或特征方程的重根依次取0、1或2，即

$$k=\begin{cases}0, & \lambda\text{ 不是特征根},\\1, & \lambda\text{ 是特征单根},\\2, & \lambda\text{ 是特征重根}.\end{cases}$$

例6.16 求方程 $y''-2y'-3y=(4x-3)e^x$ 的一个特解.

解 特征方程为 $r^2-2r-3=0$，解得特征根为 $r_1=-1$，$r_2=3$，$f(x)=(4x-3)e^x$. 则 $\lambda=1$，它不是特征根，可设特解 $y^*=(Ax+B)e^x$，则 $y^{*\prime}=(Ax+A+B)e^x$，$y^{*\prime\prime}=(Ax+2A+B)e^x$，代入原方程，消去 e^x 得

$$(Ax+2A+B)-2(Ax+A+B)-3(Ax+B)=4x-3,$$

即 $-4Ax-4B=4x-3$，比较系数得 $A=-1$，$B=\dfrac{3}{4}$，

故所求特解为 $$y^*=\left(-x+\frac{3}{4}\right)e^x.$$

例6.17 求方程 $y''+y'=3x^2-2$ 的通解.

解 特征方程为 $r^2+r=0$，解得特征根为 $r_1=-1$，$r_2=0$.
由于 $f(x)=3x^2-2=(3x^2-2)e^{0\cdot x}$，则 $\lambda=0$，它是特征单根，可设特解

$$y^*=x(Ax^2+Bx+C)e^{0\cdot x}=Ax^3+Bx^2+Cx,$$

则 $y^{*\prime}=3Ax^2+2Bx+C$，$y^{*\prime\prime}=6Ax+2B$，代入原方程整理得，

$$3Ax^2+(6A+2B)x+2B+C=3x^2-2,$$

比较系数得 $A=1$，$B=-3$，$C=4$. 所以，特解 $y^*=x^3-3x^2+4x$.

原方程的通解为

$$y=C_1e^{0\cdot x}+C_2e^{-x}+y^*=C_1+C_2e^{-x}+x^3-3x^2+4x.$$

习题 6.4

1. 求下列方程的通解.

(1) $y''-2y'-3y=0$;　　(2) $y''-4y=0$;

(3) $9y''+6y'+y=0$;　　(4) $y''+2y'+2y=0$.

2. 求下列方程的通解.

(1) $y''-2y'-3y=3x-1$;　　(2) $y''-3y'+2y=xe^{2x}$.

3. 求下列微分方程满足所给初始条件的特解.

(1) $y''+2y'+y=0, y|_{x=0}=4, y'|_{x=0}=-2$;

(2) $4y''+y=0, y|_{x=0}=1, y'|_{x=0}=2$.

本章应用拓展——常见微分方程模型

微分方程是与微积分一起形成发展起来的重要的数学分支，早在 17—18 世纪，牛顿、莱布尼茨、贝努里和拉格朗日等人在研究力学和几何学时就提出了微分方程. 后来，随着科学的发展，微分方程在力学、电学、天文学和数学物理的其他领域内的应用不断获得成功，有力地推动了这些学科的发展. 当下，微分方程的理论和应用都有了巨大的发展，它已成为研究自然科学和社会科学的一个有力的工具.

1. 物体冷却的数学模型

设一物体的温度为 100 ℃，将其放置在空气温度为 20 ℃的环境中冷却. 根据牛顿冷却定理(即物体温度下降的速度与其自身温度以及其所在介质的温度差成正比关系)，物体温度的变化率与物体温度和当时空气温度之差成正比. 设物体的温度 T 与时间 t 的函数关系为 $T=T(t)$，可建立函数 $T(t)$ 的微分方程

$$\frac{dT}{dt}=-k(T-20),$$

其中 $k(k>0)$ 为比例常数. 这就是物体冷却的数学模型.

2. 物体混合与牛顿的牛吃草问题

容器中装有含物质 A 的流体，设 $t=0$ 时流体的体积为 V_0，物质 A 的质量为 x_0. 今以速度 v_2(单位时间的流量)放出流体，同时以速度 v_1 注入浓度为 c_1 的流体. 求在 t 时刻容器中物质 A 的质量及流体的浓度.

这类问题称为流体混合问题. 设在 t 时刻，容器内物质 A 的质量为 $x[x=x(t)]$、浓度为 c_2，经过时间 dt 后，容器内物质 A 的质量增加 dx，于是有关系式

$$dx=c_1v_1dt-c_2v_2dt,$$

其中 $c_2=\frac{x}{V_0+(v_1-v_2)t}$，将 c_2 代入上式整理得

$$\frac{\mathrm{d}x}{\mathrm{d}t}=\frac{v_2}{V_0+(v_1-v_2)t}x+c_1v_1,$$

这是一阶线性微分方程,其中$P(t)=-\frac{v_2}{V_0+(v_1-v_2)t}$,$Q(t)=c_1v_1$,初始条件为$x(0)=x_0$,根据一阶线性微分方程的通解$y=\mathrm{e}^{-\int P(x)\mathrm{d}x}\left[\int Q(x)\mathrm{e}^{\int P(x)\mathrm{d}x}\mathrm{d}x+C\right]$,并设$k=\frac{v_2}{v_1-v_2}$,得

$$x(t)=[V_0+(v_1-v_2)t]^k\left\{\int c_1v_1[V_0+(v_1-v_2)t]^{-k}\mathrm{d}t+C\right\}.$$

考虑k的取值是否为1,继续积分,得

$$x(t)=\begin{cases}C[V_0+(v_1-v_2)t]^k+\frac{c_1v_1}{v_1-2v_2}[V_0+(v_1-v_2)t], & k\neq 1,\\ C[V_0+(v_1-v_2)t]+\frac{c_1v_1}{v_1-v_2}\ln[V_0+(v_1-v_2)t]^{[V_0+(v_1-v_2)t]}, & k=1.\end{cases}$$

将初始条件$x(0)=x_0$代入上式得

$$C=\begin{cases}x_0V_0^{-k}-\frac{c_1v_1}{v_1-2v_2}V_0^{1-k}, & k\neq 1,\\ x_0V_0^{-1}-\frac{c_1v_1}{v_1-v_2}\ln V_0, & k=1.\end{cases}$$

当流速$v_1<v_2$,且不考虑浓度的变化即$c_1=c_2=1$时,上述问题可以简化为经过多长时间容器内流体体积为零的问题. 此时,方程简化为

$$\mathrm{d}x=v_1\mathrm{d}t-v_2\mathrm{d}t,$$

其中$x=x(t)$表示t时刻容器中流体的体积. 解微分方程得其通解为

$$x=(v_1-v_2)t+C,$$

将初始条件$x(0)=x_0$代入上式得

$$x=(v_1-v_2)t+x_0,$$

所以,容器中流体全部流干所用的时间为$T=\frac{x_0}{v_2-v_1}$.

实例 牧场上有一片牧场,其可供27头牛吃6周,可供23头牛吃9周. 假设牧草每周匀速生长,问可供21头牛吃多少周?

应注意到,牛在吃草的同时草也在生长,所以该问题是动态问题. 设t时刻牧场的草量为$x=x(t)$,$t=0$时牧场的草量为x_0. 牧场的草量$x=x(t)$的变化可看成容器中流体体积的变化,草的生长可看成流入容器的流体的流速v_1,牛吃草的速度可看成从容器中流出的流体的流速v_2,以天为单位,有

$$\begin{cases}0=(v_1-27)\times 6\times 7+x_0,\\ 0=(v_1-23)\times 9\times 7+x_0.\end{cases}$$

解方程组得

$$v_1=15,x_0=504.$$

假设这一牧场的草可供21头牛吃m周,则满足方程

$$0=(15-21)\times m\times 7+504,$$

解得 $m=12$ 周.

总习题 6

1. 填空题.

(1) $x\left(\frac{dy}{dx}\right)^2-2y\frac{dy}{dx}+x=0$ 是________阶微分方程.

(2) 齐次方程 $\frac{dy}{dx}=g\left(\frac{y}{x}\right)$ 经过变换________可化为变量分离方程.

(3) 方程________________称为一阶线性微分方程.

(4) 微分方程 $y'''-x^2y'+y=1$ 的通解 y 中含有________个任意常数.

(5) 微分方程 $xy''+3y'=0$ 的通解为________.

(6) 微分方程 $y'-y=e^{-x}$ 的通解是________.

(7) $r_1=1$、$r_2=2$ 是某二阶常系数齐次线性微分方程的特征根，则该方程的通解是________.

(8) 方程 $y''+4y=0$ 的通解是________.

(9) 设 $y=e^x(C_1\sin x+C_2\cos x)$（$C_1$、$C_2$ 为任意常数）为某二阶常系数齐次线性微分方程的通解，则该微分方程为________.

(10) 微分方程 $y''-2y'+y=6xe^x$ 的特解 y^* 的形式为________.

2. 选择题.

(1) 微分方程 $5y^4y'+xy''-2y^3=0$ 的阶数是(　　).

A. 1　　B. 2　　C. 3　　D. 4

(2) 函数 $y=C-\sin x$（C 为任意常数）是微分方程 $y''=\sin x$ 的(　　).

A. 通解　　B. 特解

C. 是解，但既非通解也非特解　　D. 不是解

(3) 方程 $x+y-1+(2-x)y'=0$ 是(　　).

A. 可分离变量的微分方程　　B. 齐次微分方程

C. 一阶齐次线性微分方程　　D. 一阶非齐次线性微分方程

(4) 下列方程中可分离变量的是(　　).

A. $(x+y)dx+xdy=0$　　B. $xy'+y-y^2\ln x=0$

C. $x^2dx+y\sin xdy=0$　　D. $e^xdx+\sin(xy)dy=0$

(5) 微分方程 $\sqrt{1-y^2}=3x^2yy'$ 的通解是(　　).

A. $\sqrt{1-y^2}-\frac{1}{3x}=0$　　B. $\sqrt{1-y^2}-\frac{1}{x}+C=0$

C. $\sqrt{1-y^2}-\frac{1}{3x}+C=0$　　D. $\sqrt{1-y^2}-\frac{1}{3x}+C_1=C_2$

(6)微分方程 $y''-2y'+3y=0$ 的通解是(　　).

A. $C_1e^{-x}+C_2e^{-3x}$　　B. $e^x(C_1\cos\sqrt{2}x+C_2\sin\sqrt{2}x)$

C. $C_1e^x+C_2e^{-3x}$　　D. $e^{-x}(C_1\cos\sqrt{2}x+C_2\sin\sqrt{2}x)$

(7)若 y_1 与 y_2 是某二阶齐次线性微分方程的解,则 $C_1y_1+C_2y_2$(C_1、C_2 为任意常数)一定是该方程的(　　).

A. 解　　B. 特解　　C. 通解　　D. 全部解

(8)下列微分方程中,通解为 $y=C_1e^x+C_2xe^x$ 的方程是(　　).

A. $y''-2y'-y=0$　　B. $y''-2y'+y=0$

C. $y''+2y'+y=0$　　D. $y''-2y'+4y=0$

(9)微分方程 $y''+y=x^2$ 的一个特解应具有的形式是(　　).

A. Ax^2　　B. Ax^2+Bx　　C. Ax^2+Bx+C　　D. $x(Ax^2+Bx+C)$

(10)微分方程 $y''+y'-2y=x^2e^x$ 的一个特解应具有的形式是(　　).

A. Ax^2e^x　　B. $(Ax^2+Bx)e^x$

C. $x(Ax^2+Bx+C)e^x$　　D. $(Ax^2+Bx+C)e^x$

3. 求下列微分方程的通解或在给定的初始条件下的特解.

(1)$(xy^2+x)dx+(x^2y-y)dy=0$;　　(2)$\dfrac{dy}{dx}=\dfrac{x+y}{x-y}$;

(3)$2\sqrt{x}y'=y, y|_{x=4}=1$;　　(4)$x\dfrac{dy}{dx}-2y=2x$;

(5)$\dfrac{dy}{dx}=\dfrac{y}{x+y^2}$;　　(6)$y''+2y'+y=0$;

(7)$y''+5y'+6y=2e^{-x}$;　　(8)$2y''+y'-y=0, y(0)=3, y'(0)=0$.

4. 连续函数 $f(x)$ 满足关系式 $\int_0^{3x} f\left(\dfrac{t}{3}\right)dt+e^{2x}=f(x)$,求 $f(x)$.

5. 设某农场现有牛 1 000 头,每瞬时牛的数目的变化速率与当时牛的数目成正比,若第 10 年该农场的牛的数目达到了 2 000 头,试确定农场的牛的数目 y 与时间 t 的函数关系式.

6. 已知某商品的需求量 Q 对价格 P 的弹性是单位弹性,且当价格 $P=1$ 时,需求量 $Q=8\,000$,求需求量 Q 与价格 P 的函数关系式.

7. 某警察在一天早上 9:00 发现一位被谋杀者,当时测得尸体的温度为 32.4 ℃,一小时后尸体的温度变为 31.7 ℃. 尸体所在环境温度为 20 ℃.

(1)假设尸体温度 T 服从牛顿冷却定律,试写出 T 满足的方程.

(2)试着求解该方程,并估计出谋杀发生的时间.

8. 设函数 $f(x)$ 在 $[1,+\infty)$ 上连续,若曲线 $y=f(x)$,直线 $x=1$、$x=t(t>1)$ 与 x 轴围成的平面图形绕 x 轴旋转一周所构成的旋转体的体积 $V(t)=\dfrac{\pi}{3}[t^2f(t)-f(1)]$,试求 $y=f(x)$ 满足的微分方程,并求 $y\Big|_{x=2}=\dfrac{2}{9}$ 的解.

第 2 篇　线性代数

第 7 章 行列式

行列式的理论起源于线性方程组，是线性代数中的重要概念之一，在数学的许多分支和工程技术中有着广泛的应用. 本章主要介绍行列式的概念、性质、计算方法以及用行列式解 n 元线性方程组的克莱姆法则.

7.1 n 阶行列式

7.1.1 二阶、三阶行列式

在许多实际问题中，人们常常会遇到求解线性方程组的问题，我们在初等数学中曾学过用消元法求解二元一次线性方程组和三元一次线性方程组.

例如，对于以 x_1、x_2 为未知元的二元一次线性方程组

$$\begin{cases} a_{11}x_1+a_{12}x_2=b_1, \\ a_{21}x_1+a_{22}x_2=b_2 \end{cases} \tag{7.1}$$

利用消元法，得

$$\begin{cases} (a_{11}a_{22}-a_{12}a_{21})x_1=b_1a_{22}-a_{12}b_2, \\ (a_{11}a_{22}-a_{12}a_{21})x_2=a_{11}b_2-b_1a_{21}. \end{cases}$$

当 $a_{11}a_{22}-a_{12}a_{21}\neq 0$ 时，方程组(7.1)有唯一解，为

$$x_1=\frac{b_1a_{22}-a_{12}b_2}{a_{11}a_{22}-a_{12}a_{21}},x_2=\frac{a_{11}b_2-b_1a_{21}}{a_{11}a_{22}-a_{12}a_{21}}. \tag{7.2}$$

根据这个解的特点得到启发，为了简明地表达这个解，引入了二阶行列式的概念.

定义 7.1 记号 $\begin{vmatrix} a_{11} & a_{12} \\ a_{21} & a_{22} \end{vmatrix}$ 表示代数和 $a_{11}a_{22}-a_{12}a_{21}$，称为**二阶行列式**，即

$$\begin{vmatrix} a_{11} & a_{12} \\ a_{21} & a_{22} \end{vmatrix}=a_{11}a_{22}-a_{12}a_{21}.$$

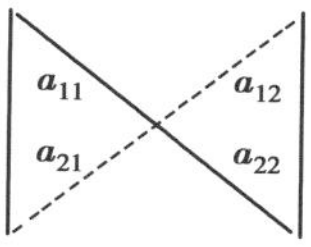

图 7.1

其中数 $a_{11},a_{12},a_{21},a_{22}$ 叫作行列式的**元素**，横排叫**行**，竖排叫**列**. 元素 a_{ij} 的第一个下标 i 叫作**行标**，表明该元素位于第 i 行；第二个下标 j 叫作**列标**，表明该元素位于第 j 列. 由上述定义可知，二阶行列式是由 4 个数按一定的规律运算所得的代数和. 这个规律性表现在行列式的记号中就是"对角线法则". 如图 7.1 所示，把 a_{11} 到 a_{22} 的实连线称为**主对角线**，把 a_{12} 到 a_{21} 的虚连线称为**副对角线**. 于是，二阶行列式等于主对角线上两元素的乘积减去副对角线上两元素的乘积.

由上述定义得，

$$\begin{vmatrix} b_1 & a_{12} \\ b_2 & a_{22} \end{vmatrix}=b_1a_{22}-a_{12}b_2,\begin{vmatrix} a_{11} & b_1 \\ a_{21} & b_2 \end{vmatrix}=a_{11}b_2-b_1a_{21}.$$

若记

$$D=\begin{vmatrix} a_{11} & a_{12} \\ a_{21} & a_{22} \end{vmatrix},D_1=\begin{vmatrix} b_1 & a_{12} \\ b_2 & a_{22} \end{vmatrix},D_2=\begin{vmatrix} a_{11} & b_1 \\ a_{21} & b_2 \end{vmatrix},$$

则方程组(7.1)的解可用二阶行列式表示为

$$x_1=\frac{D_1}{D},x_2=\frac{D_2}{D}. \tag{7.3}$$

注 从形式上看，这里分母 D 是由方程组(7.1)的系数所确定的二阶行列式(称为**系数行列式**)，x_1 的分子 D_1 是用常数项 b_1、b_2 替换 D 中的第一列所得的行列式，x_2 的分子 D_2 是用常数项 b_1、b_2 替换 D 中的第二列所得的行列式. 本节后面讨论的三元一次线性方程组的解也有类似的特点，请大家在学习时注意比较.

例 7.1 解线性方程组

$$\begin{cases} 2x_1+3x_2=13, \\ 5x_1-4x_2=-2. \end{cases}$$

解 因为

$$D=\begin{vmatrix} 2 & 3 \\ 5 & -4 \end{vmatrix}=2\times(-4)-3\times5=-23\neq0,$$

而

$$D_1=\begin{vmatrix} 13 & 3 \\ -2 & -4 \end{vmatrix}=13\times(-4)-3\times(-2)=-46,$$

$$D_2=\begin{vmatrix} 2 & 13 \\ 5 & -2 \end{vmatrix}=2\times(-2)-13\times5=-69,$$

所以

$$x_1=\frac{D_1}{D}=\frac{-46}{-23}=2,x_2=\frac{D_2}{D}=\frac{-69}{-23}=3.$$

同理,对于三元一次线性方程组:

$$\begin{cases} a_{11}x_1+a_{12}x_2+a_{13}x_3=b_1, \\ a_{21}x_1+a_{22}x_2+a_{23}x_3=b_2, \\ a_{31}x_1+a_{32}x_2+a_{33}x_3=b_3 \end{cases} \tag{7.4}$$

由消元法可得,当

$$D=\begin{vmatrix} a_{11} & a_{12} & a_{13} \\ a_{21} & a_{22} & a_{23} \\ a_{31} & a_{32} & a_{33} \end{vmatrix}$$

$$=a_{11}a_{22}a_{33}+a_{12}a_{23}a_{31}+a_{13}a_{21}a_{32}-a_{13}a_{22}a_{31}-a_{12}a_{21}a_{33}-a_{11}a_{23}a_{32}\neq 0$$

时,方程组(7.4)的解为

$$\begin{cases} x_1=\dfrac{1}{D}(b_1a_{22}a_{33}+a_{12}a_{23}b_3+a_{13}b_2a_{32}-a_{13}a_{22}b_3-a_{12}b_2a_{33}-b_1a_{23}a_{32}), \\ x_2=\dfrac{1}{D}(a_{11}b_2a_{33}+b_1a_{23}a_{31}+a_{13}a_{21}b_3-a_{13}b_2a_{31}-b_1a_{21}a_{33}-a_{11}a_{23}b_3), \\ x_3=\dfrac{1}{D}(a_{11}a_{22}b_3+a_{12}b_2a_{31}+b_1a_{21}a_{32}-b_1a_{22}a_{31}-a_{12}a_{21}b_3-a_{11}b_2a_{32}). \end{cases} \tag{7.5}$$

同前面一样,为方便记忆,引入三阶行列式的概念.

定义 7.2 记号 $\begin{vmatrix} a_{11} & a_{12} & a_{13} \\ a_{21} & a_{22} & a_{23} \\ a_{31} & a_{32} & a_{33} \end{vmatrix}$ 表示代数和

$$a_{11}a_{22}a_{33}+a_{12}a_{23}a_{31}+a_{13}a_{21}a_{32}-a_{13}a_{22}a_{31}-a_{12}a_{21}a_{33}-a_{11}a_{23}a_{32},$$

称为**三阶行列式**,即

$$\begin{vmatrix} a_{11} & a_{12} & a_{13} \\ a_{21} & a_{22} & a_{23} \\ a_{31} & a_{32} & a_{33} \end{vmatrix}=a_{11}a_{22}a_{33}+a_{12}a_{23}a_{31}+a_{13}a_{21}a_{32}-a_{13}a_{22}a_{31}-a_{12}a_{21}a_{33}-a_{11}a_{23}a_{32}.$$

注 由上述定义可知,三阶行列式的展开式共有 6 项,每一项都是由不同行不同列的 3 个元素的乘积再冠以正号或负号构成的.我们可用一个简单的规律来记忆,就是所谓三阶行列式的对角线规则,如图 7.2 所示.

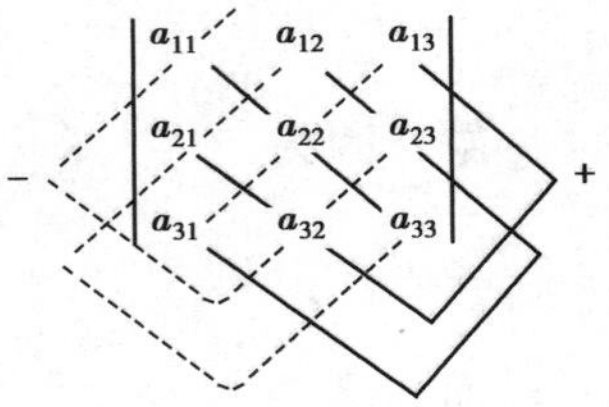

图 7.2

实线上 3 个元的乘积构成的 3 项都冠以正号,虚线上 3 个元的乘积都冠以负号.

例 7.2 计算三阶行列式 $\begin{vmatrix} 2 & 1 & 2 \\ -4 & 3 & 1 \\ 2 & 3 & 5 \end{vmatrix}$.

解 按对角线法则,有

$$\begin{vmatrix} 2 & 1 & 2 \\ -4 & 3 & 1 \\ 2 & 3 & 5 \end{vmatrix} = 2\times3\times5+1\times1\times2+2\times(-4)\times3-2\times3\times2-1\times(-4)\times5-2\times1\times3$$

$$=30+2-24-12+20-6=10.$$

引入三阶行列式后,式(7.5)可以很有规律地表示为

$$x_1=\frac{D_1}{D},x_2=\frac{D_2}{D},x_3=\frac{D_3}{D}.$$

其中 $D_1=\begin{vmatrix} b_1 & a_{12} & a_{13} \\ b_2 & a_{22} & a_{23} \\ b_3 & a_{32} & a_{33} \end{vmatrix},D_2=\begin{vmatrix} a_{11} & b_1 & a_{13} \\ a_{21} & b_2 & a_{23} \\ a_{31} & b_3 & a_{33} \end{vmatrix},D_3=\begin{vmatrix} a_{11} & a_{12} & b_1 \\ a_{21} & a_{22} & b_2 \\ a_{31} & a_{32} & b_3 \end{vmatrix},D=\begin{vmatrix} a_{11} & a_{12} & a_{13} \\ a_{21} & a_{22} & a_{23} \\ a_{31} & a_{32} & a_{33} \end{vmatrix}.$

上面三式右边居分母的位置的 3 个行列式都是 D,它是方程组(7.4)的系数按原有相对位置排成的三阶行列式,也称方程组(7.4)的系数行列式,而在 x_1、x_2、x_3 解的表达式中的分子分别是把系数行列式 D 中第 1、2、3 列换成常数项 b_1、b_2、b_3 而得到的三阶行列式,依次记为 D_1、D_2、D_3. 这与二元线性方程组的解具有相同的规律. 不仅如此,以后我们还可以看到:n 元线性方程组的解也同样可以用"n 阶行列式"来表达,其情况与二元、三元线性方程组解的表达式完全类似.

例 7.3 解线性方程组

$$\begin{cases} 2x_1-4x_2+x_3=1, \\ x_1-5x_2+3x_3=2, \\ x_1-x_2+x_3=-1. \end{cases}$$

解 因为系数行列式

$$\mathrm{D}=\begin{vmatrix} 2 & -4 & 1 \\ 1 & -5 & 3 \\ 1 & -1 & 1 \end{vmatrix}=-8\neq0,$$

$$D_1=\begin{vmatrix} 1 & -4 & 1 \\ 2 & -5 & 3 \\ -1 & -1 & 1 \end{vmatrix}=11,D_2=\begin{vmatrix} 2 & 1 & 1 \\ 1 & 2 & 3 \\ 1 & -1 & 1 \end{vmatrix}=9,D_3=\begin{vmatrix} 2 & -4 & 1 \\ 1 & -5 & 2 \\ 1 & -1 & -1 \end{vmatrix}=6,$$

故有

$$x_1=\frac{D_1}{D}=-\frac{11}{8},x_2=\frac{D_2}{D}=-\frac{9}{8},x_3=\frac{D_3}{D}=-\frac{3}{4}.$$

7.1.2 n 阶行列式

通过前面的讨论可知,对于二阶和三阶行列式可用对角线法则来定义,但是对 n 阶行列式如果用对角线法则来定义,当 $n>3$ 时它将与二阶、三阶行列式没有统一的运算性质,并且不符合方程组解的特点,因此,对一般的 n 阶行列式要用其他方法来定义. 在线性代数中对 n 阶行列式有不同的定义方式,我们在本书中采用下面的递推法来定义.

对二阶、三阶行列式的展开式,可发现它们都遵循着相同的规律——可按第一行展开,即

$$D=\begin{vmatrix}a_{11} & a_{12}\\ a_{21} & a_{22}\end{vmatrix}=a_{11}a_{22}-a_{12}a_{21},$$

$$D=\begin{vmatrix}a_{11} & a_{12} & a_{13}\\ a_{21} & a_{22} & a_{23}\\ a_{31} & a_{32} & a_{33}\end{vmatrix}=a_{11}\begin{vmatrix}a_{22} & a_{23}\\ a_{32} & a_{33}\end{vmatrix}-a_{12}\begin{vmatrix}a_{21} & a_{23}\\ a_{31} & a_{33}\end{vmatrix}+a_{13}\begin{vmatrix}a_{21} & a_{22}\\ a_{31} & a_{32}\end{vmatrix} \tag{6.6}$$

$$=a_{11}M_{11}-a_{12}M_{12}+a_{13}M_{13}.$$

其中 $M_{11}=\begin{vmatrix}a_{22} & a_{23}\\ a_{32} & a_{33}\end{vmatrix}$, $M_{12}=\begin{vmatrix}a_{21} & a_{23}\\ a_{31} & a_{33}\end{vmatrix}$, $M_{13}=\begin{vmatrix}a_{21} & a_{22}\\ a_{31} & a_{32}\end{vmatrix}$.

M_{11} 是原来三阶行列式 D 中划掉元素 a_{11} 所处的第 1 行和第 1 列的所有元素后，剩下的元素按原来的次序排成的低一阶的行列式，称 M_{11} 为元素 a_{11} 的余子式. 同理，M_{12} 和 M_{13} 分别是 a_{12} 和 a_{13} 的**余子式**. 为了使三阶行列式的表达式更加规范，令

$$A_{11}=(-1)^{1+1}M_{11},A_{12}=(-1)^{1+2}M_{12},A_{13}=(-1)^{1+3}M_{13},$$

A_{11},A_{12},A_{13} 分别称为元素 a_{11},a_{12},a_{13} 的**代数余子式**.

因此，式(7.6)可简单表示为

$$D=a_{11}A_{11}+a_{12}A_{12}+a_{13}A_{13}. \tag{7.7}$$

同样，

$$D=\begin{vmatrix}a_{11} & a_{12}\\ a_{21} & a_{22}\end{vmatrix}=a_{11}a_{22}-a_{12}a_{21}=a_{11}A_{11}+a_{12}A_{12}. \tag{7.8}$$

其中 $A_{11}=(-1)^{1+1}|a_{22}|=a_{22},A_{12}=(-1)^{1+2}|a_{21}|=-a_{21}$.

注 可定义一阶行列式：$|a_{11}|=a_{11}$（不要把一阶行列式 $|a_{11}|$ 与 a_{11} 的绝对值混淆）.

如果把式(7.8)和式(7.7)作为二阶、三阶行列式的定义，那么可以看到这种定义方法是统一的，它们都是利用低一阶的行列式来定义高一阶的行列式. 因此，我们自然而然会想到用这种递推的方式来定义一般的 n 阶行列式，这样定义的各阶行列式就有统一的运算性质. 下面具体给出 n 阶行列式的递推法定义.

定义 7.3 由 n^2 个数组成的 n 阶行列式

$$D=\begin{vmatrix}a_{11} & a_{12} & \cdots & a_{1n}\\ a_{21} & a_{22} & \cdots & a_{2n}\\ \vdots & \vdots & & \vdots\\ a_{n1} & a_{n2} & \cdots & a_{nn}\end{vmatrix}$$

是一个计算式. 当 $n=1$ 时，定义 $D=|a_{11}|=a_{11}$；当 $n\geqslant 2$ 时，定义

$$D=a_{11}A_{11}+a_{12}A_{12}+\cdots+a_{1n}A_{1n}=\sum_{j=1}^{n}a_{1j}A_{1j}, \tag{7.9}$$

其中 $A_{1j}=(-1)^{1+j}M_{1j}$，M_{1j} 是原来 n 阶行列式 D 中划掉元素 a_{1j} 所处的第 1 行和第 j 列的所有元素后，剩下的元素按原来的次序排成的低一阶的行列式. 即

$$M_{1j}=\begin{vmatrix}a_{21} & \cdots & a_{2j-1} & a_{2j+1} & \cdots & a_{2n}\\ a_{31} & \cdots & a_{3j-1} & a_{3j+1} & \cdots & a_{3n}\\ \vdots & & \vdots & \vdots & & \vdots\\ a_{n1} & \cdots & a_{nj-1} & a_{nj+1} & \cdots & a_{nn}\end{vmatrix},j=(1,2,\cdots,n).$$

在 n 阶行列式 D 中，$a_{11}, a_{22}, \cdots, a_{nn}$ 所在的对角线称为行列式的**主对角线**，另外一条对角线称为行列式的**副对角线**.

由定义可知，二阶行列式的展开项共有 2！项，三阶行列式的展开项共有 3！项，n 阶行列式的展开项共有 n！项，其中每一项都是不同行不同列的 n 个元素的乘积，在 n！项中，带正号的项和带负号的项各占一半.

例 7.4　计算四阶行列式 $D=\begin{vmatrix} 0 & 0 & 0 & 1 \\ 0 & 0 & 1 & 2 \\ 0 & 1 & 2 & 3 \\ 1 & 2 & 3 & 4 \end{vmatrix}$.

解　由行列式的定义知

$$D=1\times(-1)^{1+4}\begin{vmatrix} 0 & 0 & 1 \\ 0 & 1 & 2 \\ 1 & 2 & 3 \end{vmatrix}=(-1)\times1\times(-1)^{1+3}\begin{vmatrix} 0 & 1 \\ 1 & 2 \end{vmatrix}=1.$$

例 7.5　计算四阶行列式 $D=\begin{vmatrix} 0 & a_{12} & 0 & 0 \\ 0 & 0 & 0 & a_{24} \\ a_{31} & 0 & 0 & 0 \\ 0 & 0 & a_{43} & 0 \end{vmatrix}$.

解　由行列式的定义知

$$D=a_{12}\cdot(-1)^{1+2}\begin{vmatrix} 0 & 0 & a_{24} \\ a_{31} & 0 & 0 \\ 0 & a_{43} & 0 \end{vmatrix}=-a_{12}\cdot a_{24}\cdot(-1)^{1+3}\begin{vmatrix} a_{31} & 0 \\ 0 & a_{43} \end{vmatrix}=a_{12}\cdot a_{24}\cdot a_{31}\cdot a_{43}.$$

注　在计算行列式时，元素代数余子式的符号由它所在行列式的位置确定，请注意观察例 7.5 中对应代数余子式的符号的变化规律.

7.1.3　几种特殊的行列式

形如

$$\begin{vmatrix} a_{11} & a_{12} & \cdots & a_{1n} \\ 0 & a_{22} & \cdots & a_{2n} \\ \vdots & \vdots & & \vdots \\ 0 & 0 & \cdots & a_{nn} \end{vmatrix} \text{与} \begin{vmatrix} a_{11} & 0 & \cdots & 0 \\ a_{21} & a_{22} & \cdots & 0 \\ \vdots & \vdots & & \vdots \\ a_{n1} & a_{n2} & \cdots & a_{nn} \end{vmatrix}$$

的行列式分别称为**上三角形行列式与下三角形行列式**，其特点是主对角线以下（上）的元素全为零.

例 7.6　计算下三角形行列式

$$D=\begin{vmatrix} a_{11} & 0 & \cdots & 0 \\ a_{21} & a_{22} & \cdots & 0 \\ \vdots & \vdots & & \vdots \\ a_{n1} & a_{n2} & \cdots & a_{nn} \end{vmatrix}.$$

解 行列式第一行的元素 $a_{12}=a_{13}=\cdots=a_{1n}=0$,由定义得 $D=a_{11}A_{11}$. 其中 A_{11} 是 $n-1$ 阶下三角形行列式,则

$$A_{11}=a_{22}\begin{vmatrix} a_{33} & 0 & \cdots & 0 \\ a_{43} & a_{44} & \cdots & 0 \\ \vdots & \vdots & & \vdots \\ a_{n3} & a_{n4} & \cdots & a_{nn} \end{vmatrix}.$$

以此类推,不难求出 $D=a_{11}a_{22}\cdots a_{nn}$,即下三角形行列式等于主对角线上各元素的乘积.

注 对于上三角形行列式,可以借助行列式,按展开最后一行的方法(后文中介绍)计算,可得

$$\begin{vmatrix} a_{11} & a_{12} & \cdots & a_{1n} \\ 0 & a_{22} & \cdots & a_{2n} \\ \vdots & \vdots & & \vdots \\ 0 & 0 & \cdots & a_{nn} \end{vmatrix}=a_{11}a_{22}\cdots a_{nn}.$$

除了主对角线上元素,其余元素全为零的行列式,称为**主对角形行列式**.

同理,有

$$D=\begin{vmatrix} a_{11} & 0 & \cdots & 0 \\ 0 & a_{22} & \cdots & 0 \\ \vdots & \vdots & & \vdots \\ 0 & 0 & \cdots & a_{nn} \end{vmatrix}=a_{11}a_{22}\cdots a_{nn}.$$

综上所述,上三角形行列式、下三角形行列式和主对角形行列式都等于主对角线上元素的乘积,这为我们后面化简、计算行列式提供了理论基础.

例 7.7 证明

$$D=\begin{vmatrix} 0 & 0 & \cdots & 0 & a_{1n} \\ 0 & 0 & \cdots & a_{2n-1} & a_{2n} \\ \vdots & \vdots & & \vdots & \vdots \\ a_{n1} & a_{n2} & \cdots & a_{nn-1} & a_{nn} \end{vmatrix}=(-1)^{\frac{n(n-1)}{2}}a_{1n}a_{2n-1}\cdots a_{n1}.$$

证 行列式第一行的元素 $a_{11}=a_{12}=a_{13}=\cdots=a_{1n-1}=0$,由定义得

$$D=\begin{vmatrix} 0 & 0 & \cdots & 0 & a_{1n} \\ 0 & 0 & \cdots & a_{2n-1} & a_{2n} \\ \vdots & \vdots & & \vdots & \vdots \\ a_{n1} & a_{n2} & \cdots & a_{nn-1} & a_{nn} \end{vmatrix}=a_{1n}A_{1n}=(-1)^{n+1}a_{1n}\begin{vmatrix} 0 & \cdots & 0 & a_{2n-1} \\ 0 & \cdots & a_{3n-2} & a_{3n-1} \\ \vdots & & \vdots & \vdots \\ a_{n1} & \cdots & a_{nn-2} & a_{nn-1} \end{vmatrix}.$$

以此类推,不难求出 $D=(-1)^{\frac{n(n-1)}{2}}a_{1n}a_{2n-1}\cdots a_{n1}$.

特别地,有

$$D=\begin{vmatrix} 0 & 0 & \cdots & 0 & a_{1n} \\ 0 & 0 & \cdots & a_{2n-1} & 0 \\ \vdots & \vdots & & \vdots & \vdots \\ a_{n1} & 0 & \cdots & 0 & 0 \end{vmatrix}=(-1)^{\frac{n(n-1)}{2}}a_{1n}a_{2n-1}\cdots a_{n1}.$$

由上述结论，我们很容易得到例 7.4 的计算结果：

$$D=(-1)^{\frac{4\times3}{2}}\times1\times1\times1\times1=1.$$

习题 7.1

1. 计算下列二阶行列式.

(1) $\begin{vmatrix} 1 & 3 \\ 1 & 4 \end{vmatrix}$； (2) $\begin{vmatrix} a & b \\ a^2 & b^2 \end{vmatrix}$； (3) $\begin{vmatrix} x-1 & 1 \\ x^2 & x^2+x+1 \end{vmatrix}$.

2. 计算下列三阶行列式.

(1) $\begin{vmatrix} 1 & 2 & 3 \\ 3 & 1 & 2 \\ 2 & 3 & 1 \end{vmatrix}$； (2) $\begin{vmatrix} 1 & 1 & 1 \\ 3 & 1 & 4 \\ 8 & 9 & 5 \end{vmatrix}$； (3) $\begin{vmatrix} a & b & b \\ b & a & b \\ b & b & a \end{vmatrix}$.

3. 用行列式的定义计算下列行列式.

(1) $\begin{vmatrix} 0 & 0 & 1 & 0 \\ 0 & 1 & 0 & 0 \\ 0 & 0 & 0 & 1 \\ 1 & 0 & 0 & 0 \end{vmatrix}$； (2) $\begin{vmatrix} a_{11} & 0 & 0 & 0 \\ 0 & 0 & a_{23} & 0 \\ 0 & a_{32} & 0 & 0 \\ 0 & 0 & 0 & a_{44} \end{vmatrix}$.

4. 当 x 为何值时，$\begin{vmatrix} 3 & 1 & x \\ 4 & x & 0 \\ x & 0 & x \end{vmatrix}=0$？

7.2 行列式的性质

上一节介绍了行列式的定义，从定义可以看出一个 n 阶行列式的展开式共有 $n!$ 项，而且每一项都是 n 个元素的乘积，因此直接用定义来计算行列式一般是比较困难的. 为了简便地计算行列式的值，下面给出行列式的性质，利用这些性质可简化行列式的计算.

7.2.1 行列式的性质

定义 7.4 设 $D=\begin{vmatrix} a_{11} & a_{12} & \cdots & a_{1n} \\ a_{21} & a_{22} & \cdots & a_{2n} \\ \vdots & \vdots & & \vdots \\ a_{n1} & a_{n2} & \cdots & a_{nn} \end{vmatrix}$，如果把它的行变成列，就得到一个新的行列式

$$D^{\mathrm{T}}=\begin{vmatrix} a_{11} & a_{21} & \cdots & a_{n1} \\ a_{12} & a_{22} & \cdots & a_{n2} \\ \vdots & \vdots & & \vdots \\ a_{1n} & a_{2n} & \cdots & a_{nn} \end{vmatrix},$$

此时,D^{T} 称为 D 的**转置行列式**,记为 D^{T}(或 D').

例如,令 $D=\begin{vmatrix} 3 & 2 & 1 \\ 1 & 2 & 4 \\ 2 & 3 & 6 \end{vmatrix}$,那么 D 的转置行列式就是 $D^{\mathrm{T}}=\begin{vmatrix} 3 & 1 & 2 \\ 2 & 2 & 3 \\ 1 & 4 & 6 \end{vmatrix}$.

性质 1　行列式与它的转置行列式相等,即 $D=D^{\mathrm{T}}$.

注　由性质 1 知,行列式中行和列具有相同的地位,行列式的行具有的性质,它的列也同样具有. 反之亦然.

性质 2　互换行列式的两行(列),行列式变号.

上述两个性质都可以用数学归纳法证明,但由于证明过程比较繁,故本书中将其略去,大家如有兴趣可以看一下相关书籍.

推论 1　行列式中如果有两行(列)的对应元素相等,则此行列式的值为零.

证　互换行列式中相同的两行(列),有 $D=-D$,故 $D=0$.

性质 3　用数 k 乘行列式的某一行(列),等于用数 k 乘此行列式,即

$$D_1=\begin{vmatrix} a_{11} & a_{12} & \cdots & a_{1n} \\ \vdots & \vdots & & \vdots \\ ka_{i1} & ka_{i2} & \cdots & ka_{in} \\ \vdots & \vdots & & \vdots \\ a_{n1} & a_{n2} & \cdots & a_{nn} \end{vmatrix}=k\begin{vmatrix} a_{11} & a_{12} & \cdots & a_{1n} \\ \vdots & \vdots & & \vdots \\ a_{i1} & a_{i2} & \cdots & a_{in} \\ \vdots & \vdots & & \vdots \\ a_{n1} & a_{n2} & \cdots & a_{nn} \end{vmatrix}=kD.$$

推论 2　行列式某一行(列)的所有元素的公因子可以放到行列式记号的外面.

推论 3　如果行列式的某一行(列)的元素全为零,则此行列式的值为零.

推论 4　行列式中如果有两行(列)的元素对应成比例,则此行列式的值为零.

例 7.8　设 $D=\begin{vmatrix} a_{11} & a_{12} & a_{13} \\ a_{21} & a_{22} & a_{23} \\ a_{31} & a_{32} & a_{33} \end{vmatrix}=1$,求 $\begin{vmatrix} 6a_{11} & -2a_{12} & -2a_{13} \\ -3a_{21} & a_{22} & a_{23} \\ -3a_{31} & a_{32} & a_{33} \end{vmatrix}$.

解　$\begin{vmatrix} 6a_{11} & -2a_{12} & -2a_{13} \\ -3a_{21} & a_{22} & a_{23} \\ -3a_{31} & a_{32} & a_{33} \end{vmatrix}=(-2)\begin{vmatrix} -3a_{11} & a_{12} & a_{13} \\ -3a_{21} & a_{22} & a_{23} \\ -3a_{31} & a_{32} & a_{33} \end{vmatrix}=(-2)\times(-3)\begin{vmatrix} a_{11} & a_{12} & a_{13} \\ a_{21} & a_{22} & a_{23} \\ a_{31} & a_{32} & a_{33} \end{vmatrix}=6.$

性质 4　若行列式的某一行(列)的元素都是两数之和,设

$$D=\begin{vmatrix} a_{11} & a_{12} & \cdots & a_{1n} \\ \vdots & \vdots & & \vdots \\ b_{i1}+c_{i1} & b_{i2}+c_{i2} & \cdots & b_{in}+c_{in} \\ \vdots & \vdots & & \vdots \\ a_{n1} & a_{n2} & \cdots & a_{nn} \end{vmatrix},$$

则 D 等于两个行列式之和：

$$D=\begin{vmatrix} a_{11} & a_{12} & \cdots & a_{1n} \\ \vdots & \vdots & & \vdots \\ b_{i1} & b_{i2} & \cdots & b_{in} \\ \vdots & \vdots & & \vdots \\ a_{n1} & a_{n2} & \cdots & a_{nn} \end{vmatrix}+\begin{vmatrix} a_{11} & a_{12} & \cdots & a_{1n} \\ \vdots & \vdots & & \vdots \\ c_{i1} & c_{i2} & \cdots & c_{in} \\ \vdots & \vdots & & \vdots \\ a_{n1} & a_{n2} & \cdots & a_{nn} \end{vmatrix}=D_1+D_2.$$

注 1 上述结论可推广到有限个行列式之和的情形.

注 2 行列式 D_1、D_2 的第 i 行是把 D 的第 i 行拆成两行，其他的 $n-1$ 行与 D 的各对应行完全一样.

注 3 当行列式的某一行（列）的元素为两数之和时，可以将该行（列）表示成两个行列式的和. 若将 n 阶行列式的每个元素都表示成两数之和，则它可分解成 2^n 个行列式.

性质 5 把行列式的某一行（列）的各元素乘以同一个数，然后加到另外一行（列）对应的元素上去，则行列式的值保持不变.

例如，以数 k 乘第 j 列加到第 i 列上，有

$$D=\begin{vmatrix} a_{11} & \cdots & a_{1i} & \cdots & a_{1j} & \cdots & a_{1n} \\ a_{21} & \cdots & a_{2i} & \cdots & a_{2j} & \cdots & a_{2n} \\ \vdots & & \vdots & & \vdots & & \vdots \\ a_{n1} & \cdots & a_{ni} & \cdots & a_{nj} & \cdots & a_{nn} \end{vmatrix}=\begin{vmatrix} a_{11} & \cdots & a_{1i}+ka_{1j} & \cdots & a_{1j} & \cdots & a_{1n} \\ a_{21} & \cdots & a_{2i}+ka_{2j} & \cdots & a_{2j} & \cdots & a_{2n} \\ \vdots & & \vdots & & \vdots & & \vdots \\ a_{n1} & \cdots & a_{ni}+ka_{nj} & \cdots & a_{nj} & \cdots & a_{nn} \end{vmatrix}=D_1.$$

证

$$D_1 \xlongequal{\text{性质 4}} \begin{vmatrix} a_{11} & \cdots & a_{1i} & \cdots & a_{1j} & \cdots & a_{1n} \\ a_{21} & \cdots & a_{2i} & \cdots & a_{2j} & \cdots & a_{2n} \\ \vdots & & \vdots & & \vdots & & \vdots \\ a_{n1} & \cdots & a_{ni} & \cdots & a_{nj} & \cdots & a_{nn} \end{vmatrix}+\begin{vmatrix} a_{11} & \cdots & ka_{1j} & \cdots & a_{1j} & \cdots & a_{1n} \\ a_{21} & \cdots & ka_{2j} & \cdots & a_{2j} & \cdots & a_{2n} \\ \vdots & & \vdots & & \vdots & & \vdots \\ a_{n1} & \cdots & ka_{nj} & \cdots & a_{nj} & \cdots & a_{nn} \end{vmatrix}$$

$$\xlongequal{\text{推论 3}} D+0=D.$$

高阶行列式的计算比较复杂，因此考虑是否将其化为较低阶的行列式进行计算. 在 7.1 节，n 阶行列式的定义中已经包含了这一思想，相当于按第一行展开. 实际上，n 阶行列式可以根据需要，按照任何一行、任何一列展开.

定义 7.5 在 n 阶行列式 D 中，去掉元素 a_{ij} 所在的第 i 行和第 j 列后，余下的元素按原来的次序排成的 $n-1$ 阶行列式称为 D 中元素 a_{ij} 的**余子式**，记为 M_{ij}. 再记 $A_{ij}=(-1)^{i+j}M_{ij}$，称 A_{ij} 为元素 a_{ij} 的**代数余子式**.

引理 对于一个 n 阶行列式，如果其中第 i 行所有元素除 a_{ij} 外都为零，那么这个行列式的值等于 a_{ij} 与它的代数余子式的乘积，即 $D=a_{ij}A_{ij}$.

证明从略.

定理 7.1 行列式等于它的任一行（列）的各元素与其对应的代数余子式的乘积之和，即

$$D=a_{i1}A_{i1}+a_{i2}A_{i2}+\cdots+a_{in}A_{in}\,(i=1,2,\cdots,n),$$

或

$$D=a_{1j}A_{1j}+a_{2j}A_{2j}+\cdots+a_{nj}A_{nj}\,(j=1,2,\cdots,n).$$

证明从略.

这个定理叫作**行列式按行(列)展开法则**. 利用这一法则并结合行列式的性质,可以简化行列式的计算. 特别是当行列式中某一行或某一列中含有较多零时比较实用.

推论 行列式某一行(列)的元素与另一行(列)的对应元素的代数余子式的乘积之和等于零. 即

$$a_{i1}A_{j1}+a_{i2}A_{j2}+\cdots+a_{in}A_{jn}=0,(i\neq j)$$

或

$$a_{1i}A_{1j}+a_{2i}A_{2j}+\cdots+a_{ni}A_{nj}=0.(i\neq j)$$

7.2.2 行列式的计算

利用前面行列式关于行和列的性质,可以把行列式化为上三角形行列式,从而计算行列式的值. 今后为了表示方便,以 r_i 表示第 i 行,c_i 表示第 i 列;$r_i\leftrightarrow r_j(c_i\leftrightarrow c_j)$ 表示互换第 i 行(列)和第 j 行(列)的元素;$r_i+kr_j(c_i+kc_j)$ 表示第 j 行(列)的元素乘以 k 后加到第 i 行(列)上去.

例 7.9 计算行列式 $D=\begin{vmatrix}0&1&1\\1&-1&0\\2&1&1\end{vmatrix}$.

解 $\begin{vmatrix}0&1&1\\1&-1&0\\2&1&1\end{vmatrix}\xlongequal{r_1\leftrightarrow r_2}-\begin{vmatrix}1&-1&0\\0&1&1\\2&1&1\end{vmatrix}\xlongequal{r_3+(-2)r_1}-\begin{vmatrix}1&-1&0\\0&1&1\\0&3&1\end{vmatrix}$

$\xlongequal{r_3+(-3)r_2}-\begin{vmatrix}1&-1&0\\0&1&1\\0&0&-2\end{vmatrix}=2$

例 7.10 计算行列式 $D=\begin{vmatrix}3&1&1&1\\1&3&1&1\\1&1&3&1\\1&1&1&3\end{vmatrix}$.

解 注意到行列式各行(列)的元素之和为6,故可把第2行、第3行、第4行的元素同时加到第一行,提出公因子6,然后每一行减去第一行,化为上三角形行列式来计算.

$$D\xlongequal{r_1+r_2+r_3+r_4}\begin{vmatrix}6&6&6&6\\1&3&1&1\\1&1&3&1\\1&1&1&3\end{vmatrix}=6\begin{vmatrix}1&1&1&1\\1&3&1&1\\1&1&3&1\\1&1&1&3\end{vmatrix}\xlongequal[r_4-r_1]{\substack{r_2-r_1\\r_3-r_1}}6\begin{vmatrix}1&1&1&1\\0&2&0&0\\0&0&2&0\\0&0&0&2\end{vmatrix}=48.$$

注 仿照上述方法,可得到更一般的结果:

$$\begin{vmatrix}a&b&b&\cdots&b\\b&a&b&\cdots&b\\b&b&a&\cdots&b\\\vdots&\vdots&\vdots&&\vdots\\b&b&b&\cdots&a\end{vmatrix}=[a+(n-1)b](a-b)^{n-1}.$$

除上述把行列式化为三角形行列式的方法外,还可以根据行列式元素的特点,按最简单的行(列)展开的降阶法计算.

例7.11 计算行列式 $D=\begin{vmatrix}2&3&-1&0\\1&7&2&5\\2&-2&3&0\\6&-4&-1&0\end{vmatrix}$.

解 $D=5A_{24}=5\times(-1)^{2+4}\begin{vmatrix}2&3&-1\\2&-2&3\\6&-4&-1\end{vmatrix}=10\begin{vmatrix}1&3&-1\\1&-2&3\\3&-4&-1\end{vmatrix}$

$$\xlongequal{r_2-r_1,r_3-3r_1}10\begin{vmatrix}1&3&-1\\0&-5&4\\0&-13&2\end{vmatrix}=10\times1\times A_{11}=10(-1)^{1+1}\begin{vmatrix}-5&4\\-13&2\end{vmatrix}=420.$$

注 在计算阶数较高的行列式时,通常可以先观察,所有行(列)中哪一行(列)的数字最简单就按哪一行(列)展开计算. 先利用行列式的性质把该行(列)的元素化简至一个元素不为零、其余元素全为零,通过降阶的形式进行计算.

例7.12 计算行列式 $D=\begin{vmatrix}1&1&1\\a&b&c\\a^2&b^2&c^2\end{vmatrix}$.

解 $\begin{vmatrix}1&1&1\\0&b-a&c-a\\0&b^2-ab&c^2-ac\end{vmatrix}=\begin{vmatrix}b-a&c-a\\b^2-ab&c^2-ac\end{vmatrix}=(b-a)(c-a)\begin{vmatrix}1&1\\b&c\end{vmatrix}$

$$=(b-a)(c-a)(c-b)$$

注 例7.12就是著名的三阶范德蒙行列式,按相同的计算技巧,可以得到 **n 阶范德蒙行列式**的计算公式,即

$$D_n=\begin{vmatrix}1&1&\cdots&1\\a_1&a_2&\cdots&a_n\\a_1^2&a_2^2&\cdots&a_n^2\\\vdots&\vdots&&\vdots\\a_1^{n-1}&a_2^{n-1}&\cdots&a_n^{n-1}\end{vmatrix}=\prod_{1\leqslant j<i\leqslant n}(a_i-a_j).$$

其中符号 $\prod$ 表示全体同类因子的乘积.

习题7.2

1. 利用行列式的性质,计算下列行列式.

(1) $\begin{vmatrix}34215&35215\\28092&29092\end{vmatrix}$; (2) $\begin{vmatrix}1&1&1&1\\-1&1&1&1\\-1&-1&1&1\\-1&-1&-1&1\end{vmatrix}$; (3) $\begin{vmatrix}-ab&ac&ae\\bd&-cd&de\\bf&cf&-ef\end{vmatrix}$.

2. 计算下列行列式.

(1) $\begin{vmatrix} 1 & 2 & 3 & 4 \\ 2 & 3 & 4 & 1 \\ 3 & 4 & 1 & 2 \\ 4 & 1 & 2 & 3 \end{vmatrix}$; (2) $\begin{vmatrix} -2 & 2 & -4 & 0 \\ 4 & -1 & 3 & 5 \\ 3 & 1 & -2 & -3 \\ 2 & 0 & 5 & 1 \end{vmatrix}$; (3) $\begin{vmatrix} 1 & 2 & 3 & 4 \\ 1 & 0 & 1 & 2 \\ 3 & -1 & -1 & 0 \\ 1 & 2 & 0 & -5 \end{vmatrix}$.

3. 利用行列式的性质,证明下列行列式.

(1) $\begin{vmatrix} a_1+kb_1 & b_1+c_1 & c_1 \\ a_2+kb_2 & b_2+c_2 & c_2 \\ a_3+kb_3 & b_3+c_3 & c_3 \end{vmatrix} = \begin{vmatrix} a_1 & b_1 & c_1 \\ a_2 & b_2 & c_2 \\ a_2 & b_3 & c_3 \end{vmatrix}$;

(2) $\begin{vmatrix} y+z & z+x & x+y \\ x+y & y+z & z+x \\ z+x & x+y & y+z \end{vmatrix} = 2\begin{vmatrix} x & y & z \\ z & x & y \\ y & z & x \end{vmatrix}$.

4. 解方程 $\begin{vmatrix} 1 & 1 & 2 & 3 \\ 1 & 2-x^2 & 2 & 3 \\ 2 & 3 & 1 & 5 \\ 2 & 3 & 1 & 9-x^2 \end{vmatrix} = 0$.

7.3 克莱姆法则

本节将应用行列式,讨论一类线性方程组的求解问题,只讨论未知量个数和方程个数相等的情形,一般情形则留到第 9 章讨论.

在 7.1 节中给出了二阶行列式求解二元线性方程组的方法,这个方法可推广到利用 n 阶行列式求解 n 元线性方程组,这个法则就是著名的**克莱姆法则**.

设含有 n 个未知量、n 个方程的线性方程组为

$$\begin{cases} a_{11}x_1+a_{12}x_2+\cdots+a_{1n}x_n=b_1, \\ a_{21}x_1+a_{22}x_2+\cdots+a_{2n}x_n=b_2, \\ \qquad\vdots \\ a_{n1}x_1+a_{n2}x_2+\cdots+a_{nn}x_n=b_n \end{cases} \tag{7.10}$$

称为 n **元线性方程组**. 当其右端的常数项 $b_1,b_2,\cdots,b_n$ 不全为零时,线性方程组(7.10)称为**非齐次线性方程组**;当其右端的常数项 $b_1,b_2,\cdots,b_n$ 全为零时,称为**齐次线性方程组**,即

$$\begin{cases} a_{11}x_1+a_{12}x_2+\cdots+a_{1n}x_n=0, \\ a_{21}x_1+a_{22}x_2+\cdots+a_{2n}x_n=0, \\ \qquad\vdots \\ a_{n1}x_1+a_{n2}x_2+\cdots+a_{nn}x_n=0. \end{cases} \tag{7.11}$$

由线性方程组(7.10)的系数 a_{ij} 构成的行列式,称为该方程组的**系数行列式**,记为 D. 即

$$D=\begin{vmatrix} a_{11} & a_{12} & \cdots & a_{1n} \\ a_{21} & a_{22} & \cdots & a_{2n} \\ \vdots & \vdots & & \vdots \\ a_{n1} & a_{n2} & \cdots & a_{nn} \end{vmatrix}.$$

定理 7.2(克莱姆法则)

若线性方程组(7.10)的系数行列式 $D\neq 0$,则线性方程组(7.10)有唯一解,其解为

$$x_j=\frac{D_j}{D}(j=1,2,\cdots,n),$$

其中 $D_j(j=1,2,\cdots,n)$ 是把 D 中第 j 列元素 $a_{1j},a_{2j},\cdots,a_{nj}$ 对应地换成常数列 $b_1,b_2,\cdots,b_n$,而其余各列保持不变所得到的行列式,即

$$D_j=\begin{vmatrix} a_{11} & \cdots & a_{1j-1} & b_1 & a_{1j+1} & \cdots & a_{1n} \\ \vdots & & \vdots & \vdots & \vdots & & \vdots \\ a_{n1} & \cdots & a_{nj-1} & b_n & a_{nj+1} & \cdots & a_{nn} \end{vmatrix}.$$

证明从略.

推论 如果线性方程组(7.10)无解或有两个不同的解,则它的系数行列式必为零.

注 克莱姆法则虽然给出了一种求解线性方程组的方法,但有局限性. 首先,它只能解决方程个数和未知量个数相同的方程组;其次,它的计算量比较大,需要计算 $n+1$ 个 n 阶行列式,当未知量的个数较多时往往需要运用计算机来求解;最后,它要求系数行列式不等于零,对于系数行列式为零的情况就失去作用了. 因此,后面会给出其他计算方程组的方法. 克莱姆法则给出了在一定条件下线性方程组解的存在性和唯一性,与其在计算方面的作用相比,它更具有重大的理论价值.

例 7.13 解线性方程组

$$\begin{cases} 2x_1+x_2-5x_3+x_4=8, \\ x_1-3x_2-6x_4=9, \\ 2x_2-x_3+2x_4=-5, \\ x_1+4x_2-7x_3+6x_4=0. \end{cases}$$

解 该线性方程组的系数矩阵为

$$D=\begin{vmatrix} 2 & 1 & -5 & 1 \\ 1 & -3 & 0 & -6 \\ 0 & 2 & -1 & 2 \\ 1 & 4 & -7 & 6 \end{vmatrix}=\begin{vmatrix} 0 & 7 & -5 & 13 \\ 1 & -3 & 0 & -6 \\ 0 & 2 & -1 & 2 \\ 0 & 7 & -7 & 12 \end{vmatrix}=-\begin{vmatrix} 7 & -5 & 13 \\ 2 & -1 & 2 \\ 7 & -7 & 12 \end{vmatrix}$$

$$=-\begin{vmatrix} -3 & -5 & 3 \\ 0 & -1 & 0 \\ -7 & -7 & -2 \end{vmatrix}=\begin{vmatrix} -3 & 3 \\ -7 & -2 \end{vmatrix}=27\neq 0.$$

由克莱姆法则知,方程组有唯一解,且

$$D_1=\begin{vmatrix}8&1&-5&1\\9&-3&0&-6\\-5&2&-1&2\\0&4&-7&6\end{vmatrix}=81,D_2=\begin{vmatrix}2&8&-5&1\\1&9&0&-6\\0&-5&-1&2\\1&0&-7&6\end{vmatrix}=-108,$$

$$D_3=\begin{vmatrix}2&1&8&1\\1&-3&9&-6\\0&2&-5&2\\1&4&0&6\end{vmatrix}=-27,D_4=\begin{vmatrix}2&1&-5&8\\1&-3&0&9\\0&2&-1&-5\\1&4&-7&0\end{vmatrix}=27.$$

于是得

$$x_1=\frac{D_1}{D}=3,x_2=\frac{D_2}{D}=-4,x_3=\frac{D_3}{D}=-1,x_4=\frac{D_4}{D}=1.$$

对于齐次线性方程组(7.11),易见 $x_1=x_2=\cdots=x_n=0$ 一定是该方程组的解,称其为齐次线性方程组的**零解**.如果一组不全为零的数是齐次线性方程组(7.11)的解,则称这种解为齐次线性方程组的**非零解**.

定理 7.3 如果齐次线性方程组(7.11)的系数行列式 $D\neq0$,则它仅有零解.

定理 7.4 如果齐次线性方程组(7.11)有非零解,则它的系数行列式必为零.

注 定理 7.4 说明系数行列式 $D=0$ 是齐次线性方程组有非零解的必要条件,在后面会证明这个条件还是充分条件,即齐次线性方程组有非零解的充要条件是系数行列式等于零.

例 7.14 判断齐次线性方程组 $\begin{cases}x_1+x_2+2x_3+3x_4=0,\\x_1+2x_2+3x_3-x_4=0,\\3x_1-x_2-x_3-2x_4=0,\\2x_1+3x_2-x_3-x_4=0\end{cases}$ 是否有非零解.

解 因系数行列式 $\begin{vmatrix}1&1&2&3\\1&2&3&-1\\3&-1&-1&-2\\2&3&-1&-1\end{vmatrix}=-153\neq0$,所以该方程组只有零解.

例 7.15 λ 为何值时,齐次线性方程组 $\begin{cases}(1-\lambda)x_1-2x_2+4x_3=0,\\2x_1+(3-\lambda)x_2+x_3=0,\\x_1+x_2+(1-\lambda)x_3=0\end{cases}$ 有非零解?

解 由定理 7.3 知,若所给齐次线性方程组有非零解,则其系数行列式 $D=0$.

而

$$D=\begin{vmatrix}1-\lambda&-2&4\\2&3-\lambda&1\\1&1&1-\lambda\end{vmatrix}=\lambda\cdot(\lambda-2)\cdot(3-\lambda),$$

如果齐次线性方程组有非零解,则 $D=\lambda\cdot(\lambda-2)\cdot(3-\lambda)=0$.

即 $\lambda=0$ 或 $\lambda=2$ 或 $\lambda=3$ 时,齐次线性方程组有非零解.

习题 7.3

1. 用克莱姆法则解下列线性方程组.

(1) $\begin{cases}2x+5y=1,\\3x+7y=2;\end{cases}$

(2) $\begin{cases}bx-ay+2ab=0,\\-2cy+3bz-bc=0,\\cx+az=0.\end{cases}$（其中 a、b、c 为未知量 x、y、z 的系数）

2. 判断，齐次线性方程组 $\begin{cases}2x_1+2x_2-x_3=0,\\x_1+2x_2+4x_3=0,\\5x_1+8x_2-2x_3=0\end{cases}$ 是否只有零解？

3. λ、μ 取何值时，齐次线性方程组 $\begin{cases}\lambda x_1+x_2+x_3=0,\\x_1+\mu x_2+x_3=0,\\x_1+2\mu x_2+x_3=0\end{cases}$ 有非零解？

本章应用拓展——线性代数的发展史简介

线性代数作为一个独立的数学分支在 20 世纪才形成，然而它的历史非常久远. 我们从小就熟知的“鸡兔同笼”问题实际上就是一个简单的线性方程组求解的问题，可以说，线性代数的起源就是加减消元法和代入消元法. 在古埃及纸草书和巴比伦泥板上都记载了方程及方程组的内容，并清楚地表明古代这些地区的数学家已经知道一元二次方程的求解；巴比伦泥板上还有二元方程组的例子，如泥板“AO8862”上是可化为一元二次方程的二元方程组，泥板“VAT8389”上的一题为二元一次线性方程组. 此外，大约成书于公元前 1 世纪的中国数学名著《九章算术》的第八章“方程”中，已经对方程及方程组作了比较完整的叙述，其中所述方法实质上相当于现代对方程组的增广矩阵的行进行初等变换以消去未知量的方法. 这也是古代比较集中地讨论线性方程组的著作. 这些都表明，古代人已经具有关于“线性关系”的初步概念.

在 19 世纪末，线性代数逐渐抽象化，变成了线性变化的语言. 那个时候的物理学家逐渐意识到，矩阵不仅仅是一个计算工具. 事实上，它可以表现很多物理过程，其中最重要的就是坐标变换（比如物理课本里的洛伦兹变换）. 于是，一些相关的概念，比如线性无关、线性子空间、维度一点点被发展出来.

与此同时，19 世纪末的数学家们开始了一场浩浩荡荡的公理化运动. 费马和笛卡尔的工作让现代意义上的线性代数基本出现于 17 世纪. 直到 18 世纪末，线性代数的研究领域还只限于平面与空间，19 世纪上半叶才完成了到 n 维线性空间的过渡.

随着对线性方程组和变量的线性变换问题的深入研究，行列式和矩阵在 18—19 世纪先后产生，为处理线性问题提供了有力的工具，从而推动了线性代数的发展.

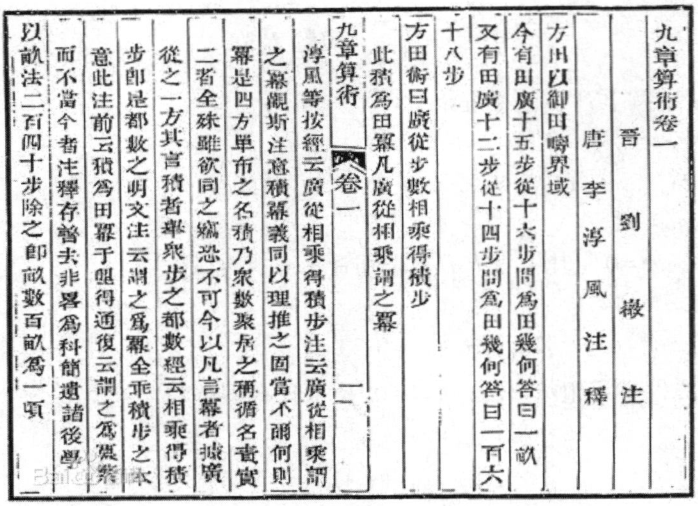

九章算術卷一
晉 劉 徽 注
唐 李 淳 風 注 釋
方田以御田疇界域
今有田廣十五步從十六步問爲田幾何答曰一畝
又有田廣十二步從十四步問爲田幾何答曰一百六
十八步
方田術曰廣從步數相乘得積步
此積爲田冪凡廣從相乘謂之冪
九章算術 卷一 一
淳風等按經云廣從相乘得積步注云廣從相乘謂
之冪觀斯注意積冪義同以理推之固當不爾何則
冪是四方單布之名積乃衆數聚居之稱循名責實
二者全殊雖欲同之竊恐不可今以凡言冪者據廣
從之一方其言積者舉衆步之都數經云相乘得積
步即是都數之明文注云謂之爲冪全乖積步之本
意此注前云積爲田冪于理得通復云謂之爲冪繁
而不當今者注釋存善去非略爲料簡遺諸後學
以畝法二百四十步除之即畝數百畝爲一頃

向量的概念引入线性代数后，形成了向量空间的概念. 凡是线性问题，都可以用向量空间的观点加以讨论. 因此，向量空间及其线性变换以及与此相联系的矩阵理论，构成了线性代数的中心内容. 1888 年，皮亚诺以公理的方式定义了有限维或无限维线性空间. 托普利茨将线性代数的主要定理推广到任意体上的最一般的向量空间中. 线性映射的概念在大多数情况下能够摆脱矩阵计算而不依赖于基的选择. 不用交换体而用未必交换之体或环作为算子之定义域，这就引向模的概念，这一概念很显著地推广了线性空间的理论，并重新整理了 19 世纪所研究过的情况.

“代数”这个词在中文里出现得较晚，在清代时才传入中国，当时被人们译成“阿尔热巴拉”，直到 1859 年，清代著名数学家、翻译家李善兰才将它翻译为“代数”，沿用至今.

线性代数的含义随数学的发展而不断扩大. 线性代数的理论和方法已经渗透到数学的许多分支，同时也是理论物理和理论化学所不可缺少的代数基础知识. 在现代社会中，线性代数在数学、物理学和技术学科中有各种重要的应用，在各代数分支中占据主要地位. 在计算机广泛应用的今天，计算机图形学、计算机辅助设计、密码学、虚拟现实等技术无不以线性代数为其理论和算法基础的一部分.

总习题 7

1. 填空题.

（1）$\begin{vmatrix} \sin x & -\cos x \\ \cos x & \sin x \end{vmatrix} =$ ________.

（2）$\begin{vmatrix} 2 & 1 & 0 \\ 3 & 4 & -1 \\ 1 & 0 & 2 \end{vmatrix} =$ ________.

(3) $\begin{vmatrix} 2 & 1 & 2^2 & 2^3 \\ 3 & 1 & 3^2 & 3^3 \\ 4 & 1 & 4^2 & 4^3 \\ 5 & 1 & 5^2 & 5^3 \end{vmatrix}=$________.

(4)已知 $\begin{vmatrix} a_{11} & a_{12} & a_{13} \\ a_{21} & a_{22} & a_{23} \\ a_{31} & a_{32} & a_{33} \end{vmatrix}=2$,则 $\begin{vmatrix} 2a_{21} & 2a_{22} & 2a_{23} \\ a_{11} & a_{12} & a_{13} \\ a_{31}+3a_{11} & a_{32}+3a_{12} & a_{33}+3a_{13} \end{vmatrix}=$________.

(5)多项式 $f(x)=\begin{vmatrix} 2 & x & 3 & x \\ 3 & 4 & 2x & 3 \\ 1 & x & 5 & 1 \\ 5x & 2 & x & 4 \end{vmatrix}$ 中 x^4 的系数是________.

(6)当 $k=$________时,方程组 $\begin{cases} 3x_1-x_2+kx_3=0, \\ 2kx_1+x_2+3x_3=0, \\ x_1+kx_2+x_3=0 \end{cases}$ 有非零解.

2. 选择题.

(1) $\begin{vmatrix} 1 & \lambda & 2 \\ \lambda & 4 & -1 \\ 1 & -2 & 1 \end{vmatrix}=0$,则(　　).

A. $\lambda=-3$　　B. $\lambda=10$　　C. $\lambda=-3$ 或 $\lambda=-2$　　D. $\lambda=-3$ 或 $\lambda=10$

(2)四阶行列式 $\begin{vmatrix} a_1 & 0 & 0 & b_1 \\ 0 & a_2 & b_2 & 0 \\ 0 & b_3 & a_3 & 0 \\ b_4 & 0 & 0 & a_4 \end{vmatrix}$ 的值等于(　　).

A. $a_1a_2a_3a_4-b_1b_2b_3b_4$　　B. $a_1a_2a_3a_4+b_1b_2b_3b_4$

C. $(a_1a_2-b_1b_2)(a_3a_4-b_3b_4)$　　D. $(a_2a_3-b_2b_3)(a_1a_4-b_1b_4)$

(3)已知 n 阶行列式 D_n,则 $D_n=0$ 的必要条件是(　　).

A. D_n 中有一行(或列)的元素全为零

B. D_n 中有两行(或列)的元素对应成比例

C. D_n 中至少有一行的元素可用行列式的性质全化为零

D. D_n 中各列的元素之和为零

(4)已知线性方程组 $\begin{cases} bx_1-ax_2=-2ab, \\ -2cx_2+3bx_3=bc, \\ cx_1+ax_3=0, \end{cases}$ 则(　　).

A. 当 $a=0$ 时,方程组无解

B. 当 $b=0$ 时,方程组无解

C. 当 $c=0$ 时,方程组无解

D. 当 a、b、c 取任意实数时,方程组均有解

3. 计算下列二阶、三阶行列式的值.

(1) $\begin{vmatrix} a+b & a-b \\ a-b & a+b \end{vmatrix}$；(2) $\begin{vmatrix} 1+x & y & z \\ x & 1+y & z \\ x & y & 1+z \end{vmatrix}$.

4. 计算下列行列式.

(1) $\begin{vmatrix} 1 & 2 & 3 & 4 \\ -1 & 0 & 3 & 4 \\ -1 & -2 & 0 & 4 \\ -1 & -2 & -3 & 0 \end{vmatrix}$；(2) $\begin{vmatrix} 4 & 1 & 1 & 1 \\ 1 & 4 & 1 & 1 \\ 1 & 1 & 4 & 1 \\ 1 & 1 & 1 & 4 \end{vmatrix}$；(3) $\begin{vmatrix} a & 1 & 0 & 0 \\ -1 & b & 1 & 0 \\ 0 & -1 & c & 1 \\ 0 & 0 & -1 & d \end{vmatrix}$.

5. 解下列矩阵方程.

(1) $\begin{vmatrix} x+1 & 2 & -1 \\ 2 & x+1 & 1 \\ -1 & 1 & x+1 \end{vmatrix}=0$；(2) $\begin{vmatrix} 1 & 1 & 1 & 1 \\ x & a & b & c \\ x^2 & a^2 & b^2 & c^2 \\ x^3 & a^3 & b^3 & c^3 \end{vmatrix}=0$.

6. 用克莱姆法则解下列线性方程组.

(1) $\begin{cases} 2x_1+x_2+3x_3=9, \\ 3x_1-5x_2+x_3=-4, \\ 4x_1-7x_2+x_3=5; \end{cases}$ (2) $\begin{cases} 2x_1+5x_2+4x_3=10, \\ x_1+3x_2+2x_3=6, \\ 2x_1+10x_2+9x_3=20. \end{cases}$

7. 已知非齐次线性方程组 $\begin{cases} x_1-x_2+3x_3=4, \\ 2x_1+3x_2+x_3=1, \\ 3x_1+2x_2+\mu x_3=5 \end{cases}$ 有唯一解，求 μ 的值.

8. λ 为何值时，齐次线性方程组 $\begin{cases} (1-\lambda)x_1-2x_2+4x_3=0, \\ 2x_1+(3-\lambda)x_2+x_3=0, \\ x_1+x_2+(1-\lambda)x_3=0 \end{cases}$ 有非零解？

9. 已知齐次线性方程组 $\begin{cases} 2x_1-x_2+2x_3=tx_1, \\ 5x_1-3x_2+3x_3=tx_2, \\ x_1+2x_3=-tx_3 \end{cases}$ 只有零解，求参数 t.

第 8 章 矩 阵

矩阵是线性代数的一个重要概念,是线性代数研究的主要对象. 其内容贯穿线性代数理论的各个部分,它在数学的其他分支以及自然科学、现代经济学等领域有广泛的应用. 本章主要介绍矩阵的基本概念、基本性质、基本运算等内容.

8.1 矩阵的概念

例 8.1 在研究线性方程组

$$\begin{cases} a_{11}x_1+a_{12}x_2+\cdots+a_{1n}x_n=b_1, \\ a_{21}x_1+a_{22}x_2+\cdots+a_{2n}x_n=b_2, \\ \qquad\vdots \\ a_{m1}x_1+a_{m2}x_2+\cdots+a_{mn}x_n=b_m \end{cases} \tag{8.1}$$

的过程中,我们发现方程组的解实际上是由它的系数和常数项确定的,用来求解方程组的消元过程实际上是对系数和常数项构成的一个数表

$$\begin{matrix} a_{11} & a_{12} & \cdots & a_{1n} & b_1 \\ a_{21} & a_{22} & \cdots & a_{2n} & b_2 \\ \vdots & \vdots & & \vdots & \vdots \\ a_{m1} & a_{m2} & \cdots & a_{mn} & b_m \end{matrix}$$

进行相应变化的过程,因而这张数表决定着该方程组是否有解,以及如果有解,解是什么的问题. 因此,对线性方程组的研究可转化为对这张数表的研究.

例 8.2 某生产电视机的工厂向 3 个不同的销售家电的商场发送 4 种不同规格的电视

机,其数量可列成数表:

$$\begin{matrix} a_{11} & a_{12} & a_{13} & a_{14} \\ a_{21} & a_{22} & a_{23} & a_{24} \\ a_{31} & a_{32} & a_{33} & a_{34} \end{matrix}$$

其中(a_{ij},$i=1,2,3$;$j=1,2,3,4$)表示该厂向第 i 家商场发送的第 j 种规格的电视机的数量.

从上述两个例子可以发现,这些问题都可以用一张数表表示,这种数表称为矩阵. 下面给出矩阵的具体定义.

定义 8.1 由 $m\times n$ 个数 a_{ij}($i=1,2,\cdots,m$;$j=1,2,\cdots,n$)排列成的 m 行 n 列的数表,称为 m 行 n 列**矩阵**,简称 $m\times n$ **矩阵**,简记为 $\boldsymbol{A}=(a_{ij})_{m\times n}$ 或 $\boldsymbol{A}_{m\times n}$.

$$\begin{pmatrix} a_{11} & a_{12} & \cdots & a_{1n} \\ a_{21} & a_{22} & \cdots & a_{2n} \\ \vdots & \vdots & & \vdots \\ a_{m1} & a_{m2} & \cdots & a_{mn} \end{pmatrix} \text{或} \begin{bmatrix} a_{11} & a_{12} & \cdots & a_{1n} \\ a_{21} & a_{22} & \cdots & a_{2n} \\ \vdots & \vdots & & \vdots \\ a_{m1} & a_{m2} & \cdots & a_{mn} \end{bmatrix}.$$

简记为 $\boldsymbol{A}=(a_{ij})_{m\times n}$ 或 $\boldsymbol{A}_{m\times n}$. 其中,这 $m\times n$ 个数 a_{ij} 称为矩阵的元素,a_{ij} 称为矩阵的第 i 行第 j 列的元素.

一般情况下,用大写的黑体字母 $\boldsymbol{A}$、$\boldsymbol{B}$、$\boldsymbol{C}$ 等表示矩阵,当元素都是实数时,称 $\boldsymbol{A}$ 为**实矩阵**;当元素是复数时,称 $\boldsymbol{A}$ 为**复矩阵**. 本书中的矩阵,除了特别说明外,都是实矩阵.

所有元素 $a_{ij}=0$($i=1,2,\cdots,m$;$j=1,2,\cdots,n$)均为零的矩阵称为**零矩阵**,记作 $\boldsymbol{O}_{n\times n}$ 或 $\boldsymbol{O}$.

行数与列数相等的矩阵称为**方阵**;行数和列数都等于 n 的方阵称为 n 阶方阵或 n 阶矩阵,记为 $\boldsymbol{A}_n$ 或 $\boldsymbol{A}$.

注 n 阶矩阵仅仅是由 n^2 个元素排成的一张数表,而 n 阶行列式是一个数,请注意两者的区别.

只有一行的矩阵 $\boldsymbol{A}=(a_1 a_2\cdots a_n)$ 称为**行矩阵**或**行向量**. 为了避免元素间混淆,行矩阵也可记作 $\boldsymbol{A}=(a_1,a_2,\cdots,a_n)$. 同样只有一列的矩阵 $\boldsymbol{B}=\begin{pmatrix} a_1 \\ a_2 \\ \vdots \\ a_n \end{pmatrix}$ 称为**列矩阵**或**列向量**.

主对角线以下(上)的元素全为零的 n 阶方阵

$$\begin{pmatrix} a_{11} & a_{12} & \cdots & a_{1n} \\ 0 & a_{22} & \cdots & a_{2n} \\ \vdots & \vdots & & \vdots \\ 0 & 0 & \cdots & a_{nn} \end{pmatrix} \quad \begin{pmatrix} a_{11} & 0 & \cdots & 0 \\ a_{21} & a_{22} & \cdots & 0 \\ \vdots & \vdots & & \vdots \\ a_{n1} & a_{n2} & \cdots & a_{nn} \end{pmatrix}$$

称为 n **阶上(下)三角形矩阵**.

n 阶方阵 $\boldsymbol{\Lambda}=\begin{pmatrix} a_1 & 0 & \cdots & 0 \\ 0 & a_2 & \cdots & 0 \\ \vdots & \vdots & & \vdots \\ 0 & 0 & \cdots & a_n \end{pmatrix}$ 称为 n **阶对角矩阵**,n 阶对角矩阵也可记作 $\boldsymbol{\Lambda}=\mathrm{diag}(a_1,$

$a_2,\cdots,a_n$). 特别的, n 阶方阵 $\boldsymbol{A}=\begin{pmatrix}1&0&\cdots&0\\0&1&\cdots&0\\\vdots&\vdots&&\vdots\\0&0&\cdots&1\end{pmatrix}$ 称为 n **阶单位矩阵**, 记作 $\boldsymbol{I}=\boldsymbol{I}_n$(或 $\boldsymbol{E}=\boldsymbol{E}_n$). 当一个 n 阶方阵 $\boldsymbol{A}$ 的对角元素全部相等且等于某一常数 a 时, 称为 n 阶**数量矩阵**, 即 $\boldsymbol{A}=\begin{pmatrix}a&0&\cdots&0\\0&a&\cdots&0\\\vdots&\vdots&&\vdots\\0&0&\cdots&a\end{pmatrix}$.

定义 8.2 若 $\boldsymbol{A}=(a_{ij})_{m\times n}$, $\boldsymbol{B}=(b_{ij})_{m\times n}$, 则称 $\boldsymbol{A}$ 与 $\boldsymbol{B}$ 是**同型矩阵**. 若还满足 $a_{ij}=b_{ij}(i=1,2,\cdots,m;j=1,2,\cdots,n)$(即同型矩阵 $\boldsymbol{A}$ 与 $\boldsymbol{B}$ 的所有对应元素均相等), 则称矩阵 $\boldsymbol{A}$ 与 $\boldsymbol{B}$ 相等, 记作 $A=B$.

例 8.3 设 $\boldsymbol{A}=\begin{pmatrix}1&2-x&3\\2&6&5z\end{pmatrix}$, $\boldsymbol{B}=\begin{pmatrix}1&x&3\\2y&6&z+4\end{pmatrix}$, 若 $\boldsymbol{A}=\boldsymbol{B}$, 求 x、y、z.

解 因 $2-x=x$, $2=2y$, $5z=z+4$, 解得 $x=1$, $y=1$, $z=1$.

习题 8.1

(二人零和对策问题)

两个儿童玩石头、剪子、布的游戏, 每人只能在(石头、剪子、布)中任意选择一种出法, 当他们各自选定一种出法(亦称策略)时, 就确定了一个"局势", 也就得出了输赢. 若规定胜者得 1 分, 负者得 -1 分, 平手各得 0 分, 则对于各种可能出现的局势(每一局势得分之和为零, 即零和), 试用矩阵表示, 表明他们的输赢情况.

8.2 矩阵的运算

矩阵的意义不仅仅在于将一些数据排列成数表的形式, 还在于它定义了一些有理论意义和实际意义的运算, 从而成为进行理论研究或解决实际问题的有力工具.

8.2.1 矩阵的线性运算

定义 8.3 设有两个 $m\times n$ 矩阵 $\boldsymbol{A}=(a_{ij})_{m\times n}$ 和 $\boldsymbol{B}=(b_{ij})_{m\times n}$, **矩阵** A **与** B **的和记作** $\boldsymbol{C}=\boldsymbol{A}+\boldsymbol{B}$. 规定

$$\boldsymbol{C}=\boldsymbol{A}+\boldsymbol{B}=(a_{ij}+b_{ij})=\begin{pmatrix}a_{11}+b_{11}&a_{12}+b_{12}&\cdots&a_{1n}+b_{1n}\\a_{21}+b_{21}&a_{22}+b_{22}&\cdots&a_{2n}+b_{2n}\\\vdots&\vdots&&\vdots\\a_{m1}+b_{m1}&a_{m2}+b_{m2}&\cdots&a_{mn}+b_{mn}\end{pmatrix}.$$

可见只有两个矩阵是同型矩阵时才能进行加法运算, 两个同型矩阵的和即为两个矩阵对

应的元素相加所得到的矩阵.

设矩阵 $\boldsymbol{A}=(a_{ij})_{m\times n}$，记 $-\boldsymbol{A}=(-a_{ij})_{m\times n}$，称 $-\boldsymbol{A}$ 为矩阵 $\boldsymbol{A}$ 的**负矩阵**.

显然有 $\boldsymbol{A}+(-\boldsymbol{A})=0$.

规定矩阵的减法为

$$\boldsymbol{A}-\boldsymbol{B}=\boldsymbol{A}+(-\boldsymbol{B}).$$

定义 8.4 数 λ 与矩阵 $\boldsymbol{A}$ 的乘积记作 $\lambda\boldsymbol{A}$ 或 $\boldsymbol{A}\lambda$. 规定

$$\lambda\boldsymbol{A}=\boldsymbol{A}\lambda=\begin{pmatrix}\lambda a_{11} & \lambda a_{12} & \cdots & \lambda a_{1n}\\ \lambda a_{21} & \lambda a_{22} & \cdots & \lambda a_{2n}\\ \vdots & \vdots & & \vdots\\ \lambda a_{m1} & \lambda a_{m2} & \cdots & \lambda a_{mn}\end{pmatrix}.$$

数与矩阵的乘法运算称为**数乘运算**.

矩阵的加法与矩阵的数乘运算统称为矩阵的**线性运算**. 它满足下列运算规律：

设 $\boldsymbol{A}$、$\boldsymbol{B}$、$\boldsymbol{C}$、$\boldsymbol{O}$ 都是同型矩阵，k、l 是常数，则

(1) $\boldsymbol{A}+\boldsymbol{B}=\boldsymbol{B}+\boldsymbol{A}$；

(2) $(\boldsymbol{A}+\boldsymbol{B})+\boldsymbol{C}=\boldsymbol{A}+(\boldsymbol{B}+\boldsymbol{C})$；

(3) $\boldsymbol{A}+\boldsymbol{O}=\boldsymbol{A}$；

(4) $\boldsymbol{A}+(-\boldsymbol{A})=\boldsymbol{O}$；

(5) $1\cdot\boldsymbol{A}=\boldsymbol{A}$；

(6) $k\cdot(l\boldsymbol{A})=(kl)\cdot\boldsymbol{A}$；

(7) $(k+l)\cdot\boldsymbol{A}=k\cdot\boldsymbol{A}+l\cdot\boldsymbol{A}$；

(8) $k\cdot(\boldsymbol{A}+\boldsymbol{B})=k\cdot\boldsymbol{A}+k\cdot\boldsymbol{B}$.

注 在数学中把满足上述规律的运算称为线性运算.

例 8.4 已知 $\boldsymbol{A}=\begin{pmatrix}1&2&3\\3&-1&0\end{pmatrix}$，$\boldsymbol{B}=\begin{pmatrix}5&4&3\\-2&0&-5\end{pmatrix}$，求 $4\boldsymbol{A}-3\boldsymbol{B}$.

解
$$4\boldsymbol{A}-3\boldsymbol{B}=4\begin{pmatrix}1&2&3\\3&-1&0\end{pmatrix}-3\begin{pmatrix}5&4&3\\-2&0&-5\end{pmatrix}$$
$$=\begin{pmatrix}4-15&8-12&12-9\\12+6&-4-0&0+15\end{pmatrix}$$
$$=\begin{pmatrix}-11&-4&3\\18&-4&15\end{pmatrix}.$$

8.2.2 矩阵的乘法

定义 8.5 设 $\boldsymbol{A}=(a_{ij})_{m\times s}$ 是一个 m 行 s 列的矩阵，$\boldsymbol{B}=(b_{ij})_{s\times n}$ 是一个 s 行 n 列的矩阵，则规定矩阵 $\boldsymbol{A}$ 与矩阵 $\boldsymbol{B}$ 的乘积是一个 m 行 n 列的矩阵 $\boldsymbol{C}=\boldsymbol{AB}=(c_{ij})_{m\times n}$，其中

$$c_{ij}=a_{i1}b_{1j}+a_{i2}b_{2j}+\cdots+a_{is}b_{sj}=\sum_{k=1}^{s}a_{ik}b_{kj}(i=1,2,\cdots,m;j=1,2,\cdots,n).$$

即 $\boldsymbol{AB}$ 的第 i 行第 j 列的元素为 $\boldsymbol{A}$ 的第 i 行各元素分别与 $\boldsymbol{B}$ 的第 j 列对应元素的乘积之和. 记号 $\boldsymbol{AB}$ 常读作"$\boldsymbol{A}$ 左乘 $\boldsymbol{B}$"或"$\boldsymbol{B}$ 右乘 $\boldsymbol{A}$".

注 只有当左边矩阵的列数与右边矩阵的行数相等时，两个矩阵才可以进行乘法运算.

矩阵的乘法满足以下运算规律：

(1) 结合律 $(\boldsymbol{AB})\boldsymbol{C}=\boldsymbol{A}(\boldsymbol{BC})$；

(2) 分配律 $\boldsymbol{A}(\boldsymbol{B}+\boldsymbol{C})=\boldsymbol{AB}+\boldsymbol{AC}$，$(\boldsymbol{B}+\boldsymbol{C})\boldsymbol{A}=\boldsymbol{BA}+\boldsymbol{CA}$；

(3) $\lambda(\boldsymbol{AB})=(\lambda\boldsymbol{A})\boldsymbol{B}=\boldsymbol{A}(\lambda\boldsymbol{B})$，其中 λ 为实数.

特别地，$0\boldsymbol{A}=\boldsymbol{A}0=\boldsymbol{O}$.

(4) 对于 m 阶单位矩阵 $\boldsymbol{I}_m$ 和 n 阶单位矩阵 $\boldsymbol{I}_n$，有

$$\boldsymbol{I}_m\boldsymbol{A}_{m\times n}=\boldsymbol{A}_{m\times n};\boldsymbol{A}_{m\times n}\boldsymbol{I}_n=\boldsymbol{A}_{m\times n}.$$

因此，由(4)可知，单位矩阵 $\boldsymbol{I}$ 在矩阵乘法中的作用类似于数字 1 在数字乘法中的作用，同时零矩阵在矩阵的线性运算和乘法中的作用类似于数字 0 在数字运算的作用.

例 8.5 求矩阵 $\boldsymbol{A}=\begin{pmatrix}1&-1&3&4\\2&1&4&0\end{pmatrix}$ 与 $\boldsymbol{B}=\begin{pmatrix}1&1&3\\2&0&-1\\1&1&-3\\-2&4&0\end{pmatrix}$ 的乘积.

解 因为 $\boldsymbol{A}$ 是 2×4 阶矩阵，$\boldsymbol{B}$ 是 4×3 阶矩阵，$\boldsymbol{A}$ 的列数等于 $\boldsymbol{B}$ 的行数，所以矩阵 $\boldsymbol{A}$ 与矩阵 $\boldsymbol{B}$ 可以相乘，其乘积是一个 2×3 阶矩阵. 由公式知

$$\boldsymbol{C}=\boldsymbol{AB}=\begin{pmatrix}1&-1&3&4\\2&1&4&0\end{pmatrix}\begin{pmatrix}1&1&3\\2&0&-1\\1&1&-3\\-2&4&0\end{pmatrix}$$

$$=\begin{pmatrix}1\times1+(-1)\times2+3\times1+4\times(-2)&1\times1+(-1)\times0+3\times1+4\times4&1\times3+(-1)\times(-1)+3\times(-3)+4\times0\\2\times1+1\times2+4\times1+0\times(-2)&2\times1+1\times0+4\times1+0\times4&2\times3+1\times(-1)+4\times(-3)+0\times0\end{pmatrix}$$

$$=\begin{pmatrix}-6&20&-5\\8&6&-7\end{pmatrix}.$$

此例中，$\boldsymbol{B}$ 与 $\boldsymbol{A}$ 不能相乘，因为 $\boldsymbol{B}$ 的列数不等于 $\boldsymbol{A}$ 的行数.

例 8.6 已知 $\boldsymbol{A}=(a_1,a_2,a_3)$，$\boldsymbol{B}=\begin{pmatrix}b_1\\b_2\\b_3\end{pmatrix}$，求 $\boldsymbol{AB}$ 与 $\boldsymbol{BA}$.

解 $\boldsymbol{AB}=(a_1,a_2,a_3)\begin{pmatrix}b_1\\b_2\\b_3\end{pmatrix}=a_1b_1+a_2b_2+a_3b_3$，

$$\boldsymbol{BA}=\begin{pmatrix}b_1\\b_2\\b_3\end{pmatrix}(a_1,a_2,a_3)=\begin{pmatrix}b_1a_1&b_1a_2&b_1a_3\\b_2a_1&b_2a_2&b_2a_3\\b_3a_1&b_3a_2&b_3a_3\end{pmatrix}.$$

此例中，$\boldsymbol{AB}$ 与 $\boldsymbol{BA}$ 都可以运算，但两者不是同型矩阵，不相等.

例 8.7 求矩阵 $\boldsymbol{A}=\begin{pmatrix}-2&4\\1&-2\end{pmatrix}$ 与 $\boldsymbol{B}=\begin{pmatrix}2&4\\-3&-6\end{pmatrix}$ 的乘积 $\boldsymbol{AB}$ 与 $\boldsymbol{BA}$.

解 $\boldsymbol{AB}=\begin{pmatrix}-2&4\\1&-2\end{pmatrix}\begin{pmatrix}2&4\\-3&-6\end{pmatrix}=\begin{pmatrix}-16&-32\\8&16\end{pmatrix}$，

$$\boldsymbol{BA}=\begin{pmatrix}2&4\\-3&-6\end{pmatrix}\begin{pmatrix}-2&4\\1&-2\end{pmatrix}=\begin{pmatrix}0&0\\0&0\end{pmatrix}.$$

从上面三个例子,我们发现在矩阵的乘法中必须注意矩阵相乘的顺序. 若 $\boldsymbol{A}$ 是 $m\times n$ 矩阵、$\boldsymbol{B}$ 是 $n\times m$ 矩阵,则 $\boldsymbol{AB}$ 与 $\boldsymbol{BA}$ 都有意义,但 $\boldsymbol{AB}$ 是 m 阶方阵而 $\boldsymbol{BA}$ 是 n 阶方阵,当 $m\neq n$ 时 $\boldsymbol{AB}\neq\boldsymbol{BA}$,即使 $m=n$,即 $\boldsymbol{AB}$ 与 $\boldsymbol{BA}$ 是同型矩阵,也不能保证 $\boldsymbol{AB}\neq\boldsymbol{BA}$. 总之,矩阵的乘法不满足交换律,即在一般情况下,$\boldsymbol{AB}\neq\boldsymbol{BA}$.

对于两个 n 阶方阵 $\boldsymbol{A}$ 与 $\boldsymbol{B}$,若满足 $\boldsymbol{AB}=\boldsymbol{BA}$,则称方阵 $\boldsymbol{A}$ 与 $\boldsymbol{B}$ 是**可交换**的.

例 8.8　已知 $\boldsymbol{A}=\begin{pmatrix}1 & 1\\0 & 1\end{pmatrix}$,$\boldsymbol{B}=\begin{pmatrix}1 & 2\\0 & 1\end{pmatrix}$,求 $\boldsymbol{AB}$、$\boldsymbol{BA}$.

解　$\boldsymbol{AB}=\begin{pmatrix}1 & 1\\0 & 1\end{pmatrix}\begin{pmatrix}1 & 2\\0 & 1\end{pmatrix}=\begin{pmatrix}1 & 3\\0 & 1\end{pmatrix}$,$\boldsymbol{BA}=\begin{pmatrix}1 & 2\\0 & 1\end{pmatrix}\begin{pmatrix}1 & 1\\0 & 1\end{pmatrix}=\begin{pmatrix}1 & 3\\0 & 1\end{pmatrix}$.

从例 8.8 可以看到,两个二阶方阵是可交换的.

从例 8.7 还可以看出,矩阵 $\boldsymbol{A}\neq\boldsymbol{O}$,矩阵 $\boldsymbol{B}\neq\boldsymbol{O}$,却有 $\boldsymbol{BA}=\boldsymbol{O}$. 这就提醒我们注意,若有两个矩阵 $\boldsymbol{A}$ 与 $\boldsymbol{B}$ 满足 $\boldsymbol{AB}=\boldsymbol{O}$,不能得出 $\boldsymbol{A}=\boldsymbol{O}$ 或 $\boldsymbol{B}=\boldsymbol{O}$. 因此,若 $\boldsymbol{A}\neq\boldsymbol{O}$ 且 $\boldsymbol{AX}=\boldsymbol{AY}$,也不能得出 $\boldsymbol{X}=\boldsymbol{Y}$,这就表明**矩阵的乘法不满足消去率**.

在 8.1 节的例 8.2 中,电视机厂家向 3 个不同的商场发送 4 种产品的数量构成一个矩阵 $\boldsymbol{A}$,若 4 种产品的单价与单件重量构成一个矩阵 $\boldsymbol{B}=\begin{pmatrix}a_{11} & a_{12}\\a_{21} & a_{22}\\a_{31} & a_{32}\\a_{41} & a_{42}\end{pmatrix}$,按矩阵相乘的定义,可知 $\boldsymbol{A}$ 与 $\boldsymbol{B}$ 的乘积矩阵 $\boldsymbol{C}=\boldsymbol{AB}=(c_{ij})_{3\times2}$ 为向 3 个商场所发产品的总价值以及总重量所构成的矩阵. 即 c_{i1} 为向第 i 个店所发电视机的总价值,c_{i2} 为向第 i 个店所发电视机的总重量.

对于线性方程组

$$\begin{cases}a_{11}x_1+a_{12}x_2+\cdots+a_{1n}x_n=b_1,\\a_{21}x_1+a_{22}x_2+\cdots+a_{2n}x_n=b_2,\\\qquad\vdots\\a_{m1}x_1+a_{m2}x_2+\cdots+a_{mn}x_n=b_m.\end{cases}\tag{8.2}$$

若记 $\boldsymbol{A}=\begin{pmatrix}a_{11} & a_{12} & \cdots & a_{1n}\\a_{21} & a_{22} & \cdots & a_{2n}\\\vdots & \vdots & & \vdots\\a_{m1} & a_{m2} & \cdots & a_{mn}\end{pmatrix}$,$\boldsymbol{x}=\begin{pmatrix}x_1\\x_2\\\vdots\\x_n\end{pmatrix}$,$\boldsymbol{b}=\begin{pmatrix}b_1\\b_2\\\vdots\\b_m\end{pmatrix}$,

利用矩阵乘法,线性方程组(8.2)可以表示成矩阵形式

$$\boldsymbol{A}x=b.\tag{8.3}$$

其中,$\boldsymbol{A}$ 称为线性方程组(8.2)的**系数矩阵**,方程组(8.3)称为**矩阵方程**. 特别地,齐次线性方程组可以表示为 $\boldsymbol{Ax}=0$.

8.2.3　矩阵的转置

定义 8.6　把矩阵 $\boldsymbol{A}$ 的行换成相同序数的列得到的新矩阵,称为 $\boldsymbol{A}$ 的转置矩阵,记作 $\boldsymbol{A}^{\mathrm{T}}$

(或 A'). 即若 $A=(a_{ij})_{m\times n}=\begin{pmatrix} a_{11} & a_{12} & \cdots & a_{1n} \\ a_{21} & a_{22} & \cdots & a_{2n} \\ \vdots & \vdots & & \vdots \\ a_{m1} & a_{m2} & \cdots & a_{mn} \end{pmatrix}$,则 A 的转置矩阵

$$A^{\mathrm{T}}=(a_{ji})_{n\times m}=\begin{pmatrix} a_{11} & a_{21} & \cdots & a_{m1} \\ a_{12} & a_{22} & \cdots & a_{m2} \\ \vdots & \vdots & & \vdots \\ a_{1n} & a_{2n} & \cdots & a_{mn} \end{pmatrix}.$$

矩阵的转置有如下运算规律(假如运算都是可行的):

(1) $(A^{\mathrm{T}})^{\mathrm{T}}=A$;　　(2) $(A+B)^{\mathrm{T}}=A^{\mathrm{T}}+B^{\mathrm{T}}$;

(3) $(kA)^{\mathrm{T}}=kA^{\mathrm{T}}$;　　(4) $(AB)^{\mathrm{T}}=B^{\mathrm{T}}A^{\mathrm{T}}$.

注 一般地,由于 $A_{m\times n}$,而 $A^{\mathrm{T}}_{n\times m}$ 不是同型矩阵,故 $A\neq A^{\mathrm{T}}$. 特别地,当 $A=A^{\mathrm{T}}$ 时,称矩阵 A 为对称矩阵. 运算规律(4)可以推广为 $(A_1A_2\cdots A_m)^{\mathrm{T}}=A_m^{\mathrm{T}}\cdots A_2^{\mathrm{T}}A_1^{\mathrm{T}}$.

例 8.9 已知 $A=\begin{pmatrix} 2 & 0 & -1 \\ 1 & 3 & 2 \end{pmatrix}$, $B=\begin{pmatrix} 1 & 7 & -1 \\ 4 & 2 & 3 \\ 2 & 0 & 1 \end{pmatrix}$,求 $(AB)^{\mathrm{T}}$.

解 方法一,因为

$$AB=\begin{pmatrix} 2 & 0 & -1 \\ 1 & 3 & 2 \end{pmatrix}\begin{pmatrix} 1 & 7 & -1 \\ 4 & 2 & 3 \\ 2 & 0 & 1 \end{pmatrix}=\begin{pmatrix} 0 & 14 & -3 \\ 17 & 13 & 10 \end{pmatrix},$$

所以 $(AB)^{\mathrm{T}}=\begin{pmatrix} 0 & 17 \\ 14 & 13 \\ -3 & 10 \end{pmatrix}$.

方法二,因为

$$(AB)^{\mathrm{T}}=B^{\mathrm{T}}A^{\mathrm{T}}=\begin{pmatrix} 1 & 4 & 2 \\ 7 & 2 & 0 \\ -1 & 3 & 1 \end{pmatrix}\begin{pmatrix} 2 & 1 \\ 0 & 3 \\ -1 & 2 \end{pmatrix}=\begin{pmatrix} 0 & 17 \\ 14 & 13 \\ -3 & 10 \end{pmatrix}.$$

8.2.4 方阵的幂

定义 8.7 设 A 为 n 阶方阵,k 个 A 的连乘积称为 A 的 k 次幂,记为 A^k,即

$$A^k=\overbrace{A\cdot A\cdot\cdots\cdot A}^{k\text{个}}.$$

特别地,若存在正整数 m,使 $A^m=0$,则称 A 为**幂零矩阵**.

方阵的幂满足如下规律:

(1) $A^mA^n=A^{m+n}$;　　(2) $(A^m)^n=A^{mn}$.

注 一般地,$(AB)^m\neq A^mB^m$. 但如果 A、B 均为 n 阶方阵且 $AB=BA$,则有 $(AB)^m=A^mB^m$.

例 8.10 设 $A=\begin{pmatrix} \lambda & 1 & 0 \\ 0 & \lambda & 1 \\ 0 & 0 & \lambda \end{pmatrix}$,求 A^3.

解 $A^2=\begin{pmatrix}\lambda & 1 & 0\\ 0 & \lambda & 1\\ 0 & 0 & \lambda\end{pmatrix}\begin{pmatrix}\lambda & 1 & 0\\ 0 & \lambda & 1\\ 0 & 0 & \lambda\end{pmatrix}=\begin{pmatrix}\lambda^2 & 2\lambda & 1\\ 0 & \lambda^2 & 2\lambda\\ 0 & 0 & \lambda^2\end{pmatrix}$;

$$A^3=A^2A=\begin{pmatrix}\lambda^2 & 2\lambda & 1\\ 0 & \lambda^2 & 2\lambda\\ 0 & 0 & \lambda^2\end{pmatrix}\begin{pmatrix}\lambda & 1 & 0\\ 0 & \lambda & 1\\ 0 & 0 & \lambda\end{pmatrix}=\begin{pmatrix}\lambda^3 & 3\lambda^2 & 3\lambda\\ 0 & \lambda^3 & 3\lambda^2\\ 0 & 0 & \lambda^3\end{pmatrix}.$$

8.2.5 方阵的行列式

定义 8.8 n 阶方阵 A 的各元素及位置保持不变所构成的行列式称为方阵 A 的行列式，记作 $|A|$ 或 $\det A$.

注 1 方阵与行列式是两个不同的概念，n 阶方阵是 n^2 个数按一定方式排成的数表，而 n 阶行列式则是这些数按一定运算法则所确定的一个数值.

方阵的行列式 $|A|$ 满足如下规律（A 为 n 阶方阵，B 为 n 阶方阵，k 为常数）：

(1) $|A^{\mathrm{T}}|=|A|$（行列式的性质 1）；

(2) $|kA|=k^n|A|$；

(3) $|AB|=|A||B|=|BA|$.

注 2 规律(3)表明，对于 n 阶方阵 A、B，虽然一般有 $AB\neq BA$，但 $|AB|=|BA|$ 成立.

规律（3）还可以推广为：若 A_1，A_2，…，A_n 为 n 阶方阵，则 $|A_1A_2\cdots A_n|=|A_1||A_2|\cdots|A_n|$.

注 3 一般地，对两个 n 阶方阵 A、B，$|A+B|\neq|A|+|B|$.

习题 8.2

1. 计算下列各题.

(1) $3\begin{pmatrix}1 & 2\\ -1 & 3\\ 5 & -2\end{pmatrix}+2\begin{pmatrix}2 & 3\\ 7 & -1\\ -6 & 4\end{pmatrix}$；　(2) $\begin{pmatrix}1 & 2 & 3\\ 2 & 4 & 6\\ 5 & 6 & 9\end{pmatrix}\begin{pmatrix}-1 & -2 & -4\\ -1 & -2 & -4\\ 1 & 2 & 4\end{pmatrix}$；

(3) $(x_1,x_2,x_3)\begin{pmatrix}a_{11} & a_{12} & a_{13}\\ a_{12} & a_{22} & a_{23}\\ a_{13} & a_{23} & a_{33}\end{pmatrix}\begin{pmatrix}x_1\\ x_2\\ x_3\end{pmatrix}$.

2. 设 $A=\begin{pmatrix}1 & 1 & 1\\ 1 & 1 & -1\\ 1 & -1 & 1\end{pmatrix}$，$B=\begin{pmatrix}1 & 2 & 3\\ -1 & -2 & 4\\ 0 & 5 & 1\end{pmatrix}$，求 $3AB-2A$ 及 $A^{\mathrm{T}}B$.

3. 计算下列矩阵.

(1) $\begin{pmatrix}1 & 0\\ \lambda & 1\end{pmatrix}^n$；　(2) $\begin{pmatrix}a & 0 & 0\\ 0 & b & 0\\ 0 & 0 & c\end{pmatrix}^n$；　(3) $\begin{pmatrix}\lambda & 1 & 0\\ 0 & \lambda & 1\\ 0 & 0 & \lambda\end{pmatrix}^n$.

4. 设 A、B 都是 n 阶对称矩阵，证明 AB 是对称矩阵的充分必要条件是 $AB=BA$.

5. 设矩阵 $\boldsymbol{A}$ 为三阶矩阵，且已知 $|\boldsymbol{A}|=m$，求 $|-m\boldsymbol{A}|$.

8.3 逆矩阵

在数的运算中，对于数 $a\neq0$，总存在唯一一个数 a^{-1}，使得 $aa^{-1}=a^{-1}a=1$. 数的倒数在解方程中起着重要作用. 例如，解一元线性方程 $ax=b$，当 $a\neq0$ 时，其解为 $x=a^{-1}b$. 对于矩阵 $\boldsymbol{A}$ 是否也存在类似的运算？在回答这个问题之前，我们先引入逆矩阵与可逆矩阵的概念.

8.3.1 逆矩阵的定义

定义 8.9 对于 n 阶矩阵 $\boldsymbol{A}$，如果存在一个 n 阶矩阵 $\boldsymbol{B}$，使 $\boldsymbol{AB}=\boldsymbol{BA}=\boldsymbol{I}$，则称矩阵 $\boldsymbol{A}$ 为可逆矩阵；而矩阵 $\boldsymbol{B}$ 称为矩阵 $\boldsymbol{A}$ 的**逆矩阵**，记作 $\boldsymbol{A}^{-1}=\boldsymbol{B}$.

注 在上式中，$\boldsymbol{A}$ 与 $\boldsymbol{B}$ 是对称的，故 $\boldsymbol{B}$ 也可逆，且 $\boldsymbol{B}^{-1}=\boldsymbol{A}$，即 $\boldsymbol{A}$ 与 $\boldsymbol{B}$ 互为逆矩阵.

例如，n 阶单位矩阵 $\boldsymbol{I}$ 是可逆矩阵，且 $\boldsymbol{I}^{-1}=\boldsymbol{I}$，但零方阵均不可逆.

定理 8.1 若矩阵 $\boldsymbol{A}$ 是可逆矩阵，则 $\boldsymbol{A}$ 的逆矩阵是唯一的.

证 设 $\boldsymbol{B}$ 和 $\boldsymbol{C}$ 都是 $\boldsymbol{A}$ 的逆矩阵，则有

$$\boldsymbol{AB}=\boldsymbol{BA}=\boldsymbol{I},\boldsymbol{AC}=\boldsymbol{CA}=\boldsymbol{I}.$$

从而 $\boldsymbol{B}=\boldsymbol{BI}=\boldsymbol{B}(\boldsymbol{AC})=(\boldsymbol{BA})\boldsymbol{C}=\boldsymbol{IC}=\boldsymbol{C}$，所以 $\boldsymbol{A}$ 的逆矩阵是唯一的，记为 $\boldsymbol{A}^{-1}$.

定理 8.2 设 $\boldsymbol{A}$ 与 $\boldsymbol{B}$ 均是 n 阶矩阵，则下列性质成立：

(1) 若 $\boldsymbol{A}$ 可逆，则 $\boldsymbol{A}^{-1}$ 也可逆，且 $(\boldsymbol{A}^{-1})^{-1}=\boldsymbol{A}$；

(2) 若 $\boldsymbol{A}$ 可逆，$k\neq0$，则 $k\boldsymbol{A}$ 也可逆，且 $(k\boldsymbol{A})^{-1}=\dfrac{1}{k}\boldsymbol{A}^{-1}$；

(3) 若 $\boldsymbol{A}$ 与 $\boldsymbol{B}$ 均可逆，则 $\boldsymbol{AB}$ 也可逆，且 $(\boldsymbol{AB})^{-1}=\boldsymbol{B}^{-1}\boldsymbol{A}^{-1}$；

(4) 若 $\boldsymbol{A}$ 可逆，则 $\boldsymbol{A}^{\mathrm{T}}$ 也可逆，且 $(\boldsymbol{A}^{\mathrm{T}})^{-1}=(\boldsymbol{A}^{-1})^{\mathrm{T}}$；

(5) 若 $\boldsymbol{A}$ 可逆，则 $|\boldsymbol{A}||\boldsymbol{A}^{-1}|=1$.

注 性质(3)可推广到有限个方阵的乘积的情形，而 $(\boldsymbol{A}_1\boldsymbol{A}_2\cdots\boldsymbol{A}_m)^{-1}=\boldsymbol{A}_m^{-1}\cdots\boldsymbol{A}_2^{-1}\boldsymbol{A}_1^{-1}$，其中 $\boldsymbol{A}_i(i=1,2,\cdots,m)$ 均为 n 阶可逆矩阵.

例 8.11 设 $\boldsymbol{A}=\begin{pmatrix}\lambda_1 & & & \\ & \lambda_2 & & \\ & & \ddots & \\ & & & \lambda_n\end{pmatrix}$，其中 $\lambda_i\neq0(i=1,2,\cdots,n)$，试验证

$$\boldsymbol{A}^{-1}=\begin{pmatrix}\dfrac{1}{\lambda_1} & & & \\ & \dfrac{1}{\lambda_2} & & \\ & & \ddots & \\ & & & \dfrac{1}{\lambda_n}\end{pmatrix}.$$

证 因为$\begin{pmatrix} \lambda_1 & & & \\ & \lambda_2 & & \\ & & \ddots & \\ & & & \lambda_n \end{pmatrix}\begin{pmatrix} \frac{1}{\lambda_1} & & & \\ & \frac{1}{\lambda_2} & & \\ & & \ddots & \\ & & & \frac{1}{\lambda_n} \end{pmatrix}$

$$=\begin{pmatrix} \frac{1}{\lambda_1} & & & \\ & \frac{1}{\lambda_2} & & \\ & & \ddots & \\ & & & \frac{1}{\lambda_n} \end{pmatrix}\begin{pmatrix} \lambda_1 & & & \\ & \lambda_2 & & \\ & & \ddots & \\ & & & \lambda_n \end{pmatrix}=\begin{pmatrix} 1 & & & \\ & 1 & & \\ & & \ddots & \\ & & & 1 \end{pmatrix}=I.$$

由定义知$A^{-1}=\begin{pmatrix} \frac{1}{\lambda_1} & & & \\ & \frac{1}{\lambda_2} & & \\ & & \ddots & \\ & & & \frac{1}{\lambda_n} \end{pmatrix}$.

8.3.2 矩阵可逆的条件

定义 8.10 设 $\boldsymbol{A}=(a_{ij})_{n\times n}$，令 A_{ij} 为 $\boldsymbol{A}$ 的行列式中元素 a_{ij} 的代数余子式，将这 n^2 个数 $A_{ij}(i,j=1,2,\cdots,n)$ 排列成一个 n 阶方阵，记作 $\boldsymbol{A}^*$，即

$$\boldsymbol{A}^*=\begin{pmatrix} A_{11} & A_{21} & \cdots & A_{n1} \\ A_{12} & A_{22} & \cdots & A_{n2} \\ \vdots & \vdots & & \vdots \\ A_{1n} & A_{2n} & \cdots & A_{nn} \end{pmatrix},$$

称 $\boldsymbol{A}^*$ 为 $\boldsymbol{A}$ 的**伴随矩阵**，即 $\boldsymbol{A}^*=(A_{ji})_{n\times n}=(A_{ij})_{n\times n}^{\mathrm{T}}$. 它是将 $\boldsymbol{A}$ 的每个元素换成其对应的代数余子式，然后转置得到的.

由行列式的展开定理，有

$$\boldsymbol{A}\boldsymbol{A}^*=\boldsymbol{A}^*\boldsymbol{A}=\begin{pmatrix} |\boldsymbol{A}| & & & \\ & |\boldsymbol{A}| & & \\ & & \ddots & \\ & & & |\boldsymbol{A}| \end{pmatrix}=|\boldsymbol{A}|\boldsymbol{I}. \tag{8.4}$$

定理 8.3 n 阶矩阵 $\boldsymbol{A}$ 可逆的充分必要条件是 $|\boldsymbol{A}|\neq 0$.

证 先证必要性. 若 $\boldsymbol{A}$ 可逆,则 $|\boldsymbol{A}||\boldsymbol{A}^{-1}|=1$,所以 $|\boldsymbol{A}|\neq 0$.

再证充分性. 若 $|\boldsymbol{A}|\neq 0$,则 $\boldsymbol{A}\boldsymbol{A}^*=\boldsymbol{A}^*\boldsymbol{A}=|\boldsymbol{A}|\boldsymbol{I}$,所以 $\boldsymbol{A}\left(\dfrac{\boldsymbol{A}^*}{|\boldsymbol{A}|}\right)=\left(\dfrac{\boldsymbol{A}^*}{|\boldsymbol{A}|}\right)\boldsymbol{A}=\boldsymbol{I}$,故而由可逆矩阵的定义知 $\boldsymbol{A}$ 可逆,且 $\boldsymbol{A}^{-1}=\dfrac{\boldsymbol{A}^*}{|\boldsymbol{A}|}$.

注 式(8.4)反映了 $\boldsymbol{A}$ 与 $\boldsymbol{A}^*$ 的基本关系.

如果 $\boldsymbol{AB}=\boldsymbol{I}$,则 $|\boldsymbol{A}|\neq 0$, $|\boldsymbol{B}|\neq 0$,于是 $\boldsymbol{A}$、$\boldsymbol{B}$ 均可逆,又因为 $\boldsymbol{A}^{-1}$、$\boldsymbol{B}^{-1}$ 是唯一的,于是

$$\boldsymbol{BA}=(\boldsymbol{A}^{-1}\boldsymbol{A})\boldsymbol{BA}=\boldsymbol{A}^{-1}(\boldsymbol{AB})\boldsymbol{A}=\boldsymbol{A}^{-1}\boldsymbol{IA}=\boldsymbol{A}^{-1}\boldsymbol{A}=\boldsymbol{I}.$$

即由 $\boldsymbol{AB}=\boldsymbol{I}$ 必得 $\boldsymbol{BA}=\boldsymbol{I}$,反之亦然,因此有 $\boldsymbol{B}=\boldsymbol{A}^{-1}$. 于是,今后若用定义证明 $\boldsymbol{B}=\boldsymbol{A}^{-1}$,只需要验证 $\boldsymbol{AB}=\boldsymbol{I}$ 或 $\boldsymbol{BA}=\boldsymbol{I}$ 之一成立就可以了.

例 8.12 设 $\boldsymbol{A}=\begin{pmatrix}a & b\\ c & d\end{pmatrix}$,其中 $ad-bc\neq 0$,求 $\boldsymbol{A}^{-1}$.

解 因为 $|\boldsymbol{A}|=ad-bc\neq 0$,所以 $\boldsymbol{A}$ 可逆. 又有

$\boldsymbol{A}_{11}=d, \boldsymbol{A}_{12}=-c, \boldsymbol{A}_{21}=-b, \boldsymbol{A}_{22}=a, \boldsymbol{A}^*=\begin{pmatrix}d & -b\\ -c & a\end{pmatrix}$,

所以 $\boldsymbol{A}^{-1}=\dfrac{\boldsymbol{A}^*}{|\boldsymbol{A}|}=\dfrac{\begin{pmatrix}d & -b\\ -c & a\end{pmatrix}}{ad-bc}$.

注 例 8.12 中二阶方阵的逆矩阵计算规律可以直接作为公式使用.

例 8.13 设 $\boldsymbol{A}=\begin{pmatrix}1 & -1 & 1\\ 1 & 1 & 0\\ 2 & 1 & 1\end{pmatrix}$,判断 $\boldsymbol{A}$ 是否可逆,若可逆,求 $\boldsymbol{A}^{-1}$.

解 因为 $|\boldsymbol{A}|=\begin{vmatrix}1 & -1 & 1\\ 1 & 1 & 0\\ 2 & 1 & 1\end{vmatrix}=1\neq 0$,所以 $\boldsymbol{A}$ 可逆. 又有

$\boldsymbol{A}_{11}=\begin{vmatrix}1 & 0\\ 1 & 1\end{vmatrix}=1, \boldsymbol{A}_{12}=-\begin{vmatrix}1 & 0\\ 2 & 1\end{vmatrix}=-1, \boldsymbol{A}_{13}=\begin{vmatrix}1 & 1\\ 2 & 1\end{vmatrix}=-1$,

$\boldsymbol{A}_{21}=-\begin{vmatrix}-1 & 1\\ 1 & 1\end{vmatrix}=2, \boldsymbol{A}_{22}=\begin{vmatrix}1 & 1\\ 2 & 1\end{vmatrix}=-1, \boldsymbol{A}_{23}=-\begin{vmatrix}1 & -2\\ 2 & 1\end{vmatrix}=-3$,

$\boldsymbol{A}_{31}=\begin{vmatrix}-1 & 1\\ 1 & 0\end{vmatrix}=-1, \boldsymbol{A}_{32}=-\begin{vmatrix}1 & 1\\ 1 & 0\end{vmatrix}=1, \boldsymbol{A}_{33}=\begin{vmatrix}1 & -1\\ 1 & 1\end{vmatrix}=2$.

所以 $\boldsymbol{A}^{-1}=\dfrac{\boldsymbol{A}^*}{|\boldsymbol{A}|}=\begin{pmatrix}1 & 2 & -1\\ -1 & -1 & 1\\ -1 & -3 & 2\end{pmatrix}$.

8.3.3 矩阵方程

利用逆矩阵的概念,可以讨论矩阵方程 $\boldsymbol{AX}=\boldsymbol{B}$ 的求解问题. 实际上,如果矩阵 $\boldsymbol{A}$ 可逆,则

A^{-1} 存在,用 A^{-1} 左乘上式两端,得 $X=A^{-1}B$.

同理,对矩阵方程 $XA=B$(A 可逆)、$AXB=C$(A、B 均可逆),利用矩阵乘法的运算规律和逆矩阵的运算性质,通过在方程两边左乘或右乘相应矩阵的逆矩阵,可求出其解分别为 $X=BA^{-1}$,$X=A^{-1}CB^{-1}$.

例 8.14 解矩阵方程 $X\begin{pmatrix}1 & 3\\ 5 & 2\end{pmatrix}=\begin{pmatrix}0 & 1\\ 1 & 0\end{pmatrix}$.

解 记 $A=\begin{pmatrix}1 & 3\\ 5 & 2\end{pmatrix}$,$B=\begin{pmatrix}0 & 1\\ 1 & 0\end{pmatrix}$,则原方程可写为矩阵方程 $XA=B$.

根据二阶方阵逆矩阵的公式知,$A^{-1}=-\dfrac{1}{13}\begin{pmatrix}2 & -3\\ -5 & 1\end{pmatrix}=\begin{pmatrix}-\dfrac{2}{13} & \dfrac{3}{13}\\ \dfrac{5}{13} & -\dfrac{1}{13}\end{pmatrix}$.

于是

$$X=BA^{-1}=\begin{pmatrix}\dfrac{5}{13} & -\dfrac{1}{13}\\ -\dfrac{2}{13} & \dfrac{3}{13}\end{pmatrix}.$$

习题 8.3

1. 求下列矩阵的逆矩阵.

(1) $\begin{pmatrix}1 & 2\\ 2 & 5\end{pmatrix}$; (2) $\begin{pmatrix}2 & 2 & 2\\ 1 & 2 & 3\\ 1 & 3 & 6\end{pmatrix}$; (3) $\begin{pmatrix}1 & 2 & 3 & 4\\ 0 & 1 & 2 & 3\\ 0 & 0 & 1 & 2\\ 0 & 0 & 0 & 1\end{pmatrix}$.

2. 用逆矩阵求解下列矩阵方程.

(1) $\begin{pmatrix}2 & 5\\ 1 & 3\end{pmatrix}X=\begin{pmatrix}4 & -6\\ 2 & 1\end{pmatrix}$; (2) $\begin{pmatrix}1 & 4\\ -1 & 2\end{pmatrix}X\begin{pmatrix}2 & 0\\ -1 & 1\end{pmatrix}=\begin{pmatrix}3 & 1\\ 0 & -1\end{pmatrix}$;

(3) $\begin{pmatrix}0 & 1 & 0\\ 1 & 0 & 0\\ 0 & 0 & 1\end{pmatrix}X\begin{pmatrix}12 & 0 & 0\\ 0 & 0 & 1\\ 0 & 1 & 0\end{pmatrix}=\begin{pmatrix}1 & -4 & 3\\ 2 & 0 & -1\\ 1 & -2 & 0\end{pmatrix}$.

3. 设 $A=\begin{pmatrix}0 & 3 & 3\\ 1 & 1 & 0\\ -1 & 2 & 3\end{pmatrix}$,且 $AB=A+2B$,求 B.

4. 设 A 为三阶方阵,且 $|A|=3$,A^* 为 A 的伴随矩阵,求下列行列式 $|3A^{-1}|$、$|A^*|$、$|3A^*-7A^{-1}|$.

5. 设 $P^{-1}AP=\Lambda$,其中 $P=\begin{pmatrix}-1 & -4\\ 1 & 1\end{pmatrix}$,$\Lambda=\begin{pmatrix}-1 & 0\\ 0 & 2\end{pmatrix}$,求 A^n.

6. 设方程满足 $2\boldsymbol{A}^2+\boldsymbol{A}-3\boldsymbol{I}=0$。证明：

(1) $\boldsymbol{A}$ 可逆，并求 $\boldsymbol{A}^{-1}$；

(2) $3\boldsymbol{I}-\boldsymbol{A}$ 可逆，并求 $(3\boldsymbol{I}-\boldsymbol{A})^{-1}$.

7. 设矩阵 $\boldsymbol{A}$ 可逆，证明其伴随矩阵 $\boldsymbol{A}^*$ 也可逆，且 $(\boldsymbol{A}^*)^{-1}=(\boldsymbol{A}^{-1})^*$.

8.4 矩阵的初等变换

8.4.1 矩阵的初等变换

矩阵的初等变换是矩阵的一种十分重要的运算，在求逆矩阵、确定矩阵和向量组的秩及解线性方程组等中起到了非常重要的作用.

在行列式的计算中，利用行列式的性质可以将给定的行列式化简，使其中某行或某列的绝大多数元素变为零，再利用按行或列展开的方法简化行列式的计算. 把这种思想应用到矩阵中，就得到了矩阵的初等变换.

定义 8.11 矩阵的下列三种变换称为矩阵的**初等行变换**.

(1) 交换矩阵的两行（交换 i、j 两行，记作 $r_i\leftrightarrow r_j$）；

(2) 用一个非零数 k 乘矩阵的某一行（第 i 行乘数 k，记作 kr_i 或 $r_i\times k$）；

(3) 把矩阵的某一行的 k 倍加到另一行（第 j 行乘数 k 加到第 i 行，记作 r_i+kr_j）.

把定义中的行换为列，就得到了矩阵的**初等列变换**的定义（把所有记号中的 r 换成 c）. 矩阵的初等行变换和初等列变换统称为**初等变换**.

注 初等变换的逆变换仍是初等变换，且变换的类型相同.

例如，变换 $r_i\leftrightarrow r_j$ 的逆变换为其自身；变换 $r_i\times k$ 的逆变换为 $r_i\times\dfrac{1}{k}$；变换 r_i+kr_j 的逆变换为 r_i-kr_j.

定义 8.12 若矩阵 $\boldsymbol{A}$ 经过有限次初等变换变成矩阵 $\boldsymbol{B}$，则称矩阵 $\boldsymbol{A}$ 与 $\boldsymbol{B}$ **等价**，记为 $\boldsymbol{A}\to\boldsymbol{B}$ 或 $\boldsymbol{A}\cong\boldsymbol{B}$.

同型矩阵间的等价关系具有下列基本性质：

(1) 自反性，$\boldsymbol{A}\to\boldsymbol{A}$；

(2) 对称性，若 $\boldsymbol{A}\to\boldsymbol{B}$，则 $\boldsymbol{B}\to\boldsymbol{A}$；

(3) 传递性，若 $\boldsymbol{A}\to\boldsymbol{B}$，且 $\boldsymbol{B}\to\boldsymbol{C}$，则 $\boldsymbol{A}\to\boldsymbol{C}$.

注 矩阵 $\boldsymbol{A}$ 经过初等变换化为矩阵 $\boldsymbol{B}$ 用到的运算符号为"→"或"≅"，而不是等号（前后两个矩阵并不相等），大家要注意书写规范.

已知矩阵 $\boldsymbol{A}=\begin{pmatrix}1&-2&-1&0&2\\-2&4&2&6&-6\\2&-1&0&2&3\\3&3&3&3&4\end{pmatrix}$，对 $\boldsymbol{A}$ 作适当的初等变换.

$$\boldsymbol{A}\xrightarrow[r_4-3r_1]{\substack{r_2+2r_1\\ r_3-2r_1}}\begin{pmatrix}1&-2&-1&0&2\\0&0&0&6&-2\\0&3&2&2&-1\\0&9&6&3&-2\end{pmatrix}\xrightarrow[r_3\leftrightarrow r_4]{r_2\leftrightarrow r_3}\begin{pmatrix}1&-2&-1&0&2\\0&3&2&2&-1\\0&9&6&3&-2\\0&0&0&6&-2\end{pmatrix}$$

$$\xrightarrow{r_3-3r_2}\begin{pmatrix}1&-2&-1&0&2\\0&3&2&2&-1\\0&0&0&-3&1\\0&0&0&6&-2\end{pmatrix}\xrightarrow{r_4+2r_3}\begin{pmatrix}1&-2&-1&0&2\\0&3&2&2&-1\\0&0&0&-3&1\\0&0&0&0&0\end{pmatrix}=\boldsymbol{B}.$$

这里的矩阵 $\boldsymbol{B}$ 依形状特征被称为**阶梯形矩阵**.

如果矩阵某一行的元素不全为零,则称该行为矩阵的**非零行**,否则称为**零行**,并称非零行中左起第一个非零元素为该行的**主元**.

定义 8.13 一般称满足下列条件的矩阵为**行阶梯形矩阵**.

(1)如果存在零行,零行位于矩阵的下方;

(2)各非零行的主元的列标随着行标的增大而严格增大.

如果对矩阵 $\boldsymbol{B}$ 再继续做初等变换,则有

$$\boldsymbol{B}\xrightarrow[r_3\times\left(-\frac{1}{3}\right)]{r_2\times\frac{1}{3}}\begin{pmatrix}1&-2&-1&0&2\\0&1&\frac{2}{3}&\frac{2}{3}&-\frac{1}{3}\\0&0&0&1&-\frac{1}{3}\\0&0&0&0&0\end{pmatrix}\xrightarrow{r_3\times\left(-\frac{2}{3}\right)r_2}\begin{pmatrix}1&-2&-1&0&2\\0&1&\frac{2}{3}&0&-\frac{1}{9}\\0&0&0&1&-\frac{1}{3}\\0&0&0&0&0\end{pmatrix}$$

$$\xrightarrow{r_1+2r_2}\begin{pmatrix}1&0&\frac{1}{3}&0&\frac{16}{9}\\0&1&\frac{2}{3}&0&-\frac{1}{9}\\0&0&0&1&-\frac{1}{3}\\0&0&0&0&0\end{pmatrix}=\boldsymbol{C}.$$

定义 8.14 一般称满足下列条件的行阶梯形矩阵为**行最简形矩阵**.

(1)各非零行的左起首个非零元(即主元)是 1;

(2)各主元所在列的其他元素全为零.

上面的矩阵 $\boldsymbol{C}$ 即为行最简形矩阵. 如果对矩阵 $\boldsymbol{C}$ 继续做初等变换,则有

$$\boldsymbol{C}\xrightarrow[c_4-\frac{16}{9}c_1+\frac{1}{9}c_2+\frac{1}{3}c_3]{c_3-\frac{1}{3}c_1-\frac{2}{3}c_2}\begin{pmatrix}1&0&0&0&0\\0&1&0&0&0\\0&0&0&1&0\\0&0&0&0&0\end{pmatrix}\xrightarrow{c_3\leftrightarrow c_4}\begin{pmatrix}1&0&0&0&0\\0&1&0&0&0\\0&0&1&0&0\\0&0&0&0&0\end{pmatrix}=\boldsymbol{F}.$$

这里的矩阵 $\boldsymbol{F}$ 称为原矩阵 $\boldsymbol{A}$ 的**标准形**. 一般原矩阵 $\boldsymbol{A}$ 的标准形具有的特点为矩阵 $\boldsymbol{F}$ 的左上角是一个单位矩阵,其余元素为 0.

定理 8.4　任意一个矩阵 $\boldsymbol{A}=(a_{ij})_{m\times n}$ 经过有限次初等变换,都可以化为下列标准形矩阵

$$\boldsymbol{F}=\begin{pmatrix}1 & & & & & \\ & \ddots & & & & \\ & & 1 & & & \\ & & & 0 & & \\ & & & & \ddots & \\ & & & & & 0\end{pmatrix}=\begin{pmatrix}\boldsymbol{I}_r & \boldsymbol{O}_{r\times(n-r)} \\ \boldsymbol{O}_{(n-r)\times r} & \boldsymbol{O}_{(n-r)\times(n-r)}\end{pmatrix}.$$

证明从略.

推论 1　任意矩阵 $\boldsymbol{A}=(a_{ij})_{m\times n}$ 都可以经过有限次初等行变换,化为行阶梯形矩阵,进而化为行最简形矩阵.

推论 2　如果 $\boldsymbol{A}$ 为 n 阶可逆矩阵,则矩阵 A 经过有限次初等变换,可以化为单位矩阵,即 $\boldsymbol{A}\to\boldsymbol{I}$.

定理 8.5　矩阵 $\boldsymbol{A}$ 与 $\boldsymbol{B}$ 等价的充分必要条件是它们具有相同的标准形.

例 8.15　求矩阵 $\boldsymbol{A}=\begin{pmatrix}1 & 0 & 2 & -1\\ 2 & 0 & 3 & 1\\ 3 & 0 & 4 & -3\end{pmatrix}$ 的标准形.

解　$$\boldsymbol{A}=\begin{pmatrix}1 & 0 & 2 & -1\\ 2 & 0 & 3 & 1\\ 3 & 0 & 4 & -3\end{pmatrix}\xrightarrow[r_3-3r_1]{r_2-2r_1}\begin{pmatrix}1 & 0 & 2 & -1\\ 0 & 0 & -1 & 3\\ 0 & 0 & -2 & 0\end{pmatrix}\xrightarrow[r_3\times\left(-\frac{1}{2}\right)]{r_2\times(-1)}\begin{pmatrix}1 & 0 & 2 & -1\\ 0 & 0 & 1 & -3\\ 0 & 0 & 1 & 0\end{pmatrix}$$

$$\xrightarrow{r_2\leftrightarrow r_3}\begin{pmatrix}1 & 0 & 2 & -1\\ 0 & 0 & 1 & 0\\ 0 & 0 & 1 & -3\end{pmatrix}\xrightarrow[r_3-r_2]{r_1-2r_2}\begin{pmatrix}1 & 0 & 0 & -1\\ 0 & 0 & 1 & 0\\ 0 & 0 & 0 & -3\end{pmatrix}\xrightarrow{r_3\times\left(-\frac{1}{3}\right)}\begin{pmatrix}1 & 0 & 0 & -1\\ 0 & 0 & 1 & 0\\ 0 & 0 & 0 & 1\end{pmatrix}$$

$$\xrightarrow{r_1+r_3}\begin{pmatrix}1 & 0 & 0 & 0\\ 0 & 0 & 1 & 0\\ 0 & 0 & 0 & 1\end{pmatrix}\xrightarrow{c_2\leftrightarrow c_3}\begin{pmatrix}1 & 0 & 0 & 0\\ 0 & 1 & 0 & 0\\ 0 & 0 & 0 & 1\end{pmatrix}\xrightarrow{c_3\leftrightarrow c_4}\begin{pmatrix}1 & 0 & 0 & 0\\ 0 & 1 & 0 & 0\\ 0 & 0 & 1 & 0\end{pmatrix}.$$

8.4.2　初等矩阵

定义 8.15　对单位矩阵 $\boldsymbol{I}$ 施以一次初等变换得到的矩阵称为**初等矩阵**. 显然 3 种初等变换对应 3 种初等矩阵.

(1)$\boldsymbol{I}$ 的第 i、第 j 行(列)元素互换得到的矩阵为

$$
I(i,j)=\begin{pmatrix}
1 & & & & & & & & & \\
& \ddots & & & & & & & & \\
& & 1 & & & & & & & \\
& & & 0 & & & & 1 & & \\
& & & & 1 & & & & & \\
& & & & & \ddots & & & & \\
& & & & & & 1 & & & \\
& & & 1 & & & & 0 & & \\
& & & & & & & & 1 & \\
& & & & & & & & & \ddots \\
& & & & & & & & & & 1
\end{pmatrix};
$$

(2)I 的第 i 行(列)元素乘非零数 k 得到的矩阵为

$$
I[i(k)]=\begin{pmatrix}
1 & & & & & & \\
& \ddots & & & & & \\
& & 1 & & & & \\
& & & k & & & \\
& & & & 1 & & \\
& & & & & \ddots & \\
& & & & & & 1
\end{pmatrix};
$$

(3)I 的第 j 行元素乘数 k 后加到第 i 行,或 I 的第 i 列乘数 k 后加到第 j 列得到的矩阵为

$$
I[ij(k)]=\begin{pmatrix}
1 & & & & & & \\
& \ddots & & & & & \\
& & 1 & & k & & \\
& & & \ddots & & & \\
& & & & 1 & & \\
& & & & & \ddots & \\
& & & & & & 1
\end{pmatrix}.
$$

初等矩阵具有以下性质:

性质 1 $|I(i,j)|=-1$, $|I[i(k)]|=k$, $|I[i(k)]|=1$.

性质 2 初等矩阵都是可逆矩阵,其逆矩阵仍是初等矩阵,且

$$I(i,j)^{-1}=I(i,j),\ I[i(k)]^{-1}=I[i(k^{-1})],\ I[i(k)]^{-1}=I[ij(-k)].$$

性质 3 初等矩阵的转置仍是初等矩阵.

定理 8.6 用矩阵 A 左(右)乘初等矩阵,就相当于对 A 的行(列)进行一次初等行(列)变换,即

(1)将矩阵 A 的第 i 行与第 j 行互换,就相当于用矩阵 A 左乘初等矩阵 $I(i,j)$;

(2)矩阵 A 的第 i 行乘以非零常数 k,就相当于用矩阵 A 左乘初等矩阵 $I[i(k)]$;

(3)将矩阵 A 的第 j 行的 k 倍加到第 i 行上,就相当于用矩阵 A 左乘初等矩阵 $I[i(k)]$.

同样,若对矩阵 A 进行列变换,相当于将矩阵 A 右乘相对应的初等矩阵.

例如,设矩阵 $A=\begin{pmatrix}3&0&1\\1&-1&2\\0&1&1\end{pmatrix}$,而 $I(1,2)=\begin{pmatrix}0&1&0\\1&0&0\\0&0&1\end{pmatrix}$,$I[32(2)]=\begin{pmatrix}1&0&0\\0&1&0\\0&2&1\end{pmatrix}$,则

$I(1,2)A=\begin{pmatrix}0&1&0\\1&0&0\\0&0&1\end{pmatrix}\begin{pmatrix}3&0&1\\1&-1&2\\0&1&1\end{pmatrix}=\begin{pmatrix}1&-1&2\\3&0&1\\0&1&1\end{pmatrix}$,即用 $I(1,2)$ 左乘 A,相当于交换矩阵 A 的第 1 行与第 2 行.

又 $AI[32(2)]=\begin{pmatrix}3&0&1\\1&-1&2\\0&1&1\end{pmatrix}\begin{pmatrix}1&0&0\\0&1&0\\0&2&1\end{pmatrix}=\begin{pmatrix}3&2&1\\1&3&2\\0&3&1\end{pmatrix}$,即用 $I[32(2)]$ 右乘 A,相当于将矩阵 A 的第 3 列乘 2 后加到第 2 列.

8.4.3　求逆矩阵的初等变换法

8.3 节中,在给出矩阵 A 可逆的充分必要条件的同时,也给出了利用伴随矩阵 A^* 求逆矩阵 A^{-1} 的一种方法,即 $A^{-1}=\frac{1}{|A|}A^*$,这种方法称为**伴随矩阵法**. 然而,对于较高阶的矩阵,用伴随矩阵法求矩阵 A^{-1} 时计算量太大,下面介绍一种较为简单的方法——**初等变换法**.

定理 8.7　n 阶矩阵 A 可逆的充分必要条件是 A 可以表示成若干个初等矩阵的乘积.

证明从略.

求矩阵 A 的逆矩阵 A^{-1} 时,可构造 $n\times 2n$ 阶矩阵 (A,I),然后对其施以初等行变换,将矩阵 A 化为单位矩阵 I,则上述初等行变换同时也将其中的单位矩阵 I 化为 A^{-1},即 $(A,I)\xrightarrow{\text{初等行变换}}(I,A^{-1})$. 这就是求矩阵的**初等变换法**.

例 8.16　设 $A=\begin{pmatrix}0&1&2\\1&1&4\\2&-1&0\end{pmatrix}$,求 A^{-1}.

解　对矩阵 (A,I) 作初等行变换:

$$(A,I)=\begin{pmatrix}0&1&2&1&0&0\\1&1&4&0&1&0\\2&-1&0&0&0&1\end{pmatrix}\xrightarrow{r_1\leftrightarrow r_2}\begin{pmatrix}1&1&4&0&1&0\\0&1&2&1&0&0\\2&-1&0&0&0&1\end{pmatrix}$$

$$\xrightarrow{r_3-2r_1}\begin{pmatrix}1&1&4&0&1&0\\0&1&2&1&0&0\\0&-3&-8&0&-2&1\end{pmatrix}\xrightarrow{r_3+3r_2}\begin{pmatrix}1&1&4&0&1&0\\0&1&2&1&0&0\\0&0&-2&3&-2&1\end{pmatrix}$$

$$\xrightarrow[r_1-r_2+2r_3]{r_2+r_3}\begin{pmatrix}1&0&0&2&-1&1\\0&1&0&4&-2&1\\0&0&-2&3&-2&1\end{pmatrix}\xrightarrow{r_3\times(-\frac{1}{2})}\begin{pmatrix}1&0&0&2&-1&1\\0&1&0&4&-2&1\\0&0&1&-\frac{3}{2}&1&-\frac{1}{2}\end{pmatrix}.$$

于是 $A^{-1}=\begin{pmatrix} 2 & -1 & 1 \\ 4 & -2 & 1 \\ -\frac{3}{2} & 1 & -\frac{1}{2} \end{pmatrix}$.

8.4.4 分块矩阵的概念

对于行数和列数较多的矩阵，为简化计算，经常采用分块法，将大矩阵的运算化成若干个小矩阵的运算，同时也使原矩阵的结构显得简单而清晰. 具体的做法是：将大矩阵 A 用若干横线和竖线分成若干小矩阵，每个小矩阵称为 A 的**子块**，以子块为元素的、形式上的矩阵称为**分块矩阵**.

同一个矩阵根据不同需求，可以灵活地分块，例如矩阵

$$A=\begin{pmatrix} 1 & 0 & 0 & 2 \\ 0 & 1 & 0 & 4 \\ 0 & 0 & 1 & 0 \\ 0 & 0 & 0 & 1 \end{pmatrix}$$

可分块成

$$A=\left(\begin{array}{ccc:c} 1 & 0 & 0 & 2 \\ 0 & 1 & 0 & 4 \\ 0 & 0 & 1 & 0 \\ \hdashline 0 & 0 & 0 & 1 \end{array}\right)=\begin{pmatrix} I_3 & A_1 \\ O & I_1 \end{pmatrix}, \text{其中 } A_1=\begin{pmatrix} 2 \\ 4 \\ 0 \end{pmatrix};$$

也可以分块成

$$A=\left(\begin{array}{cc:cc} 1 & 0 & 0 & 2 \\ 0 & 1 & 0 & 4 \\ \hdashline 0 & 0 & 1 & 0 \\ 0 & 0 & 0 & 1 \end{array}\right)=\begin{pmatrix} I_2 & A_2 \\ O & I_2 \end{pmatrix}, \text{其中 } A_2=\begin{pmatrix} 0 & 2 \\ 0 & 4 \end{pmatrix}.$$

此外，A 还可以按下列方式分块：

$$A=\left(\begin{array}{c:c:c:c} 1 & 0 & 0 & 2 \\ 0 & 1 & 0 & 4 \\ 0 & 0 & 1 & 0 \\ 0 & 0 & 0 & 1 \end{array}\right), A=\left(\begin{array}{cccc} 1 & 0 & 0 & 2 \\ \hdashline 0 & 1 & 0 & 4 \\ \hdashline 0 & 0 & 1 & 0 \\ \hdashline 0 & 0 & 0 & 1 \end{array}\right).$$

注 一个矩阵也可以看作以 $m\times n$ 个元素为一阶子块的分块矩阵. 分块矩阵的运算中，把子块看作元素处理.

8.4.5 分块矩阵的运算

分块矩阵的运算与普通矩阵的运算规则相似，但在分块时要注意，运算的两个矩阵按块可以运算，并且参与运算的子块也可以运算，即内外都可以运算.

(1) 加法运算：设矩阵 A 与矩阵 B 是同型矩阵，若采用相同的分块方式，则有

$$A=\begin{pmatrix} A_{11} & A_{12} & \cdots & A_{1s} \\ A_{21} & A_{22} & \cdots & A_{2s} \\ \vdots & \vdots & & \vdots \\ A_{r1} & A_{r2} & \cdots & A_{rs} \end{pmatrix}, B=\begin{pmatrix} B_{11} & B_{12} & \cdots & B_{1s} \\ B_{21} & B_{22} & \cdots & B_{2s} \\ \vdots & \vdots & & \vdots \\ B_{r1} & B_{r2} & \cdots & B_{rs} \end{pmatrix}.$$

其中 A_{ij} 与 B_{ij} 是同型矩阵($i=1,2,\cdots,r;j=1,2,\cdots,s$),则

$$A+B=\begin{pmatrix} A_{11}+B_{11} & A_{12}+B_{12} & \cdots & A_{1s}+B_{1s} \\ A_{21}+B_{21} & A_{22}+B_{22} & \cdots & A_{2s}+B_{2s} \\ \vdots & \vdots & & \vdots \\ A_{r1}+B_{r1} & A_{r2}+B_{r2} & \cdots & A_{rs}+B_{rs} \end{pmatrix}$$

因此,分块矩阵 A 与 B 相加,只需要把对应的子矩阵相加即可.(不过,A 与 B 的分块结构要一样)

(2)数乘运算:设 A 是一个分块矩阵,k 为一实数,则 kA 的每个子块是 k 与 A 中对应子块的数乘.

(3)乘法运算:两个分块矩阵 A 与 B 的乘积依然可以按照普通矩阵的乘积进行运算,即把矩阵 A 与 B 中的子块当作元素来对待,但根据乘积运算的特点,A 的列的划分与 B 的行的划分保持一致.

例如,设 A 是 $m\times l$ 矩阵,B 是 $l\times n$ 矩阵,将 A 和 B 进行分块:

$$A=\begin{pmatrix} A_{11} & A_{12} & \cdots & A_{1s} \\ A_{21} & A_{22} & \cdots & A_{2s} \\ \vdots & \vdots & & \vdots \\ A_{r1} & A_{r2} & \cdots & A_{rs} \end{pmatrix}, B=\begin{pmatrix} B_{11} & B_{12} & \cdots & B_{1t} \\ B_{21} & B_{22} & \cdots & B_{2t} \\ \vdots & \vdots & & \vdots \\ B_{s1} & B_{s2} & \cdots & B_{st} \end{pmatrix},$$

其中 A_{ik} 是 $m_i\times l_k$ 阶子矩阵,B_{kj} 是 $l_k\times n_j$ 阶子矩阵($i=1,2,\cdots,r;k=1,2,\cdots,s;j=1,2,\cdots,t$),因此 $A_{ik}B_{kj}$ 有意义,有

$$C=\begin{pmatrix} C_{11} & C_{12} & \cdots & C_{1t} \\ C_{21} & C_{22} & \cdots & C_{2t} \\ \vdots & \vdots & & \vdots \\ C_{r1} & C_{r2} & \cdots & C_{rt} \end{pmatrix},$$

其中

$$C_{ij}=\sum_{k=1}^{s}A_{ik}B_{kj}(i=1,2,\cdots,r;j=1,2,\cdots,t).$$

例 8.17 已知 $A=\begin{pmatrix} 1 & 0 & 0 & 0 \\ 0 & 1 & 0 & 0 \\ -1 & 2 & 1 & 0 \\ 1 & 1 & 0 & 1 \end{pmatrix}, B=\begin{pmatrix} 0 & 0 & 1 & 0 \\ 0 & 0 & 0 & 1 \\ 1 & 0 & 1 & 2 \\ 0 & 1 & 0 & 1 \end{pmatrix}$,用分块矩阵计算 $A+B$、AB.

解 根据矩阵加法与乘法的运算特点,可以做如下分块:

$$A=\left(\begin{array}{cc:cc}1&0&0&0\\0&1&0&0\\ \hdashline -1&2&1&0\\1&1&0&1\end{array}\right)=\begin{pmatrix}\boldsymbol{I}&\boldsymbol{O}\\ \boldsymbol{A}_1&\boldsymbol{I}\end{pmatrix},\boldsymbol{B}=\left(\begin{array}{cc:cc}0&0&1&0\\0&0&0&1\\ \hdashline 1&0&1&2\\0&1&0&1\end{array}\right)=\begin{pmatrix}\boldsymbol{O}&\boldsymbol{I}\\ \boldsymbol{I}&\boldsymbol{B}_1\end{pmatrix},$$

其中$\boldsymbol{A}_1=\begin{pmatrix}-1&2\\1&1\end{pmatrix},\boldsymbol{B}_1=\begin{pmatrix}1&2\\0&1\end{pmatrix}$.

由分块矩阵的运算规律知,

$$\boldsymbol{A}+\boldsymbol{B}=\begin{pmatrix}\boldsymbol{I}&\boldsymbol{I}\\ \boldsymbol{A}_1+\boldsymbol{I}&\boldsymbol{B}_1+\boldsymbol{I}\end{pmatrix}=\begin{pmatrix}1&0&1&0\\0&1&0&1\\0&2&2&2\\1&2&0&2\end{pmatrix},$$

$$\boldsymbol{AB}=\begin{pmatrix}\boldsymbol{O}&\boldsymbol{I}\\ \boldsymbol{I}&\boldsymbol{A}_1+\boldsymbol{B}_1\end{pmatrix}=\begin{pmatrix}0&0&1&0\\0&0&0&1\\1&0&0&4\\0&1&1&2\end{pmatrix}.$$

8.4.6 分块对角矩阵的运算

若矩阵 $\boldsymbol{A}$ 的分块矩阵具有以下形式:

$$\boldsymbol{A}=\begin{pmatrix}\boldsymbol{A}_1&\boldsymbol{O}&\cdots&\boldsymbol{O}\\ \boldsymbol{O}&\boldsymbol{A}_2&\cdots&\boldsymbol{O}\\ \vdots&\vdots&&\vdots\\ \boldsymbol{O}&\boldsymbol{O}&\cdots&\boldsymbol{A}_s\end{pmatrix},$$

其特点是不在主对角线上的子块都是零矩阵,而主对角线上的子块都是方阵,这样的矩阵称为分块对角矩阵,其运算可以化为其对角线上子块的运算.

例如,矩阵

$$\boldsymbol{A}=\begin{pmatrix}\boldsymbol{A}_1&\boldsymbol{O}&\cdots&\boldsymbol{O}\\ \boldsymbol{O}&\boldsymbol{A}_2&\cdots&\boldsymbol{O}\\ \vdots&\vdots&&\vdots\\ \boldsymbol{O}&\boldsymbol{O}&\cdots&\boldsymbol{A}_s\end{pmatrix},\boldsymbol{B}=\begin{pmatrix}\boldsymbol{B}_1&\boldsymbol{O}&\cdots&\boldsymbol{O}\\ \boldsymbol{O}&\boldsymbol{B}_2&\cdots&\boldsymbol{O}\\ \vdots&\vdots&&\vdots\\ \boldsymbol{O}&\boldsymbol{O}&\cdots&\boldsymbol{B}_s\end{pmatrix},$$

若 $\boldsymbol{A}_i$ 与 $\boldsymbol{B}_i$ 是阶数相等的矩阵($i=1,2,\cdots,s$),则

$$\boldsymbol{A}\pm\boldsymbol{B}=\begin{pmatrix}\boldsymbol{A}_1\pm\boldsymbol{B}_1&\boldsymbol{O}&\cdots&\boldsymbol{O}\\ \boldsymbol{O}&\boldsymbol{A}_2\pm\boldsymbol{B}_2&\cdots&\boldsymbol{O}\\ \vdots&\vdots&&\vdots\\ \boldsymbol{O}&\boldsymbol{O}&\cdots&\boldsymbol{A}_s\pm\boldsymbol{B}_s\end{pmatrix},\boldsymbol{AB}=\begin{pmatrix}\boldsymbol{A}_1\boldsymbol{B}_1&\boldsymbol{O}&\cdots&\boldsymbol{O}\\ \boldsymbol{O}&\boldsymbol{A}_2\boldsymbol{B}_2&\cdots&\boldsymbol{O}\\ \vdots&\vdots&&\vdots\\ \boldsymbol{O}&\boldsymbol{O}&\cdots&\boldsymbol{A}_s\boldsymbol{B}_s\end{pmatrix}.$$

特别的,当 $\boldsymbol{A}_i$($i=1,2,\cdots,s$)都有可逆矩阵,则矩阵 $\boldsymbol{A}$ 也可逆,且

$$A^{-1}=\begin{pmatrix} A_1^{-1} & O & \cdots & O \\ O & A_2^{-1} & \cdots & O \\ \vdots & \vdots & & \vdots \\ O & O & \cdots & A_s^{-1} \end{pmatrix}.$$

例 8.18 设 $A=\begin{pmatrix} 2 & 1 & 0 & 0 \\ 5 & 3 & 0 & 0 \\ 0 & 0 & 1 & 4 \\ 0 & 0 & 1 & 3 \end{pmatrix}$,求 A^{-1}.

解 根据矩阵 A 的特点,把矩阵 A 划分为分块对角矩阵

$A=\begin{pmatrix} A_1 & O \\ O & A_2 \end{pmatrix}$,其中 $A_1=\begin{pmatrix} 2 & 1 \\ 5 & 3 \end{pmatrix}$,$A_2=\begin{pmatrix} 1 & 4 \\ 1 & 3 \end{pmatrix}$. 由二阶矩阵逆矩阵的计算公式知 $A_1^{-1}=\begin{pmatrix} 3 & -1 \\ -5 & 2 \end{pmatrix}$,$A_2^{-1}=\begin{pmatrix} -3 & 4 \\ 1 & -1 \end{pmatrix}$,进而由分块对角矩阵的逆矩阵可知:

$$A^{-1}=\begin{pmatrix} A_1^{-1} & \boldsymbol{O} \\ \boldsymbol{O} & A_2^{-1} \end{pmatrix}=\begin{pmatrix} 3 & -1 & 0 & 0 \\ -5 & 2 & 0 & 0 \\ 0 & 0 & -3 & 4 \\ 0 & 0 & 1 & -1 \end{pmatrix}.$$

习题 8.4

1. 已知 $A=\begin{pmatrix} 2 & 3 & 1 & -3 & -7 \\ 1 & 2 & 0 & -2 & -4 \\ 3 & -2 & 8 & 3 & 0 \\ 2 & -3 & 7 & 4 & 3 \end{pmatrix}$,

(1)求 A 的行最简形矩阵;

(2)求 A 的标准形.

2. 用初等行变换求矩阵 $A=\begin{pmatrix} 2 & 2 & 3 \\ 1 & -1 & 1 \\ -1 & 2 & 1 \end{pmatrix}$的逆矩阵 A^{-1}.

3. 设 $A=\begin{pmatrix} 4 & 1 & -2 \\ 2 & 2 & 1 \\ 3 & 1 & -1 \end{pmatrix}$,$B=\begin{pmatrix} 1 & -3 \\ 2 & 2 \\ 3 & -1 \end{pmatrix}$,求 X,使 $AX=B$.

4. 设 A、B 为 n 阶矩阵,$2A-B-AB=I$,$A^2=A$,其中 I 为 n 阶单位矩阵,

(1)证明 $A-B$ 为可逆矩阵,并求$(A-B)^{-1}$;

(2)已知 $A=\begin{pmatrix} 1 & 0 & 0 \\ 0 & 3 & -1 \\ 0 & 6 & 2 \end{pmatrix}$,试求矩阵 B.

8.5 矩阵的秩

在前面已指出,任给一个矩阵 $\boldsymbol{A}$,其经过初等变换可化为标准形,即 $\boldsymbol{F}=\begin{pmatrix}\boldsymbol{I}_r & \boldsymbol{O}\\ \boldsymbol{O} & \boldsymbol{O}\end{pmatrix}$ 形式的矩阵. 实际上,数 r 是唯一确定的,它由矩阵 $\boldsymbol{A}$ 本身决定,这个数在实质上就是矩阵的秩,而且由于等价的矩阵具有相同的标准形,故一定都有相同的秩. 矩阵的秩在研究向量组的线性相关性及线性方程组解的结构中具有重要作用. 在本节中,首先利用行列式来定义矩阵的秩,然后给出利用初等变换求矩阵的秩的方法.

8.5.1 矩阵的秩

定义 8.16 设 $\boldsymbol{A}$ 为 $m\times n$ 矩阵,在 $\boldsymbol{A}$ 中任取 k 行 k 列($1\leqslant k\leqslant\min\{m,n\}$),位于这些行和列相交处的 k^2 个元素按其原来的顺序构成的一个 k 阶行列式,称为 $\boldsymbol{A}$ 的 k **阶子式**.

注 $m\times n$ 矩阵 $\boldsymbol{A}$ 的 k 阶子式共有 $C_m^k C_n^k$ 个.

定义 8.17 设在矩阵 $\boldsymbol{A}$ 中有一个不等于零的 r 阶子式 $\boldsymbol{D}$,且所有 $r+1$ 阶子式(如果存在的话)全等于零,那么数 r 称为矩阵 $\boldsymbol{A}$ 的**秩**,记作 $r(\boldsymbol{A})=r$ 或 $R(\boldsymbol{A})=r$. 规定零矩阵的秩为零,即 $r(\boldsymbol{O})=0$.

由行列式的性质知,在矩阵 $\boldsymbol{A}$ 中所有 $r+1$ 阶子式全等于零时,所有高于 $r+1$ 阶子式也全等于零,因此 $\boldsymbol{A}$ 的秩 $r(\boldsymbol{A})$ 就是 $\boldsymbol{A}$ 的非零子式的最高阶的阶数.

矩阵的秩具有下列性质:

(1)若矩阵 $\boldsymbol{A}$ 中有某个 s 阶子式不为零,则 $r(\boldsymbol{A})\geqslant s$.

(2)若矩阵 $\boldsymbol{A}$ 中所有 t 阶子式全为零,则 $r(\boldsymbol{A})<t$.

(3)若矩阵 $\boldsymbol{A}$ 为 $m\times n$ 阶矩阵,则 $0\leqslant r(\boldsymbol{A})\leqslant\min\{m,n\}$.

(4)$r(\boldsymbol{A})=r(\boldsymbol{A}^{\mathrm{T}})$.

(5)当 $k\neq 0$ 时,有 $r(k\boldsymbol{A})=r(\boldsymbol{A})$.

当 $r(\boldsymbol{A})=\min\{m,n\}$ 时,称 $\boldsymbol{A}$ 为**满秩矩阵**,否则称 $\boldsymbol{A}$ 为**降秩矩阵**. 显然,可逆矩阵都是满秩矩阵.

定理 8.8 一个 n 阶矩阵 $\boldsymbol{A}$ 可逆的充分必要条件是 $r(\boldsymbol{A})=n$.

例 8.19 求矩阵 $\boldsymbol{A}$ 和 $\boldsymbol{B}$ 的秩,其中

$$\boldsymbol{A}=\begin{pmatrix}1 & 2 & 3\\ 2 & 3 & -5\\ 4 & 7 & 1\end{pmatrix},\boldsymbol{B}=\begin{pmatrix}2 & -1 & 3 & -2\\ 0 & 3 & -2 & 5\\ 0 & 0 & 4 & -3\\ 0 & 0 & 0 & 0\end{pmatrix}.$$

解 在 $\boldsymbol{A}$ 中容易看出一个二阶子式 $\begin{vmatrix}1 & 3\\ 2 & -5\end{vmatrix}=-11\neq 0$,$\boldsymbol{A}$ 的三阶子式只有一个 $|\boldsymbol{A}|$,经过计算知 $|\boldsymbol{A}|=0$. 因此,$r(\boldsymbol{A})=2$.

$\boldsymbol{B}$ 是一个行阶梯形矩阵,其中非零行只有 3 行,可知 $\boldsymbol{B}$ 的所有四阶子式全为零. 而以 3 个非零行的主元为对角线的三阶子式 $\begin{vmatrix} 2 & -1 & 3 \\ 0 & 3 & 1 \\ 0 & 0 & 4 \end{vmatrix}=24\neq 0$,因此,$r(\boldsymbol{B})=3$.

8.5.2 矩阵秩的求法

从上例可以看出对于一般的矩阵,当行数和列数较高时,按定义来求秩是很麻烦的. 对于行阶梯形矩阵,它的秩等于非零行的行数,比较容易计算;而任意矩阵都可以经过初等行变换化为行阶梯形矩阵,因此,自然而然会想到利用初等变换把矩阵化为行阶梯形矩阵,但这两个矩阵的秩是否相等呢? 下面的定理回答了这个问题.

定理 8.9 矩阵 $\boldsymbol{A}$ 经过有限次初等变换化为矩阵 $\boldsymbol{B}$,则 $r(\boldsymbol{A})=r(\boldsymbol{B})$,即初等变换不改变矩阵的秩.

证明从略.

推论 1 若矩阵 $\boldsymbol{A}$ 和矩阵 $\boldsymbol{B}$ 等价,则 $r(\boldsymbol{A})=r(\boldsymbol{B})$.

推论 2 矩阵的秩等于其行阶梯形矩阵的秩,也等于其标准形的秩;若其标准形为 $\begin{pmatrix} \boldsymbol{I}_r & \boldsymbol{O} \\ \boldsymbol{O} & \boldsymbol{O} \end{pmatrix}$,则 $r(\boldsymbol{A})=r$.

推论 3 若有可逆矩阵 $\boldsymbol{P}$、$\boldsymbol{Q}$,使得 $\boldsymbol{PAQ}=\boldsymbol{B}$,则 $r(\boldsymbol{A})=r(\boldsymbol{B})$.

由以上分析可知,当矩阵经过初等行变换化为行阶梯形矩阵时,行阶梯形矩阵中非零行的行数就等于矩阵的秩.

例 8.20 设 $\boldsymbol{A}=\begin{pmatrix} 3 & 2 & 0 & 5 & 0 \\ 3 & -2 & 3 & 6 & -1 \\ 2 & 0 & 1 & 5 & -3 \\ 1 & 6 & -4 & -1 & 4 \end{pmatrix}$,求矩阵 $\boldsymbol{A}$ 的秩.

解 要求矩阵 $\boldsymbol{A}$ 的秩,对 $\boldsymbol{A}$ 作初等行变换,将其化为阶梯形矩阵:

$$\boldsymbol{A}=\begin{pmatrix} 3 & 2 & 0 & 5 & 0 \\ 3 & -2 & 3 & 6 & -1 \\ 2 & 0 & 1 & 5 & -3 \\ 1 & 6 & -4 & -1 & 4 \end{pmatrix}\to\begin{pmatrix} 1 & 6 & -4 & -1 & 4 \\ 3 & -2 & 3 & 6 & -1 \\ 2 & 0 & 1 & 5 & -3 \\ 3 & 2 & 0 & 5 & 0 \end{pmatrix}$$

$$\to\begin{pmatrix} 1 & 6 & -4 & -1 & 4 \\ 0 & -4 & 3 & 1 & -1 \\ 0 & -12 & 9 & 4 & -3 \\ 0 & -16 & 12 & 0 & 0 \end{pmatrix}\to\begin{pmatrix} 1 & 6 & -4 & -1 & 4 \\ 0 & -4 & 3 & 1 & -1 \\ 0 & 0 & 0 & 4 & -8 \\ 0 & 0 & 0 & 4 & -8 \end{pmatrix}$$

$$\to\begin{pmatrix} 1 & 6 & -4 & -1 & 4 \\ 0 & -4 & 3 & 1 & -1 \\ 0 & 0 & 0 & 4 & -8 \\ 0 & 0 & 0 & 0 & 0 \end{pmatrix}.$$

故 $r(\boldsymbol{A})=3$.

例 8.21 设$A=\begin{pmatrix}1&2&-1&1\\3&2&\lambda&-1\\5&6&3&\mu\end{pmatrix}$,已知$r(A)=2$,求$\lambda$与$\mu$的值.

解 对A作初等行变换,将其化为阶梯形矩阵:

$$A=\begin{pmatrix}1&2&-1&1\\3&2&\lambda&-1\\5&6&3&\mu\end{pmatrix}\to\begin{pmatrix}1&2&-1&1\\0&-4&\lambda+3&-4\\0&-4&8&\mu-5\end{pmatrix}\to\begin{pmatrix}1&2&-1&1\\0&-4&\lambda+3&-4\\0&0&5-\lambda&\mu-1\end{pmatrix}.$$

因$r(A)=2$,故$\begin{cases}5-\lambda=0,\\\mu-1=0,\end{cases}$解得$\begin{cases}\lambda=5,\\\mu=1.\end{cases}$

下面再介绍几个常用的矩阵的秩的性质:

(1)$\max\{r(A),r(B)\}\leqslant r(A,B)\leqslant r(A)+r(B)$;

特别的,当矩阵$B=b$为一个列矩阵时,有$r(A)\leqslant r(A,b)\leqslant r(A)+1$.

(2)$r(A+B)\leqslant r(A)+r(B)$;

(3)$r(AB)\leqslant\min\{r(A),r(B)\}$;

(4)若$A_{m\times n}B_{n\times l}=O$,则$r(A)+r(B)\leqslant n$.

例 8.22 设n阶矩阵A满足$A^2=A$,证明$r(A)+r(A-I)=n$.

证 因为$A^2=A$,所以$A(A-I)=O$,从而由上述矩阵的秩的性质(4)知,

$$r(A)+r(A-I)\leqslant n;$$

另一方面,$r(A)+r(A-I)=r(A)+r(I-A)\geqslant r[A+(I-A)]=r(I)=n$,所以

$$r(A)+r(A-I)=n.$$

习题 8.5

1. 计算下列矩阵的秩.

(1)$\begin{pmatrix}3&1&0&2\\1&-1&3&-1\\0&3&-4&-4\end{pmatrix}$; (2)$\begin{pmatrix}2&1&11&2\\1&0&4&-1\\11&4&56&5\\2&-1&5&-6\end{pmatrix}$.

2. 已知矩阵$\begin{pmatrix}1&a&a\\a&1&a\\a&a&1\end{pmatrix}$,其中$a$为参数,求矩阵$A$的秩.

3. 已知矩阵$A=\begin{pmatrix}1&1&2&2&3\\2&2&0&a&4\\1&0&a&1&5\\2&a&3&5&4\end{pmatrix}$,且$r(A)=3$,求$a$的值.

4. A是$m\times n$矩阵,且$m>n$,证明$|AA^{\mathrm{T}}|=0$.

本章应用拓展——矩阵密码在保密通信中的应用

保密通信，就是通信者要把消息发送给指定的接收者，同时不让其他人，特别是对手得到和了解消息的内容. 消息的发送方要保密，最好是根本不让除接收者以外的任何人得到所发送的消息，比如人们早期用派专门信使的方法直接将密信送到接收者手中，但这一方法的致命缺点是发送速度慢，且安全性差. 由此，消息的发送者想出一个办法：不直接将原来的消息传送出去，而将它按一定的规则加以改变、伪装后再传送出去.

密码学中称原来的消息为明文，其用人们日常生活中的语言写成，识字的都看得懂. 经过伪装的明文则变成了密文，接收者以外的人看不懂. 由明文变成密文的过程称为加密. 改变明文的方法称为密码，密码作为军事和政治斗争中常用的一种手段，已有上千年的历史. 随着科学技术的发展，信息传播越来越频繁和便捷，保密通信也日益扩展到民间的经济生活以及日常生活中. 密码中的关键信息称为密钥，显然，密钥在保密通信中占有极其重要的地位，通常主要由通信双方秘密商定. 当一个人知道了密码，就可以读懂密文，若不知道密码，即使他得到了密文，也看不懂，这样就达到了保密的目的. 人们对密文进行分析，企图找到读取密文的法则，这一过程称为破译. 保密通信就是在保密者和破译者之间的不断斗争中发展起来的.

矩阵密码法是一种最容易运用且最为人们所熟悉的加密方法，是一种基于可逆矩阵的方法. 首先在 26 个英文字母与数字间建立起一一对应关系，如

$$\begin{array}{ccccc} A & B & \cdots & Y & Z \\ \vdots & \vdots & & \vdots & \vdots \\ 1 & 2 & \cdots & 25 & 26 \end{array}$$

例如，如果明文信息是“SEND MONEY”，使用上述代码，则此信息的编码是 19、5、14、4、13、15、14、5、25，其中“5”表示字母“E”. 不妙的是，这种编码很容易被别人破译. 在一个较长的信息编码中，人们会根据那个出现频率最高的数值来猜出它代表的是哪个字母，比如上述编码中出现次数最多的数值是 5，人们自然会想到它代表的是字母“E”，因为统计规律告诉人们，字母“E”是在英文单词中出现频率最高的字母.

为解决这个问题，我们可以利用矩阵乘法来对明文“SEND MONEY”进行加密，将其变成“密文”后再传送，以增加非法用户破译的难度，而让合法用户轻松解密. 如果一个矩阵 $\boldsymbol{A}$ 的元素均为整数，而且其行列式 $|\boldsymbol{A}|=\pm 1$，那么由 $\boldsymbol{A}^{-1}=\dfrac{\boldsymbol{A}^*}{|\boldsymbol{A}|}$ 知，$\boldsymbol{A}^{-1}$ 的元素均为整数. 我们可以利用这样的矩阵 $\boldsymbol{A}$ 来对明文加密，使加密之后的密文很难破译. 现在取密钥矩阵

$$\boldsymbol{A}=\begin{pmatrix} 1 & 2 & 1 \\ 2 & 5 & 3 \\ 2 & 3 & 2 \end{pmatrix},$$

明文“SEND MONEY”对应的 9 个数值按 3 列可以排成以下矩阵：

$$B=\begin{pmatrix}19&4&14\\5&13&5\\14&15&25\end{pmatrix}.$$

矩阵乘积为：

$$AB=\begin{pmatrix}1&2&1\\2&5&3\\2&3&2\end{pmatrix}\begin{pmatrix}19&4&14\\5&13&5\\14&15&25\end{pmatrix}=\begin{pmatrix}43&45&49\\105&118&128\\81&77&93\end{pmatrix}.$$

对应将发出去的密文编码为：

43,105,81,45,118,77,49,128,93.

合法用户用 A^{-1} 去左乘上述矩阵即可解密，得到明文.

$$A^{-1}\begin{pmatrix}43&45&49\\105&118&128\\81&77&93\end{pmatrix}=\begin{pmatrix}1&-1&1\\2&0&-1\\-4&1&1\end{pmatrix}\begin{pmatrix}43&45&49\\105&118&128\\81&77&93\end{pmatrix}=\begin{pmatrix}19&4&14\\5&13&5\\14&15&25\end{pmatrix}.$$

注 为构造“密钥”矩阵 $\boldsymbol{A}$，可以从单位矩阵 $\boldsymbol{I}$ 开始，有限次地使用第三类初等行变换，而且只用某行的整数倍加到另一行，这样得到的矩阵 $\boldsymbol{A}$ 的元素均为整数，而且由 $|\boldsymbol{A}|=\pm1$ 可知，$\boldsymbol{A}^{-1}$ 的元素必然均为整数.

总习题 8

1. 填空题.

(1)已知矩阵 $\boldsymbol{A}=\begin{pmatrix}1&1&-6&10\\2&5&k&-1\\1&2&-1&k\end{pmatrix}$ 的秩为 2，则 $k=$________.

(2)当 $\lambda=$________时，矩阵 $\boldsymbol{A}=\begin{pmatrix}3&1&1&4\\\lambda&4&10&1\\1&7&17&3\\2&2&4&3\end{pmatrix}$ 的秩最小.

(3)设 $\boldsymbol{\alpha}$ 是三维列矩阵，若 $\boldsymbol{\alpha}\boldsymbol{\alpha}^{\mathrm{T}}=\begin{pmatrix}1&-1&1\\-1&1&-1\\-1&-1&1\end{pmatrix}$，则 $\boldsymbol{\alpha}^{\mathrm{T}}\boldsymbol{\alpha}=$________.

(4)设 $\boldsymbol{A}$ 为三阶矩阵，且 $|\boldsymbol{A}|=-2$，则 $\left|\left(\frac{1}{12}\boldsymbol{A}\right)^{-1}+(3\boldsymbol{A})^{*}\right|=$________.

2. 选择题.

(1)设矩阵 $\boldsymbol{A}=\begin{pmatrix}a&b&b\\b&a&b\\b&b&a\end{pmatrix}$，且 $r(\boldsymbol{A}^{*})=1$，则(　　).

A. $r(\boldsymbol{A})=1$　　B. $r(\boldsymbol{A})=3$

C. $a=b$ 或 $a+2b=0$　　D. $a+2b=0$,其中 $a\neq0$

(2)下列矩阵中不是初等矩阵的是(　　).

A. $\begin{pmatrix}2&0\\0&1\end{pmatrix}$　　B. $\begin{pmatrix}1&0\\-2&1\end{pmatrix}$　　C. $\begin{pmatrix}0&1&0\\1&0&0\\2&0&1\end{pmatrix}$　　D. $\begin{pmatrix}1&0&0\\0&1&0\\0&0&-1\end{pmatrix}$

(3)设 $\boldsymbol{A}$、$\boldsymbol{B}$ 均为 n 阶对称矩阵,则下面四个结论中不正确的是(　　).

A. $\boldsymbol{A}+\boldsymbol{B}$ 也是对称矩阵　　B. $\boldsymbol{AB}$ 也是对称矩阵

C. $\boldsymbol{A}^m+\boldsymbol{B}^m$ 也是对称矩阵　　D. $\boldsymbol{BA}^{\mathrm{T}}+\boldsymbol{AB}^{\mathrm{T}}$ 也是对称矩阵

(4)设 $\boldsymbol{A}$、$\boldsymbol{B}$ 均为 n 阶矩阵,满足等式 $\boldsymbol{AB}=\boldsymbol{O}$,则必有(　　).

A. $\boldsymbol{A}=\boldsymbol{O}$ 或 $\boldsymbol{B}=\boldsymbol{O}$　　B. $\boldsymbol{A}+\boldsymbol{B}=\boldsymbol{O}$

C. $|\boldsymbol{A}|=0$ 或 $|\boldsymbol{B}|=0$　　D. $|\boldsymbol{A}|+|\boldsymbol{B}|=0$

(5)设 $\boldsymbol{A}$、$\boldsymbol{B}$ 均为 n 阶矩阵,则有(　　).

A. $|\boldsymbol{A}+\boldsymbol{B}|=|\boldsymbol{A}|+|\boldsymbol{B}|$　　B. $|\boldsymbol{A}-\boldsymbol{B}|=|\boldsymbol{A}|-|\boldsymbol{B}|$

C. $|\boldsymbol{AB}|=|\boldsymbol{BA}|$　　D. $\boldsymbol{AB}=\boldsymbol{BA}$

(6)设 $\boldsymbol{A}$、$\boldsymbol{B}$ 均为 n 阶矩阵,则下列选项中正确的是(　　).

A. 若 $\boldsymbol{A}$、$\boldsymbol{B}$ 都可逆,则 $\boldsymbol{A}^*+\boldsymbol{B}^*$ 一定可逆

B. 若 $\boldsymbol{A}$、$\boldsymbol{B}$ 都不可逆,则 $\boldsymbol{A}+\boldsymbol{B}$ 一定不可逆

C. 若 $\boldsymbol{A}$ 可逆,但 $\boldsymbol{B}$ 不可逆,则 $\boldsymbol{A}^*+\boldsymbol{B}^*$ 一定不可逆

D. 以上三个命题均不正确

3. 判断题.

下列各题中的大写字母均表示矩阵,$\boldsymbol{I}$ 表示单位矩阵,假设以下提到的运算均能进行.

(1)若 $\boldsymbol{A}^2=\boldsymbol{O}$,则 $\boldsymbol{A}=\boldsymbol{O}$.　(　　)

(2)若 $\boldsymbol{AB}=\boldsymbol{AC}$,且 $\boldsymbol{A}\neq\boldsymbol{O}$,则 $\boldsymbol{B}=\boldsymbol{C}$.　(　　)

(3)$|k\boldsymbol{A}|=k|\boldsymbol{A}|$,其中 k 为非零常数,$\boldsymbol{A}$ 为 n 阶矩阵.　(　　)

(4)若 n 阶矩阵 $\boldsymbol{A}$、$\boldsymbol{B}$ 均可逆,则 $\boldsymbol{A}+\boldsymbol{B}$ 可逆.　(　　)

(5)可逆矩阵 $\boldsymbol{A}$ 总可以经过若干次初等变换化为单位矩阵.　(　　)

(6)若 $\boldsymbol{A}$ 可逆,则对矩阵$(\boldsymbol{A}\ \vdots\ \boldsymbol{I})$施行若干次初等行变换和初等列变换,当 $\boldsymbol{A}$ 化为单位矩阵 $\boldsymbol{I}$ 时,相应的单位矩阵化为 $\boldsymbol{A}^{-1}$.　(　　)

(7)对于矩阵 $\boldsymbol{A}$,总可以只经过初等行变换把它化为标准形.　(　　)

(8)设矩阵 $\boldsymbol{A}$ 的秩为 r,则 A 中所有 $r-1$ 阶子式必不等于零.　(　　)

(9)从矩阵 $\boldsymbol{A}_{m\times n}(n>1)$ 中划去一列,得到矩阵 $\boldsymbol{B}$,则 $r(\boldsymbol{A})>r(\boldsymbol{B})$.　(　　)

(10)设 $\boldsymbol{A}$、$\boldsymbol{B}$ 均为 $m\times n$ 矩阵,若 $r(\boldsymbol{A})=r(\boldsymbol{B})$,则 $\boldsymbol{A}$ 与 $\boldsymbol{B}$ 必有相同的标准形.　(　　)

4. 设 $\boldsymbol{A}=\begin{pmatrix}1&1&1\\1&1&-1\\1&-1&1\end{pmatrix}$,$\boldsymbol{B}=\begin{pmatrix}1&2&3\\-1&-2&4\\0&5&1\end{pmatrix}$,求 $3\boldsymbol{AB}-2\boldsymbol{B}^{\mathrm{T}}$.

5. 设 $\boldsymbol{A}=\begin{pmatrix}3&4&0&0\\4&-3&0&0\\0&0&2&0\\0&0&2&2\end{pmatrix}$,求 $\boldsymbol{A}^{-1}$.

6. 举反例说明下列命题是错误的.

(1)若 $\boldsymbol{A}^2=\boldsymbol{O}$,则 $\boldsymbol{A}=\boldsymbol{O}$;

(2)若 $\boldsymbol{A}^2=\boldsymbol{A}$,则 $\boldsymbol{A}=\boldsymbol{O}$ 或 $\boldsymbol{A}=\boldsymbol{I}$;

(3)若 $\boldsymbol{AX}=\boldsymbol{AY}$,且 $\boldsymbol{A}\neq\boldsymbol{O}$,则 $\boldsymbol{X}=\boldsymbol{Y}$.

7. 解矩阵方程 $\boldsymbol{X}\begin{pmatrix}2&1&-1\\2&1&0\\1&-1&1\end{pmatrix}=\begin{pmatrix}1&-1&3\\4&3&2\end{pmatrix}$.

8. 设 $\boldsymbol{A}=\begin{pmatrix}1&0&1\\0&2&0\\1&0&1\end{pmatrix}$,且 $\boldsymbol{AB}+\boldsymbol{I}=\boldsymbol{A}^2+\boldsymbol{B}$,求 $\boldsymbol{B}$.

9. 求下列矩阵的逆矩阵.

(1)$\begin{pmatrix}1&1&-1\\2&1&0\\1&-1&0\end{pmatrix}$;　(2)$\begin{pmatrix}0&2&-1\\1&1&2\\-1&-1&-1\end{pmatrix}$.

10. 设三阶矩阵 $\boldsymbol{A}=\begin{pmatrix}x&1&1\\1&x&1\\1&1&x\end{pmatrix}$,试求矩阵 $\boldsymbol{A}$ 的秩.

11. 已知 $\boldsymbol{A}$ 是 n 阶矩阵,若 $(\boldsymbol{A}+\boldsymbol{I})^m=\boldsymbol{O}$,证明矩阵 $\boldsymbol{A}$ 可逆.

12. 设方阵 $\boldsymbol{A}$ 满足方程 $\boldsymbol{A}^2-2\boldsymbol{A}+4\boldsymbol{I}=\boldsymbol{O}$,证明 $\boldsymbol{A}+\boldsymbol{I}$、$\boldsymbol{A}-3\boldsymbol{I}$ 都可逆,并求它们的逆矩阵.

13. 证明可逆的对称矩阵的逆矩阵仍是对称矩阵.

第 9 章 线性方程组

在第 7 章里已经研究过线性方程组的一种特殊情形，即线性方程组所含方程的个数等于未知量的个数，且方程组的系数行列式不等于零时，方程组的求解方法——克莱姆法则，但其局限性较大. 求解线性方程组是线性代数的主要任务之一，它在科学技术与经济管理领域有着相当广泛的应用. 因此有必要从更普遍的角度讨论方程组的一般理论，这就需要引入 n 维向量的概念、定义及其线性运算，研究向量的线性相关性，进而给出向量组的秩的概念，讨论矩阵的秩与向量组的秩的关系，而后建立线性方程组解的结构理论. 本章概念较多，内容较为抽象，需要仔细研读，认真领会.

9.1 线性方程组解的判定

首先梳理一下消元法求解线性方程组的本质，进而给出方程组解的判定. 消元法的基本思路是通过消元变形，把方程组化成容易求解的同解方程组. 下面通过一个引例来说明消元法的具体做法.

引例 用消元法求解线性方程组：

$$\begin{cases} 2x_1+2x_2-x_3=6, \\ x_1-2x_2+4x_3=3, \\ 5x_1+7x_2+x_3=28. \end{cases}$$

解 为了观察消元过程，将消元过程中每一个步骤的方程组及其对应增广矩阵一起列出.

$$\begin{cases}2x_1+2x_2-x_3=6,\\ x_1-2x_2+4x_3=3,\\ 5x_1+7x_2+x_3=28.\end{cases}(1)\xleftrightarrow{\text{对应}}\begin{pmatrix}2&2&-1&6\\1&-2&4&3\\5&7&1&28\end{pmatrix}(1)$$

$$\to\begin{cases}2x_1+2x_2-x_3=6,\\ -3x_2+\dfrac{9}{2}x_3=0,\\ 2x_2+\dfrac{7}{2}x_3=13.\end{cases}(2)\xleftrightarrow{\text{对应}}\begin{pmatrix}2&2&-1&6\\0&-3&\dfrac{9}{2}&0\\0&2&\dfrac{7}{2}&13\end{pmatrix}(2)$$

$$\to\begin{cases}2x_1+2x_2-x_3=6,\\ -3x_2+\dfrac{9}{2}x_3=0,\\ \dfrac{13}{2}x_3=13.\end{cases}(3)\xleftrightarrow{\text{对应}}\begin{pmatrix}2&2&-1&6\\0&-3&\dfrac{9}{2}&0\\0&0&\dfrac{13}{2}&13\end{pmatrix}(3)$$

$$\to\begin{cases}2x_1+2x_2-x_3=6,\\ -3x_2+\dfrac{9}{2}x_3=0,\\ x_3=2.\end{cases}(4)\xleftrightarrow{\text{对应}}\begin{pmatrix}2&2&-1&6\\0&-3&\dfrac{9}{2}&0\\0&0&1&2\end{pmatrix}(4)$$

从最后一个方程得到 $x_3=2$,将其代入第二个方程可得 $x_3=2$,再将 $x_3=2$ 及 $x_2=3$ 一起代入第一个方程,得到 $x_1=1$. 因此,所求方程组的解为 $x_1=1,x_2=3,x_3=2$.

通常把过程(1)到(4)称为**消元过程**,矩阵(4)是行阶梯形矩阵,与之对应的方程组(4)则称为**阶梯形方程组**.

从上述解题过程可以看出,用消元法求解方程组的具体过程的本质就是对方程组反复实施以下三种变换:

(1)交换某两个方程的位置;

(2)用一个非零数乘方程的两边;

(3)将一个方程的倍数加到另一个方程上去.

以上这三种变换称为**线性方程组的初等变换**,而消元法的目的就是利用方程组的初等变换将原方程组化为阶梯形方程组,显然这个阶梯形方程组与原方程组同解,解这个阶梯形方程组就得到原方程组的解. 如果用矩阵表示其系数及常数项,则将原方程组化为阶梯形方程组的过程就是将其对应的矩阵经过**初等行变换**化为行阶梯形矩阵的过程.

将一个方程组化为阶梯形方程组的步骤并不是唯一的,所以,同一个方程组的阶梯形方程组也不是唯一的. 特别的,可以把一个阶梯形方程组化为行最简形方程组,从而能直接“读”出线性方程组的解.

对本例,还可以利用线性方程组的初等行变换继续化简线性方程组(4):

$$\to\begin{cases}2x_1+2x_2=8,\\ -3x_2=-9,\\ x_3=2.\end{cases}(5)\xleftrightarrow{\text{对应}}\begin{pmatrix}2&2&0&8\\0&-3&0&-9\\0&0&1&2\end{pmatrix}(5)$$

$$\rightarrow\begin{cases}2x_1+2x_2=8,\\x_2=3,\\x_3=2.\end{cases}(6)\xleftrightarrow{\text{对应}}\begin{pmatrix}2&2&0&8\\0&1&0&3\\0&0&1&2\end{pmatrix}(6)$$

$$\rightarrow\begin{cases}2x_1=2,\\x_2=3,\\x_3=2.\end{cases}(7)\xleftrightarrow{\text{对应}}\begin{pmatrix}2&0&0&2\\0&1&0&3\\0&0&1&2\end{pmatrix}(7)$$

$$\rightarrow\begin{cases}x_1=1,\\x_2=3,\\x_3=2.\end{cases}(8)\xleftrightarrow{\text{对应}}\begin{pmatrix}1&0&0&1\\0&1&0&3\\0&0&1&2\end{pmatrix}(8)$$

从方程组(8)可以一目了然地看出，$x_1=1,x_2=3,x_3=2$.

从引例可得到如下启示：用消元法解三元线性方程组的过程，相当于对该方程组的系数与右端常数项按对应位置构成的矩阵作初等行变换. 对一般的线性方程组是否有同样的结论？答案是肯定的. 下面就一般线性方程组求解的问题进行讨论.

设有线性方程组

$$\begin{cases}a_{11}x_1+a_{12}x_2+\cdots+a_{1n}x_n=b_1,\\a_{21}x_1+a_{22}x_2+\cdots+a_{2n}x_n=b_2,\\\qquad\vdots\\a_{m1}x_1+a_{m2}x_2+\cdots+a_{mn}x_n=b_m.\end{cases}\tag{9.1}$$

其矩阵形式为 $\boldsymbol{Ax}=\boldsymbol{b}$，其中

$$\boldsymbol{A}=\begin{pmatrix}a_{11}&a_{12}&\cdots&a_{1n}\\a_{21}&a_{22}&\cdots&a_{2n}\\\vdots&\vdots&&\vdots\\a_{m1}&a_{m2}&\cdots&a_{mn}\end{pmatrix},\boldsymbol{x}=\begin{pmatrix}x_1\\x_2\\\vdots\\x_n\end{pmatrix},\boldsymbol{b}=\begin{pmatrix}b_1\\b_2\\\vdots\\b_m\end{pmatrix}.$$

称矩阵 $\overline{\boldsymbol{A}}=(\boldsymbol{A}\mid\boldsymbol{b})$ 为线性方程组(9.1)的增广矩阵，当 $b_i=0(i=1,2,\cdots,m)$ 时，线性方程组(9.1)称为**齐次线性方程组**，否则称为**非齐次线性方程组**. 显然，齐次线性方程组的矩阵形式为

$$\boldsymbol{Ax}=0.$$

利用系数矩阵 $\boldsymbol{A}$ 和增广矩阵 $\overline{\boldsymbol{A}}=(\boldsymbol{A}\mid\boldsymbol{b})$ 的秩，可以讨论出方程组是否有解以及有解时解是否唯一等问题. 其结论如下.

定理 9.1 设 $\boldsymbol{A}=(a_{ij})_{m\times n}$，$n$ 元非齐次线性方程组 $\boldsymbol{Ax}=\boldsymbol{b}$ 有解的充分必要条件是系数矩阵 $\boldsymbol{A}$ 的秩等于其增广矩阵 $\overline{\boldsymbol{A}}$ 的秩，即 $r(\boldsymbol{A})=r(\overline{\boldsymbol{A}})$.

(1) 当 $r(\boldsymbol{A})=r(\overline{\boldsymbol{A}})=n$ 时，方程组 $\boldsymbol{Ax}=\boldsymbol{b}$ 有唯一解；

(2) 当 $r(\boldsymbol{A})=r(\overline{\boldsymbol{A}})<n$ 时，方程组 $\boldsymbol{Ax}=\boldsymbol{b}$ 有无穷多解；

(3) 当 $r(\boldsymbol{A})\neq r(\overline{\boldsymbol{A}})$ 时，方程组 $\boldsymbol{Ax}=\boldsymbol{b}$ 无解.

证 设 $r(\boldsymbol{A})=r$，对一个方程组进行初等变换，实际上就是对它的增广矩阵进行初等行变

换,对增广矩阵 $\overline{A}$ 进行初等行变换,其可化为阶梯形矩阵:

$$\begin{pmatrix} c_{11} & c_{12} & \cdots & c_{1r} & \cdots & c_{1n} & d_1 \\ 0 & c_{22} & \cdots & c_{2r} & \cdots & c_{2n} & d_2 \\ \vdots & \vdots & & \vdots & & \vdots & \vdots \\ 0 & 0 & \cdots & c_{rr} & \cdots & c_{rn} & d_r \\ 0 & 0 & \cdots & 0 & \cdots & 0 & d_{r+1} \\ \vdots & \vdots & & \vdots & & \vdots & \vdots \\ 0 & 0 & \cdots & 0 & \cdots & 0 & 0 \end{pmatrix} = \boldsymbol{B}_1 \tag{9.2}$$

则方程组(9.1)与以阶梯形矩阵 $\boldsymbol{B}_1$ 为增广矩阵的方程组是同解方程组.

证明必要性. 设方程组 $\boldsymbol{Ax}=\boldsymbol{b}$ 有解,如果 $r(\boldsymbol{A})<r(\overline{\boldsymbol{A}})=r(\boldsymbol{B}_1)$,则 $d_{r+1}\neq 0$,因此,$\overline{\boldsymbol{A}}$ 的行阶梯形矩阵 $\boldsymbol{B}_1$ 中最后一个非零行是矛盾方程. 此时方程组 $\boldsymbol{Ax}=\boldsymbol{b}$ 无解,与题设矛盾,故 $r(\boldsymbol{A})=r(\overline{\boldsymbol{A}})$.

证明充分性. 因为 $r(\boldsymbol{A})=r(\overline{\boldsymbol{A}})=r$,所以 $d_{r+1}=0$. 则 $\overline{\boldsymbol{A}}$ 的行阶梯形矩阵 $\boldsymbol{B}_1$ 中含有 r 个非零行.

(1)若 $r=n$,则 $\overline{\boldsymbol{A}}$ 的行阶梯形矩阵 $\boldsymbol{B}_1=\begin{pmatrix} c_{11} & c_{12} & \cdots & c_{1r} & \cdots & c_{1n} & d_1 \\ 0 & c_{22} & \cdots & c_{2r} & \cdots & c_{2n} & d_2 \\ \vdots & \vdots & & \vdots & & \vdots & \vdots \\ 0 & 0 & \cdots & 0 & \cdots & c_{nn} & d_n \\ 0 & 0 & \cdots & 0 & \cdots & 0 & 0 \\ \vdots & \vdots & & \vdots & & \vdots & \vdots \\ 0 & 0 & \cdots & 0 & \cdots & 0 & 0 \end{pmatrix}$.

$\boldsymbol{B}_1$ 中含有 n 个非零行,其对应的系数矩阵为上三角矩阵,且对角线上的元素均非零,则由克莱姆法则知,方程组(9.1)有唯一解. 此时独立的方程的个数与未知量的个数相等.

(2)若 $r<n$,此时独立的方程的个数小于未知量的个数. 任给一组 $x_{r+1},\cdots,x_n$ 值,就可唯一地定出 $x_1,x_2,\cdots,x_r$ 的值,从而得到方程组(9.1)的一个解,显然方程组(9.1)有无穷多个解.

(3)当 $r(\boldsymbol{A})\neq r(\overline{\boldsymbol{A}})$ 时,$d_{r+1}\neq 0$,则最后一个方程矛盾,原方程组无解.

一般可以把 $x_1,x_2,\cdots,x_r$ 通过 $x_{r+1},\cdots,x_n$ 表示出来,这样一组表达式称为方程组(9.1)的**一般解或通解**,而 $x_{r+1},\cdots,x_n$ 称为一组**自由未知量**,共有 $n-r$ 个.

定理 9.2 设 $\boldsymbol{A}=(a_{ij})_{m\times n}$,$n$ 元齐次线性方程组 $\boldsymbol{Ax}=0$ 有非零解的充分必要条件是系数矩阵 $\boldsymbol{A}$ 的秩 $r(\boldsymbol{A})<n$.

注 综上所述,上述两个定理可简要总结如下:

对于非齐次线性方程组,有

(ⅰ)$r(\boldsymbol{A})=r(\overline{\boldsymbol{A}})=n$,当且仅当 $\boldsymbol{Ax}=\boldsymbol{b}$ 时有唯一解;

(ⅱ)$r(\boldsymbol{A})=r(\overline{\boldsymbol{A}})<n$,当且仅当 $\boldsymbol{Ax}=\boldsymbol{b}$ 时有无穷多解;

(ⅲ)$r(\boldsymbol{A})\neq r(\overline{\boldsymbol{A}})$,当且仅当 $\boldsymbol{Ax}=\boldsymbol{b}$ 时无解;

对于齐次线性方程组,有

(ⅳ) $r(\boldsymbol{A})=n$,当且仅当 $\boldsymbol{Ax}=0$ 时只有零解;

(ⅴ) $r(\boldsymbol{A})<n$,当且仅当 $\boldsymbol{Ax}=0$ 时有非零解.

注 求线性方程组(9.1)的解时,运用定理,通过初等行变换把增广矩阵 $\overline{\boldsymbol{A}}=(\boldsymbol{A}\ \vdots\ \boldsymbol{b})$ 化为阶梯形矩阵,再利用阶梯形矩阵对应的方程组求出解. 而对于齐次线性方程组,只需要对系数矩阵 $\boldsymbol{A}$ 作对应变换.

例 9.1 求解线性方程组

$$\begin{cases}2x_1+7x_2+3x_3+x_4=6,\\3x_1+5x_2+2x_3+2x_4=4,\\9x_1+4x_2+x_3+7x_4=2.\end{cases}$$

解 对方程组的增广矩阵 $\overline{\boldsymbol{A}}$ 作初等行变换,将其化成行阶梯形矩阵:

$$\overline{\boldsymbol{A}}=\begin{pmatrix}2&7&3&1&6\\3&5&2&2&4\\9&4&1&7&2\end{pmatrix}\to\begin{pmatrix}-1&2&1&-1&2\\3&5&2&2&4\\9&4&1&7&2\end{pmatrix}$$

$$\to\begin{pmatrix}-1&2&1&-1&2\\0&11&5&-1&10\\0&22&10&-2&20\end{pmatrix}\to\begin{pmatrix}-1&2&1&-1&2\\0&11&5&-1&10\\0&0&0&0&0\end{pmatrix}$$

$$\to\begin{pmatrix}-1&2&1&-1&2\\0&1&\frac{5}{11}&-\frac{1}{11}&\frac{10}{11}\\0&0&0&0&0\end{pmatrix}\to\begin{pmatrix}1&0&-\frac{1}{11}&\frac{9}{11}&-\frac{2}{11}\\0&1&\frac{5}{11}&-\frac{1}{11}&\frac{10}{11}\\0&0&0&0&0\end{pmatrix}.$$

因为 $r(\boldsymbol{A})=r(\overline{\boldsymbol{A}})=2<n=4$,所以方程组有无穷多解. 由行阶梯形矩阵知,与它同解的方程组为

$$\begin{cases}x_1=\frac{1}{11}x_3-\frac{9}{11}x_4-\frac{2}{11},\\x_2=-\frac{5}{11}x_3+\frac{1}{11}x_4+\frac{10}{11},\\x_3=x_3,\\x_4=x_4.\end{cases}$$

取 $x_3=c_1,x_4=c_2$,(其中 c_1、c_2 为任意常数)则方程组的全部解为

$$\begin{cases}x_1=\frac{1}{11}c_1-\frac{9}{11}c_2-\frac{2}{11},\\x_2=-\frac{5}{11}c_1+\frac{1}{11}c_2+\frac{10}{11},\\x_3=c_1,\\x_4=c_2.\end{cases}$$

例 9.2 求解齐次线性方程组

$$\begin{cases} x_1+2x_2+2x_3+x_4=0, \\ 2x_1+x_2-2x_3-2x_4=0, \\ x_1-x_2-4x_3-3x_4=0. \end{cases}$$

解 对方程组的系数矩阵 $\boldsymbol{A}$ 作初等行变换,将其化成行阶梯形矩阵,有

$$\boldsymbol{A}=\begin{pmatrix} 1 & 2 & 2 & 1 \\ 2 & 1 & -2 & -2 \\ 1 & -1 & -4 & -3 \end{pmatrix}\to\begin{pmatrix} 1 & 2 & 2 & 1 \\ 0 & -3 & -6 & -4 \\ 0 & -3 & -6 & -4 \end{pmatrix}$$

$$\to\begin{pmatrix} 1 & 2 & 2 & 1 \\ 0 & 1 & 2 & \frac{4}{3} \\ 0 & 0 & 0 & 0 \end{pmatrix}\to\begin{pmatrix} 1 & 0 & -2 & -\frac{5}{3} \\ 0 & 1 & 2 & \frac{4}{3} \\ 0 & 0 & 0 & 0 \end{pmatrix},$$

可得到与原方程组同解的方程组:

$$\begin{cases} x_1=2x_3+\frac{5}{3}x_4, \\ x_2=-2x_3-\frac{4}{3}x_4. \end{cases}$$

令 $x_3=c_1$,$x_4=c_2$,得原方程组的解:

$$\begin{cases} x_1=2c_1+\frac{5}{3}c_2, \\ x_2=-2c_1-\frac{4}{3}c_2, \\ x_3=c_1, \\ x_4=c_2. \end{cases}$$

注 在齐次线性方程组中,若方程的个数小于未知量的个数,则方程组一定有无穷多个解.

习题 9.1

1. 用消元法求下列齐次线性方程组.

(1) $\begin{cases} x_1+2x_2-x_3=0, \\ 2x_1+4x_2+7x_3=0; \end{cases}$

(2) $\begin{cases} x_1+x_2+2x_3-x_4=0, \\ 2x_1+x_2+x_3-x_4=0, \\ 2x_1+2x_2+x_3+2x_4=0. \end{cases}$

2. 用消元法求下列非齐次线性方程组.

(1) $\begin{cases} 4x_1+2x_2-x_3=2, \\ 3x_1-x_2+2x_3=10, \\ 11x_1+3x_2=8; \end{cases}$

$$(2)\begin{cases}2x_1+x_2-x_3+x_4=1,\\4x_1+2x_2-2x_3+4x_4=2,\\2x_1+x_2-x_3-x_4=1.\end{cases}$$

9.2 向量与向量组

二维、三维向量空间是大家在中学里就接触过的内容，二维、三维空间的向量在坐标系上确定后，分别可以用由两个数、三个数组成的有序数组来表示. 在很多理论和实际问题中，经常会遇到由多个数组成的有序数组，本节将讨论它们的性质.

9.2.1 n 维向量及其线性运算

定义 9.1 n 个数 $a_1,a_2,\cdots,a_n$ 所组成的有序数组 $(a_1,a_2,\cdots,a_n)$ 或 $(a_1,a_2,\cdots,a_n)^{\mathrm{T}}$ 称为 **n 维向量**，简称**向量**. 这 n 个数称为该向量的 **n 个分量**，a_i 称为第 i 个分量.

n 维向量可以写成一行，也可以写成一列，分别称为**行向量**和**列向量**，即 $\boldsymbol{\alpha}^{\mathrm{T}}=(a_1,a_2,\cdots,a_n)$ 为 n 维行向量，$\boldsymbol{\alpha}=\begin{pmatrix}a_1\\a_2\\\vdots\\a_n\end{pmatrix}$ 为 n 维行向量. 行向量和列向量也就是行矩阵和列矩阵. 分量都是实数的向量称为**实向量**，分量是复数的向量称为**复向量**. 在本书中，没有特别指明的情况下向量都指实向量.

本书中，用黑体小写字母 $\boldsymbol{\alpha}$、$\boldsymbol{\beta}$、$\boldsymbol{\gamma}$、$\boldsymbol{a}$、$\boldsymbol{b}$ 等来表示列向量，用 $\boldsymbol{\alpha}^{\mathrm{T}}$、$\boldsymbol{\beta}^{\mathrm{T}}$、$\boldsymbol{\gamma}^{\mathrm{T}}$、$\boldsymbol{a}^{\mathrm{T}}$、$\boldsymbol{b}^{\mathrm{T}}$ 等来表示行向量，在没有特别指明的情况下，所讨论的向量都应理解为列向量.

若干个同维数的列向量（或行向量）所组成的集合称为**向量组**.

例如，一个 $m\times n$ 阶矩阵 $\boldsymbol{A}=\begin{pmatrix}a_{11}&a_{12}&\cdots&a_{1n}\\a_{21}&a_{22}&\cdots&a_{2n}\\\vdots&\vdots&&\vdots\\a_{m1}&a_{m2}&\cdots&a_{mn}\end{pmatrix}$ 的每一列 $\boldsymbol{\alpha}_j=\begin{pmatrix}a_{1j}\\a_{2j}\\\vdots\\a_{mj}\end{pmatrix}(j=1,2,\cdots,n)$ 组成的向量组 $\boldsymbol{\alpha}_1,\boldsymbol{\alpha}_2,\cdots,\boldsymbol{\alpha}_n$ 称为矩阵 $\boldsymbol{A}$ 的列向量组；而矩阵 $\boldsymbol{A}$ 的每一行 $\boldsymbol{\beta}_i^{\mathrm{T}}=(a_{i1},a_{i2},\cdots,a_{in})(i=1,2,\cdots,m)$ 组成的向量组 $\boldsymbol{\beta}_1^{\mathrm{T}},\boldsymbol{\beta}_2^{\mathrm{T}},\cdots,\boldsymbol{\beta}_m^{\mathrm{T}}$ 称为矩阵 $\boldsymbol{A}$ 的行向量组.

根据上述讨论，矩阵 $\boldsymbol{A}$ 可记为

$$\boldsymbol{A}=(\boldsymbol{\alpha}_1,\boldsymbol{\alpha}_2,\cdots,\boldsymbol{\alpha}_n)\text{ 或 }\boldsymbol{A}=\begin{pmatrix}\boldsymbol{\beta}_1^{\mathrm{T}}\\\boldsymbol{\beta}_2^{\mathrm{T}}\\\vdots\\\boldsymbol{\beta}_m^{\mathrm{T}}\end{pmatrix}.$$

这样,矩阵 A 就与其列向量组或行向量组建立了一一对应关系.

定义 9.2 设有两个 n 维向量 $\boldsymbol{\alpha}=(a_1,a_2,\cdots,a_n)^{\mathrm{T}}$ 与 $\boldsymbol{\beta}=(b_1,b_2,\cdots,b_n)^{\mathrm{T}}$,如果 $\boldsymbol{\alpha}$ 和 $\boldsymbol{\beta}$ 对应的分量都相等,即

$$a_i=b_i,(i=1,2,\cdots,n)$$

就称这两个**向量相等**,记为 $\boldsymbol{\alpha}=\boldsymbol{\beta}$;向量 $(a_1+b_1,a_2+b_2,\cdots,a_n+b_n)^{\mathrm{T}}$ 称为 $\boldsymbol{\alpha}$ 与 $\boldsymbol{\beta}$ 的和,记为 $\boldsymbol{\alpha}+\boldsymbol{\beta}$;称向量 $(ka_1,ka_2,\cdots,ka_n)^{\mathrm{T}}$ 为 $\boldsymbol{\alpha}$ 与 k 的**数量乘积**,简称**数乘**,记为 $k\boldsymbol{\alpha}$;分量全为零的向量 $(0,0,\cdots,0)^{\mathrm{T}}$ 称为**零向量**,记为 0;$\boldsymbol{\alpha}$ 与 -1 的数乘 $(-1)\boldsymbol{\alpha}=(-a_1,-a_2,\cdots,-a_n)^{\mathrm{T}}$ 称为 $\boldsymbol{\alpha}$ 的**负向量**,记为 $-\boldsymbol{\alpha}$;向量的减法,定义为

$$\boldsymbol{\alpha}-\boldsymbol{\beta}=\boldsymbol{\alpha}+(-\boldsymbol{\beta})=(a_1-b_1,a_2-b_2,\cdots,a_n-b_n)^{\mathrm{T}}.$$

向量的加法与数乘运算通称为**线性运算**,其满足下列运算规律:

(1) $\boldsymbol{\alpha}+\boldsymbol{\beta}=\boldsymbol{\beta}+\boldsymbol{\alpha}$;(交换律)

(2) $(\boldsymbol{\alpha}+\boldsymbol{\beta})+\boldsymbol{\gamma}=\boldsymbol{\alpha}+(\boldsymbol{\beta}+\boldsymbol{\gamma})$;(结合律)

(3) $\boldsymbol{\alpha}+0=\boldsymbol{\alpha}$;

(4) $\boldsymbol{\alpha}+(-\boldsymbol{\alpha})=0$;

(5) $k(\boldsymbol{\alpha}+\boldsymbol{\beta})=k\boldsymbol{\alpha}+k\boldsymbol{\beta}$;

(6) $(k+l)\boldsymbol{\alpha}=k\boldsymbol{\alpha}+l\boldsymbol{\alpha}$;

(7) $k(l\boldsymbol{\alpha})=(kl)\boldsymbol{\alpha}$;

(8) $1\cdot\boldsymbol{\alpha}=\boldsymbol{\alpha}$.

例 9.3 设 $\boldsymbol{\alpha}=(2,0,-1,3)^{\mathrm{T}},\boldsymbol{\beta}=(1,7,4,-2)^{\mathrm{T}},\boldsymbol{\gamma}=(0,1,0,1)^{\mathrm{T}}$.

(1) 求 $2\boldsymbol{\alpha}+\boldsymbol{\beta}-3\boldsymbol{\gamma}$;

(2) 若有 $\boldsymbol{x}$,满足 $3\boldsymbol{\alpha}-\boldsymbol{\beta}+5\boldsymbol{\gamma}+2\boldsymbol{x}=0$,求 $\boldsymbol{x}$.

解 (1)
$$\begin{aligned}2\boldsymbol{\alpha}+\boldsymbol{\beta}-3\boldsymbol{\gamma}&=2(2,0,-1,3)^{\mathrm{T}}+(1,7,4,-2)^{\mathrm{T}}-3(0,1,0,1)^{\mathrm{T}}\\&=(5,4,2,1)^{\mathrm{T}};\end{aligned}$$

(2) 由 $3\boldsymbol{\alpha}-\boldsymbol{\beta}+5\boldsymbol{\gamma}+2\boldsymbol{x}=0$,得

$$\begin{aligned}\boldsymbol{x}&=-\frac{1}{2}(3\boldsymbol{\alpha}-\boldsymbol{\beta}+5\boldsymbol{\gamma})\\&=\frac{1}{2}[-3(2,0,-1,3)^{\mathrm{T}}+(1,7,4,-2)^{\mathrm{T}}-5(0,1,0,1)^{\mathrm{T}}]\\&=\left(-\frac{5}{2},1,\frac{7}{2},-8\right)^{\mathrm{T}}.\end{aligned}$$

9.2.2 向量组的线性组合

考察线性方程组

$$\begin{cases}a_{11}x_1+a_{12}x_2+\cdots+a_{1n}x_n=b_1,\\a_{21}x_1+a_{22}x_2+\cdots+a_{2n}x_n=b_2,\\\qquad\qquad\vdots\\a_{m1}x_1+a_{m2}x_2+\cdots+a_{mn}x_n=b_m.\end{cases}\tag{9.3}$$

令 $\boldsymbol{\alpha}_j=\begin{pmatrix}a_{1j}\\a_{2j}\\\vdots\\a_{mj}\end{pmatrix}(j=1,2,\cdots,n),\boldsymbol{\beta}=\begin{pmatrix}b_1\\b_2\\\vdots\\b_m\end{pmatrix}$, (9.4)

则线性方程组(9.3)可表示为如下向量形式:

$$x_1\boldsymbol{\alpha}_1+x_2\boldsymbol{\alpha}_2+\cdots+x_n\boldsymbol{\alpha}_n=\boldsymbol{\beta}. \tag{9.5}$$

于是,问线性方程组是否有解,就相当于问是否存在一组数 $k_1,k_2,\cdots,k_n$,使得下列关系式成立:

$$\boldsymbol{\beta}=k_1\boldsymbol{\alpha}_1+k_2\boldsymbol{\alpha}_2+\cdots+k_n\boldsymbol{\alpha}_n.$$

定义 9.3 给定向量组(Ⅰ)$\boldsymbol{\alpha}_1,\boldsymbol{\alpha}_2,\cdots,\boldsymbol{\alpha}_s$ 和向量 $\boldsymbol{\beta}$. 若存在一组数 $k_1,k_2,\cdots,k_s$,使

$$\boldsymbol{\beta}=k_1\boldsymbol{\alpha}_1+k_2\boldsymbol{\alpha}_2+\cdots+k_s\boldsymbol{\alpha}_s,$$

则称向量 $\boldsymbol{\beta}$ 是向量组(Ⅰ)的**线性组合**,$k_1,k_2,\cdots,k_s$ 称为这个线性组合的**系数**,又称 $\boldsymbol{\beta}$ 可由向量组(Ⅰ)线性表示(或线性表出).

从线性方程组(9.3)的向量形式(9.5)可知,向量 $\boldsymbol{\beta}$ 能否由向量组 $\boldsymbol{\alpha}_1,\boldsymbol{\alpha}_2,\cdots,\boldsymbol{\alpha}_s$ 线性表示的问题,就等价于线性方程组 $x_1\boldsymbol{\alpha}_1+x_2\boldsymbol{\alpha}_2+\cdots+x_s\boldsymbol{\alpha}_s=\boldsymbol{\beta}$ 是否有解的问题. 因此,有如下定理成立.

定理 9.3 设向量组 $\boldsymbol{\alpha}_j(j=1,2,\cdots,s)$ 和向量 $\boldsymbol{\beta}$ 由式(9.4)表示,则 $\boldsymbol{\beta}$ 可以由向量组 $\boldsymbol{\alpha}_j(j=1,2,\cdots,s)$ 唯一线性表示的充分必要条件是矩阵 $\boldsymbol{A}=(\boldsymbol{\alpha}_1,\boldsymbol{\alpha}_2,\cdots,\boldsymbol{\alpha}_s)$ 与增广矩阵 $\overline{\boldsymbol{A}}=(\boldsymbol{\alpha}_1,\boldsymbol{\alpha}_2,\cdots,\boldsymbol{\alpha}_s\mid\boldsymbol{\beta})$ 的秩相等,等于 s,即 $r(\boldsymbol{A})=r(\overline{\boldsymbol{A}})=s$. $\boldsymbol{\beta}$ 可以由向量组线性表示且表示法不唯一的充分必要条件是矩阵 $\boldsymbol{A}=(\boldsymbol{\alpha}_1,\boldsymbol{\alpha}_2,\cdots,\boldsymbol{\alpha}_s)$ 与增广矩阵 $\overline{\boldsymbol{A}}=(\boldsymbol{\alpha}_1,\boldsymbol{\alpha}_2,\cdots,\boldsymbol{\alpha}_s\mid\boldsymbol{\beta})$ 的秩相等,小于 s,即 $r(\boldsymbol{A})=r(\overline{\boldsymbol{A}})<s$. $\boldsymbol{\beta}$ 不可以由向量组线性表示的充分必要条件是矩阵 $\boldsymbol{A}=(\boldsymbol{\alpha}_1,\boldsymbol{\alpha}_2,\cdots,\boldsymbol{\alpha}_s)$ 与增广矩阵 $\overline{\boldsymbol{A}}=(\boldsymbol{\alpha}_1,\boldsymbol{\alpha}_2,\cdots,\boldsymbol{\alpha}_s\mid\boldsymbol{\beta})$ 的秩不相等,即 $r(\boldsymbol{A})\neq r(\overline{\boldsymbol{A}})$.

例 9.4 任何一个 n 维向量 $\boldsymbol{\alpha}=(a_1,a_2,\cdots,a_n)^{\mathrm{T}}$ 都是 n 维单位向量 $\boldsymbol{\varepsilon}_1=(1,0,\cdots,0)^{\mathrm{T}},\boldsymbol{\varepsilon}_2=(0,1,\cdots,0)^{\mathrm{T}},\cdots,\boldsymbol{\varepsilon}_n=(0,0,\cdots,1)^{\mathrm{T}}$ 的线性组合.

解 因为 $\boldsymbol{\alpha}=a_1\boldsymbol{\varepsilon}_1+a_2\boldsymbol{\varepsilon}_2+\cdots+a_n\boldsymbol{\varepsilon}_n$.

例 9.5 零向量是任一向量组 $\boldsymbol{\alpha}_1,\boldsymbol{\alpha}_2,\cdots,\boldsymbol{\alpha}_s$ 的线性组合.

解 因为 $0=0\boldsymbol{\alpha}_1+0\boldsymbol{\alpha}_2+\cdots+0\boldsymbol{\alpha}_s$.

例 9.6 向量组 $\boldsymbol{\alpha}_1,\boldsymbol{\alpha}_2,\cdots,\boldsymbol{\alpha}_s$ 中任一向量 $\boldsymbol{\alpha}_j(1\leqslant j\leqslant s)$ 都是该向量组的线性组合.

解 因为 $\boldsymbol{\alpha}_j=0\boldsymbol{\alpha}_1+0\boldsymbol{\alpha}_2+\cdots+1\boldsymbol{\alpha}_j+\cdots+0\boldsymbol{\alpha}_s$.

例 9.7 判断向量 $\boldsymbol{\beta}_1=(4,3,-1,11)^{\mathrm{T}}$ 与 $\boldsymbol{\beta}_2=(4,3,0,11)^{\mathrm{T}}$ 是否都为向量组 $\boldsymbol{\alpha}_1=(1,2,-1,5)^{\mathrm{T}}$、$\boldsymbol{\alpha}_2=(2,-1,1,1)^{\mathrm{T}}$ 的线性组合.

解 对矩阵 $\boldsymbol{A}=(\boldsymbol{\alpha}_1,\boldsymbol{\alpha}_2,\boldsymbol{\beta}_1)$ 施以初等行变换,

$$\boldsymbol{A}=(\boldsymbol{\alpha}_1,\boldsymbol{\alpha}_2,\boldsymbol{\beta}_1)=\begin{pmatrix}1&2&4\\2&-1&3\\-1&1&-1\\5&1&11\end{pmatrix}\to\begin{pmatrix}1&2&4\\0&-5&-5\\0&3&3\\0&-9&-9\end{pmatrix}\to\begin{pmatrix}1&2&4\\0&-5&-5\\0&0&0\\0&0&0\end{pmatrix}.$$

易见，$r(\boldsymbol{\alpha}_1,\boldsymbol{\alpha}_2,\boldsymbol{\beta}_1)=r(\boldsymbol{\alpha}_1,\boldsymbol{\alpha}_2)=2$，故由定理9.3知$\boldsymbol{\beta}_1$可由$\boldsymbol{\alpha}_1$、$\boldsymbol{\alpha}_2$线性表示.

类似地，对矩阵$\boldsymbol{B}=(\boldsymbol{\alpha}_1,\boldsymbol{\alpha}_2,\boldsymbol{\beta}_2)$施以初等行变换得

$$\boldsymbol{B}=(\boldsymbol{\alpha}_1,\boldsymbol{\alpha}_2,\boldsymbol{\beta}_2)=\begin{pmatrix}1&2&4\\2&-1&3\\-1&1&0\\5&1&11\end{pmatrix}\to\begin{pmatrix}1&2&4\\0&-5&-5\\0&3&4\\0&-9&-9\end{pmatrix}\to\begin{pmatrix}1&2&4\\0&1&1\\0&0&1\\0&0&0\end{pmatrix}.$$

易见$r(\boldsymbol{\alpha}_1,\boldsymbol{\alpha}_2,\boldsymbol{\beta}_2)=3$，而$r(\boldsymbol{\alpha}_1,\boldsymbol{\alpha}_2)=2$，因此$\boldsymbol{\beta}_2$不能由$\boldsymbol{\alpha}_1$、$\boldsymbol{\alpha}_2$线性表示.

9.2.3 向量组的线性相关性

向量组的线性相关性是向量在线性运算下的一种性质. 它不仅有重要的理论价值，对于讨论线性方程组解的存在性及解的结构也有十分重要的作用.

定义9.4 给定向量组(Ⅰ)$\boldsymbol{\alpha}_1,\boldsymbol{\alpha}_2,\cdots,\boldsymbol{\alpha}_s$，如果存在一组不全为零的数$k_1,k_2,\cdots,k_s$，使

$$k_1\boldsymbol{\alpha}_1+k_2\boldsymbol{\alpha}_2+\cdots+k_s\boldsymbol{\alpha}_s=0,$$

则称向量组(Ⅰ)**线性相关**，否则称**线性无关**，即当且仅当$k_1=k_2=\cdots=k_s=0$时，上式成立.

注1 向量组只含有一个向量$\boldsymbol{\alpha}$时，$\boldsymbol{\alpha}$线性无关的充分必要条件是$\boldsymbol{\alpha}\neq 0$，因此单个零向量是线性相关的.

注2 包含零向量的任何向量组都是线性相关的. 事实上，对于向量组$\boldsymbol{\alpha}_1,\boldsymbol{\alpha}_2,\cdots,0,\cdots,\boldsymbol{\alpha}_s$，恒有$0\boldsymbol{\alpha}_1+0\boldsymbol{\alpha}_2+\cdots+1\cdot 0+\cdots+0\boldsymbol{\alpha}_s=0$.

注3 仅含有两个向量的向量组线性相关的充分必要条件是这两个向量的分量对应成比例.

注4 线性相关的向量组增加向量的个数后得到的向量组仍然是线性相关的，相应地，线性无关的向量组减少向量的个数后得到的向量组仍是线性无关的.

注5 线性相关的向量组减少向量的个数后可能线性相关，也可能线性无关.

例如，$\boldsymbol{\alpha}_1=\begin{pmatrix}1\\0\\0\end{pmatrix},\boldsymbol{\alpha}_2=\begin{pmatrix}0\\1\\0\end{pmatrix},\boldsymbol{\alpha}_3=\begin{pmatrix}0\\0\\0\end{pmatrix}$，易知$0\boldsymbol{\alpha}_1+0\boldsymbol{\alpha}_2+1\cdot\boldsymbol{\alpha}_s=0$，故$\boldsymbol{\alpha}_1,\boldsymbol{\alpha}_2,\boldsymbol{\alpha}_3$线性相关，但$\boldsymbol{\alpha}_1,\boldsymbol{\alpha}_2$线性无关，而$\boldsymbol{\alpha}_2,\boldsymbol{\alpha}_3$线性相关.

注6 线性无关的向量组增加向量的个数之后可能线性相关，也可能线性无关.

例如，$\boldsymbol{\beta}_1=\begin{pmatrix}1\\0\\0\end{pmatrix},\boldsymbol{\beta}_2=\begin{pmatrix}0\\1\\0\end{pmatrix}$，易知$\boldsymbol{\beta}_1,\boldsymbol{\beta}_2$线性无关. 现增加$\boldsymbol{\beta}_3=\begin{pmatrix}1\\1\\1\end{pmatrix}$，由定义知$\boldsymbol{\beta}_1,\boldsymbol{\beta}_2,\boldsymbol{\beta}_3$仍线性无关；若增加$\boldsymbol{\beta}_4=\begin{pmatrix}2\\0\\0\end{pmatrix}$，则$2\boldsymbol{\beta}_1+0\boldsymbol{\beta}_2-\boldsymbol{\beta}_4=0$，故$\boldsymbol{\beta}_1,\boldsymbol{\beta}_2,\boldsymbol{\beta}_4$线性相关.

注7 利用定义判断向量组的线性相关性往往比较复杂，有时可以利用向量组的特点来判断它们的相关性. 通常称由一个向量组中的一部分向量构成的向量组为原来向量组的**部分组**. 如果向量组有一个部分组线性相关，则此向量组也线性相关. 如果向量组线性无关，则其任意部分组线性无关.

定理 9.4 如果记 $\boldsymbol{A}=(\boldsymbol{\alpha}_1,\boldsymbol{\alpha}_2,\cdots,\boldsymbol{\alpha}_s)$,则

(1)向量组 $\boldsymbol{\alpha}_1,\boldsymbol{\alpha}_2,\cdots,\boldsymbol{\alpha}_s$ 线性相关的充分必要条件是由 $\boldsymbol{\alpha}_1,\boldsymbol{\alpha}_2,\cdots,\boldsymbol{\alpha}_s$ 构成的矩阵 $\boldsymbol{A}=(\boldsymbol{\alpha}_1,\boldsymbol{\alpha}_2,\cdots,\boldsymbol{\alpha}_s)$ 的秩 $r(\boldsymbol{A})<s$.

(2)向量组 $\boldsymbol{\alpha}_1,\boldsymbol{\alpha}_2,\cdots,\boldsymbol{\alpha}_s$ 线性无关的充分必要条件是由 $\boldsymbol{\alpha}_1,\boldsymbol{\alpha}_2,\cdots,\boldsymbol{\alpha}_s$ 构成的矩阵 $\boldsymbol{A}=(\boldsymbol{\alpha}_1,\boldsymbol{\alpha}_2,\cdots,\boldsymbol{\alpha}_s)$ 的秩 $r(\boldsymbol{A})=s$.

证明从略.

推论 1 n 个 n 维向量 $\boldsymbol{\alpha}_1,\boldsymbol{\alpha}_2,\cdots,\boldsymbol{\alpha}_n$ 线性无关(线性相关)的充分必要条件是矩阵 $\boldsymbol{A}=(\boldsymbol{\alpha}_1,\boldsymbol{\alpha}_2,\cdots,\boldsymbol{\alpha}_n)$ 是可逆(不可逆)矩阵,即 $|\boldsymbol{A}|\neq 0$($|\boldsymbol{A}|=0$).

推论 2 当向量组中所含向量的个数大于向量的维数时,此向量组必定线性相关.

例 9.8 已知 $\boldsymbol{\alpha}_1=\begin{pmatrix}1\\1\\1\end{pmatrix}$,$\boldsymbol{\alpha}_2=\begin{pmatrix}0\\2\\5\end{pmatrix}$,$\boldsymbol{\alpha}_3=\begin{pmatrix}2\\4\\7\end{pmatrix}$,试讨论向量组 $\boldsymbol{\alpha}_1,\boldsymbol{\alpha}_2,\boldsymbol{\alpha}_3$ 的线性相关性.

解 对矩阵 $\boldsymbol{A}=(\boldsymbol{\alpha}_1,\boldsymbol{\alpha}_2,\boldsymbol{\alpha}_3)$ 施以初等行变换,将其变成行阶梯形矩阵:

$$\boldsymbol{A}=(\boldsymbol{\alpha}_1,\boldsymbol{\alpha}_2,\boldsymbol{\alpha}_3)=\begin{pmatrix}1&0&2\\1&2&4\\1&5&7\end{pmatrix}\to\begin{pmatrix}1&0&2\\0&2&2\\0&5&5\end{pmatrix}\to\begin{pmatrix}1&0&2\\0&2&2\\0&0&0\end{pmatrix}.$$

从而,$r(\boldsymbol{A})=2<3$,由定理 9.4 知,$\alpha_1,\alpha_2,\alpha_3$ 线性相关.

定理 9.5 向量组 $\boldsymbol{\alpha}_1,\boldsymbol{\alpha}_2,\cdots,\boldsymbol{\alpha}_s(s\geqslant 2)$ 线性相关的充分必要条件是向量组中至少有一个向量可由其余 $s-1$ 个向量线性表示.

证 证明必要性. 设向量组 $\boldsymbol{\alpha}_1,\boldsymbol{\alpha}_2,\cdots,\boldsymbol{\alpha}_s$ 线性相关,则存在 s 个不全为零的数 $k_1,k_2,\cdots,k_s$,使得 $k_1\boldsymbol{\alpha}_1+k_2\boldsymbol{\alpha}_2+\cdots+k_s\boldsymbol{\alpha}_s=0$ 成立. 不妨设 $k_1\neq 0$,于是 $\boldsymbol{\alpha}_1=-\dfrac{1}{k_1}(k_2\boldsymbol{\alpha}_2+\cdots+k_s\boldsymbol{\alpha}_s)$,即 $\boldsymbol{\alpha}_1$ 可由其余 $s-1$ 个向量线性表示.

证明充分性. 向量组 $\boldsymbol{\alpha}_1,\boldsymbol{\alpha}_2,\cdots,\boldsymbol{\alpha}_s$ 中至少有一个向量可由其余 $s-1$ 个向量线性表示. 不妨设 $\boldsymbol{\alpha}_1$ 可由其余 $s-1$ 个向量线性表示,$\boldsymbol{\alpha}_1=k_2\boldsymbol{\alpha}_2+\cdots+k_s\boldsymbol{\alpha}_s$,
即

$$(-1)\boldsymbol{\alpha}_1+k_2\boldsymbol{\alpha}_2+\cdots+k_s\boldsymbol{\alpha}_s=0.$$

故向量组 $\boldsymbol{\alpha}_1,\boldsymbol{\alpha}_2,\cdots,\boldsymbol{\alpha}_s$ 线性相关.

注 线性相关的向量组中至少有一个向量可由其余向量线性表示,但并不是每一个向量都可由其余向量线性表示.

例如,设 $\boldsymbol{\alpha}_1=\begin{pmatrix}1\\0\\0\end{pmatrix}$,$\boldsymbol{\alpha}_2=\begin{pmatrix}0\\1\\0\end{pmatrix}$,$\boldsymbol{\alpha}_3=\begin{pmatrix}0\\0\\0\end{pmatrix}$,易知 $0\boldsymbol{\alpha}_1+0\boldsymbol{\alpha}_2+1\boldsymbol{\alpha}_3=0$,故 $\boldsymbol{\alpha}_1,\boldsymbol{\alpha}_2,\boldsymbol{\alpha}_3$ 线性相关,但 $\boldsymbol{\alpha}_1$ 不能由 $\boldsymbol{\alpha}_2,\boldsymbol{\alpha}_3$ 线性表示.

定理 9.6 设向量组 $\boldsymbol{\alpha}_1,\boldsymbol{\alpha}_2,\cdots,\boldsymbol{\alpha}_s$ 线性无关,而向量组 $\boldsymbol{\alpha}_1,\boldsymbol{\alpha}_2,\cdots,\boldsymbol{\alpha}_s,\beta$ 线性相关,则 $\boldsymbol{\beta}$ 可由向量组 $\boldsymbol{\alpha}_1,\boldsymbol{\alpha}_2,\cdots,\boldsymbol{\alpha}_s$ 线性表示,且表示法唯一.

证 由于向量组 $\boldsymbol{\alpha}_1,\boldsymbol{\alpha}_2,\cdots,\boldsymbol{\alpha}_s,\boldsymbol{\beta}$ 线性相关,则存在一组不全为零的实数 $k_1,k_2,\cdots,k_s,k$,使 $k_1\boldsymbol{\alpha}_1+k_2\boldsymbol{\alpha}_2+\cdots+k_s\boldsymbol{\alpha}_s+k\boldsymbol{\beta}=0$.

由 $\boldsymbol{\alpha}_1,\boldsymbol{\alpha}_2,\cdots,\boldsymbol{\alpha}_s$ 线性无关可知，$k\neq 0$. 因此

$$\boldsymbol{\beta}=-\frac{1}{k}(k_1\boldsymbol{\alpha}_1+k_2\boldsymbol{\alpha}_2+\cdots+k_s\boldsymbol{\alpha}_s).$$

即 $\boldsymbol{\beta}$ 可由 $\boldsymbol{\alpha}_1,\boldsymbol{\alpha}_2,\cdots,\boldsymbol{\alpha}_s$ 线性表示.

下证表示法唯一. 不妨设

$$\boldsymbol{\beta}=l_1\boldsymbol{\alpha}_1+l_2\boldsymbol{\alpha}_2+\cdots+l_s\boldsymbol{\alpha}_s,$$

且

$$\boldsymbol{\beta}=t_1\boldsymbol{\alpha}_1+t_2\boldsymbol{\alpha}_2+\cdots+t_s\boldsymbol{\alpha}_s.$$

由于

$$0=\boldsymbol{\beta}-\boldsymbol{\beta}=(l_1-t_1)\boldsymbol{\alpha}_1+(l_2-t_2)\boldsymbol{\alpha}_2+\cdots+(l_s-t_s)\boldsymbol{\alpha}_s.$$

由 $\boldsymbol{\alpha}_1,\boldsymbol{\alpha}_2,\cdots,\boldsymbol{\alpha}_s$ 线性无关可知，$l_1=t_1,l_2=t_2,\cdots,l_s=t_s$.

因此表示法唯一.

定义 9.5 设有两个向量组

(Ⅰ)：$\boldsymbol{\alpha}_1,\boldsymbol{\alpha}_2,\cdots,\boldsymbol{\alpha}_s$；(Ⅱ)：$\boldsymbol{\beta}_1,\boldsymbol{\beta}_2,\cdots,\boldsymbol{\beta}_t$.

若向量组(Ⅱ)中的每一个向量都可以由向量组(Ⅰ)线性表示，则称向量组(Ⅱ)能由向量组(Ⅰ)线性表示. 若向量组(Ⅰ)与向量组(Ⅱ)能相互线性表示，则称这两个向量组**等价**.

定理 9.7 设有两个向量组

(Ⅰ)：$\boldsymbol{\alpha}_1,\boldsymbol{\alpha}_2,\cdots,\boldsymbol{\alpha}_s$；(Ⅱ)：$\boldsymbol{\beta}_1,\boldsymbol{\beta}_2,\cdots,\boldsymbol{\beta}_t$，

向量组(Ⅱ)能由向量组(Ⅰ)线性表示，若 $s<t$，则向量组(Ⅱ)线性相关.

证明从略.

推论 设向量组(Ⅱ)能由向量组(Ⅰ)线性表示，若向量组(Ⅱ)线性无关，则 $s\geqslant t$.

习题 9.2

1. 设 $\boldsymbol{\alpha}_1=(1,1,0)^{\mathrm{T}},\boldsymbol{\alpha}_2=(0,1,1)^{\mathrm{T}},\boldsymbol{\alpha}_3=(3,4,0)^{\mathrm{T}}$，求 $\boldsymbol{\alpha}_1-\boldsymbol{\alpha}_2$ 及 $3\boldsymbol{\alpha}_1+2\boldsymbol{\alpha}_2-\boldsymbol{\alpha}_3$.

2. 判断下列向量组的线性相关性.

(1) $\boldsymbol{\alpha}_1=(1,1,1),\boldsymbol{\alpha}_2=(1,2,3),\boldsymbol{\alpha}_3=(1,3,6)$；

(2) $\boldsymbol{\alpha}_1=(1,2,-5,4),\boldsymbol{\alpha}_2=(2,1,-3,-5),\boldsymbol{\alpha}_3=(3,5,-13,11)$；

(3) $\boldsymbol{\alpha}_1=(1,-1,2,4),\boldsymbol{\alpha}_2=(0,3,0,2),\boldsymbol{\alpha}_3=(2,1,1,2),\boldsymbol{\alpha}_4=(3,2,1,2)$.

9.3 向量组的秩

9.2 节在讨论向量组的线性组合以及线性相关性的时候，矩阵的秩起到了重要的作用. 为使讨论更加深入，下面把秩的概念引进向量组.

9.3.1 向量组的极大线性无关组与向量组的秩

定义 9.6 在向量组 $\boldsymbol{\alpha}_1,\boldsymbol{\alpha}_2,\cdots,\boldsymbol{\alpha}_s$ 中，如果存在 $r(r\leqslant s)$ 个向量 $\boldsymbol{\alpha}_{i_1},\boldsymbol{\alpha}_{i_2},\cdots,\boldsymbol{\alpha}_{i_r}$ 线性无关，并且任意 $r+1$ 个向量(如果存在的话)均线性相关，则称 $\boldsymbol{\alpha}_{i_1},\boldsymbol{\alpha}_{i_2},\cdots,\boldsymbol{\alpha}_{i_r}$ 是向量组 $\boldsymbol{\alpha}_1,\boldsymbol{\alpha}_2,\cdots,\boldsymbol{\alpha}_s$

的一个极大线性无关组，简称极大无关组. 数 r 为向量组 $\boldsymbol{\alpha}_1,\boldsymbol{\alpha}_2,\cdots,\boldsymbol{\alpha}_s$ 的秩，记作 $r(\boldsymbol{\alpha}_1,\boldsymbol{\alpha}_2,\cdots,\boldsymbol{\alpha}_s)=r$，或 $R(\boldsymbol{\alpha}_1,\boldsymbol{\alpha}_2,\cdots,\boldsymbol{\alpha}_s)=r$.

注1 只含零向量的向量组没有极大线性无关组，规定它的秩为零，即 $r(0)=0$.

注2 向量组的极大线性无关组不唯一，但极大线性无关组中向量的个数（即向量组的秩）是唯一的.

例如，$\boldsymbol{\alpha}_1=(2,-1,3,1)^{\mathrm{T}}$，$\boldsymbol{\alpha}_2=(4,-2,5,4)^{\mathrm{T}}$，$\boldsymbol{\alpha}_3=(2,-1,4,-1)^{\mathrm{T}}$. 由于 $\boldsymbol{\alpha}_1$ 与 $\boldsymbol{\alpha}_2$ 的分量不成比例，所以 $\boldsymbol{\alpha}_1,\boldsymbol{\alpha}_2$ 线性无关，又 $\boldsymbol{\alpha}_3=3\boldsymbol{\alpha}_1-\boldsymbol{\alpha}_2$，因此由定义知 $\boldsymbol{\alpha}_1,\boldsymbol{\alpha}_2$ 是该向量组的一个极大线性无关组；同理可证明 $\boldsymbol{\alpha}_2,\boldsymbol{\alpha}_3$ 也是该向量组的一个极大线性无关组，但两个极大线性无关组所含向量的个数都是2.

定理9.8 一个向量组的秩是唯一的.

证明从略.

推论 向量组 $\boldsymbol{\alpha}_1,\boldsymbol{\alpha}_2,\cdots,\boldsymbol{\alpha}_s$ 线性无关的充分必要条件是 $r(\boldsymbol{\alpha}_1,\boldsymbol{\alpha}_2,\cdots,\boldsymbol{\alpha}_s)=s$.

定理9.9 如果 $\boldsymbol{\alpha}_{j_1},\boldsymbol{\alpha}_{j_2},\cdots,\boldsymbol{\alpha}_{j_r}$ 是 $\boldsymbol{\alpha}_1,\boldsymbol{\alpha}_2,\cdots,\boldsymbol{\alpha}_s$ 的线性无关部分组，它是极大线性无关组的充分必要条件是 $\boldsymbol{\alpha}_1,\boldsymbol{\alpha}_2,\cdots,\boldsymbol{\alpha}_s$ 中的任一向量可由 $\boldsymbol{\alpha}_{j_1},\boldsymbol{\alpha}_{j_2},\cdots,\boldsymbol{\alpha}_{j_r}$ 线性表示.

证 证明必要性. 若 $\boldsymbol{\alpha}_{j_1},\boldsymbol{\alpha}_{j_2},\cdots,\boldsymbol{\alpha}_{j_r}$ 是 $\boldsymbol{\alpha}_1,\boldsymbol{\alpha}_2,\cdots,\boldsymbol{\alpha}_s$ 的一个极大线性无关组，则当 j 是 $j_1,j_2,\cdots,j_r$ 中的数时，显然，$\boldsymbol{\alpha}_j$ 可由 $\boldsymbol{\alpha}_{j_1},\boldsymbol{\alpha}_{j_2},\cdots,\boldsymbol{\alpha}_{j_r}$ 线性表示；而当 j 不是 $j_1,j_2,\cdots,j_r$ 中的数时，$\boldsymbol{\alpha}_{j_1},\boldsymbol{\alpha}_{j_2},\cdots,\boldsymbol{\alpha}_{j_r},\boldsymbol{\alpha}_j$ 线性相关，又 $\boldsymbol{\alpha}_{j_1},\boldsymbol{\alpha}_{j_2},\cdots,\boldsymbol{\alpha}_{j_r}$ 线性无关，由定理9.6知，$\boldsymbol{\alpha}_j$ 可由 $\boldsymbol{\alpha}_{j_1},\boldsymbol{\alpha}_{j_2},\cdots,\boldsymbol{\alpha}_{j_r}$ 线性表示.

证明充分性. 如果 $\boldsymbol{\alpha}_1,\boldsymbol{\alpha}_2,\cdots,\boldsymbol{\alpha}_s$ 中的任一向量可由 $\boldsymbol{\alpha}_{j_1},\boldsymbol{\alpha}_{j_2},\cdots,\boldsymbol{\alpha}_{j_r}$ 线性表示，则 $\boldsymbol{\alpha}_1,\boldsymbol{\alpha}_2,\cdots,\boldsymbol{\alpha}_s$ 中任何 $r+1(s>r)$ 个向量都线性相关. 又 $\boldsymbol{\alpha}_{j_1},\boldsymbol{\alpha}_{j_2},\cdots,\boldsymbol{\alpha}_{j_r}$ 线性无关，由定义9.6知，$\boldsymbol{\alpha}_{j_1},\boldsymbol{\alpha}_{j_2},\cdots,\boldsymbol{\alpha}_{j_r}$ 是极大线性无关组.

9.3.2 向量组的秩与矩阵的秩的关系

一个 $m\times n$ 矩阵 $\boldsymbol{A}$ 可以看作由它的 m 个 n 维行向量构成的，也可以看作由它的 n 个 m 维列向量构成的. 通常称矩阵 $\boldsymbol{A}$ 的行向量的秩为 $\boldsymbol{A}$ 的**行秩**；称矩阵 $\boldsymbol{A}$ 的列向量的秩为 $\boldsymbol{A}$ 的**列秩**. 那么，矩阵的秩与它的行秩和列秩有什么关系呢?

定理9.10 对任意矩阵 $\boldsymbol{A}$，有 $r(\boldsymbol{A})=\boldsymbol{A}$ 的行秩 $=A$ 的列秩.

证明从略.

注3 矩阵的秩与其行秩和列秩相等，通常称为三秩相等，这是线性代数中非常重要的结论，它反映了矩阵内在的重要性质.

注4 由定理的证明可知，若 $\boldsymbol{D}_r$ 是矩阵 $\boldsymbol{A}$ 的一个最高阶非零子式，则 $\boldsymbol{D}_r$ 所在的 r 列就是 $\boldsymbol{A}$ 的列向量组的一个极大线性无关组；$\boldsymbol{D}_r$ 所在的 r 行就是 $\boldsymbol{A}$ 的行向量组的一个极大线性无关组.

9.3.3 如何求向量组的秩及极大线性无关组

定理9.11 对矩阵 $\boldsymbol{A}$ 作初等行变换，将其化为矩阵 $\boldsymbol{B}$，则 $\boldsymbol{A}$ 与 $\boldsymbol{B}$ 的任何对应的列向量组具有相同的线性关系. 即若

$$\boldsymbol{A}=(\boldsymbol{\alpha}_1,\boldsymbol{\alpha}_2,\cdots,\boldsymbol{\alpha}_s)\xrightarrow{\text{初等行变换}}(\boldsymbol{\beta}_1,\boldsymbol{\beta}_2,\cdots,\boldsymbol{\beta}_s)=\boldsymbol{B},$$

则列向量组 $\boldsymbol{\alpha}_{i_1},\boldsymbol{\alpha}_{i_2},\cdots,\boldsymbol{\alpha}_{i_r}$ 与 $\boldsymbol{\beta}_{i_1},\boldsymbol{\beta}_{i_2},\cdots,\boldsymbol{\beta}_{i_r}(1\leqslant i_1<i_2<\cdots<i_r\leqslant s)$ 具有相同的线性关系.

证明从略.

注 5 所谓具有相同的线性关系是指列向量组 $\boldsymbol{\alpha}_{i_1},\boldsymbol{\alpha}_{i_2},\cdots,\boldsymbol{\alpha}_{i_r}$ 与 $\boldsymbol{\beta}_{i_1},\boldsymbol{\beta}_{i_2},\cdots,\boldsymbol{\beta}_{i_r}$ 要么都线性相关且具有相同的组合系数,要么都线性无关.

注 6 以向量组各向量为列向量构成矩阵后,只作初等行变换,将矩阵化为行阶梯形矩阵,则可直接写出所求向量组的极大线性无关组;进一步,将矩阵化为行最简形矩阵,易得出 B 的列向量组之间的线性关系,从而得到了对应的矩阵 A 的列向量组之间的线性关系.

例 9.9 求向量组 $\boldsymbol{\alpha}_1=(2,1,4,3)^{\mathrm{T}}$、$\boldsymbol{\alpha}_2=(-1,1,-6,6)^{\mathrm{T}}$、$\boldsymbol{\alpha}_3=(-1,-2,2,-9)^{\mathrm{T}}$、$\boldsymbol{\alpha}_4=(1,1,-2,7)^{\mathrm{T}}$、$\boldsymbol{\alpha}_5=(2,4,4,9)^{\mathrm{T}}$ 的秩,找出一个极大线性无关组,并用极大线性无关组把其余向量表示出来.

解 对矩阵 $\boldsymbol{A}=(\boldsymbol{\alpha}_1,\boldsymbol{\alpha}_2,\boldsymbol{\alpha}_3,\boldsymbol{\alpha}_4,\boldsymbol{\alpha}_5)$ 进行初等行变换,将其化为阶梯形矩阵,再经过初等行变换,将其化为行最简形矩阵:

$$\boldsymbol{A}=\begin{pmatrix}2&-1&-1&1&2\\1&1&-2&1&4\\4&-6&2&-2&4\\3&6&-9&7&9\end{pmatrix}\to\begin{pmatrix}1&1&-2&1&4\\0&1&-1&1&0\\0&0&0&1&-3\\0&0&0&0&0\end{pmatrix}\to\begin{pmatrix}1&0&-1&0&4\\0&1&-1&0&3\\0&0&0&1&-3\\0&0&0&0&0\end{pmatrix}.$$

知 $r(\boldsymbol{A})=3$,故向量组的秩等于 3,而 3 个非零行的主元所在的第 1、2、4 列所对应的向量 $\boldsymbol{\alpha}_1$、$\boldsymbol{\alpha}_2$、$\boldsymbol{\alpha}_4$ 为向量组的一个极大线性无关组. 在行最简形矩阵中,第 3、5 列所对应的数字即为线性组合的系数,得

$$\boldsymbol{\alpha}_3=-\boldsymbol{\alpha}_1-\boldsymbol{\alpha}_2,\boldsymbol{\alpha}_5=4\boldsymbol{\alpha}_1+3\boldsymbol{\alpha}_2-3\boldsymbol{\alpha}_4.$$

注 7 求一个向量组(以列向量为例)的秩、极大线性无关组以及向量线性表示的组合系数的题型时,可以把向量组做成一个矩阵,对矩阵进行初等行变换,将其化为行最简形矩阵,则矩阵的秩就等于向量组的秩,主元所在的列对应的向量为极大线性无关组,非主元所对应的列向量可以由极大线性无关组线性表示.

例 9.10 求向量组 $\boldsymbol{\alpha}_1=(1,2,-1,1)^{\mathrm{T}}$、$\boldsymbol{\alpha}_2=(2,0,t,0)^{\mathrm{T}}$、$\boldsymbol{\alpha}_3=(0,-4,5,-2)^{\mathrm{T}}$、$\boldsymbol{\alpha}_4=(3,-2,t+4,-1)^{\mathrm{T}}$ 的秩和极大线性无关组.

解 向量的分量中含参数 t,向量组的秩和极大线性无关组与 t 的取值有关. 对下列矩阵作初等行变换,

$$(\boldsymbol{\alpha}_1,\boldsymbol{\alpha}_2,\boldsymbol{\alpha}_3,\boldsymbol{\alpha}_4)=\begin{pmatrix}1&2&0&3\\2&0&-4&-2\\-1&t&5&t+4\\1&0&-2&-1\end{pmatrix}\to\begin{pmatrix}1&2&0&3\\0&-4&-4&-8\\0&t+2&5&t+7\\0&-2&-2&-4\end{pmatrix}$$

$$\to\begin{pmatrix}1&2&0&3\\0&1&1&2\\0&0&3-t&3-t\\0&0&0&0\end{pmatrix}.$$

显然,$\boldsymbol{\alpha}_1,\boldsymbol{\alpha}_2$ 线性无关.

(1)当 $t=3$ 时,则 $r(\boldsymbol{\alpha}_1,\boldsymbol{\alpha}_2,\boldsymbol{\alpha}_3,\boldsymbol{\alpha}_4)=2$,且 $\boldsymbol{\alpha}_1,\boldsymbol{\alpha}_2$ 是极大线性无关组.

(2)当 $t\neq 3$ 时,则 $r(\boldsymbol{\alpha}_1,\boldsymbol{\alpha}_2,\boldsymbol{\alpha}_3,\boldsymbol{\alpha}_4)=3$,且 $\boldsymbol{\alpha}_1,\boldsymbol{\alpha}_2,\boldsymbol{\alpha}_3$ 是极大线性无关组.

习题 9.3

1. 求下列向量组的秩,并求一个极大线性无关组,其余向量用这个极大线性无关组线性表示.

(1) $\boldsymbol{\alpha}_1=(1,1,1)^{\mathrm{T}},\boldsymbol{\alpha}_2=(1,1,0)^{\mathrm{T}},\boldsymbol{\alpha}_3=(1,0,0)^{\mathrm{T}},\boldsymbol{\alpha}_4=(1,2,-3)^{\mathrm{T}}$;

(2) $\boldsymbol{\alpha}_1=(1,1,3,1)^{\mathrm{T}},\boldsymbol{\alpha}_2=(-1,1,-1,3)^{\mathrm{T}},\boldsymbol{\alpha}_3=(5,-2,8,-9)^{\mathrm{T}},\boldsymbol{\alpha}_4=(-1,3,1,7)^{\mathrm{T}}$.

2. 设向量组 $\boldsymbol{\alpha}_1=(a,3,1)^{\mathrm{T}},\boldsymbol{\alpha}_2=(2,b,3)^{\mathrm{T}},\boldsymbol{\alpha}_3=(1,2,1)^{\mathrm{T}},\boldsymbol{\alpha}_4=(2,3,1)^{\mathrm{T}}$ 的秩为2,求参数 a、b.

9.4 线性方程组解的结构

在9.1节,利用消元法求出了线性方程组的一般解,本节将利用向量的一般概念和结论,来讨论线性方程组解的结构问题. 在方程组已知仅有唯一解或无解的情况下,结果清楚,无须研究;本节研究在方程组有无穷多解的情况下不同解之间的关系,即所谓解的结构问题.

9.4.1 齐次线性方程组解的结构

设有齐次线性方程组

$$\begin{cases} a_{11}x_1+a_{12}x_2+\cdots+a_{1n}x_n=0, \\ a_{21}x_1+a_{22}x_2+\cdots+a_{2n}x_n=0, \\ \qquad\qquad\vdots \\ a_{m1}x_1+a_{m2}x_2+\cdots+a_{mn}x_n=0. \end{cases} \tag{9.6}$$

若记

$$\boldsymbol{A}=\begin{pmatrix} a_{11} & a_{12} & \cdots & a_{1n} \\ a_{21} & a_{22} & \cdots & a_{2n} \\ \vdots & \vdots & & \vdots \\ a_{m1} & a_{m2} & \cdots & a_{mn} \end{pmatrix},\boldsymbol{x}=\begin{pmatrix} x_1 \\ x_2 \\ \vdots \\ x_n \end{pmatrix},$$

则方程组(9.6)可改写成矩阵方程

$$\boldsymbol{A}\boldsymbol{x}=0. \tag{9.7}$$

称方程(9.7)的解 $\boldsymbol{x}=\begin{pmatrix} x_1 \\ x_2 \\ \vdots \\ x_n \end{pmatrix}$ 为方程组(9.6)的解向量.

齐次线性方程组一定有零解,如果仅有零解[此时 $r(\boldsymbol{A})=n$],则解唯一;如果有非零解[此时 $r(\boldsymbol{A})<n$],则就有无穷多解.

下面来讨论方程组(9.6)在有无穷多解时解的性质.

性质1 若 $\boldsymbol{\xi}_1,\boldsymbol{\xi}_2$ 是方程组(9.6)的解,则 $\boldsymbol{\xi}_1+\boldsymbol{\xi}_2$ 也是该方程组的解.

证 因为 $\boldsymbol{\xi}_1,\boldsymbol{\xi}_2$ 是方程组(9.6)的解,所以 $\boldsymbol{A}\boldsymbol{\xi}_1=0,\boldsymbol{A}\boldsymbol{\xi}_2=0$. 则

$$\boldsymbol{A}(\boldsymbol{\xi}_1+\boldsymbol{\xi}_2)=\boldsymbol{A}\boldsymbol{\xi}_1+\boldsymbol{A}\boldsymbol{\xi}_2=0.$$

故 $\boldsymbol{\xi}_1+\boldsymbol{\xi}_2$ 是该方程组的解.

性质2 若 $\boldsymbol{\xi}_1$ 是方程组(9.6)的解,k 为常数,则 $k\boldsymbol{\xi}_1$ 也是该方程组的解.

证 因为 $\boldsymbol{\xi}_1$ 是方程组(9.6)的解,所以 $\boldsymbol{A}\boldsymbol{\xi}_1=0$. 因此

$$\boldsymbol{A}(k\boldsymbol{\xi}_1)=k\boldsymbol{A}\boldsymbol{\xi}_1=0.$$

故 $k\boldsymbol{\xi}_1$ 是该方程组的解.

注 由性质1和性质2可知,方程组(9.6)的解的集合 $S=\{x\mid \boldsymbol{A}\boldsymbol{x}=0\}$,对向量加法及数乘运算封闭,即

若 $\boldsymbol{\xi}\in S$,则 $k\boldsymbol{\xi}\in S$(k 为任意实数);

若 $\boldsymbol{\xi}$、$\boldsymbol{\eta}\in S$,则 $\boldsymbol{\xi}+\boldsymbol{\eta}\in S$.

根据上述性质,容易推出:若 $\boldsymbol{\xi}_1,\boldsymbol{\xi}_2,\cdots,\boldsymbol{\xi}_s$ 是矩阵方程(9.7)的解,$k_1,k_2,\cdots,k_s$ 为任何实数,则线性组合 $k_1\boldsymbol{\xi}_1+k_2\boldsymbol{\xi}_2+\cdots+k_s\boldsymbol{\xi}_s$ 也是矩阵方程(9.7)的解.

定义9.7 若齐次线性方程组 $\boldsymbol{A}\boldsymbol{x}=0$ 的有限个解 $\boldsymbol{\eta}_1,\boldsymbol{\eta}_2,\cdots,\boldsymbol{\eta}_s$ 满足:

(1) $\boldsymbol{\eta}_1,\boldsymbol{\eta}_2,\cdots,\boldsymbol{\eta}_s$ 线性无关;

(2) $\boldsymbol{A}\boldsymbol{x}=0$ 的任意一个解均可由 $\boldsymbol{\eta}_1,\boldsymbol{\eta}_2,\cdots,\boldsymbol{\eta}_s$ 线性表示,则称 $\boldsymbol{\eta}_1,\boldsymbol{\eta}_2,\cdots,\boldsymbol{\eta}_s$ 是齐次线性方程组 $\boldsymbol{A}\boldsymbol{x}=0$ 的一个基础解系.

注1 由上述定义可知,方程组的基础解系是它的解向量组的一个极大线性无关组,由于向量组的极大线性无关组不是唯一的,所以 $\boldsymbol{A}\boldsymbol{x}=0$ 的基础解系也不是唯一的,但每一个基础解系所含向量的个数(向量组的秩)是相同的.

注2 按上述定义,若 $\boldsymbol{\eta}_1,\boldsymbol{\eta}_2,\cdots,\boldsymbol{\eta}_s$ 是齐次线性方程组 $\boldsymbol{A}\boldsymbol{x}=0$ 的一个基础解系,则 $\boldsymbol{A}\boldsymbol{x}=0$ 的解可表示为:

$$x=c_1\boldsymbol{\eta}_1+c_2\boldsymbol{\eta}_2+\cdots+c_s\boldsymbol{\eta}_s.\ (c_1,c_2,\cdots,c_s\text{ 为任意常数})$$

当一个齐次线性方程组有非零解时,是否一定会有基础解系呢?如果存在基础解系,怎样去求它的基础解系?定理9.12回答了这些问题.

定理9.12 对于齐次线性方程组 $\boldsymbol{A}\boldsymbol{x}=0$,若 $r(\boldsymbol{A})=r<n$,则该方程组的基础解系一定存在,且每个基础解系中所含解向量的个数均为 $n-r$,其中 n 是方程组所含未知量的个数.

证 因为 $r(\boldsymbol{A})=r<n$,故对矩阵 $\boldsymbol{A}$ 施行初等行变换(必要时可以交换未知量的次序),可化为如下形式:

$$\boldsymbol{B}=\begin{pmatrix}1&0&\cdots&0&b_{11}&b_{12}&\cdots&b_{1n-r}\\0&1&\cdots&0&b_{21}&b_{22}&\cdots&b_{2n-r}\\\vdots&\vdots&&\vdots&\vdots&\vdots&&\vdots\\0&0&\cdots&1&b_{r1}&b_{r2}&\cdots&b_{rn-r}\\0&0&\cdots&0&0&0&\cdots&0\\\vdots&\vdots&&\vdots&\vdots&\vdots&&\vdots\\0&0&\cdots&0&0&0&\cdots&0\end{pmatrix}.\tag{9.8}$$

即齐次线性方程组 $\boldsymbol{Ax}=0$ 与下面的方程组

$$\begin{cases} x_1=-b_{11}x_{r+1}-b_{12}x_{r+2}-\cdots-b_{1n-r}x_n, \\ x_2=-b_{21}x_{r+1}-b_{22}x_{r+2}-\cdots-b_{2n-r}x_n, \\ \quad\vdots \\ x_r=-b_{r1}x_{r+1}-b_{r2}x_{r+2}-\cdots-b_{rn-r}x_n \end{cases}$$

同解. 其中 $x_{r+1},x_{r+2},\cdots,x_n$ 是自由未知量,分别取 $\begin{pmatrix} x_{r+1} \\ x_{r+2} \\ \vdots \\ x_n \end{pmatrix}=\begin{pmatrix} 1 \\ 0 \\ \vdots \\ 0 \end{pmatrix},\begin{pmatrix} 0 \\ 1 \\ \vdots \\ 0 \end{pmatrix},\begin{pmatrix} 0 \\ 0 \\ \vdots \\ 1 \end{pmatrix}$,代入式(9.8),即可得到方程组 $\boldsymbol{Ax}=0$ 的 $n-r$ 个解:

$$\boldsymbol{\eta}_1=\begin{pmatrix} -b_{11} \\ \vdots \\ -b_{r1} \\ 1 \\ 0 \\ \vdots \\ 0 \end{pmatrix},\boldsymbol{\eta}_2=\begin{pmatrix} -b_{12} \\ \vdots \\ -b_{r2} \\ 0 \\ 1 \\ \vdots \\ 0 \end{pmatrix},\cdots,\boldsymbol{\eta}_{n-r}=\begin{pmatrix} -b_{1n-r} \\ \vdots \\ -b_{rn-r} \\ 0 \\ 0 \\ \vdots \\ 1 \end{pmatrix}.$$

现证,$\boldsymbol{\eta}_1,\boldsymbol{\eta}_2,\cdots,\boldsymbol{\eta}_{n-r}$ 就是线性方程组 $\boldsymbol{Ax}=0$ 的一个基础解系.

(1)证明 $\boldsymbol{\eta}_1,\boldsymbol{\eta}_2,\cdots,\boldsymbol{\eta}_{n-r}$ 线性无关.

事实上,因为 $n-r$ 个 $n-r$ 维向量 $\begin{pmatrix} 1 \\ 0 \\ \vdots \\ 0 \end{pmatrix},\begin{pmatrix} 0 \\ 1 \\ \vdots \\ 0 \end{pmatrix},\cdots,\begin{pmatrix} 0 \\ 0 \\ \vdots \\ 1 \end{pmatrix}$ 线性无关,所以 $n-r$ 个 n 维向量 $\boldsymbol{\eta}_1,\boldsymbol{\eta}_2,\cdots,\boldsymbol{\eta}_{n-r}$ 亦线性无关.

(2)证方程组 $\boldsymbol{Ax}=0$ 的任一解都可表示为 $\boldsymbol{\eta}_1,\boldsymbol{\eta}_2,\cdots,\boldsymbol{\eta}_{n-r}$ 的线性组合.

事实上,由式(9.8)有

$$\boldsymbol{x}=\begin{pmatrix} x_1 \\ x_2 \\ \vdots \\ x_r \\ x_{r+1} \\ \vdots \\ x_n \end{pmatrix}=\begin{pmatrix} -b_{11}x_{r+1}-b_{12}x_{r+2}-\cdots-b_{1n-r}x_n \\ -b_{21}x_{r+1}-b_{22}x_{r+2}-\cdots-b_{2n-r}x_n \\ \vdots \\ -b_{r1}x_{r+1}-b_{r2}x_{r+2}-\cdots-b_{rn-r}x_n \\ x_{r+1} \\ \vdots \\ x_n \end{pmatrix}$$

$$
= x_{r+1}\begin{pmatrix} -b_{11} \\ -b_{21} \\ \vdots \\ -b_{r1} \\ 0 \\ \vdots \\ 0 \end{pmatrix} + x_{r+2}\begin{pmatrix} -b_{12} \\ -b_{22} \\ \vdots \\ -b_{r2} \\ 0 \\ \vdots \\ 0 \end{pmatrix} + \cdots + x_n\begin{pmatrix} -b_{1n-r} \\ -b_{2n-r} \\ \vdots \\ -b_{rn-r} \\ 0 \\ \vdots \\ 0 \end{pmatrix}
$$

$$
= x_{r+1}\boldsymbol{\eta}_1 + x_{r+2}\boldsymbol{\eta}_2 + \cdots + x_n\boldsymbol{\eta}_{n-r}.
$$

即解 x 可表示为 $\boldsymbol{\eta}_1,\boldsymbol{\eta}_2,\cdots,\boldsymbol{\eta}_{n-r}$ 的线性组合.

综合(1)、(2)可知,$\boldsymbol{\eta}_1,\boldsymbol{\eta}_2,\cdots,\boldsymbol{\eta}_{n-r}$ 是 $\boldsymbol{Ax}=0$ 的一个基础解系.

注 定理9.12的证明过程实际上已经给出了求齐次线性方程组的基础解系的方法.

若已知 $\boldsymbol{\eta}_1,\boldsymbol{\eta}_2,\cdots,\boldsymbol{\eta}_{n-r}$ 是线性方程组 $\boldsymbol{Ax}=0$ 的一个基础解系,则 $\boldsymbol{Ax}=0$ 的全部解可表示为

$$
c_1\boldsymbol{\eta}_1+c_2\boldsymbol{\eta}_2+\cdots+c_{n-r}\boldsymbol{\eta}_{n-r}. \tag{9.9}
$$

其中,$c_1,c_2,\cdots,c_{n-r}$ 为任意实数,而式(9.9)称为线性方程组 $\boldsymbol{Ax}=0$ 的通解. 由于 $\boldsymbol{Ax}=0$ 的基础解系并不是唯一的,因此它的通解的形式也不是唯一的.

注1 本定理进一步完善了克莱姆定理的推论,推论指出 $\boldsymbol{Ax}=0$($\boldsymbol{A}$ 为 n 阶矩阵)有非零解的必要条件是 $|\boldsymbol{A}|=0$,而定理指出当齐次线性方程组的系数行列式 $|\boldsymbol{A}|=0$[即 $r(\boldsymbol{A})<n$]时,$\boldsymbol{Ax}=0$ 必有非零解. 综上所述,得到结论:$\boldsymbol{Ax}=0$ 有非零解且等价于 $|\boldsymbol{A}|=0$.

注2 本定理给出齐次线性方程组解的结构的一个重要特征:系数矩阵的秩+基础解系所含未知量的个数=未知量的个数.

例9.11 求齐次线性方程组

$$
\begin{cases} x_1+x_2-x_3-x_4=0, \\ 2x_1-5x_2+3x_3+2x_4=0, \\ 7x_1-7x_2+3x_3+x_4=0 \end{cases}
$$

的基础解系与通解.

解 对系数矩阵 $\boldsymbol{A}$ 作初等变换,化为行最简形矩阵,有

$$
\boldsymbol{A}=\begin{pmatrix} 1 & 1 & -1 & -1 \\ 2 & -5 & 3 & 2 \\ 7 & -7 & 3 & 1 \end{pmatrix} \to \begin{pmatrix} 1 & 1 & -1 & -1 \\ 0 & -7 & 5 & 4 \\ 0 & -14 & 10 & 8 \end{pmatrix}
$$

$$
\to \begin{pmatrix} 1 & 1 & -1 & -1 \\ 0 & 1 & -\frac{5}{7} & -\frac{4}{7} \\ 0 & 0 & 0 & 0 \end{pmatrix} \to \begin{pmatrix} 1 & 0 & -\frac{2}{7} & -\frac{3}{7} \\ 0 & 1 & -\frac{5}{7} & -\frac{4}{7} \\ 0 & 0 & 0 & 0 \end{pmatrix}.
$$

由此可得同解的线性方程组为

$$\begin{cases}x_1-\frac{2}{7}x_3-\frac{3}{7}x_4=0,\\ x_2-\frac{5}{7}x_3-\frac{4}{7}x_4=0,\end{cases}$$

即

$$\begin{cases}x_1=\frac{2}{7}x_3+\frac{3}{7}x_4,\\ x_2=\frac{5}{7}x_3+\frac{4}{7}x_4.\end{cases}\text{（其中 }x_3、x_4\text{ 为自由未知量）}$$

分别令$\begin{pmatrix}x_3\\x_4\end{pmatrix}=\begin{pmatrix}1\\0\end{pmatrix}$、$\begin{pmatrix}0\\1\end{pmatrix}$，则对应有$\begin{pmatrix}x_1\\x_2\end{pmatrix}=\begin{pmatrix}\frac{2}{7}\\\frac{5}{7}\end{pmatrix}$、$\begin{pmatrix}\frac{3}{7}\\\frac{4}{7}\end{pmatrix}$，即得基础解系为

$$\boldsymbol{\eta}_1=\begin{pmatrix}\frac{2}{7}\\\frac{5}{7}\\1\\0\end{pmatrix},\boldsymbol{\eta}_2=\begin{pmatrix}\frac{3}{7}\\\frac{4}{7}\\0\\1\end{pmatrix},$$

并得出通解

$$\begin{pmatrix}x_1\\x_2\\x_3\\x_4\end{pmatrix}=c_1\begin{pmatrix}\frac{2}{7}\\\frac{5}{7}\\1\\0\end{pmatrix}+c_2\begin{pmatrix}\frac{3}{7}\\\frac{4}{7}\\0\\1\end{pmatrix}.\ (c_1、c_2\in R)$$

9.4.2 非齐次线性方程组解的结构

设有非齐次线性方程组

$$\begin{cases}a_{11}x_1+a_{12}x_2+\cdots+a_{1n}x_n=b_1,\\ a_{21}x_1+a_{22}x_2+\cdots+a_{2n}x_n=b_2,\\ \qquad\vdots\\ a_{m1}x_1+a_{m2}x_2+\cdots+a_{mn}x_n=b_m.\end{cases}\tag{9.10}$$

它也可以写作矩阵方程

$$\boldsymbol{Ax}=\boldsymbol{b}.\tag{9.11}$$

在式(9.11)中令 $\boldsymbol{b}=0$ 所得到的齐次线性方程组 $\boldsymbol{Ax}=0$ 称为 $\boldsymbol{Ax}=\boldsymbol{b}$ 对应的齐次线性方程组（也称为**导出组**）.

下面讨论非齐次线性方程组的解的性质.

性质 1 设 $\boldsymbol{\eta}_1$、$\boldsymbol{\eta}_2$ 是非齐次线性方程组 $\boldsymbol{Ax}=\boldsymbol{b}$ 的解，则 $\boldsymbol{\eta}_1-\boldsymbol{\eta}_2$ 是对应的齐次线性方程组 $\boldsymbol{Ax}=0$ 的解.

证 由 $\boldsymbol{\eta}_1$、$\boldsymbol{\eta}_2$ 是 $\boldsymbol{Ax}=\boldsymbol{b}$ 的解可知,则 $\boldsymbol{A\eta}_1=\boldsymbol{b}$,$\boldsymbol{A\eta}_2=\boldsymbol{b}$,

$$\boldsymbol{A}(\boldsymbol{\eta}_1-\boldsymbol{\eta}_2)=\boldsymbol{A\eta}_1-\boldsymbol{A\eta}_2=\boldsymbol{b}-\boldsymbol{b}=0.$$

即 $\boldsymbol{\eta}_1-\boldsymbol{\eta}_2$ 是对应的齐次线性方程组 $\boldsymbol{Ax}=0$ 的解.

性质 2 设 $\boldsymbol{\eta}$ 是非齐次线性方程组 $\boldsymbol{Ax}=\boldsymbol{b}$ 的解,$\boldsymbol{\xi}$ 为对应的导出组的解,则 $\boldsymbol{x}=\boldsymbol{\xi}+\boldsymbol{\eta}$ 为非齐次线性方程组 $\boldsymbol{Ax}=\boldsymbol{b}$ 的解.

证 由 $\boldsymbol{\eta}$ 是非齐次线性方程组 $\boldsymbol{Ax}=\boldsymbol{b}$ 的解,$\boldsymbol{\xi}$ 为对应的导出组的解知,$\boldsymbol{A\xi}=0$,$\boldsymbol{A\eta}=\boldsymbol{b}$. 可得

$$\boldsymbol{Ax}=\boldsymbol{A}(\boldsymbol{\xi}+\boldsymbol{\eta})=\boldsymbol{A\xi}+\boldsymbol{A\eta}=\boldsymbol{b}.$$

所以 $\boldsymbol{\xi}+\boldsymbol{\eta}$ 是非齐次线性方程组 $\boldsymbol{Ax}=\boldsymbol{b}$ 的解.

定理 9.13 设 $\boldsymbol{\eta}^*$ 是非齐次线性方程组 $\boldsymbol{Ax}=\boldsymbol{b}$ 的一个解(称为特解),$\boldsymbol{\xi}$ 是对应齐次方程组 $\boldsymbol{Ax}=0$ 的通解,则 $\boldsymbol{x}=\boldsymbol{\xi}+\boldsymbol{\eta}^*$ 是非齐次线性方程组 $\boldsymbol{Ax}=\boldsymbol{b}$ 的通解.

证 根据非齐次线性方程组解的性质,只需证明非齐次线性方程组的任一解 $\boldsymbol{\eta}$ 一定能表示为 $\boldsymbol{\eta}^*$ 与 $\boldsymbol{Ax}=0$ 的某一解 $\boldsymbol{\xi}_1$ 的和. 为此取 $\boldsymbol{\xi}_1=\boldsymbol{\eta}-\boldsymbol{\eta}^*$,由此可知,$\boldsymbol{\xi}_1$ 是 $\boldsymbol{Ax}=0$ 的解. 故

$$\boldsymbol{\eta}=\boldsymbol{\xi}_1+\boldsymbol{\eta}^*.$$

即非齐次线性方程组的任一解都能表示为该方程的一个解 $\boldsymbol{\eta}^*$ 与其对应的齐次线性方程组某一解的和.

注 设 $\boldsymbol{\xi}_1,\boldsymbol{\xi}_2,\cdots,\boldsymbol{\xi}_{n-r}$ 是 $\boldsymbol{Ax}=0$ 的基础解系,$\boldsymbol{\eta}^*$ 是 $\boldsymbol{Ax}=\boldsymbol{b}$ 的一个特解,则非齐次线性方程组 $\boldsymbol{Ax}=\boldsymbol{b}$ 的通解可表示为

$$\boldsymbol{x}=c_1\boldsymbol{\xi}_1+c_2\boldsymbol{\xi}_2+\cdots+c_{n-r}\boldsymbol{\xi}_{n-r}+\boldsymbol{\eta}^*.\ (c_1,c_2,\cdots,c_{n-r}\in R)$$

这就是非齐次线性方程组解的结构理论:$\boldsymbol{Ax}=\boldsymbol{b}$ 的通解为其导出组 $\boldsymbol{Ax}=0$ 的通解与 $\boldsymbol{Ax}=\boldsymbol{b}$ 的一个特解相加.

综合前面的讨论,设有非齐次线性方程组 $\boldsymbol{Ax}=\boldsymbol{b}$,而 $\boldsymbol{\alpha}_1,\boldsymbol{\alpha}_2,\cdots,\boldsymbol{\alpha}_n$ 是系数矩阵 $\boldsymbol{A}$ 的列向量组,则下列四个命题是等价的:

(1)非齐次线性方程组 $\boldsymbol{Ax}=\boldsymbol{b}$ 有解;

(2)向量 $\boldsymbol{b}$ 能由向量组 $\boldsymbol{\alpha}_1,\boldsymbol{\alpha}_2,\cdots,\boldsymbol{\alpha}_n$ 线性表示;

(3)向量组 $\boldsymbol{\alpha}_1,\boldsymbol{\alpha}_2,\cdots,\boldsymbol{\alpha}_n$ 与向量组 $\boldsymbol{\alpha}_1,\boldsymbol{\alpha}_2,\cdots,\boldsymbol{\alpha}_n,\boldsymbol{b}$ 等价;

(4)$r(\boldsymbol{A})=r(\boldsymbol{A}\mid\boldsymbol{b})$.

根据前面的讨论,可以把求解非齐次线性方程组全部解的步骤归纳如下:

(1)对方程组 $\boldsymbol{Ax}=\boldsymbol{b}$ 的增广矩阵 $\overline{\boldsymbol{A}}=(\boldsymbol{A}\mid\boldsymbol{b})$ 施以初等行变换,将其化为阶梯形矩阵,然后写出相应的阶梯形方程组(与原方程组同解).

(2)通过阶梯形方程组确定自由未知量,将含自由未知量的项移至方程右边.

(3)求非齐次线性方程组的一个特解,在第(2)步的方程组中将自由未知量任意取值(特别的,取零值最简便)可求出其他未知量之值,这样就得到了一个特解.

(4)求出导出组的一个基础解系[这时须令第(2)步中方程组的常数项为零].

(5)非齐次线性方程组的全部解(或通解)就是特解加上导出组的基础解系的线性组合(即原方程组的特解加上导出组的通解).

例 9.12 求下面方程组的通解:

$$\begin{cases} x_1-x_2-x_3+x_4=0, \\ x_1-x_2+x_3-3x_4=1, \\ x_1-x_2-2x_3+3x_4=-\dfrac{1}{2}. \end{cases}$$

解 对增广矩阵 $\overline{A}$ 施以初等行变换,将其化为行最简形矩阵,有

$$\overline{A}=\begin{pmatrix} 1 & -1 & -1 & 1 & 0 \\ 1 & -1 & 1 & -3 & 1 \\ 1 & -1 & -2 & 3 & -\dfrac{1}{2} \end{pmatrix} \to \begin{pmatrix} 1 & -1 & -1 & 1 & 0 \\ 0 & 0 & 2 & -4 & 1 \\ 0 & 0 & -1 & 2 & -\dfrac{1}{2} \end{pmatrix} \to \begin{pmatrix} 1 & -1 & 0 & -1 & \dfrac{1}{2} \\ 0 & 0 & 1 & -2 & \dfrac{1}{2} \\ 0 & 0 & 0 & 0 & 0 \end{pmatrix}.$$

可知 $r(\boldsymbol{A})=r(\overline{\boldsymbol{A}})=2<4$,故原方程组有无穷多个解,同解的线性方程组为

$$\begin{cases} x_1-x_2-x_4=\dfrac{1}{2}, \\ x_3-2x_4=\dfrac{1}{2}. \end{cases}$$

将其改写为

$$\begin{cases} x_1=x_2+x_4+\dfrac{1}{2}, \\ x_3=2x_4+\dfrac{1}{2}. \end{cases}$$

取 $x_2=x_4=0$,则 $x_1=x_3=\dfrac{1}{2}$,即得原方程组的一个解

$$\boldsymbol{\eta}^*=\begin{pmatrix} \dfrac{1}{2} \\ 0 \\ \dfrac{1}{2} \\ 0 \end{pmatrix}.$$

原方程组的导出组与方程组

$$\begin{cases} x_1=x_2+x_4, \\ x_3=2x_4. \end{cases}$$

同解,其中 x_2、x_4 为自由未知量.

分别令 $\begin{pmatrix} x_2 \\ x_4 \end{pmatrix}=\begin{pmatrix} 1 \\ 0 \end{pmatrix}$、$\begin{pmatrix} 0 \\ 1 \end{pmatrix}$,则对应有 $\begin{pmatrix} x_1 \\ x_3 \end{pmatrix}=\begin{pmatrix} 1 \\ 0 \end{pmatrix}$、$\begin{pmatrix} 1 \\ 2 \end{pmatrix}$,即得基础解系为

$$\boldsymbol{\xi}_1=\begin{pmatrix} 1 \\ 1 \\ 0 \\ 0 \end{pmatrix}, \boldsymbol{\xi}_2=\begin{pmatrix} 1 \\ 0 \\ 2 \\ 1 \end{pmatrix}.$$

于是,所求通解为

$$\boldsymbol{x} = c_1\boldsymbol{\xi}_1 + c_2\boldsymbol{\xi}_2 + \boldsymbol{\eta}^*$$

$$= c_1\begin{pmatrix}1\\1\\0\\0\end{pmatrix} + c_2\begin{pmatrix}1\\0\\2\\1\end{pmatrix} + \begin{pmatrix}\frac{1}{2}\\0\\\frac{1}{2}\\0\end{pmatrix}.\ (c_1、c_2 \in R)$$

例 9.13 设有线性方程组

$$\begin{cases}(1+\lambda)x_1+x_2+x_3=0,\\x_1+(1+\lambda)x_2+x_3=3,\\x_1+x_2+(1+\lambda)x_3=\lambda.\end{cases}$$

问 λ 取何值时,此线性方程组

(1)有唯一解;

(2)无解;

(3)有无穷多解,并求出其通解.

解 对增广矩阵 $\overline{\boldsymbol{A}}$ 施以初等行变换,将其化为行最简形矩阵,有

$$\overline{\boldsymbol{A}}=\begin{pmatrix}1+\lambda&1&1&0\\1&1+\lambda&1&3\\1&1&1+\lambda&\lambda\end{pmatrix}\to\begin{pmatrix}1&1&1+\lambda&\lambda\\1&1+\lambda&1&3\\1+\lambda&1&1&0\end{pmatrix}$$

$$\to\begin{pmatrix}1&1&1+\lambda&\lambda\\0&\lambda&-\lambda&3-\lambda\\0&-\lambda&-\lambda(2+\lambda)&-\lambda(1+\lambda)\end{pmatrix}\to\begin{pmatrix}1&1&1+\lambda&\lambda\\0&\lambda&-\lambda&3-\lambda\\0&0&-\lambda(3+\lambda)&(1-\lambda)(3+\lambda)\end{pmatrix}.$$

(1)当 $\lambda\neq0$ 且 $\lambda\neq-3$ 时,$r(\boldsymbol{A})=r(\overline{\boldsymbol{A}})=3=n$,此时方程组有唯一解.

(2)当 $\lambda=0$ 时,有

$$\overline{\boldsymbol{A}}\to\begin{pmatrix}1&1&1&0\\0&0&0&3\\0&0&0&3\end{pmatrix}\to\begin{pmatrix}1&1&1&0\\0&0&0&1\\0&0&0&0\end{pmatrix}.$$

此时 $r(\boldsymbol{A})=1$,$r(\overline{\boldsymbol{A}})=2$,$r(\boldsymbol{A})\neq r(\overline{\boldsymbol{A}})$,故线性方程组无解.

(3)当 $\lambda=-3$ 时,有

$$\overline{\boldsymbol{A}}\to\begin{pmatrix}1&1&-2&-3\\0&-3&3&6\\0&0&0&0\end{pmatrix}\to\begin{pmatrix}1&0&-1&-1\\0&1&-1&-2\\0&0&0&0\end{pmatrix}.$$

此时 $r(\boldsymbol{A})=r(\overline{\boldsymbol{A}})=2<3=n$,故线性方程组有无穷多解. 同解的方程组为

$$\begin{cases}x_1=x_3-1,\\x_2=x_3-2.\end{cases}$$

其中,x_3 为自由未知量,令 $x_3=0$,得方程组的一个特解 $\boldsymbol{\eta}^*=\begin{pmatrix}-1\\-2\\0\end{pmatrix}$.

原方程组的导出组与方程组

$$\begin{cases}x_1=x_3,\\x_2=x_3\end{cases}$$

同解，其中 x_3 为自由未知量，令 $x_3=1$，得到方程组的导出组的基础解系为 $\boldsymbol{\xi}=\begin{pmatrix}1\\1\\1\end{pmatrix}$.

因此，原方程组的通解为

$$\boldsymbol{x}=\boldsymbol{\eta}^*+c\boldsymbol{\xi}=\begin{pmatrix}-1\\-2\\0\end{pmatrix}+c\begin{pmatrix}1\\1\\1\end{pmatrix}.\ (c\in R)$$

习题 9.4

1. 求下列齐次线性方程组的基础解系，并写出通解.

(1) $\begin{cases}x_1-8x_2+10x_3+2x_4=0,\\2x_1+4x_2+5x_3-x_4=0,\\3x_1+8x_2+6x_3-2x_4=0;\end{cases}$

(2) $\begin{cases}2x_1-3x_2-2x_3+x_4=0,\\3x_1+5x_2+4x_3-2x_4=0,\\8x_1+7x_2+6x_3-3x_4=0.\end{cases}$

2. 求下列非齐次线性方程组的一个解及对应的基础解系，并写出通解.

(1) $\begin{cases}x_1+x_2=5,\\2x_1+x_2+x_3+2x_4=1,\\5x_1+3x_2+2x_3+2x_4=3;\end{cases}$

(2) $\begin{cases}2x_1+x_2-x_3+x_4=1,\\x_1+2x_2+x_3-x_4=2,\\x_1+x_2+2x_3+x_4=3.\end{cases}$

本章应用拓展——人口迁移问题

在生态学、经济学和工程学等许多领域中，经常需要对随时间变化的动态系统进行数学建模. 此类系统中的某些量常按离散时间间隔来测量，这样就产生了与时间间隔相对应的向量序列 $x_0,x_1,x_2,\cdots$，其中 $\boldsymbol{x}_k$ 表示第 k 次测量时系统状态的有关信息，而 $\boldsymbol{x}_0$ 常被称为初始向量.

如果存在矩阵 $\boldsymbol{A}$，并给定初始向量 $\boldsymbol{x}_0$，使得 $\boldsymbol{x}_1=\boldsymbol{A}\boldsymbol{x}_0,\boldsymbol{x}_2=\boldsymbol{A}\boldsymbol{x}_1,\cdots$，即

$$\boldsymbol{x}_{n+1}=\boldsymbol{A}\boldsymbol{x}_n(n=0,1,2,\cdots)\tag{9.12}$$

则称方程(9.12)为一个线性差分方程或者递归方程.

人口迁移模型考虑的问题是人口的迁移或人群的流动.现考查一个简单的模型,即某城市及其郊区在若干年内的人口变化情况.该模型显然可用于研究我国当前农村城镇化与城市化过程中农村人口与城市人口的变迁问题.

设定一个初始的年份,比如2020年,用r_0、s_0分别表示这一年城市和农村的人口.设$\boldsymbol{x}_0$为初始人口向量,即$\boldsymbol{x}_0=\begin{pmatrix}r_0\\s_0\end{pmatrix}$,对2021年及后面的年份,用向量

$$\boldsymbol{x}_1=\begin{pmatrix}r_1\\s_1\end{pmatrix},\boldsymbol{x}_2=\begin{pmatrix}r_2\\s_2\end{pmatrix},\boldsymbol{x}_3=\begin{pmatrix}r_3\\s_3\end{pmatrix},\cdots$$

表示每一年城市和农村的人口.以下试用数学公式表示出这些向量之间的关系.

假设每年大约有6%的城市人口迁移到郊区(94%的城市人口仍然留在城市),有2%的郊区人口迁移到城市(98%的郊区人口仍然留在郊区),忽略其他因素对人口规模的影响,则一年之后,城市与郊区人口的分布分别为:

$$r_0\begin{pmatrix}0.94\\0.06\end{pmatrix}\begin{matrix}\text{留在城市}\\\text{移居郊区}\end{matrix},s_0\begin{pmatrix}0.02\\0.98\end{pmatrix}\begin{matrix}\text{移居城市}\\\text{留在郊区}\end{matrix}.$$

因此,2021年全部人口的分布为

$$\begin{pmatrix}r_1\\s_1\end{pmatrix}=r_0\begin{pmatrix}0.94\\0.06\end{pmatrix}+s_0\begin{pmatrix}0.02\\0.98\end{pmatrix}=\begin{pmatrix}0.94&0.02\\0.06&0.98\end{pmatrix}\begin{pmatrix}r_0\\s_0\end{pmatrix},$$

即

$$\boldsymbol{x}_1=\boldsymbol{M}\boldsymbol{x}_0,$$

其中,$\boldsymbol{M}=\begin{pmatrix}0.94&0.02\\0.06&0.98\end{pmatrix}$称为迁移矩阵.

如果人口迁移的百分比保持不变,则可以继续得到2022年,2023年,…的人口分布公式:

$$\boldsymbol{x}_2=\boldsymbol{M}\boldsymbol{x}_1,\boldsymbol{x}_3=\boldsymbol{M}\boldsymbol{x}_2,\cdots$$

一般有

$$\boldsymbol{x}_n=\boldsymbol{M}^n\boldsymbol{x}_0(n=0,1,2,\cdots)$$

这里,向量序列$\{x_0,x_1,x_2,\cdots\}$描述了城市与郊区人口在若干年内的分布变化.

注1 若继续假设有30%的居民住在城市,70%的居民住在郊区,经过软件"矩阵实验室(Mablab)"计算可知,$\boldsymbol{x}_1=\begin{pmatrix}0.2960\\0.7040\end{pmatrix}$,$\boldsymbol{x}_{10}=\begin{pmatrix}0.2717\\0.7283\end{pmatrix}$,$\boldsymbol{x}_{30}=\begin{pmatrix}0.2541\\0.7459\end{pmatrix}$,$\boldsymbol{x}_{50}=\begin{pmatrix}0.2508\\0.7492\end{pmatrix}$.随着时间的无限增加,城市和郊区的人口之比趋近一个常数0.25/0.75.

注2 如果一个人口迁移模型经验证基本符合实际情况,就可以利用它进一步预测未来一段时间内人口的分布变化情况,从而为政府决策提供有力的依据.

总习题 9

1. 填空题.

(1) 设向量组 $\boldsymbol{\alpha}_1=(1,-1,2,4)$, $\boldsymbol{\alpha}_2=(0,3,1,2)$, $\boldsymbol{\alpha}_3=(3,0,7,14)$, $\boldsymbol{\alpha}_4=(2,1,5,6)$, $\boldsymbol{\alpha}_5=(1,-1,2,0)$, 则包含 $\boldsymbol{\alpha}_1,\boldsymbol{\alpha}_4$ 的极大线性无关组是________.

(2) 设 $\boldsymbol{A}$ 为三阶矩阵, $r(\boldsymbol{A})=2$, 且非齐次线性方程组 $\boldsymbol{Ax}=\boldsymbol{b}$ 有解, 则 $\boldsymbol{Ax}=\boldsymbol{b}$ 有________(选填"唯一""无穷多")解, 解向量组的秩为________.

(3) 使向量组 $\boldsymbol{\alpha}_1=(a,0,1)^{\mathrm{T}}$、$\boldsymbol{\alpha}_2=(0,a,2)^{\mathrm{T}}$、$\boldsymbol{\alpha}_3=(10,3,a)^{\mathrm{T}}$ 线性无关的 a 的值是________.

(4) 如果矩阵 $\boldsymbol{A}=\begin{pmatrix}1&2&3\\-1&3&2\\2&1&t\\-2&1&-1\end{pmatrix}$, $\boldsymbol{B}$ 是三阶非零矩阵, 且 $\boldsymbol{AB}=0$, 则 $t=$________.

2. 选择题.

(1) 设向量组(Ⅰ): $\boldsymbol{\alpha}_1,\boldsymbol{\alpha}_2,\cdots,\boldsymbol{\alpha}_r$ 可由向量组(Ⅱ): $\boldsymbol{\beta}_1,\boldsymbol{\beta}_2,\cdots,\boldsymbol{\beta}_s$ 线性表示, 则( ).

A. 当 $r<s$ 时, 向量组(Ⅱ)必线性相关

B. 当 $r>s$ 时, 向量组(Ⅱ)必线性相关

C. 当 $r<s$ 时, 向量组(Ⅰ)必线性相关

D. 当 $r>s$ 时, 向量组(Ⅰ)必线性相关

(2) 设 $\boldsymbol{\alpha}_0$ 是非齐次线性方程组 $\boldsymbol{Ax}=\boldsymbol{b}$ 的一个解, $\boldsymbol{\alpha}_1,\boldsymbol{\alpha}_2,\cdots,\boldsymbol{\alpha}_r$ 是其导出组 $\boldsymbol{Ax}=0$ 的基础解系, 则以下结论成立的是( ).

A. $\boldsymbol{\alpha}_0,\boldsymbol{\alpha}_1,\boldsymbol{\alpha}_2,\cdots,\boldsymbol{\alpha}_r$ 线性无关

B. $\boldsymbol{\alpha}_0,\boldsymbol{\alpha}_1,\boldsymbol{\alpha}_2,\cdots,\boldsymbol{\alpha}_r$ 线性相关

C. $\boldsymbol{\alpha}_0,\boldsymbol{\alpha}_1,\boldsymbol{\alpha}_2,\cdots,\boldsymbol{\alpha}_r$ 的任意线性组合都是 $\boldsymbol{Ax}=\boldsymbol{b}$ 的解

D. $\boldsymbol{\alpha}_0,\boldsymbol{\alpha}_1,\boldsymbol{\alpha}_2,\cdots,\boldsymbol{\alpha}_r$ 的任意线性组合都是 $\boldsymbol{Ax}=0$ 的解

(3) 设向量组 $\boldsymbol{\alpha},\boldsymbol{\beta},\boldsymbol{\gamma}$ 线性无关, 向量组 $\boldsymbol{\alpha},\boldsymbol{\beta},\boldsymbol{\delta}$ 线性相关, 则( ).

A. $\boldsymbol{\alpha}$ 必可由 $\boldsymbol{\beta},\boldsymbol{\gamma},\boldsymbol{\delta}$ 线性表示　　B. $\boldsymbol{\beta}$ 必不可由 $\boldsymbol{\alpha},\boldsymbol{\gamma},\boldsymbol{\delta}$ 线性表示

C. $\boldsymbol{\delta}$ 必可由 $\boldsymbol{\alpha},\boldsymbol{\beta},\boldsymbol{\gamma}$ 线性表示　　D. $\boldsymbol{\delta}$ 必不可由 $\boldsymbol{\alpha},\boldsymbol{\beta},\boldsymbol{\gamma}$ 线性表示

(4) 齐次线性方程组 $\begin{cases}x_1+kx_2+x_3=0,\\2x_1+x_2+x_3=0,\\kx_2+3x_3=0\end{cases}$ 只有零解, 则 k 应满足的条件是( ).

A. $k=\dfrac{3}{5}$　　B. $k=\dfrac{4}{5}$　　C. $k\neq\dfrac{3}{5}$　　D. $k\neq\dfrac{4}{5}$

3. 判断题.

(1) 向量组中任意向量可由该向量组线性表示.　( )

(2)一个给定的向量组,不是线性相关就是线性无关. ( )

(3)由单个向量 $\boldsymbol{\alpha}$ 组成的一个向量组 $\{\boldsymbol{\alpha}\}$,其线性无关的充分必要条件是 $\boldsymbol{\alpha}\neq 0$. ( )

(4)若向量组 $\boldsymbol{\alpha}_1,\boldsymbol{\alpha}_2,\boldsymbol{\alpha}_3,\boldsymbol{\alpha}_4$ 中任意 3 个向量都线性无关,则 $\boldsymbol{\alpha}_1,\boldsymbol{\alpha}_2,\boldsymbol{\alpha}_3,\boldsymbol{\alpha}_4$ 线性无关. ( )

(5)向量组 $\boldsymbol{\alpha}_1,\boldsymbol{\alpha}_2,\boldsymbol{\alpha}_3$ 中任意两个向量均线性无关,则 $\boldsymbol{\alpha}_1,\boldsymbol{\alpha}_2,\boldsymbol{\alpha}_3$ 线性无关. ( )

(6)存在一组全为零的实数 $k_1,k_2,\cdots,k_s$,使得 $k_1\boldsymbol{\alpha}_1+k_2\boldsymbol{\alpha}_2+\cdots+k_s\boldsymbol{\alpha}_s=0$ 成立,则向量组 $\boldsymbol{\alpha}_1,\boldsymbol{\alpha}_2,\cdots,\boldsymbol{\alpha}_s$ 线性无关. ( )

(7)若向量组 $\boldsymbol{\alpha}_1,\boldsymbol{\alpha}_2,\boldsymbol{\alpha}_3$ 线性相关,则 $\boldsymbol{\alpha}_3$ 一定可由 $\boldsymbol{\alpha}_1,\boldsymbol{\alpha}_2$ 线性表示. ( )

(8)有非零解的齐次线性方程组的基础解系是唯一的. ( )

(9)若非齐次线性方程组 $\boldsymbol{Ax}=\boldsymbol{b}$ 的导出组 $\boldsymbol{Ax}=0$ 只有零解,则 $\boldsymbol{Ax}=\boldsymbol{b}$ 有唯一解. ( )

(10)若非齐次线性方程组有解,则它要么有唯一解,要么有无穷多解. ( )

4. 已知向量组 $\boldsymbol{\alpha}_1=(1,0,1,2)$,$\boldsymbol{\alpha}_2=(0,1,1,2)$,$\boldsymbol{\alpha}_3=(1,1,0,a)$,$\boldsymbol{\alpha}_4=(1,2,a,6)$,$\boldsymbol{\alpha}_5=(1,1,2,4)$,当 a 取何值时,向量组的秩为 3? 求其极大线性无关组.

5. 求下列齐次线性方程组的基础解系和通解.

(1) $\begin{cases}x_1+3x_2+2x_3=0,\\x_1+5x_2+x_3=0,\\3x_1+5x_2+8x_3=0;\end{cases}$

(2) $\begin{cases}x_1+2x_2-2x_3+2x_4-x_5=0,\\x_1+2x_2-x_3+3x_4-2x_5=0,\\2x_1+4x_2-7x_3+x_4+x_5=0.\end{cases}$

6. 求下列非齐次线性方程组的解.

(1) $\begin{cases}2x_1+3x_2+x_3=3,\\x_1+2x_2+x_3=1,\\x_1-x_2-2x_3=0;\end{cases}$

(2) $\begin{cases}x_1+7x_3=3,\\x_1+2x_2+x_3=1,\\x_2-3x_3=-1;\end{cases}$

(3) $\begin{cases}2x_1-x_2+3x_3+4x_4=5,\\4x_1-2x_2+5x_3+6x_4=7,\\6x_1-3x_2+7x_3+8x_4=9,\\8x_1-4x_2+9x_3+10x_4=11.\end{cases}$

第 3 篇　概率论与数理统计

第 10 章 随机事件与概率

法国数学家拉普拉斯说:“生活中最重要的问题,其绝大多数在实质上只是概率的问题.”英国逻辑学家和经济学家杰文斯曾对概率论大加赞美:“概率论是生活真正的领路人,如果没有对概率的某种估计,那么我们将寸步难行,无所作为.”概率论与以它作为基础的数理统计学科一起,在自然科学、社会科学、工程技术、军事科学及工农业生产等诸多领域中都起着不可或缺的作用.概率论是研究随机现象的数量规律性的学科,是后续学习数理统计的理论基础.

本章先介绍随机事件及其概率、事件的概率、条件概率和独立事件.

10.1 随机事件及其概率

10.1.1 确定性现象与随机现象

在自然界和人类社会生活中普遍存在两类现象:一类是在一定条件下预知其结果的现象,称为**确定性现象**.

确定性现象分为两种,一种是一定会发生的现象.例如,在一个标准大气压下,水加热到100 ℃,必然沸腾;向上抛一块石头,石头必然下落;同性电荷相互排斥,异性电荷相互吸引;等等.这种能预知结果且一定会发生的现象,称为**必然现象**.能预知结果且一定不会发生的现象,称为**不可能现象**,如掷一颗骰子,骰子出现7点.

另一类是在一定条件下事先无法预知其结果的现象,称为**随机现象**.人们在实践活动中常常会遇到随机现象,例如,射击项目中,子弹是否击中靶心,每一次射击,可能击中也可能没有击中靶心,结果是随机的;再如明天的天气是否晴朗,明天可能是晴天,也可能是阴雨天;某车间生产的产品可能是合格品,也可能是次品;等等.

10.1.2 随机试验

对随机现象的观察或观测称为试验,例如,掷 1 枚骰子,观察其出现的点数;抛 1 枚硬币 3 次,观察出现硬币正面朝上的次数;统计在某个十字路口 1 分钟内通过的车辆数等. 上述试验具有以下特征:

(1)可重复性:试验可以在相同的条件下重复进行;

(2)可观察性:试验前试验可能出现的所有结果是事先已知且结果不止一个;

(3)不确定性:在每次试验中,具体出现哪一种结果是事先无法确定的.

把这样的试验称为**随机试验**,简称**试验**,通常用字母 E 表示. 本书中后面提到的都是随机试验.

10.1.3 样本点与样本空间

随机试验 E 的每一个可能的结果称为 E 的一个**样本点**,一般用 ω 表示. E 的所有样本点 $\omega_1,\omega_2,\cdots,\omega_n$ 所组成的集合称为 E 的**样本空间**,通常用 Ω 表示,则

$$\Omega=\{\omega_1,\omega_2,\cdots,\omega_n\}.$$

例 10.1 设试验为任意抛掷 1 枚硬币,有样本点 ω_1 表示"正面朝上",ω_2 表示"反面朝上",则样本空间为 $\Omega=\{\omega_1,\omega_2\}$.

例 10.2 设试验为从装有 3 个白球(记为 1、2、3 号)与 2 个黑球(4、5 号)的袋中任取 2 个球.

(1)如果观察取出的 2 个球的颜色,有样本点 ω_{00} 表示"取出 2 个白球",ω_{11} 表示"取出 2 个黑球",ω_{01} 表示"取出 1 个白球和 1 个黑球",则样本空间为 $\Omega_1=\{\omega_{00},\omega_{11},\omega_{01}\}$.

(2)如果观察取出的 2 个球的号码,有样本点 ω_{ij} 表示"取出第 i 号与第 j 号球"($1\leqslant i<j\leqslant 5$),于是样本空间由 $C_5^2=10$ 个样本点构成,即

$$\Omega_2=\{\omega_{12},\omega_{13},\omega_{14},\omega_{15},\omega_{23},\omega_{24},\omega_{25},\omega_{34},\omega_{35},\omega_{45}\}.$$

例 10.3 设试验为记录某公共汽车站某日某时刻的等车人数,有样本点 ω_i 表示"该时刻等待的为 i 人",($i=0,1,2,\cdots$)则样本空间由可数无穷多个样本点构成,即 $\Omega=\{\omega_0,\omega_1,\omega_2\cdots\}$.

例 10.4 设试验为测量车床加工的零件的直径,有样本点 ω_x 表示"测得零件直径为 x mm"($a\leqslant x\leqslant b$),则样本空间由不可数无穷多个样本点构成,即

$$\Omega=\{\omega_x\mid a\leqslant x\leqslant b\}.$$

10.1.4 随机事件

随机现象的结果称为**随机事件**,简称**事件**,常用大写字母 A、B、C 等表示. 由前面关于样本点的定义知,随机事件也可以被视为由随机试验中某些样本点构成的集合. 例如,在例 10.2 中,若用 A 表示"取出的 2 个球均为白球"这一随机事件,对于样本空间 Ω_1 来说,$A=\{\omega_{00}\}$ 是

相应样本空间 Ω_1 的一个子集；对于样本空间 Ω_2 来说，$A=\{\omega_{12},\omega_{13},\omega_{23}\}$ 为 Ω_2 的一个子集.

由此可见，随机事件具有以下特点：

(1)任一随机事件是相应样本空间的一个子集；

(2)随机事件发生在当且仅当它所包含的某一个样本点出现；

(3)随机事件可用集合表示，也可用语言表示，甚至可用随机变量表示.（今后会讲到）

另外，要注意到两个特殊的随机事件，一个是任一样本空间 Ω 的最大子集(Ω)称为**必然事件**，仍然用 Ω 表示，必然事件是每次试验中一定要发生的事件. 如掷一枚骰子时，“出现的点数不超过 6 点”就是一个必然事件. 样本空间 Ω 的最小子集($\varnothing$)称为**不可能事件**，仍然用 $\varnothing$ 表示. 不可能事件就是每次试验中一定不会发生的事件，如掷一枚骰子时，“出现 7 点”就是不可能事件. 应该指出，试验的任一样本点也是随机事件，今后把试验的样本点称为**基本事件**，即基本事件是样本空间的、仅由单个样本点构成的子集.

必然事件与不可能事件原不是随机事件，但为讨论问题的需要，人们将其看成随机事件的两种极端形式，且在概率论中起着重要的作用.

10.1.5　随机事件的关系与运算

下面讨论随机事件间的关系及事件的运算，先讨论两个随机事件 A 与 B 之间的关系.（以下将随机事件简称“事件”）

1. 事件间的关系

(1)**包含**. 事件 A 发生必然导致事件 B 发生，则称事件 B 包含事件 A(事件 A 包含于事件 B)，记为 $A\subset B(B\supset A)$，如图 10.1 所示.

(2)**相等**. 若事件 A 与事件 B 中，任一事件的发生必然导致另一事件的发生，则称事件 A 与事件 B 是相等事件，记为 $A=B$，即 A 与 B 为同一事件.

(3)**互不相容**. 若事件 A 与事件 B 不能同时发生，则称事件 A 与事件 B 互不相容(互斥). 例如，掷一枚骰子，$A=\{1,3,5\}$，$B=\{2,4,6\}$，则 A 与 B 互不相容，如图 10.2 所示.

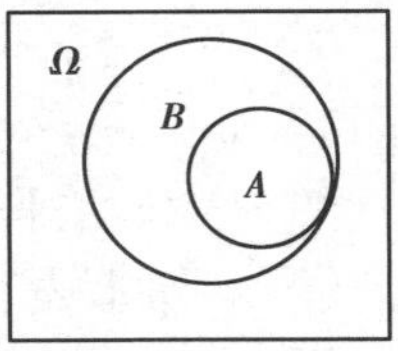

图 10.1

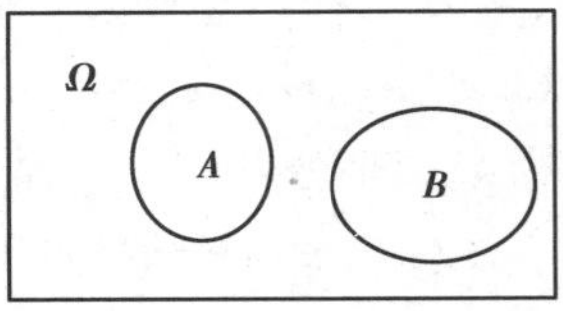

图 10.2

2. 事件间的运算

(1)**并事件(和事件)**. “事件 A 与事件 B 中至少有一个发生”，这一事件称为事件 A 与事件 B 的并事件，记为 $A\cup B$ 或 $A+B$. 即 $A\cup B=\{A$ 与 B 至少有一个发生$\}$，如图 10.3 所示的阴影部分. 例如掷一枚骰子，$A=\{1,3,5\}$，$B=\{1,3,6\}$，则 $A\cup B=\{1,3,5,6\}$.

(2)**交事件(积事件)**. “事件 A 与事件 B 同时发生”，这一事件称为事件 A 与事件 B 的交事件，记为 $A\cap B$ 或 AB. 如图 10.4 所示的阴影部分. 例如掷一枚骰子，$A=\{1,3,5\}$，$B=\{1,3,

6},则 $A\cap B=\{1,3\}$. 事件的并运算与交运算可推广到有限个或可列个事件,譬如有一列事件 $A_1,A_2,\cdots,\bigcup\limits_{i=1}^{n}A_i$ 称为**有限并**,$\bigcup\limits_{i=1}^{\infty}A_i$ 称为**可列并**,$\bigcap\limits_{i=1}^{n}A_i$ 称为**有限交**,$\bigcap\limits_{i=1}^{\infty}A_i$ 称为**可列交**.

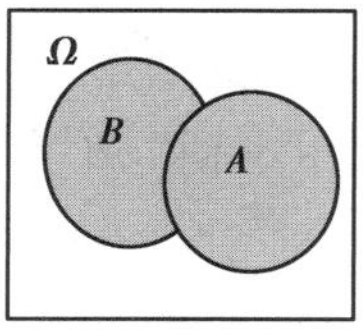

图 10.3

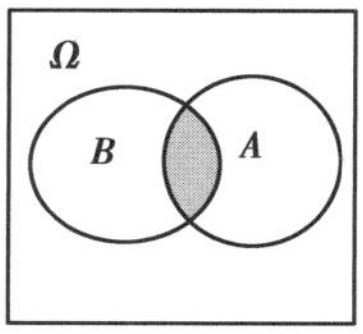

图 10.4

(3)**差事件**."事件 B 发生而事件 A 不发生",这一事件称为事件 B 与事件 A 的差,记为 $B-A$,如图 10.5 所示的阴影部分. 例如掷一枚骰子,$A=\{1,3,5\}$,$B=\{1,3,6\}$,则 $B-A=\{6\}$. 同样可以定义 $A-B$,如图 10.6 所示的阴影部分.

特别的,必然事件 Ω 对任一事件 A 的差 $\Omega-A$ 称为事件 A 的**对立事件**,记为 $\overline{A}$,即事件 A 不发生,如图 10.7 所示的阴影部分. 事件 A 与事件 B 互为对立事件的充分必要条件是 $AB=\varnothing$ 且 $A\cup B=\Omega$,这也是判断两个事件成为对立事件的准则. 可见,对立事件一定是互不相容事件,但互不相容事件未必是对立事件.

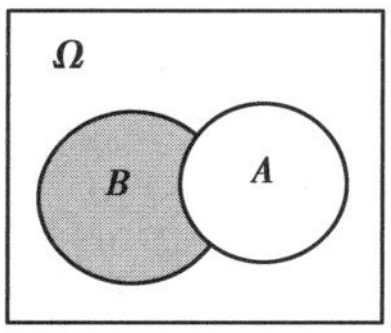

图 10.5

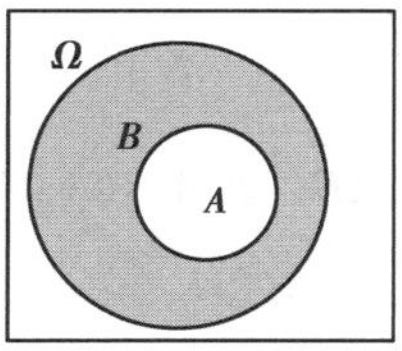

图 10.6

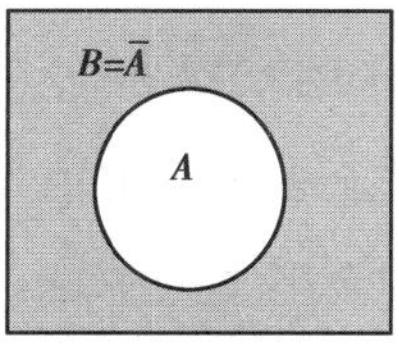

图 10.7

例 10.5 设事件 A、B、C 是同一样本空间中的 3 个事件,则

(1)事件 A、B、C 同时发生,可以表示为:$ABC(A\cap B\cap C)$;

(2)事件 A、B、C 中至少有一个发生,可以表示为:$A\cup B\cup C$;

(3)事件 A 发生而 B、C 都不发生,可以表示为:

$$A\overline{B}\,\overline{C}\text{ 或 }A-B-C\text{ 或 }A-(B\cup C);$$

(4)事件 A、B、C 中恰好发生一个,可以表示为:$(A\overline{B}\,\overline{C})\cup(\overline{A}B\overline{C})\cup(\overline{A}\,\overline{B}C)$;

(5)事件 A、B、C 中恰好发生两个,可以表示为:$(\overline{A}BC)\cup(A\overline{B}C)\cup(AB\overline{C})$;

(6)事件 A、B、C 中没有一个发生,可以表示为:$\overline{A\cup B\cup C}$ 或 $\overline{A}\,\overline{B}\,\overline{C}$.

3. 事件的运算性质

(1)交换律:$A\cup B=B\cup A$,$AB=BA$;

(2)结合律:$(A\cup B)\cup C=A\cup(B\cup C)$,$(AB)C=A(BC)$;

(3)分配律:$(A\cup B)\cap C=AC\cup BC$,$(A\cap B)\cup C=(A\cup C)\cap(B\cup C)$;

(4)自反律:$\overline{\overline{A}}=A$;

(5)对偶律:$\overline{A\cup B}=\overline{A}\cap\overline{B}$,$\overline{A\cap B}=\overline{A}\cup\overline{B}$,

一般的,可以推广到有限多个事件:$\overline{\bigcup_{i=1}^{n} A_i}=\bigcap_{i=1}^{n}\overline{A_i}$,$\overline{\bigcap_{i=1}^{n} A_i}=\bigcup_{i=1}^{n}\overline{A_i}$;

(6)差积转化律:$A-B=A-(AB)=A\cap\overline{B}=A\overline{B}$.

注 上述各运算律可推广到有限个或者可数个事件的情形.

例 10.6 甲、乙、丙 3 人各射一次靶子,记 A 为"甲中靶",B 为"乙中靶",C 为"丙中靶",请用上述事件的运算来分别表示下列各事件.

(1)甲未中靶:$\overline{A}$;

(2)甲中靶而乙未中靶:$A\overline{B}$;

(3)3 人中只有丙未中靶:$AB\overline{C}$;

(4)3 人中恰好 1 人中靶:$A\overline{B}\,\overline{C}\cup\overline{A}B\overline{C}\cup\overline{A}\,\overline{B}C$;

(5)3 人中至少 1 人中靶:$A\cup B\cup C$ 或 $\overline{\overline{A}\,\overline{B}\,\overline{C}}$;

(6)3 人中至少 1 人未中靶:$\overline{A}\cup\overline{B}\cup\overline{C}$ 或 $\overline{ABC}$;

(7)3 人中恰有 2 人中靶:$AB\overline{C}\cup A\overline{B}C\cup\overline{A}BC$;

(8)3 人中至少 2 人中靶:$AB\cup AC\cup BC$;

(9)3 人均未中靶:$\overline{A}\,\overline{B}\,\overline{C}$;

(10)3 人中至多 1 人中靶:$A\overline{B}\,\overline{C}\cup\overline{A}B\overline{C}\cup\overline{A}\,\overline{B}C\cup\overline{A}\,\overline{B}\,\overline{C}$;

(11)3 人中至多 2 人中靶:$\overline{ABC}$ 或 $\overline{A}\cup\overline{B}\cup\overline{C}$.

注 用其他事件的运算来表示一个事件,方法往往不唯一,如例 10.6 中的(6)和(11)实际上是同一事件,应学会用不同方法表示同一事件.

习题 10.1

1. 写出下列随机试验的样本空间及随机事件.

(1)记录某电话总机 1 分钟内接到的呼叫次数,事件 $A=\{1$ 分钟内呼叫不超过 3 次$\}$;

(2)观察某地区的气温,事件 $A=\{$气温不超过 28 ℃$\}$;

(3)从一批灯泡中随机抽取一只,测试它的寿命,事件 $A=\{$寿命在 2 000 ~2 500 小时$\}$.

2. 袋中有 10 个球,编号为 1 ~10,从中任取一球,设 $A=\{$所取号码为偶数$\}$,$B=\{$所取号码为奇数$\}$,$C=\{$所取号码小于 5$\}$,下列运算各表示什么事件?

(1)$A\cup B$;(2)AB;(3)AC;(4)$\overline{AC}$;(5)$\overline{A}\,\overline{C}$;(6)$\overline{B\cup C}$;(7)$A-C$.

3. 任意掷一枚骰子,观察出现的点数. 设事件 A 表示"出现偶数点",事件 B 表示"出现的点数能被 3 整除".

(1)写出样本点和样本空间;

(2)把事件 A 和事件 B 分别表示为样本点的集合;

(3)事件 $\overline{A}$、$\overline{B}$、$A\cup B$、AB、$\overline{A\cup B}$ 分别表示什么事件?把它们表示为样本点的集合.

4. 设 A、B、C 表示 3 个随机事件、用 A、B、C 表示下列随机事件.

(1)A 发生但 B、C 都不发生;

(2) A、B、C 这 3 个事件至少有 1 个发生；

(3) A、B、C 这 3 个事件恰有 2 个发生；

(4) A、B、C 这 3 个事件至多 1 个发生；

(5) A、B、C 这 3 个事件至多 2 个发生；

(6) A、B、C 这 3 个事件中至少有 2 个发生.

5. 一个工人生产了 n 个零件，以事件 A_i 表示“他生产的第 i 个零件是合格品”($1\leqslant i\leqslant n$)，用 A_i 表示下列事件：

(1) 全部为合格品；

(2) 全部为不合格品；

(3) 没有零件是不合格品；

(4) 至少有 1 个零件是不合格品.

10.2 事件的概率

对于一个随机事件 A，在一次随机试验中它是否会发生，事先并不能确定. 可以提出疑问，在一次试验中，事件 A 发生的可能性有多大？并尝试找到一个合适的数来度量 A 在一次试验中发生的可能性大小. 为此，本节首先引入频率的概念，频率描述了事件发生的频繁程度，进而引出表征事件在一次试验中发生的可能性大小的数——概率.

10.2.1 频率与概率

定义 10.1 在相同的条件下进行 n 次试验，在这 n 次试验中，事件 A 发生的次数 m 称为事件 A 发生的**频数**，$\frac{m}{n}$称为事件 A 发生的**频率**，并记为 $f_n(A)$.

由定义不难验证频率具有如下性质：

(1) $0\leqslant f_n(A)\leqslant 1$；

(2) $f_n(\Omega)=1, f_n(\varnothing)=0$；

(3) 若 A、B 是两两互不相容(互斥)的事件，则 $f_n(A\cup B)=f_n(A)+f_n(B)$，可以推广到有限多个事件：$A_1, A_2, \cdots, A_k$ 是两两互不相容的事件，则

$$f_n(A_1\cup A_2\cup\cdots\cup A_k)=f_n(A_1)+f_n(A_2)+\cdots+f_n(A_k).$$

根据上述定义，频率反映了一个随机事件在大量重复试验中发生的频繁程度. 例如，抛掷一枚均匀的硬币时，在一次试验中对结果无法预知，不能肯定是否会出现正面朝上，似乎毫无规律，但大量重复试验后会发现出现正面朝上和反面朝上的次数大致相等(表 10.1)，即大致各占总试验次数的比例为 1/2，并且随着试验次数的增加，这一比例更加稳定地趋近 1/2，这似乎表明，频率的稳定值与事件发生的可能性大小(概率)之间有着内在联系.

人们发现，同一随机现象大量重复出现时，其每种可能的结果出现的频率具有稳定性，从而表明随机现象也有其固定的规律性. 人们把随机现象在大量重复出现时所表现出来的规律

性称为随机现象的**统计规律性**. 概率论与数理统计是研究随机现象统计规律性的一门学科. 历史上,研究随机现象统计规律性的著名试验是抛硬币试验. 表 10.1 为历史上抛硬币试验的记录.

表 10.1 历史上抛硬币试验记录

试验者	试验次数 n/次	正面朝上的次数 m/次	正面朝上的频率(m/n)
德・摩根	2 048	1 061	0.518 1
蒲丰	4 040	2 048	0.506 9
皮尔逊	12 000	6 019	0.501 6
皮尔逊	24 000	12 012	0.500 05

试验表明:虽然事先无法准确预知每次抛掷硬币将出现正面朝上还是反面朝上,但经大量重复实验发现,硬币出现正面朝上和反面朝上的次数大致相等,即大致各占总试验次数的 1/2,并且随着试验次数的增加,这一比例稳定趋近 1/2. 这说明虽然随机现象在少数几次试验或观察中的结果没有规律性,但是通过长期观察或者大量重复试验可以看出,试验结果是有规律可循的,这种规律是随机试验结果自身所具有的特征.

从频率的稳定性得到启发:当试验次数 n 逐渐增大时,事件 A 出现的频率 $f_n(A)$ 会接近某一个常数,用这个常数来度量事件 A 发生的可能性大小,并称为事件 A 的**概率**,记为 $P(A)$.

在实际中,当概率不易求出时,人们常取试验次数很多时事件出现的频率作为概率的估计值,称此概率为**统计概率**. 这种确定概率的方法称为**频率方法**.

由频率的性质,不难得到概率有如下性质:

(1) $0\leqslant P(A)\leqslant 1$;

(2) $P(\Omega)=1, P(\varnothing)=0$;

(3)若 A、B 是两两互不相容(互斥)的事件,则 $P(A\cup B)=P(A)+P(B)$,可以推广到有限多个事件:$A_1, A_2, \cdots, A_k$ 是两两互不相容的事件,则

$$P(A_1\cup A_2\cup\cdots\cup A_k)=P(A_1)+P(A_2)+\cdots+P(A_k).$$

实际上,用上述定义去求事件 A 发生的概率是很困难的,因为求事件 A 发生的频率 $f_n(A)$ 的稳定值要做大量试验,它的优点是经过多次试验后,可以给人们提供猜想事件 A 发生的概率的近似值. 统计概率虽有简便之处,但若试验有破坏性,则不可能进行大量重复试验,这就限制了它的应用. 对于某些特殊类型的随机试验,要确定事件的概率,并不需要重复试验,而是根据长期积累的经验直接计算出来,从而给出概率的相应定义,这类试验称为等可能概型试验.

10.2.2 古典概率

1. 古典概型试验

定义 10.2 若一个随机试验具有如下特点:

(1)试验的样本空间 Ω 包含有限个样本点;

(2) 试验中每个样本点发生的可能性是均等的,
则称此试验为**古典概型试验**.

例如,任意抛掷一枚硬币,"正面朝上"与"反面朝上"这两个事件发生的可能性在客观上是相同的,也是等可能的;又如抽样检查产品质量时,一批产品中每个产品被抽到的可能性在客观上是相同的,因而抽到每个产品是等可能的,所以这两个试验都是古典概型试验.

2. 古典概率

定义 10.3 在古典概型试验中,若样本空间 Ω 中样本点的个数为 n,事件 A 包含的样本点的个数为 k,则事件 A 的概率为 $P(A)=\frac{k}{n}$,称 $P(A)$ 为古典概率.

例 10.7 将一枚均匀的骰子连掷两次,求:
(1) 两次的点数之和为 8 的概率;
(2) 两次的点数中较大的一个不超过 3 的概率.

解 该试验的样本空间为 $\Omega=\{(1,1),(1,2),(1,3),(1,4),\cdots,(6,4),(6,5),(6,6)\}$,共 36 个样本点. 由于骰子是均匀的,故每个样本点发生的可能性是相等的,属于古典概型试验.

(1) 设事件 A = 两次的点数之和为 8,则 $A=\{(i,j)\mid i+j=8\}=\{(2,6),(3,5),(4,4),(5,3),(6,2)\}$,$A$ 中共包含 5 个样本点,故 $P(A)=\frac{5}{36}$.

(2) 事件 B = 两次的点数中较大的一个不超过 3,则 $B=\{(i,j)\mid \max\{i,j\}\leqslant 3\}=\{(1,1),(1,2),(1,3),(2,1),(2,2),(2,3),(3,1),(3,2),(3,3)\}$,$B$ 中共包含 9 个样本点,故 $P(B)=\frac{9}{36}=\frac{1}{4}$.

例 10.8 袋内有 3 个白球和 2 个黑球,从中任取 2 个球,求取出的 2 个球都是白球的概率.

解 设事件 A 表示"取出的 2 个球均为白色",参看例 10.2,样本空间不能取 $\Omega_1=\{\omega_{00},\omega_{11},\omega_{01}\}$,因为 3 个样本点不是等可能的,为此,只能考虑样本空间 $\Omega_2=\{\omega_{12},\omega_{13},\omega_{14},\omega_{15},\omega_{23},\omega_{24},\omega_{25},\omega_{34},\omega_{35},\omega_{45}\}$,则 A 中的 2 个白球只能从袋中的 3 个白球中取,共有 $C_3^2=3$ 个样本点,而样本空间中含有 $C_5^2=10$ 个样本点,所以 $P(A)=\frac{k}{n}=\frac{C_3^2}{C_5^2}=\frac{3}{10}=0.3$.

在日常生活中存在大量的随机变量,都需要通过概率来解释与说明. 概率与老百姓的生活息息相关,小到每天出行所需的天气预报,大到国防建设中东风导弹的命中率、蛟龙号的下潜深度的估算等,概率论必将越来越显示出强大的实用性.

3. 生活中的巧合(古典概率问题)

1789—2001 年,在 42 位美国总统中,有 2 位的生日相同,3 位的卒日相同. 一年的天数远大于 42,怎么会如此巧合呢? 下面用概率给出解释.

例 10.9 某班级有 n 个人($n\leqslant 365$),至少有 2 人的生日在同一天的概率为多大?

解 本题属于古典概型试验中的投球问题.

假定一年按 365 天计算,先计算没有人的生日是在同一天的,再运用对立事件的概率和为 1,容易计算出至少有 2 人的生日是在同一天的概率为:

$$P_n = 1 - \frac{C_{365}^n}{365^n}$$

利用计算机计算可得数据见表 10.2.

表 10.2

人数/人	10	20	30	40	50	60	70	80
概率	0.116 9	0.411 4	0.706 3	0.891 2	0.970 4	0.994 1	0.999 1	0.999 9

由表 10.1 可以看出,当班级成员达到 50 人时,几乎必有两人的生日是在同一天. 故在 40 多位美国总统中有生日相同的人并不足为奇.

类似地,"莎士比亚巧合"从概率意义上看也是正常的. 莎士比亚生于 1564 年 4 月 23 日,卒于 1616 年 4 月 23 日,生卒都是 4 月 23 日. 通过概率计算可知,在 1 000 名逝者中至少有 1 人的生卒日期相同几乎成了必然.

例 10.10 设有 N 件产品,其中有 n 件次品,今从中任取 m 件,恰有 $k(k\leqslant n)$ 件次品的概率是多少?

解 所求概率显然与抽样方式有关,下面分别讨论.

(1)放回抽样场合:把 N 件产品进行编号,有放回地抽取,任取 m 次,则总的样本点数为 N^m,其中恰有 $k(k\leqslant n)$ 件次品的这种情况下包含的样本点数为 $C_m^k n^k (N-n)^{m-k}$,故所求概率为 $P=\dfrac{C_m^k n^k (N-n)^{m-k}}{N^m} = C_m^k \left(\dfrac{n}{N}\right)^k \left(\dfrac{N-n}{N}\right)^{m-k}$,其是二项式 $\left(\dfrac{n}{N}+\dfrac{N-n}{N}\right)^m$ 展开式的一般项,上述概率称为**二项分布**,后面章节会具体讲.

(2)不放回抽样场合:从 N 件产品中抽取 m 件产品,总的样本点数为 C_N^m,其中恰有 $k(k\leqslant n)$ 件次品的这种情况下包含的样本点数为 $C_n^k C_{N-n}^{m-k}$,故所求概率为 $\dfrac{C_n^k C_{N-n}^{m-k}}{C_N^m}$,这个概率称为**超几何分布**.

例 10.11 袋中有 a 只白球、b 只红球,k 个人依次在袋中任取 1 只球,求第 $i(i=1,2,\cdots,k)$ 人取到白球(记为事件 A)的概率. $(k\leqslant a+b)$

解 (1)放回抽取场合:显然有 $P(A)=\dfrac{a}{a+b}$.

(2)不放回抽取场合:将 a 只白球、b 只红球都看作不同的球,每人取 1 只球,则总的取法有 A_{a+b}^k 种,当事件 A 发生时,第 i 人取到的应是白球,于是包含了 aA_{a+b-1}^{k-1} 种取法,故 $P(A)=\dfrac{aA_{a+b-1}^{k-1}}{A_{a+b}^k}=\dfrac{a}{a+b}$.

值得注意的是,$P(A)$ 与 i 无关,尽管取球的先后次序不同,但每人取到白球的概率是一样的,每人的机会是相同的,即抽签结果与抽签顺序无关. 另外值得注意的是,放回抽样场合和不放回抽样场合下的 $P(A)$ 是一样的.

由此可见,是否中签与抽签的先后次序无关,即抽签是很公平的. 有了这一理论,在日常生活中碰到需要通过某种方式来决定最后的结果时,我们就可以用类似上例的抽签方式,如运动会中跑道的确定、比赛时歌手的出场顺序、世界杯足球赛的分组、城市安置房的分配等.

这也说明我们在抽签时完全不必争先恐后. 因为不论先抽还是后抽,每个人抽到好签的概率都是相等的. 抽签对于每个人都是公平合理的. 这里要说明一点,为确保每次抽签都是公平的,即每个人抽中的概率均相等,建议:①所有人同时抽;②序贯抽签时,前面抽完签的人不要急于公布结果,等全部人抽完后再说.

10.2.3 概率的公理化定义

1. 概率的公理化定义

任何一个数学概念都是对现实世界的抽象,这种抽象使得其具有广泛的适用性. 事件的频率解释为概率提供了经验基础,但是不能作为一个严格的数学定义,直到 1933 年,数学家柯尔莫哥洛夫在总结前人大量研究成果的基础上,抓住概率是事件的函数的本质,提出了概率的公理化结构,明确了概率的数学定义和概率论的基本概念,使概率论成为严谨的数学分支,对概率论的进一步发展起到了积极的推动作用. 下面介绍概率论的公理化定义与性质.

定义 10.4 设 E 为随机试验,Ω 为样本空间,对 E 的每一个事件赋予一个实数,记为 $P(A)$,若 $P(A)$ 满足下列 3 个条件:

公理 1(非负性) $0 \leqslant P(A) \leqslant 1$;

公理 2(规范性) $P(\Omega)=1$;

公理 3(可列可加性) 对任意一列两两互斥的事件组 $A_1, A_2, \cdots, A_n, \cdots$,有

$$P\left(\sum_{i=1}^{\infty} A_i\right)=\sum_{i=1}^{\infty} P(A_i).$$

则称 $P(A)$ 为事件 A 的**概率**.

2. 概率的性质

由概率的 3 条公理可直接推出以下性质:

(1)$P(\varnothing)=0$;

(2)$P(A)+P(\bar{A})=1$;

(3)若 $A \subset B$,则 $P(B-A)=P(B)-P(A)$,且 $P(A) \leqslant P(B)$. 一般的,$P(B-A)=P(B)-P(AB)$,$P(A-B)=P(A)-P(AB)$;

(4)对任意事件 A 与 B,有 $P(A \cup B)=P(A)+P(B)-P(AB)$,这称为**加法公式**. 特别的,当 A 与 B 互斥时,$P(A \cup B)=P(A)+P(B)$,当然加法公式可以推广到有 3 个事件 A、B、C 的情形,即

$$P(A \cup B \cup C)=P(A)+P(B)+P(C)-P(AB)-P(AC)-P(BC)+P(ABC).$$

例 10.12 设 A、B 为 2 个事件,已知 $P(A)=0.5$,$P(B)=0.7$,$P(A \cup B)=0.8$,求 $P(AB)$,$P(A-B)$,$P(B-A)$.

解 由于 $P(A \cup B)=P(A)+P(B)-P(AB)$,因此

$$P(AB)=P(A)+P(B)-P(A\cup B)=0.5+0.7-0.8=0.4,$$
$$P(A-B)=P(A-AB)=P(A)-P(AB)=0.5-0.4=0.1,$$
$$P(B-A)=P(B-AB)=P(B)-P(AB)=0.7-0.4=0.3.$$

例 10.13 已知 $P(\overline{A})=0.6$，$P(\overline{A}B)=0.4$，$P(B)=0.5$，求：

(1) $P(AB)$；(2) $P(A-B)$；(3) $P(A\cup B)$；(4) $P(\overline{A}\,\overline{B})$.

解 (1) 由于 $AB+\overline{A}B=B$，且 AB 与 $\overline{A}B$ 是互不相容的，故有

$$P(AB)+P(\overline{A}B)=P(B),$$

于是，

$$P(AB)=P(B)-P(\overline{A}B)=0.5-0.4=0.1;$$

(2) $P(A)=1-P(\overline{A})=1-0.5=0.5$，

$$P(A-B)=P(A)-P(AB)=0.5-0.1=0.4;$$

(3) $P(A\cup B)=P(A)+P(B)-P(AB)=0.6+0.5-0.1=1$；

(4) $P(\overline{A}\,\overline{B})=P(\overline{A\cup B})=1-P(A\cup B)=1-1=0.$

习题 10.2

1. 在整数 0 ~ 9 中任取 3 个数，能组成一个三位偶数的概率是多少？

2. 在有 $n(n\leqslant 365)$ 个人的班级中，至少有 2 个人的生日在同一天的概率有多大？

3. 已知在 10 件产品中有 2 件次品，在其中取 2 次，每次任取 1 件，不放回选取，求下列事件的概率：

(1) 两件都是正品；

(2) 两件都是次品；

(3) 一件是正品，一件是次品；

(4) 第二次取出的是次品.

4. 袋中有 9 个球，分别标有号码 1,2,3,4,5,6,7,8,9. 从中任取 3 个球，求：

(1) 所取 3 个球上的最小号码为 4 的事件 A 的概率；

(2) 所取 3 个球上的最大号码为 4 的事件 B 的概率.

5. 袋中有 10 个球，其中有 6 个白球，4 个红球，从中任取 3 个球，求：

(1) 所取 3 个球都是白球的事件 A 的概率；

(2) 所取 3 个球中恰有 2 个白球、1 个红球的事件 B 的概率；

(3) 所取 3 个球中最多有 1 个白球的事件 C 的概率；

(4) 所取 3 个球的颜色相同的事件 D 的概率.

6. 已知 $P(A)=0.8$，$P(B)=0.6$，$P(AB)=0.5$，求：

$P(\overline{A})$，$P(\overline{B})$，$P(A\cup B)$，$P(A\overline{B})$，$P(\overline{A}B)$，$P(\overline{A}\,\overline{B})$，$P(\overline{A\overline{B}})$，$P(\overline{AB})$.

7. 已知 $A\supset C$，$B\supset C$，$P(A)=0.7$，$P(A-C)=0.4$，$P(AB)=0.5$，求：$P(AB-C)$.

8. 设 A、B、C 是随机事件，且 $P(A)=P(B)=P(C)=\dfrac{1}{4}$，$P(AB)=P(BC)=\dfrac{1}{16}$，$P(AC)=$

0,求:

(1)A、B、C 中至少有一个发生的概率;(2)A、B、C 都不发生的概率.

9. 在 1 ~ 2 023 的整数中随机取一个数,取到的整数能被 6 整除或能被 8 整除的概率是多少?

10. 在某城市中共发行甲、乙、丙三种报纸,在这个城市的居民中,订甲报的有 45%,订乙报的有 35%,订丙报的有 30%;同时订甲、乙两报的有 10%,同时订甲、丙两报的有 8%,同时订乙、丙两报的有 5%;同时订三种报纸的有 3%. 求下述百分比.

(1)只订甲报的;

(2)只订甲、乙两报的;

(3)只订一种报纸的;

(4)正好订两种报纸的;

(5)至少订一种报纸的;

(6)不订任何报纸的.

10.3　条件概率

10.3.1　条件概率

在实际问题中,常常需要考虑在一个固定条件下某个事件发生的概率. 例如,在信号传输中,往往关心的是在接收到某个信号的条件下发出的也是该信号的概率是多大? 在人寿保险中,人们往往关心的是人群在已活到某个年龄的条件下在未来一年内死亡的概率. 抽象地讲,就是在事件 B 发生的条件下事件 A 发生的概率,我们把这种概率称为**条件概率**,记为 $P(A|B)$,而 $P(A)$ 称为**无条件概率**.

例 10.14　市场上供应的灯泡中,甲厂的产品占 60%,乙厂的产品占 40%,甲厂产品的合格率是 90%,乙厂产品的合格率是 80%,若用事件 A、$\overline{A}$ 分别表示甲、乙两厂的产品,B 表示产品为合格品,试写出有关事件的概率和条件概率.

解　依题意有:$P(A)=60\%$,$P(\overline{A})=40\%$,$P(B|A)=90\%$,$P(B|\overline{A})=80\%$.

那么条件概率 $P(A|B)$ 应如何计算呢? $P(A|B)$ 是不是与 $P(A)$ 相等呢,是不是与 $P(AB)$ 相等呢? 为了解决这些问题,请看下面的例题.

例 10.15　某厂有 200 名职工,男、女各占一半,男职工中有 10 人是优秀职工,女职工中有 20 人是优秀职工. 从中任选一名职工,用 A 表示所选职工优秀,B 表示所选职工是男职工. 求:(1)$P(A)$;(2)$P(B)$;(3)$P(AB)$;(4)$P(A|B)$.

解　(1)$P(A)=\dfrac{10+20}{200}=\dfrac{3}{20}$;

(2)$P(B)=\dfrac{100}{200}=\dfrac{1}{2}$;

(3) AB 表示所选职工既是优秀职工又是男职工，则 $P(AB)=\dfrac{10}{200}=\dfrac{1}{20}$；

(4) $A|B$表示所选职工是男职工. 在已知所选职工是男职工的条件下，该职工是优秀职工，这时基本事件总数 $n=100$，$k=10$，$P(A|B)=\dfrac{10}{100}=\dfrac{1}{10}$.

由本例可以看出，事件 A 与事件 $A|B$不是同一事件，所以它们的概率不同，即 $P(A|B)\neq P(A)$；由本例还可以看出，事件 AB 与事件 $A|B$也不是同一事件，事件 AB 表示所选职工既是男职工又是优秀职工，这时基本事件总数 $n=200$，$k=10$，而事件 $A|B$则表示已知所选职工是男职工，所以基本事件总数 $n=100$，$k=10$，$P(A|B)\neq P(AB)$. 虽然 $P(AB)$ 与 $P(A|B)$ 不相同，但它们有关系，由本例可以看出

$$P(A|B)=\frac{10}{100}=\frac{10/200}{100/200}=\frac{P(AB)}{P(B)}.$$

由此，我们可以建立条件概率的一般定义.

定义 10.5 设事件 A、B 是两个随机事件，且 $P(B)>0$，称

$$P(A|B)=\frac{P(AB)}{P(B)}$$

为**在事件 B 发生的条件下事件 A 发生的条件概率**. 类似的，称

$$P(B|A)=\frac{P(AB)}{P(A)}$$

为**在事件 A 发生的条件下事件 B 发生的条件概率**.

例 10.16 一个家庭中有两个小孩，已知其中有一个是女孩，这时另一个小孩也是女孩的概率是多大？

解 根据题意：样本空间 $\Omega=\{$(男，男)，(男，女)，(女，男)，(女，女)$\}$，

$B=\{$有一个是女孩$\}=\{$(男，女)(女，男)(女，女)$\}$，

$A=\{$另一个也是女孩$\}=\{$(女，女)$\}$，于是所求概率为

$$P(A|B)=\frac{P(AB)}{P(B)}=\frac{\frac{1}{4}}{\frac{3}{4}}=\frac{1}{3}.$$

不难验证条件概率具有如下性质：

(1) $P(A|B)\geqslant 0$.

(2) $P(\Omega|B)=1$，$P(\varnothing|B)=0$.

(3) 若 A_1、A_2 为两两互不相容的事件，且 $P(B)>0$，则

$$P(A_1\cup A_1|B)=P(A_1|B)+P(A_2|B);$$

可以推广到多个事件：若 $A_1,A_2,\cdots,A_n,\cdots$是两两互不相容的事件，

且 $P(B)>0$，则 $P(\bigcup\limits_{n=1}^{\infty}A_n|B)=\sum\limits_{n=1}^{\infty}P(A_n|B)$.

(4) $P(A|B)+P(\overline{A}|B)=1$.

10.3.2 乘法公式

定理 10.1 对任意事件 A、B，有 $P(AB)=P(A)P(B|A)=P(B)P(A|B)$，其中第一个等式成立要求 $P(A)>0$，第二个等式成立要求 $P(B)>0$.

乘法公式还可以推广到 n 个事件的场合：

$$P(A_1A_2\cdots A_n)=P(A_1)P(A_2|A_1)\cdots P(A_n|A_1A_2\cdots A_{n-1})\text{，其中 }P(A_1A_2\cdots A_n)>0.$$

注 当 $P(A_1A_2\cdots A_{n-1})>0$ 时，保证公式中所有条件概率都有意义.（为什么？请证明）

例 10.17 一批零件有 100 个，其中有 10 个次品，每次从其中任取 1 个零件，取出的零件不放回，求第三次才取得合格品的概率.

解 设 $A_i(i=1,2,3)$ 表示"第 i 次取得合格品". 按题意，即第一次取得次品，第二次取得次品，第三次取得合格品，也就是事件 $\overline{A_1}\ \overline{A_2}A_3$. 易知

$$P(\overline{A_1})=\frac{10}{100},P(\overline{A_2}|A_1)=\frac{9}{99},P(A_3|\overline{A_1}\ \overline{A_2})=\frac{90}{98},$$

由此得到所求概率为

$$P(\overline{A_1}\ \overline{A_2}A_3)=P(\overline{A_1})P(\overline{A_2}|A_1)P(A_3|\overline{A_1}\ \overline{A_2})$$
$$=\frac{10}{100}\times\frac{9}{99}\times\frac{90}{98}\approx0.008\ 3.$$

例 10.18 关于某产品的检验方案是这样的：在批量为 100 件的一批产品中任取 1 件来检验，如果样品是废品，就认为这批产品是不合格的，如果样品是正品，则再抽取 1 件. 如此继续进行至多 4 次，每次抽过的产品不放回，如果连续抽查 4 件产品都是正品，则认为产品合格而接收. 假定一批产品中有 5% 是废品，这批产品被拒收的概率是多少？

解 设 B 表示"这批产品被拒收"，$A_i(i=1,2,3,4)$ 表示"第 i 次取得合格品".

$$P(B)=1-P(\overline{B})=1-P(A_1A_2A_3A_4)=1-P(A_1)P(A_2|A_1)P(A_3|A_1A_2)P(A_4|A_1A_2A_3)$$
$$=1-\frac{95}{100}\times\frac{94}{99}\times\frac{93}{98}\times\frac{92}{97}=1-0.812=0.188.$$

这批产品被拒收的概率为 0.188，也就是被接收的概率为 0.812，即 100 次检验中几乎有 81 次被接收.

10.3.3 全概率公式

全概率公式是概率论中的一个基本公式，它将计算一个复杂事件的概率问题转化为在不同情况或不同原因下发生的简单事件的概率的求和问题.

定义 10.6 设事件 $A_1,A_2,\cdots,A_n$ 满足如下两个条件：

(1) $A_1,A_2,\cdots,A_n$ 两两互斥（即任意两个事件不可能同时发生），且 $P(A_i)>0,i=1,2,\cdots,n$；

(2) $A_1\cup A_2\cup\cdots\cup A_n=\Omega$（即 $A_1,A_2,\cdots,A_n$ 至少有一个发生），则称 $A_1,A_2,\cdots,A_n$ 为样本空间 Ω 的一个划分（或一个完备事件组）.

当样本空间的划分只有两个事件 A_1、A_2 时，A_1、A_2 也是对立事件，即样本空间的划分是对立事件这个概念的推广.

定理 10.2(全概率公式) $A_1,A_2,\cdots,A_n$ 为样本空间 Ω 的一个划分,则对任一事件 B(图 10.8),有

$$P(B)=\sum_{i=1}^{n}P(A_i)P(B|A_i)$$

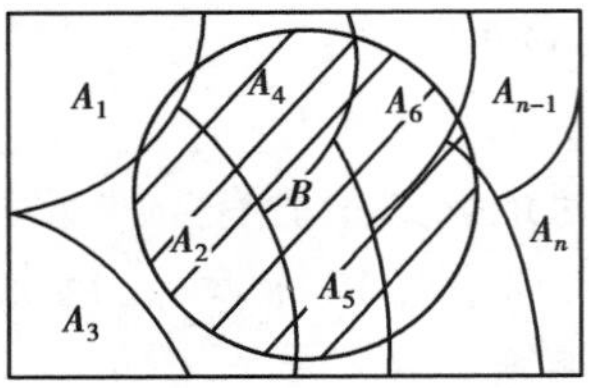

图 10.8

证

$$P(B)=P(B\cap\Omega)=P\left[B\cap(\bigcup_{i=1}^{n}A_i)\right]=P\left[\bigcup_{i=1}^{n}(BA_i)\right]$$

$$=\sum_{i=1}^{n}P(A_iB)=\sum_{i=1}^{n}P(A_i)P(B|A_i)$$

注 该公式常用在预测推断中,运用全概率公式的关键是寻找到一组合适的事件 A_1, $A_2,\cdots,A_n$,使 $P(A_i)$ 及条件概率 $P(B|A_i)$ 容易求得. 当样本空间的划分只有两个事件 A_1、A_2 时,对任一事件 B,有

$$P(B)=P(A_1)P(B|A_1)+P(A_2)P(B|A_2).$$

例 10.19 某工厂有 4 个车间生产同一种产品,产品分别占总产量的 15%、20%、30% 和 35%,各车间的次品率依次为 0.05、0.04、0.03 和 0.02. 现从出厂产品中任取一件,恰好取到次品的概率是多少?

解 设 $A_i=\{$恰好取到第 i 个车间的产品$\}$ $(i=1,2,3,4)$,$B=\{$恰好取到次品$\}$.
由题意有:$P(A_1)=0.15$,$P(A_2)=0.2$,$P(A_3)=0.3$,$P(A_4)=0.35$,$P(B|A_1)=0.05$,$P(B|A_2)=0.04$,$P(B|A_3)=0.03$,$P(B|A_4)=0.02$,

由全概率公式有:$P(B)=\sum_{i=1}^{n}P(A_i)P(B|A_i)=0.031\,5.$

例 10.20 某项比赛将选手分成四个等级,其分别为 4 人、8 人、7 人、1 人,而每个等级的选手能通过选拔进入决赛的概率分别为 0.9、0.7、0.5、0.2. 现任选一名选手,其能通过选拔的概率是多少?

解 设 $A_i=\{$第 i 个等级的选手$\}$ $(i=1,2,3,4)$,$B=\{$可通过选拔$\}$,

由题意有:$P(A_1)=\dfrac{4}{4+8+7+1}=0.2$,$P(A_2)=\dfrac{8}{4+8+7+1}=0.4$,

$$P(A_3)=\frac{7}{4+8+7+1}=0.35,P(A_4)=\frac{1}{4+8+7+1}=0.05,$$

$$P(B|A_1)=0.9,P(B/A_2)=0.7,P(B|A_3)=0.5,P(B|A_4)=0.3,$$

由全概率公式有

$$P(B)=\sum_{i=1}^{n}P(A_i)P(B|A_i)=0.2\times0.9+0.4\times0.7+0.35\times0.5+0.05\times0.2=0.735.$$

10.3.4 贝叶斯公式

定理 10.3 贝叶斯公式 $A_1,A_2,\cdots,A_n$ 为样本空间 Ω 的一个划分,则对任一事件 B 有

$$P(A_i|B)=\frac{P(A_i)P(B|A_i)}{\sum\limits_{i=1}^{n}P(A_i)P(B|A_i)},i=1,2,\cdots,n.$$

证 由条件概率的定义知:$P(A_i|B)=\dfrac{P(A_iB)}{P(B)}$,利用全概率公式得

$$P(B)=\sum_{i=1}^{n}P(A_i)P(B|A_i).$$

再由乘法公式有:$P(A_iB)=P(A_i)P(B|A_i)$,故可以得到

$$P(A_i|B)=\frac{P(A_i)P(B|A_i)}{\sum\limits_{i=1}^{n}P(A_i)P(B|A_i)},i=1,2,\cdots,n.$$

这里值得注意的是,贝叶斯公式在统计推断中有一定的用处. 当发现某个事件 B 已经发生时,往往想找出 B 发生的原因,但引起 B 发生的不相容(互斥)原因往往有许多个,如 A_1, $A_2,\cdots,A_n$,因此转而探究是其中哪个原因引起的条件概率. 一般在试验之前就已经知道 $P(A_i)$ $(i=1,2,\cdots,n)$,称其为先验概率;如果进行一次试验,事件 B 就发生了,则应重新估计事件 A_i 发生的概率,通常把条件概率 $P(A_i|B)$ 称为后验概率. 贝叶斯公式就是用来计算后验概率的. 后验概率反映了事件 B 发生之后对各种“原因”引起的可能性大小的新认识. 贝叶斯公式告诉我们,后验概率可通过一系列先验概率求得.

在使用贝叶斯公式时,往往需要先利用全概率公式求出 $P(B)$,该公式用来计算后验概率,常把事件 B 看成“结果”,把 $A_1,A_2,\cdots,A_n$ 看成导致该结果的可能“原因”,在已知事件 B 发生的条件下,去找出最有可能导致它发生的“原因”.

例 10.21 再看例 10.19 的题干,现从出厂产品中任取一件,发现该产品是次品而且其标志已脱落,厂方如何处理此事较为合理?

分析:应关注次品来自哪个车间的可能性最大.

解 设 $B=\{$恰好取到次品$\}$,$A_i=\{$恰好取到第 i 个车间的产品$\}(i=1,2,3,4)$,事件 B 已成为“结果”,需考虑哪一个“原因”导致的可能性较大,即求条件概率 $P(A_i|B)$.

$$P(A_1|B)=\frac{P(A_1)P(B|A_1)}{P(B)}=\frac{0.15\times 0.05}{0.031\ 5}=\frac{15}{63},$$

同理,

$$P(A_2|B)=\frac{16}{63},P(A_3|B)=\frac{18}{63},P(A_4|B)=\frac{14}{63}.$$

经比较,可认为这件次品来自第三个车间的可能性较大.

例 10.22 临床诊断记录表明,利用某种试验检验癌症具有如下效果:对癌症患者进行试验,结果呈阳性反应的被检查者占 95%;对于非癌症患者进行试验,结果呈阴性反应的被检查者占 96%. 现在用这种试验对某市居民进行癌症普查,如果该市癌症患者数约占居民总数的 4‰,求:

(1)试验结果呈阳性反应的被检查者确实患有癌症的概率；

(2)试验结果呈阴性反应的被检查者确实未患癌症的概率.

解 设 A={被检查者患有癌症}，B={试验结果呈阳性反应}，
由题意有：

$$P(A)=0.004,P(B|A)=0.95,P(\overline{B}|\overline{A})=0.96.$$

由此可知

$$P(\overline{A})=0.996,P(\overline{B}|A)=0.05,P(B|\overline{A})=0.04.$$

由贝叶斯公式得

(1)
$$P(A|B)=\frac{P(A)P(B|A)}{P(A)P(B|A)+P(\overline{A})P(B|\overline{A})}$$
$$=\frac{0.004\times0.95}{0.004\times0.95+0.996\times0.04}\approx0.087\ 1.$$

这表明试验结果呈阳性反应的被检查者确实患有癌症的可能性并不大，还需要通过进一步检查才能确诊.

(2)
$$P(\overline{A}|\overline{B})=\frac{P(\overline{A})P(\overline{B}|\overline{A})}{P(A)P(\overline{B}|A)+P(\overline{A})P(\overline{B}|\overline{A})}$$
$$=\frac{0.996\times0.96}{0.004\times0.05+0.996\times0.96}\approx0.999\ 8.$$

显然，相应的后验概率大大提高了，实际上癌症普查正是如此一级级筛选的. 这表明实验结果呈阴性反应的被检查者未患有癌症的可能性极大.

习题 10.3

1. 根据统计资料知，某一地区 3 月份下雨(记为事件 A)的概率为$\frac{4}{15}$，刮风(记为事件 B)的概率为$\frac{7}{15}$，既刮风又下雨的概率为$\frac{1}{10}$，试求：$P(A|B)$、$P(B|A)$、$P(A\cup B)$.

2. 设 $P(A)=\frac{1}{4}$，$P(B|A)=\frac{1}{3}$，$P(A|B)=\frac{1}{2}$，求 $P(AB)$、$P(B)$、$P(A\cup B)$.

3. 为防止意外，某工厂设有两套报警系统 A 与 B. 单独使用时，A 有效的概率为 0.92，B 有效的概率为 0.93，在 A 失灵的情形下，B 有效的概率为 0.85，求：

(1)发生意外时，至少有一个系统有效的概率；

(2)在 B 失灵的情形下，A 有效的概率.

4. 某射击小组共有 20 名射手，其中一级射手 4 人，二级射手 6 人，三级射手 8 人，四级射手 2 人，一、二、三、四级射手能通过选拔进入决赛的概率分别是 0.9、0.7、0.5、0.2. 求在一组内任选一名射手，该射手能通过选拔进入决赛的概率.

5. 已知男性中有 5% 是色盲患者，女性中有 0.25% 是色盲患者. 现从男女人数相等的人群中随机挑选一人，其恰好是色盲，则此人是男性的概率是多少？

6. 某种诊断肝癌的检查法有如下检查结果：用 A 表示“被检查者反应为阳性”，B 表示“被

检查者患有肝癌”,则 $P(A|B)=0.95$,$P(\overline{A}|\overline{B})=0.90$. 现在对自然人群进行普查,设 $P(B)=0.0004$,求 $P(B|A)$.

7. 有朋友自远方来访,他乘火车、轮船、汽车、飞机来的概率分别是 0.3、0.2、0.1、0.4,如果他乘火车、轮船、汽车来,迟到的概率分别是 $\frac{1}{4}$、$\frac{1}{3}$、$\frac{1}{12}$,而乘飞机不会迟到,结果他迟到了,试判断他是怎么样来的可能性大.

10.4　事件的独立性

10.4.1　两个事件的独立性

在 10.3 节中给出了条件概率 $P(A|B)$,一般来说,$P(A|B)\neq P(A)$,即事件 B 发生与否对事件 A 有影响,但若事件 B 发生与不发生对事件 A 没有影响,应有 $P(A|B)=P(A)$,此时由概率的乘法公式有:$P(AB)=P(A)P(B)$. 因此,下面可给出定义.

定义 10.7　对任意两个事件 A 与 B,若 $P(AB)=P(A)P(B)$,则称事件 A 与 B **相互独立**(或简称**独立**),否则称事件 A 与 B **不独立或相关**.

例 10.23　袋中有 5 个白球和 3 个黑球,从袋中陆续取出 2 个球,假定:(1)第一次取出的球放回去;(2)第一次取出的球不放回去. 设 A 表示“第二次取出的是白球”,B 表示“第一次取出的是白球”,试在两种假设情况下,求 $P(A|B)$、$P(A)$.

解　(1)第一种情况:有放回,按古典概率公式计算得:

$$P(A|B)=\frac{5}{8},P(A)=\frac{5}{8},$$

可见 $P(A|B)=P(A)$,这表明事件 B 的发生对事件 A 发生的概率是没有影响的,即 A 与 B 是相互独立的.

(2)第二种情况:不放回,则 $P(A|B)=\frac{4}{7}$,$P(A)=\frac{5}{8}$,可见 $P(A|B)\neq P(A)$,这表明事件 B 的发生对事件 A 发生的概率是有影响的,即 A 与 B 是不相互独立的.

注　(1)两个事件独立是相互的,即“事件 A 与 B 相互独立”也意味着“事件 B 与 A 相互独立”.

(2)必然事件 Ω 与任何事件 A 独立,不可能事件 $\varnothing$ 与任何事件 A 独立.

(3)独立的定义在“$P(A)=0$ 或 $P(B)=0$”时仍然成立.

(4)事件 A 与 B 相互独立 $\Leftrightarrow P(AB)=P(A)P(B)$

$$\Leftrightarrow P(A|B)=P(A)$$
$$\Leftrightarrow P(B|A)=P(B)$$
$$\Leftrightarrow P(A|B)=P(A|\overline{B}).$$

(5)事件 A 与 B 相互独立的实质为事件 $B(A)$ 的发生对事件 $A(B)$ 没有影响.

(6)独立与互不相容的关系:两个事件相互独立与互不相容是两个不同的概念,它们分别从不同的角度表述了两个事件的某种关系.互不相容是表述在一次随机试验中两个事件不能同时发生,而相互独立是表述在一次随机试验中一个事件是否发生与另一个事件是否发生互不影响.此外,当 $P(A)>0,P(B)>0$ 时,A、B 相互独立与 A、B 互不相容不能同时成立.进一步还可证明:若 A、B 既独立又互斥,则 A、B 至少有一个是不可能事件.

定理 10.4 若事件 A 与 B 独立,则 $\overline{A}$ 与 B、A 与 $\overline{B}$、$\overline{A}$ 与 $\overline{B}$ 都相互独立.

证 下面只证明 $\overline{A}$ 与 $\overline{B}$ 相互独立,其余留给大家自己证明.

$$P(\overline{A}\,\overline{B})=P(\overline{A\cup B})=1-P(A\cup B)=1-[P(A)+P(B)-P(AB)]$$
$$=[1-P(A)][1-P(B)]=P(\overline{A})P(\overline{B}).$$

由事件的独立性定义知 $\overline{A}$ 与 $\overline{B}$ 相互独立.

注 事件 A 与 B、$\overline{A}$ 与 B、A 与 $\overline{B}$、$\overline{A}$ 与 $\overline{B}$ 四对中只要有一对相互独立,则其余三对都是相互独立的.在实际中,判断两个事件的独立性可从定义出发,但更多的是根据经验去判定.譬如"用甲、乙两门高射炮打飞机","甲炮击中"与"乙炮击中"是独立事件;又如"一台机床发生故障"与"另一台机床发生故障","一粒种子发芽"与"另一粒种子发芽"都可以根据经验事实判断它们是相互独立的.

例 10.24 甲、乙二人独立地同时射击同一目标各一次,他们的命中率分别为 0.6 和 0.5,求目标被击中的概率.

解 设事件 A 表示"甲击中目标",事件 B 表示"乙击中目标",事件 C 表示"目标被击中",则 $C=A\cup B$,且 $P(A)=0.6,P(B)=0.5$,事件 A 与 B 相互独立,因此 $P(C)=P(A\cup B)=P(A)+P(B)-P(AB)=0.6+0.5-0.6\times0.5=0.8$ 或者 $P(C)=P(A\cup B)=1-P(\overline{A}\,\overline{B})=1-P(\overline{A})\times P(\overline{B})=1-(1-0.6)(1-0.5)=0.8$.

10.4.2 多个事件的独立性

对于 3 个或更多个事件,给出下面的定义.

定义 10.8 设有 n 个事件 $A_1,A_2,\cdots,A_n(n\geqslant2)$,若对其中任意 $k(2\leqslant k\leqslant n)$ 个事件 $A_{i_1},A_{i_2},\cdots,A_{i_k}(1\leqslant i_1<i_2<\cdots<i_k\leqslant n)$ 有

$$P(A_{i_1}A_{i_2}\cdots A_{i_k})=P(A_{i_1})P(A_{i_2})\cdots P(A_{i_k}),$$

则称 $A_1,A_2,\cdots,A_n$ 相互独立,简称 $A_1,A_2,\cdots,A_n$ 独立.

注 (1)当 $n=3$ 时,则

$$A_1,A_2,A_3\text{ 相互独立}\Leftrightarrow\begin{cases}P(A_1A_2)=P(A_1)P(A_2),\\P(A_2A_3)=P(A_2)P(A_3),\\P(A_1A_3)=P(A_1)P(A_3),\\P(A_1A_2A_3)=P(A_1)P(A_2)P(A_3).\end{cases}$$

(2)n 个事件相互独立,则其中任意 $k(1<k\leqslant n)$ 个事件亦相互独立,但当任意 $k(1<k<n)$ 个事件相互独立时,不能推出 n 个事件也相互独立.

(3)n 个事件相互独立,则将其中任意 $k(1\leqslant k\leqslant n)$ 个事件换为对立事件,组成的新的 n 个

事件仍相互独立. 如当 $n=3$ 时,A_1,A_2,A_3 相互独立,则 $\overline{A_1},A_2,A_3$;$A_1,\overline{A_2},A_3$;$A_1,A_2,\overline{A_3}$;$\overline{A_1},\overline{A_2},A_3$;$\overline{A_1},A_2,\overline{A_3}$;$A_1,\overline{A_2},\overline{A_3}$;$\overline{A_1},\overline{A_2},\overline{A_3}$ 都相互独立.

(4)当 $A_1,A_2,\cdots,A_n$ 相互独立时,常用公式有以下两个:

①$P(A_1A_2\cdots A_n)=P(A_1)P(A_2)\cdots P(A_n)$.

②$$\begin{aligned}P(A_1\cup A_2\cup\cdots\cup A_n)&=1-P(\overline{A_1\cup A_2\cup\cdots\cup A_n})\\&=1-P(\overline{A_1}\ \overline{A_2}\cdots\overline{A_n})\\&=1-P(\overline{A_1})P(\overline{A_2})\cdots P(\overline{A_n})\\&=1-[1-P(A_1)][1-P(A_2)]\cdots[1-P(A_n)].\end{aligned}$$

独立性的概念在概率论中起到非常重要的作用,可以简化计算. 很多成功案例也是在独立性假设下取得的.

例 10.25 甲、乙、丙三人独立地破译密码,他们能够破译出密码的概率分别为$\frac{1}{5}$、$\frac{1}{4}$、$\frac{1}{3}$,他们合作能将密码破译出的概率是多少?

解 设事件 A、B、C 分别表示甲、乙、丙三人译出密码,事件“能够破译密码”可以表示为 $A\cup B\cup C$.

由于事件 A、B、C 独立,且 $P(A)=\frac{1}{5}$,$P(B)=\frac{1}{4}$,$P(C)=\frac{1}{3}$,

故,$$\begin{aligned}P(A\cup B\cup C)&=P(\overline{\overline{A\cup B\cup C}})=1-P(\overline{A\cup B\cup C})=1-P(\overline{A}\ \overline{B}\ \overline{C})=1-P(\overline{A})P(\overline{B})P(\overline{C})\\&=1-\frac{4}{5}\times\frac{3}{4}\times\frac{2}{3}=0.6.\end{aligned}$$

例 10.26 由 $2n$ 个独立工作的元件分别组成两个系统,一种用并联方式,一种用串联方式,每个元件能正常工作的概率为 $p(0<p<1)$,比较一下哪个系统的可靠性高一些.

解 设 $A_i=\{$第 i 个元件能正常工作$\}(i=1,2,\cdots,n)$,$A=\{$系统能正常工作$\}$.

先看并联方式:

$$\begin{aligned}P(A)=P(\bigcup_{i=1}^{n}A_i)&=1-P(\overline{A_1\cup A_2\cup\cdots\cup A_n})\\&=1-P(\overline{A_1}\ \overline{A_2}\cdots\overline{A_n})\\&=1-P(\overline{A_1})P(\overline{A_2})\cdots P(\overline{A_n})\\&=1-(1-p)^n.\end{aligned}$$

再看串联方式:

$$\begin{aligned}P(A)&=P(A_1A_2\cdots A_n)\\&=P(A_1)P(A_2)\cdots P(A_n)\\&=p^n.\end{aligned}$$

当 $n=2$ 时,$1-(1-p)^2-p^2=2p-2p^2=2p(1-p)>0$,故

$$1-(1-p)^2>p^2.$$

而当 $n>2$ 时,显然由于 $1-p$、p 均小于 1,随着 n 的增大,$1-(1-p)^n$ 会增大,p^n 会减小. 即并联的元件越多,可靠性越高;串联的元件越多,可靠性越差. 并联的总体可靠性高于串联. 事实

上，以上例子为工程学中如何设计电子产品更可靠提供了依据.

例 10.27（保险赔付问题） 设有 n 个人向保险公司购买了人身意外保险（保期一年）. 假设投保人在一年内发生意外的机会为 0.01，求：

（1）该保险公司赔付的概率；

（2）至少多少人投保才能使保险公司赔付的概率在一半以上.

解 设 A_i 表示"第 i 个人在一年内发生意外"，$i=1,2,\cdots,n$，则 $A_1,A_2,\cdots,A_n$ 相互独立，且 $P(A_i)=0.01,i=1,2,\cdots,n.$

（1）设 A 表示"保险公司赔付"，则 $A=A_1\cup A_2\cup\cdots\cup A_n$，于是

$$
\begin{aligned}
P(A)=P(A_1\cup A_2\cup\cdots\cup A_n)&=1-P(\overline{A_1\cup A_2\cup\cdots\cup A_n})\\
&=1-P(\overline{A_1}\ \overline{A_2}\cdots\overline{A_n})\\
&=1-P(\overline{A_1})P(\overline{A_2})\cdots P(\overline{A_n})\\
&=1-[1-P(A_1)][1-P(A_2)]\cdots[1-P(A_n)]\\
&=1-(1-0.01)^n\\
&=1-0.99^n;
\end{aligned}
$$

（2）$P(A)>\dfrac{1}{2}\Rightarrow 1-0.99^n>\dfrac{1}{2}\Rightarrow 0.99^n<0.5\Rightarrow n>\dfrac{\lg 2}{2-\lg 99}\approx 684.16,$

也就是说，至少 685 人投保才能使保险公司赔付的概率在一半以上.

10.4.3 n 重伯努利试验

有时研究某问题要观察一组试验，例如，对某一目标进行连续射击，在一批灯泡中抽取若干个灯泡观察它们的寿命，等等. 我们感兴趣的是这样的试验序列，它是由某个随机试验重复多次组成的且各次试验是相互独立的，这样的试验序列称为 n **重独立重复试验**.

定义 10.9 若试验满足下面的条件：

（1）共进行 n 次重复试验；

（2）各次试验是相互独立的；

（3）每次试验只有两种可能的结果，即 A、$\overline{A}$；

（4）A 在每次试验中出现的概率 p 保持不变.

则称这种试验为 n **重伯努利试验**.

譬如抛 3 枚硬币（或 1 枚硬币抛 3 次）、检查 10 个产品、诞生 100 个婴儿等都可归为 n 重伯努利试验. 对于 n 重伯努利试验，我们关心的是在 n 次试验中事件 A 恰好发生 k 次的概率.

定理 10.5（伯努利定理） n 重伯努利试验中，设每次试验中事件 A 发生的概率 $P(A)=p$ $(0<p<1)$，则事件 A 恰好发生 k 次的概率为

$$P_n(k)=C_n^k p^k(1-p)^{n-k},k=0,1,2,\cdots,n.$$

证 设事件 A_i 表示"事件 A 在第 i 次试验中发生"，则有

$$P(A_i)=p,P(\overline{A_i})=1-p,i=1,2,\cdots,n.$$

因为各次试验是相互独立的，所以事件 $A_1,A_2,\cdots,A_n$ 相互独立. 由此可知，n 次试验中事件 A

在指定的 k 次(不妨在前 k 次)试验中发生而在其余 $n-k$ 次试验中不发生的概率为

$$P(A_1,A_2,\cdots,A_k,\overline{A_{k+1}},\cdots,\overline{A_n})=P(A_1)P(A_2)\cdots P(A_k)P(\overline{A_{k+1}})\cdots P(\overline{A_n})$$
$$=p\cdot p\cdot\cdots p\cdot(1-p)\cdot\cdots\cdot(1-p)=p^k\cdot(1-p)^{n-k}.$$

由于事件 A 在第 n 次试验中恰好发生 k 次,共有 C_n^k 种不同的方式,每一种方式对应一个事件,易知这些事件是互不相容的,所以利用概率的可加性可得:

$$P_n(k)=C_n^kp^k(1-p)^{n-k},k=0,1,2,\cdots,n.$$

注　若记 $q=1-p$,则 $P_n(k)=C_n^kp^kq^{n-k}$,$p+q=1$,而 $C_n^kp^kq^{n-k}$ 恰好是 $(p+q)^n$ 的展开式的第 $k+1$ 项,所以此公式也称**二项概率公式**.

推论　设在一次试验中事件 A 发生的概率为 $p(0<p<1)$,则在伯努利试验序列中事件 A 在第 k 次试验中才首次发生的概率为 $p(1-p)^{k-1}(k=1,2,\cdots)$.

注意到"事件 A 在第 k 次试验中才首次发生"等价于在由前 k 次试验组成的 k 重伯努利试验中,"事件 A 在前 $k-1$ 次试验中都没有发生而在第 k 次试验中才发生",再由伯努利定理即可推得事件 A 在第 k 次试验中才首次发生的概率.

例 10.28　若在 N 件产品中有 n 件次品,现进行 m 次有放回的抽样检查,共抽得 k 件次品的概率是多少?

解　因为是有放回的抽样检查,所以可看成 n 重伯努利试验,用 A 表示"每次试验中抽到次品",则 $p=\dfrac{n}{N}$,故所求概率为:

$$P_m(k)=C_m^k\left(\frac{n}{N}\right)^k\left(1-\frac{n}{N}\right)^{m-k}.$$

例 10.29　有某型号高炮,每门发射一发炮弹击中飞机的概率为 0.6,现若干门高炮同时各发射一发,

(1)欲以 99% 的把握击中一架来犯的敌机,至少需配置几门该型号高炮?

(2)现有 3 门高炮,欲以 99% 的把握击中一架来犯的敌机,每门高炮的命中率应提高多少?

解　(1)设需要配置 n 门高炮.因为每门高炮是各自独立发射的,因此,该问题可以看成 n 重伯努利试验,设 A 表示"高炮击中飞机",则 $P(A)=0.6$,B 表示"敌机被击落",问题归结为求下列不等式的 n:

$$P(B)=\sum_{k=1}^{n}C_n^k0.6^k0.4^{n-k}\geqslant 0.99,$$

由 $P(B)=1-P(\overline{B})=1-0.4^n\geqslant0.99$,或 $0.4^n\leqslant0.01$,

解得 $n\geqslant\dfrac{\lg 0.01}{\lg 0.4}\approx5.03$,

因此,至少配 6 门高炮才能达到要求.

(2)设命中率为 p,由

$$P(B)=\sum_{k=1}^{3}C_3^k0.6^k0.4^{3-k}\geqslant 0.99$$

得 $1-q^3\geqslant0.99$,解不等式得 $q\leqslant0.021\ 5$,从而得 $p\geqslant0.785$,即每门高炮的命中率至少应为

0.785.

注 对于给定一事件的概率求某个参数,应先求出事件的概率(含所求参数),从而得到所求参数满足的方程或不等式,再解之.

习题 10.4

1. 设 $P(A)=0.4$,$P(A\cup B)=0.7$,在下列条件下分别求 $P(B)$.

(1)A 与 B 互不相容;(2)A 与 B 相互独立;(3)$A\subset B$.

2. 设 A 与 B 相互独立,$P(A\overline{B})=P(\overline{A}B)=\dfrac{1}{4}$,求 $P(A)$、$P(B)$.

3. 有甲、乙两批种子,发芽率分别为 0.8 和 0.7,试求:

(1)两粒种子都发芽的概率;

(2)至少一粒种子能发芽的概率;

(3)恰好一粒种子能发芽的概率.

4. 一个自动报警器由雷达和计算机两部分组成,两部分中如任何一部分失灵,这个报警器就失灵.若使用 100 h 后雷达失灵的概率为 0.1,计算机失灵的概率为 0.3,且两部分失灵与否相互独立,求这个报警器使用 100 h 而不失灵的概率.

5. 将 1 枚硬币连续抛掷 10 次,恰有 4 次出现正面朝上的概率是多少?有 5 ~7 次出现正面朝上的概率又是多少?

6. 某射击选手的射击命中率为$\dfrac{2}{3}$,他独立地向目标射击 4 次,目标被击中的概率是多大?

7. 甲、乙、丙 3 部机床独立工作,由 1 人照管.某段时间内它们不需要照管的概率依次为 0.9、0.8、0.85,求这段时间内机床因为无人照管而停工的概率.

8. 设事件 A 在每一次试验中发生的概率为 0.3,当 A 发生不少于 3 次时,指示灯发出信号.(1)进行 5 次重复独立试验,求指示灯发出信号的概率;(2)进行 7 次重复独立试验,求指示灯发出信号的概率.

9. 设一系统由 3 个元件联结而成,如图 10.9 所示,各个元件独立工作,且每个元件能正常工作的概率为 $p(0<p<1)$.求系统能正常工作的概率.

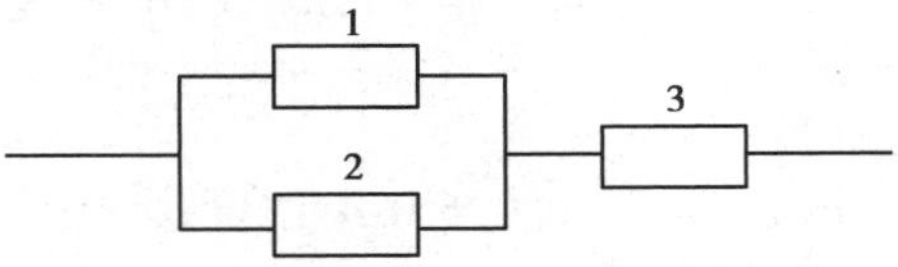

图 10.9

本章应用拓展——贝叶斯网络模型

用一句话概括贝叶斯方法的观点:任何时候,我对世界总有一个主观的先验判断,但是这个判断会随着世界的真实变化而被随机修正,我对世界永远保持开放的态度.

在 18 世纪，贝叶斯发表了一篇论文，虽然这篇论文在当时并未产生影响，但在 20 世纪之后逐渐被人们重视. 因为贝叶斯方法更符合人们日常生活中的思考方式，经过不断发展，该方法最终占据了统计学领域的半壁江山.

在 18 世纪，数理统计的主流思想是频率学派. 举个例子，有一袋球，里面盛有若干黑球和白球，在贝叶斯方法出现之前，若你随便问一个人拿出黑球的概率是多少，他会告诉你是 50%.

你肯定会觉得匪夷所思，因为他甚至不知道里面黑球和白球的具体数量是多少. 但是在那个年代，频率学派认为，虽然这个概率是未知的，但是肯定是一个定值，因此把这个概率看成一个常数.

在这个问题上，这样的观点看起来是合理的，但仔细思考就会发现有重要的缺陷.

频率学派之所以能得出这样的结论，是因为他们研究的对象是“简单可数的”. 比如袋子里只有黑球或者白球、一枚硬币抛出只有正面朝上或反面朝上、一个骰子只有 1 ~ 6 个点.

可是现实生活中的事物并没有那么简单、直观. 例如，要你评估一个人的创业成功可能性，这时你可以直接说是 50% 吗？ 可以用“要么成功要么不成功”这句话去解释吗？很显然是不合理的，因为这件事情已经不是简单可数的了. 影响创业成功与否的因素有很多，例如这个人是否勤奋、是否具有创业头脑、是否拥有一定的人脉、是否可以团结周围的伙伴同事等. 这是一个连续且不可数的事件空间，因此，贝叶斯学派认为事物发生的概率是随机且未知的，但是可以通过样本去预测它. 可以用贝叶斯学派的理论去回答上述创业问题：假如这个人比较勤奋，那么可以推断创业成功率在 80% 以上，这称作“先验概率估计”. 但是随着公司的运营，如发现公司的财务状况非常差，此时可以推断创业成功率由 80% 下降到 30%，这称作“后验概率估计”. 贝叶斯学派的这种动态的估计方法，就是贝叶斯方法. 贝叶斯方法思考问题遵循的方式是：先验分布+观测结果≥后验分布.

（注：先验概率是在全事件的背景下 A 事件发生的概率，即 $P(A \mid \Omega)$；后验概率是在新事件 B 的背景下 A 事件发生的概率，即 $P(A|B)$. 全事件一般是统计获得的，是没有进行试验前的概率，所以称为先验概率；新事件一般是通过试验获得的，如事件 B，此时事件背景从全事件变成了事件 B，事件 B 对 A 发生的概率会产生影响，所以需要对事件 A 的概率做出修正，即从 $P(A|\Omega)$ 变成了 $P(A|B)$，所以称为后验概率. ）

事实上，对贝叶斯方法的利用就是解决分类问题. 我们每个人每天在生活中都会进行分类. 例如，当你走在大街上，你或许会下意识地判断迎面走来的这个人是男性还是女性；当你走在路上看到一个穿着亮丽的人时，你或许会下意识地和身边的朋友说：“这个人肯定很有钱. ”这些实际上都是分类操作. 在数学中，对分类问题可以做出下面的定义：

已知集合 $C=\{y_1, y_2, \cdots, y_n\}$ 和 $T=\{x_1, x_2, \cdots, x_m\}$，确定有映射规则 f，使得 $\forall x_i \in T$ 有且仅有一个 $\forall y_i \in C$ 与之对应. 其中集合 C 是**类别集合**，例如｛男性，女性｝. 集合 T 是**项集合**，即等待分类的一个个元素. 映射关系 f 称为**分类器**. 贝叶斯方法的任务就是构造出一个质量高、效果好的分类器. 分类器往往是根据经验方法来构造的，因为现实生活中没有足够多的信息去构造一个正确率为 100% 的分类器，只是在某种程度上实现构造在一定概率意义上正确的分类器. 例如，医生给病人看病就是一个典型的分类问题. 任何一个医生都不可能直接看出病人患了什么病,只能通过病人的体征、描述和身体检查单给出相对正确的结果,这时医生就是一个分类器. 而这个分类器效果的好坏,取决于这位医生接受教育的程度、病人的症状是否明显、医生的经验是否充足等因素.

所以通俗地说,利用贝叶斯方法解决问题,首先要得到的就是分类器. 还是分析上面的例子:想获得一个诊断病情的分类器,就需要事先喂给它足够大的样本,如患病体征 A 对应疾病 B 的概率是多少等这样的概率关系. 样本处理完毕后,也就得到分类器了. 此时代入新的病人病情,即可获得输出.

事实上,利用贝叶斯方法解决分类问题,也分为不同的方式. 其中最简单的就是朴素贝叶斯,即 NBN. 之所以称它为朴素贝叶斯,是因为它的思想很朴素,实现起来也较为容易,可行性很强,是目前解决分类问题最常用的一种方法.

总习题 10

1. 填空题.

(1)一个口袋里装有 3 个红球、2 个黑球,今从中任意取出 2 个球,则这两个球恰为一红一黑的概率是________.

(2)袋中有 50 个球,包括 20 个黄球、30 个白球,今有 2 人依次随机地从袋中各取 1 个球,取后不放回,则第 2 个人取得黄球的概率为________.

(3)设 A、B 为互不相容的两个随机事件,$P(B)=0.2$,$P(A\cup B)=0.5$,则 $P(A)=$________.

(4)设 A、B 为互不相容的两个随机事件,$P(A)=0.4$,$P(B)=0.3$,则 $P(\overline{AB})=$________,$P(\overline{A}\cup B)=$________.

(5)设 A、B 为随机事件,且 $P(A)=0.8$,$P(B)=0.4$,$P(B|A)=0.25$,则 $P(A|B)=$________.

(6)设 A、B 为相互独立的两个随机事件,$P(A)=\frac{1}{2}$,$P(B)=\frac{1}{3}$,则 $P(\overline{A}B)=$________.

(7)甲、乙两门高射炮彼此独立地向一架飞机各发一炮,甲、乙击中飞机的概率分别为 0.3、0.4,则飞机至少被击中一炮的概率为________.

(8)在一次考试中,某班学生的数学和外语的及格率都是 0.7,且这两门课是否及格相互独立. 现从该班任选一名学生,则该学生的数学和外语中只有一门及格的概率是________.

(9)在 3 次独立试验中,事件 B 至少出现一次的概率为$\frac{19}{27}$,若每次试验中 B 出现的概率均为 p,则 $p=$________.

(10)设两个相互独立的事件 A、B 都不发生的概率为$\frac{1}{9}$,A 发生 B 不发生的概率与 B 发生 A 不发生的概率相等,则 $P(A)=$________.

2. 选择题.

(1)某人射击 3 次,以 $A_i(i=1,2,3)$ 表示事件"第 i 次击中目标",则事件"至多击中目标 1 次"的正确表示是(　　).

A. $A_1 \cup A_2 \cup A_3$　　B. $\overline{A_1}\ \overline{A_2} \cup \overline{A_2}\ \overline{A_3} \cup \overline{A_1}\ \overline{A_3}$

C. $A_1\overline{A_2}\ \overline{A_3} \cup \overline{A_1}A_2\overline{A_3} \cup \overline{A_1}\ \overline{A_2}A_3$　　D. $\overline{A_1 \cup A_2 \cup A_3}$

(2)以 A 表示事件"甲种产品畅销,乙种产品滞销",则其对立事件 $\overline{A}$ 为(　　).

A. "甲种产品滞销,乙种产品畅销"　　B. "甲乙两种产品均畅销"

C. "甲种产品滞销"　　D. "甲种产品滞销或乙种产品畅销"

(3)设 A 为随机事件,则下列命题中错误的是(　　).

A. A 与 $\overline{A}$ 互为对立事件　　B. A 与 $\overline{A}$ 互不相容

C. $\overline{A \cup \overline{A}} = \Omega$　　D. $\overline{\overline{A}} = A$

(4)设 A、B 为随机事件且 $P(A)>0,P(B)>0$,则有(　　).

A. 若 A、B 相容,必有 A、B 相互独立

B. 若 A、B 不相容,必有 A、B 相互独立

C. 若 A、B 相容,必有 A、B 不相互独立

D. 若 A、B 不相容,必有 A、B 不相互独立

(5)设随机事件 A、B 互不相容,已知 $P(A)=0.4,P(B)=0.5$,则 $P(\overline{A}\ \overline{B})=$(　　).

A. 0.1　　B. 0.4　　C. 0.9　　D. 1

(6)设随机事件 A、B 互不相容,且 $P(A)>0,P(B)>0$,则有(　　).

A. $P(\overline{AB})=1$　　B. $P(A)=1-P(B)$

C. $P(AB)=P(A)P(B)$　　D. $P(A \cup B)=1$

(7)设随机事件 A、B 相互独立,且 $P(A)>0,P(B)>0$,则下列等式成立的是(　　).

A. $P(AB)=0$　　B. $P(A-B)=P(A)P(\overline{B})$

C. $P(A)+P(B)=1$　　D. $P(AB)=0$

(8)将 2 封信随机地投入 4 个邮筒中,则未向前两个邮筒中投信的概率是(　　).

A. $\dfrac{2^2}{4^2}$　　B. $\dfrac{C_2^1}{C_4^2}$　　C. $\dfrac{2!}{C_4^2}$　　D. $\dfrac{2!}{4!}$

(9)从 0,1,2,…,9 共 10 个数字中随机地、有放回地接连抽取 4 个数字,则数字"8"至少出现一次的概率为(　　).

A. 0.1　　B. 0.343 9　　C. 0.4　　D. 0.656 1

(10)设 A、B 为互不相容的两个随机事件,$P(A)=0.2,P(B)=0.4$,则 $P(B|A)=$(　　).

A. 0　　B. 0.2　　C. 0.4　　D. 1

(11)设 A、B 是两个随机事件,且 $0<P(A)<1,P(B)>0,P(B|A)=P(B|\overline{A})$,则必有(　　).

A. $P(A|B)=P(\overline{A}|B)$　　B. $P(A|B) \neq P(\overline{A}|B)$

C. $P(AB)=P(A)P(B)$　　D. $P(AB)\neq P(A)P(B)$

(12)将1枚硬币独立地掷2次,$A_1=\{$掷第一次出现正面朝上$\}$,$A_2=\{$掷第二次出现正面朝上$\}$,$A_3=\{$正、反面朝上各出现1次$\}$,$A_4=\{$正面朝上出现2次$\}$,则事件(　　).

A. A_1,A_2,A_3 相互独立　　B. A_2,A_3,A_4 相互独立

C. A_1,A_2,A_3 两两独立　　D. A_2,A_3,A_4 两两独立

(13)同时抛掷3枚均匀硬币,则恰好有两枚硬币正面朝上的概率为(　　).

A. 0.125　　B. 0.25　　C. 0.375　　D. 0.50

3. 判断题.

(1)某人射击3次,以 A_i 表示"第 i 次击中目标"$(i=1,2,3)$,则 $A_1A_2A_3$ 表示事件"至多击中目标一次".　　(　　)

(2)掷一枚骰子,观察出现的点数. 若 A 表示"出现1点",B 表示"出现奇数点",则 $A\subset B$.　　(　　)

(3)若随机事件 A 与 B 相互独立,则事件 A 与 B 互斥.　　(　　)

(4)必然事件的概率为1,不可能事件的概率为0.　　(　　)

(5)随机事件 A、B 至少发生一个的概率是 $P(A)+P(B)$.　　(　　)

(6)随机事件 A 与 B 都不发生的概率是 $1-P(A\cup B)$.　　(　　)

(7)设 A 与 B 为两个随机事件,若 A 发生必然导致 B 发生,且 $P(A)=0.6$,则 $P(AB)=0.6$.　　(　　)

(8)设随机事件 A 与 B 相互独立,且 $P(A)=0.7$,$P(A-B)=0.3$,$P(B)=0.7$.　　(　　)

(9)若 A 与 B 互为对立事件,则 $P(AB)=P(A)\cdot P(B)$.　　(　　)

(10)设随机事件 A 与 B 相互独立,$P(A)=0.3$,$P(B)=0.4$,则 $P(A-B)=0.18$.　　(　　)

4. 袋中有10件产品,其中有6件正品、4件次品,从中任取3件,求所取3件产品中有次品的随机事件 A 的概率.

5. 房间里有10个人,分别佩戴从1号到10号纪念章. 任选3人记录其纪念章的号码,求:(1)最小的号码为5号的概率;(2)最大的号码为5号的概率.

6. 设随机事件 A、B 发生的概率分别为 $P(A)=\dfrac{1}{5}$,$P(B)=\dfrac{1}{2}$,求在下列情况下的 $P(\overline{A}B)$、$P(A\overline{B})$:

(1)A 与 B 不相容;(2)$A\subset B$;(3)$P(AB)=\dfrac{1}{10}$.

7. 设 $A\subset B$,$P(A)=0.2$,$P(B)=0.3$,求:

(1)$P(\overline{A})$,$P(\overline{B})$;(2)$P(AB)$;(3)$P(A\cup B)$;(4)$P(\overline{A}B)$;(5)$P(A-B)$.

8. 猎人在距离100 m处射击动物,击中的概率为0.6;如果第一次未击中,则进行第二次射击,但由于动物逃跑而使距离变为150 m;如果第二次又未击中,则进行第三次射击,这时距离变为200 m. 假定击中的概率与距离成反比,求猎人击中动物的概率.

9. 盒中放有12个乒乓球,其中9个是新的. 第一次比赛时,从其中任取3个乒乓球来用,比赛后仍放回盒中. 第二次比赛时再从盒中任取3个乒乓球,求第二次取出的球都是新球的概率.

10. 试卷中有 1 道选择题，共有 4 个答案供选择，其中只有 1 个答案正确. 任意一个考生如果会解这道题，则他一定能选出正确答案；如果他不会解这道题，则不妨任选一个答案. 设考生会解这道题的概率是 0.8，求：

(1) 考生选出正确答案的概率；

(2) 已知某考生所选答案是正确的，则他确实会解这道题的概率.

第 11 章 随机变量及其分布

为了深入研究和全面掌握随机现象的统计规律，往往需要研究随机试验的结果，在随机试验中人们除了对某些特定实验结果发生的概率感兴趣外，往往还关心某个与随机试验结果相联系的变量. 由于这一变量的取值依赖于随机试验的结果，因而其被称为随机变量. 它与普通变量不同，它的取值带有随机性. 随机变量可以将一些难以描述的不确定事件转化为数学问题，刻画其概率分布、计算概率，以便对这些不确定事件发生的规律有更多的了解. 本章主要介绍随机变量及其分布、两类常见随机变量——离散型随机变量和连续型随机变量、随机变量函数的分布.

11.1 随机变量的概念及分布

11.1.1 随机变量的概念

为了全面研究随机现象的统计规律，需将随机试验的结果数量化，即将随机试验的结果与实数对应起来. 于是，对任一随机现象所对应的随机试验，都可以引进一个变量，用该变量的不同取值对应样本空间各个样本点. 例如：

(1)掷一枚骰子，观察其出现的点数，试验的结果 w_i 表示"骰子出现 i 点"，样本空间就可以用数字 i 来表示，$i=1,2,3,4,5,6$，则样本空间 $\Omega=\{1,2,3,4,5,6\}$.

(2)一个射手对目标射击一次，观察其是否击中目标，试验结果是非数字的——击中目标、未击中目标，但是可以构造数字与之对应，令 $X=\begin{cases}1,\text{击中目标}\\0,\text{未击中目标}\end{cases}$，则样本空间 $\Omega=\{0,1\}$.

(3)测试某种电子元件寿命(假设其寿命不超过 10 000 h)，则 w_t 表示"电子元件寿命为 t 小时"，样本空间就可以用数字 t 来表示，则样本空间 $\Omega=\{t\,|\,0\leqslant t\leqslant 10\,000\}$.

以上例子都体现出一个共同的特点：对于样本空间的每一个样本点，都有唯一的一个实数与之对应，这种对应关系实际上定义了样本空间 Ω 上的一个实数 $X(\omega)$，$\omega\in\Omega$. 与微积分中研究的函数不同的是，其自变量是样本点 ω，在实验前无法预知 $X(\omega)$ 会取哪一个实数值，即 $X(\omega)$ 具有随机性，故称 $X=X(\omega)$ 为随机变量.

定义 11.1 定义在样本空间 Ω 上，取值于实数域 R，若对于样本空间的任一个样本点 ω，都有唯一的实数 $X(\omega)$ 与之对应，则称 $X=X(\omega)$ 为**随机变量**.

注 (1)随机变量通常用大写英文字母 X、Y、Z 表示，用小写英文字母表示随机变量的取值，如 $X(\omega)=x$.

上面三个例子中：掷一枚骰子，设观察到的其出现的点数为 X，则样本空间 $\Omega=\{1,2,3,4,5,6\}$；一个射手对目标射击一次，X 表示是否击中目标，则样本空间 $\Omega=\{0,1\}$，$X=\begin{cases}1,\text{击中目标}\\0,\text{未击中目标}\end{cases}$；测试某种电子元件寿命(假设其寿命不超过 10 000 h)，t 表示电子元件寿命，则样本空间 $\Omega=\{t\,|\,0\leqslant t\leqslant 10\,000\}$.

(2)随机变量的定义域为样本空间 Ω，值域为实数的子集，对应法则为 X.

(3)随机变量与普通函数有本质的区别，随机变量的取值也具有随机性.

(4)引入随机变量之后，随机事件就可以用随机变量的取值来表示. 如掷一枚骰子，观察试验中出现的点数，A 表示"出现 6 点"，则 $A=\{X=6\}$，$P\{X=6\}=\dfrac{1}{6}$.

例 11.1 分别用适当的随机变量表示下列试验中的随机事件.

(1)掷一枚骰子，观察出现的点数，事件 A 为"出现点数 3"，事件 B 为"出现点数 3 或 6".

(2)观察某电话交换机每分钟内收到的呼叫的次数，事件 A 为"呼叫次数为 4"，事件 B 为"呼叫次数不多于 6".

(3)测试某种电子元件的寿命，事件 A 为"寿命不超过 1 000 h"，事件 B 为"寿命在 500 ~ 1 000 h".

解 (1)设骰子出现的点数为 X，则 X 的可能取值为 1,2,3,4,5,6.

$$A=\{X=3\},B=\{X=3\}\cup\{X=6\}.$$

(2)设每分钟收到的呼叫的次数为 X，则 X 的可能取值为 0,1,2,…

$$A=\{X=4\},B=\{X\leqslant 3\}=\sum_{i=0}^{6}X=i.$$

(3)设该元件的寿命为 X，则 X 的可能取值为$(0,+\infty)$.

$$A=\{X\leqslant 1\,000\},B=\{500\leqslant X\leqslant 1\,000\}.$$

随机变量一般可分为离散型和非离散型两大类，非离散型又可以分为连续型和混合型，由于实际工作中经常碰到的是离散型和连续型随机变量，因此本章仅研究离散型和连续型随机变量.

11.1.2 随机变量的分布函数

对于随机变量 X,我们关心诸如事件 $\{X\leqslant x\}$、$\{X>x\}$、$\{x_1<X\leqslant x_2\}$、$\{X=x\}$ 的概率. 但由于 $\{x_1<X\leqslant x_2\}=\{X\leqslant x_2\}-\{X\leqslant x_1\}$,$x_1<x_2$ 且 $\{X\leqslant x_1\}\subset\{X\leqslant x_2\}$,所以 $P\{x_1<X\leqslant x_2\}=P\{X\leqslant x_2\}-P\{X\leqslant x_1\}$,又因为 $\{X>x\}$ 的对立事件是 $\{X\leqslant x\}$,所以 $P\{X>x\}=1-P\{X\leqslant x\}$.

通过对诸如此类问题的讨论,可知事件 $\{X\leqslant x\}$ 的概率 $P\{X\leqslant x\}$ 成了关键角色,在计算概率时起到了重要作用,记 $F(x)=P\{X\leqslant x\}$. 对于任意的 $x\in R$,对应的 $F(x)$ 是一个概率 $P\{X\leqslant x\}\in[0,1]$,说明 $F(x)$ 是定义在 $(-\infty,+\infty)$ 上的普通实值函数,从而引出随机变量的分布函数的定义.

定义 11.2 设 X 是一个随机变量,对于任意的 $x\in R$,称函数

$$F(x)=P\{X\leqslant x\}$$

为**随机变量 X 的分布函数**.

注 (1)随机变量的分布函数定义域为 $(-\infty,+\infty)$,取值范围为 $[0,1]$.

(2)随机变量的分布函数 $F(x)$ 表示的是事件 $\{X\leqslant x\}$ 的概率,即随机变量 X 落在 $(-\infty,x)$ 上的概率,如 $F(0)$ 表示 X 落在数轴原点左边的概率.

(3)按分布函数的定义可知:

①$P\{X\leqslant a\}=F(a)$;②$P\{a<X\leqslant b\}=F(b)-F(a)$.

随机变量的分布函数的定义适用于任意类型的随机变量,它是与随机变量有关的概念,可用于全面描述随机变量的统计规律.

例 11.2 设 1 个口袋中装有分别标有 -1、2、2、2、3、3 的 6 个球. 从中任取一个球,球上标的数字记为 X,求随机变量 X 的分布函数,并作出 $F(x)$ 的图像.

解 随机变量 X 的可能取值为 -1、2、3,X 取这些值的概率为

$$P\{X=-1\}=\frac{1}{6},P\{X=2\}=\frac{1}{2},P\{X=3\}=\frac{1}{3}.$$

当 $x<-1$ 时,$F(x)=P\{X\leqslant x\}=P(\phi)=0$;

当 $-1\leqslant x<2$ 时,$F(x)=P\{X\leqslant x\}=P\{X=-1\}=\dfrac{1}{6}$;

当 $2\leqslant x<3$ 时,$F(x)=P\{X\leqslant x\}=P\{X=-1\}+P\{X=2\}=\dfrac{1}{6}+\dfrac{1}{2}=\dfrac{2}{3}$;

当 $x\geqslant 3$ 时,$F(x)=P\{X\leqslant x\}=P(\Omega)=1$.

于是 X 的分布函数为

$$F(x)=\begin{cases}0, & x<-1\\ \dfrac{1}{6}, & -1\leqslant x<2\\ \dfrac{2}{3}, & 2\leqslant x<3\\ 1, & x\geqslant 3\end{cases}$$

,$F(x)$ 的图像如图 11.1 所示.

从例 11.2 的分布函数及其图像中不难发现,分布函数具有右连续、单调不减等性质. 一般的,分布函数都具有以下性质:

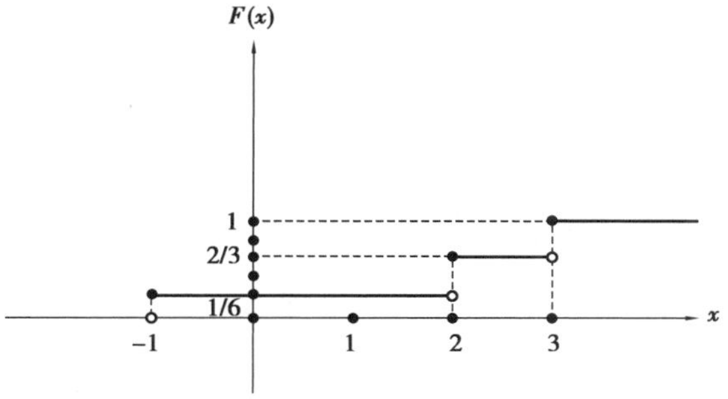

图 11.1

(1)$0\leqslant F(x)\leqslant 1$;

(2)$F(-\infty)=\lim\limits_{x\to-\infty}F(x)=0, F(+\infty)=\lim\limits_{x\to+\infty}F(x)=1$;

(3)$F(x)$单调不减,即当 $x_1<x_2$ 时,$F(x_1)\leqslant F(x_2)$;

(4)$F(x)$右连续,即对任意的 $x\in R$,有 $F(x+0)=F(x)$.

注　任给一个同时满足上述性质的实值函数 $F(x)$,它必是某个随机变量的分布函数,所以,上述性质是判断 $F(x)$ 为某个随机变量的分布函数的充分必要条件.

例 11.3　设随机变量 X 的分布函数为

$$F(x)=\begin{cases}0, & x<0\\ \dfrac{x}{3}, & 0\leqslant x<1\\ \dfrac{x}{2}, & 1\leqslant x<2\\ 1, & x\geqslant 2\end{cases},$$

求:(1)$P\left\{\dfrac{1}{2}<X\leqslant\dfrac{3}{2}\right\}$,(2)$P\left\{X>\dfrac{1}{2}\right\}$.

解　(1)$P\left\{\dfrac{1}{2}<X\leqslant\dfrac{3}{2}\right\}=F\left(\dfrac{3}{2}\right)-F\left(\dfrac{1}{2}\right)=\dfrac{3}{4}-\dfrac{1}{6}=\dfrac{7}{12}$;

(2)$P\left\{X>\dfrac{1}{2}\right\}=1-F\left(\dfrac{1}{2}\right)=1-\dfrac{1}{6}=\dfrac{5}{6}$.

例 11.4　设随机变量 X 的分布函数为

$$F(x)=\begin{cases}a+be^{-\lambda x}, & x>0\\ 0, & x\leqslant 0\end{cases},$$

其中 $\lambda>0$ 为常数,求常数 a、b 的值及 $P\{-2<X\leqslant 2\}$.

解　由分布函数的性质有

$$F(+\infty)=\lim_{x\to+\infty}F(x)=1\Rightarrow\lim_{x\to+\infty}(a+be^{-\lambda x})=1\Rightarrow a=1,$$

$$\lim_{x\to0^+}F(x)=F(0)\Rightarrow\lim_{x\to0^+}(a+be^{-\lambda x})=0\Rightarrow a+b=0\Rightarrow b=-1.$$

所以

$$F(x)=\begin{cases}1-e^{-\lambda x}, & x>0\\ 0 & ,x\leqslant 0\end{cases},$$

故
$$P\{-2<X\leqslant 2\}=F(2)-F(-2)=1-e^{-2\lambda}-0=1-e^{-2\lambda}.$$

习题 11.1

1. 设 $F_1(x)$ 与 $F_2(x)$ 分别为随机变量 X_1 与 X_2 的分布函数，为使 $F(x)=aF_1(x)-bF_2(x)$ 是某一随机变量的分布函数，在下列给定的各组数值中应取(　　).

A. $a=\frac{3}{5},b=-\frac{2}{5}$　　B. $a=\frac{2}{3},b=\frac{2}{3}$

C. $a=-\frac{1}{2},b=\frac{3}{2}$　　D. $a=\frac{1}{2},b=-\frac{3}{2}$

2. 设 $F_1(x)$、$F_2(x)$ 分别为随机变量 X_1 和 X_2 的分布函数，$F(x)$ 也是某一个随机变量的分布函数且 $F(x)=aF_1(x)-bF_2(x)$，证明：$a-b=1$.

3. 有如下 4 个函数，哪个是随机变量的分布函数？

A. $F(x)=\begin{cases}0, & x<-2\\ \frac{1}{2}, & -2\leqslant x<0;\\ 2, & x\geqslant 0\end{cases}$　　B. $F(x)=\begin{cases}0, & x<0\\ \sin x, & 0\leqslant x<\pi;\\ 1, & x\geqslant \pi\end{cases}$.

C. $F(x)=\begin{cases}0, & x<0\\ \sin x, & 0\leqslant x<\frac{\pi}{2};\\ 1, & x\geqslant \frac{\pi}{2}\end{cases}$　　D. $F(x)=\begin{cases}0, & x\leqslant 0\\ x+\frac{1}{3}, & 0<x<\frac{1}{2}.\\ 1, & x\geqslant \frac{1}{2}\end{cases}$

4. 设随机变量 X 的分布函数为
$$F(x)=\begin{cases}0, & x<1\\ \ln x, & 1\leqslant x<e,\\ 1, & x\geqslant e\end{cases}$$
求：$P\{X\leqslant 2\}$，$P\{0<X\leqslant 3\}$，$P\{2<X\leqslant 2.5\}$.

5. 设随机变量 X 的分布函数为 $F(x)=\begin{cases}0, & x<0\\ A\sin x, & 0\leqslant x\leqslant \frac{\pi}{2}\\ 1, & x>\frac{\pi}{2}\end{cases}$，求 A.

6. 设随机变量 X 的分布函数为
$$F(x)=a+b\arctan x,x\in(-\infty,+\infty).$$
求：常数 a、b 的值及 $P\{-1<X\leqslant 1\}$.

7. 袋中装有号码分别是 1、2、2、3 的 4 个球. 从袋中任取 1 球，用 X 表示所取球的号码，求 X 的分布函数，并作出 $F(x)$ 的图像.

8. 一批产品分一、二、三级，其中一级品是二级品的两倍，三级品是二级品的一半. 从这批产品中随机抽取 1 件产品检验其质量，用随机变量 X 描述检验的各种可能结果，并求 $F(x)$.

11.2 离散型随机变量

11.2.1 离散型随机变量及其分布律

定义 11.3 如果随机变量 $X(\omega)$ 所有可能的取值是有限个或无穷可列个,则称 $X(\omega)$ 为**离散型随机变量**.

如 11.1 节中掷 1 枚骰子一次出现的点数;射击目标直至击中为止,共射击的次数 Y;某时刻正在工作的车床数、某段时间中的话务量、某段时间内候车室的旅客数目等都是离散型随机变量.

要掌握一个随机变量的统计规律性,就必须知道它所有可能的取值,以及取每个可能值的概率.

定义 11.4 设 X 是离散型随机变量,它的所有可能的取值是 $x_1,x_2,\cdots$,且 X 取 x_k 的概率为 $P\{X=x_k\}=p_k,k=1,2,\cdots,n,\cdots$,则此式称为**离散型随机变量 X 的分布律**,记为 $\{p_k\}$.

分布律也可以表示为

X	x_1	x_2	$\cdots$	x_n	$\cdots$
P	p_1	p_2	$\cdots$	p_n	$\cdots$

分布律 $\{p_k\}$ 清楚而完整地表示了 X 的取值及概率的分布情况,具有以下性质:

(1) $p(x_k)\geqslant 0$;

(2) $\sum\limits_{i=1}^{\infty} p_k=1$.

由于事件 $\{X=x_1\},\{X=x_2\},\cdots,\{X=x_n\},\cdots$ 互不相容,而且 $x_1,x_2,\cdots,x_n,\cdots$ 是 X 全部可能的取值,所以 $P\{X=x_1\}+P\{X=x_2\}+\cdots+P\{X=x_n\}+\cdots=P(\Omega)=1$,即

$$\sum_{i=1}^{\infty} p_k=p_1+p_2+\cdots+p_n+\cdots=1.$$

反之,若一数列 $\{p_k\}$ 具有以上两条性质,则它必可以作为某离散型随机变量的分布律.

例 11.5 判断以下数列能否成为一个随机变量的分布律.

(1)

X	-1	2	3
P	0.2	0.4	0.3

(2) $P\{X=k\}=\dfrac{k-2}{2},k=1,2,3,4.$

(3) $P\{X=k\}=\left(\dfrac{1}{2}\right)^k,k=1,2,\cdots.$

解 (1) 不能,因为所有概率之和 $\sum_{i=1}^{3} p_k = 0.9 < 1$;

(2) 不能,因为 $P\{X=1\} = \frac{1-2}{2} = -\frac{1}{2} < 0$;

(3) 能,因为 $P\{X=k\} \geqslant 0, k=1,2,\cdots$,且 $\sum_{k=1}^{\infty} P\{X=k\} = \sum_{k=1}^{\infty}\left(\frac{1}{2}\right)^k = \frac{\frac{1}{2}}{1-\frac{1}{2}} = 1$.

例 11.6 汽车行驶中需通过 3 个设有红、绿信号灯的路口,信号灯或红或绿是相互独立的,以 X 表示首次遇到红灯前已通过的路口的个数,求:

(1) X 的分布律.

(2) X 的分布函数.

(3) $P\{X\leqslant 1.8\}, P\{1.5<X<2.5\}, P\{2\leqslant X<3\}$.

解 X 的可能取值为 0、1、2、3,A_i 表示"汽车在第 i 个路口首次遇到红灯"($i=1,2,3$),则 $P(A_i)=\frac{1}{2}$,且 A_1, A_2, A_3 相互独立.

$P\{X=0\}=P(A_1)=\frac{1}{2}, P(X=1)=P(\overline{A_1}A_2)=P(\overline{A_1})P(A_2)=\frac{1}{2}\times\frac{1}{2}=\frac{1}{4}$,

$P\{X=2\}=P(\overline{A_1}\ \overline{A_2}A_3)=P(\overline{A_1})P(\overline{A_2})P(A_3)=\frac{1}{8}$,

$P\{X=3\}=P(\overline{A_1}\ \overline{A_2}\ \overline{A_3})=P(\overline{A_1})P(\overline{A_2})P(\overline{A_3})=\frac{1}{8}$.

(1) X 的分布律为

X	0	1	2	3
P	$\frac{1}{2}$	$\frac{1}{4}$	$\frac{1}{8}$	$\frac{1}{8}$

(2) 当 $x<0$ 时,$\{X\leqslant x\}$ 为不可能事件,故 $F(x)=P\{X\leqslant x\}=0$;

当 $0\leqslant x<1$ 时,$\{X\leqslant x\}=\{X=0\}$,故 $F(x)=P\{X\leqslant x\}=P\{X=0\}=\frac{1}{2}$;

当 $1\leqslant x<2$ 时,$\{X\leqslant x\}=\{X=0\}\cup\{X=1\}$,故

$$F(X\leqslant x)=P\{X\leqslant x\}=P\{X=0\}+P\{X=1\}=\frac{3}{4};$$

当 $2\leqslant x<3$ 时,$\{X\leqslant x\}=\{X=0\}\cup\{X=1\}\cup\{X=2\}$,故

$$F(X\leqslant x)=P\{X\leqslant x\}=P\{X=0\}+P\{X=1\}+P\{X=2\}=\frac{7}{8};$$

当 $x\geqslant 3$ 时,$\{X\leqslant x\}=\{X=0\}\cup\{X=1\}\cup\{X=2\}\cup\{X=3\}$,故

$$F(X\leqslant x)=P\{X\leqslant x\}=P\{X=0\}+P\{X=1\}+P\{X=2\}+P\{X=3\}=1.$$

故 X 的分布函数为

$$F(x)=\begin{cases}0, & x<0\\ \dfrac{1}{2}, & 0\leqslant x<1\\ \dfrac{3}{4}, & 1\leqslant x<2.\\ \dfrac{7}{8}, & 2\leqslant x<3\\ 1, & x\geqslant 3\end{cases}$$

(3) $P\{X\leqslant 1.8\}=F(1.8)=\dfrac{3}{4}$或 $P\{X\leqslant 1.8\}=P\{X=0\}+P\{X=1\}=\dfrac{3}{4}$;

$$P\{1.5<X<2.5\}=F(2.5-0)-F(1.5)=\frac{7}{8}-\frac{3}{4}=\frac{1}{8}$$

或 $P\{1.5<X<2.5\}=P\{X=2\}=\dfrac{1}{8}$;

$$P\{2\leqslant X<3\}=F(3-0)-F(2-0)=\frac{1}{8}\text{或 }P\{2\leqslant X<3\}=P\{X=2\}=\frac{1}{8}.$$

例 11.7 设离散型随机变量的分布律为

X	-2	-1	0	1	2
P	a	$3a$	$\frac{1}{8}$	a	$2a$

求:(1)常数 a 的值;(2) $P\{X<1\}$, $P\{-2<X\leqslant 0\}$, $P\{X\geqslant 2\}$.

解 (1) $a+3a+\dfrac{1}{8}+a+2a=1\Rightarrow a=\dfrac{1}{8}$,即分布律为

X	-2	-1	0	1	2
P	$\frac{1}{8}$	$\frac{3}{8}$	$\frac{1}{8}$	$\frac{1}{8}$	$\frac{1}{4}$

(2) $P\{X<1\}=P\{X=-2\}+P\{X=-1\}+P\{X=0\}=\dfrac{1}{8}+\dfrac{3}{8}+\dfrac{1}{8}=\dfrac{5}{8}$;

$P\{-2<X\leqslant 0\}=P\{X=-1\}+P\{X=0\}=\dfrac{3}{8}+\dfrac{1}{8}=\dfrac{1}{2}$;

$P\{X\geqslant 2\}=P\{X=2\}=\dfrac{1}{4}$.

或先求出 X 的分布函数

$$F(x)=\begin{cases}0, & x<-2\\ \frac{1}{8}, & -2\leqslant x<-1\\ \frac{1}{2}, & -1\leqslant x<0\\ \frac{5}{8}, & 0\leqslant x<1\\ \frac{3}{4}, & 1\leqslant x<2\\ 1, & x\geqslant 2\end{cases},$$

$P\{X<1\}=F(1-0)=\frac{5}{8}$;$P\{-2<X\leqslant 0\}=F(0)-F(-2)=\frac{5}{8}-\frac{1}{8}=\frac{1}{2}$;

$P\{X\geqslant 2\}=1-F(2-0)=1-\frac{3}{4}=\frac{1}{4}$.

这里还可以求：

$P\{X=-2\}=P\{X\leqslant -2\}-P\{X<-2\}=F(-2)-F(-2-0)=\frac{1}{8}-0=\frac{1}{8}$;

$P\{X=-1\}=P\{X\leqslant -1\}-P\{X<-1\}=F(-1)-F(-1-0)=\frac{1}{2}-\frac{1}{8}=\frac{3}{8}$;

$P\{X=0\}=P\{X\leqslant 0\}-P\{X<0\}=F(0)-F(0-0)=\frac{5}{8}-\frac{1}{2}=\frac{1}{8}$;

$P\{X=1\}=P\{X\leqslant 1\}-P\{X<1\}=F(1)-F(1-0)=\frac{3}{4}-\frac{5}{8}=\frac{1}{8}$;

$P\{X=2\}=P\{X\leqslant 2\}-P\{X<2\}=F(2)-F(2-0)=1-\frac{3}{4}=\frac{1}{4}$.

于是得到 X 的分布律

X	-2	-1	0	1	2
P	$\frac{1}{8}$	$\frac{3}{8}$	$\frac{1}{8}$	$\frac{1}{8}$	$\frac{1}{4}$

注 (1)离散型随机变量的分布律与分布函数是可以互相确定的，它们都可以用来描述离散型随机变量的统计规律.

(2)若离散型随机变量 X 的分布律为

$$P\{X=x_k\}=p_k,k=1,2,\cdots,n,\cdots,$$

则：① 可以求分布函数 $F(x)=P\{X\leqslant x\}=\sum\limits_{x_k\leqslant x}P\{X=x_k\}=\sum\limits_{x_k\leqslant x}p_k$，即离散型随机变量的分布函数是一种累计概率.

② 可以求 X 所生成的任何事件的概率 $P\{a<X\leqslant b\}=\sum\limits_{a<x_k\leqslant b}P\{X=x_k\}$，即对离散型随机变量 X 落在区间$(a,b]$上的所有可能的取值的概率相加.

③$P\{X=x_k\}=F(x_k)-F(x_k-0),k=1,2,\cdots,n,\cdots$，即对于离散型随机变量 X，它的分布函

数 $F(x)$ 在 X 的可能取值 $x_k(k=1,2,\cdots,n,\cdots)$ 处具有跳跃值,跳跃值恰为该处的概率 $P\{X=x_k\}=p_k$.

综上所述,离散型随机变量分布函数 $F(x)$ 的图像是阶梯形曲线,且其为分段函数,分段点是 $x_k(k=1,2,\cdots,n,\cdots)$.

11.2.2 几种常见的离散型随机变量的概率分布

1. 0-1 分布(两点分布)

定义 11.5 若随机变量 X 只有两个可取值 0、1,且 $P\{X=k\}=p^k q^{1-k}$, $k=0.1$,其中 $q=1-p$, $0<p<1$,则称 X 服从参数为 p 的 0-1 **分布(或称两点分布)**,记为 $X\sim B(1,p)$. X 的分布律为

X	0	1
P	q	p

在实际问题中,只要试验结果只有两种可能,就可确定一个服从两点分布的随机变量,例如,登记新生儿的性别、种子是否发芽、产品质量是否合格等都可以用 0-1 分布的随机变量来描述.

例 11.8 200 件产品中有 196 件是正品、4 件是次品,今从中随机抽取 1 件,若规定 $X=\begin{cases}1, \text{取到正品}\\0, \text{取到次品}\end{cases}$,则 $P\{X=1\}=\dfrac{196}{200}=0.98$, $P\{X=0\}=\dfrac{4}{200}=0.02$.

显然,X 服从参数为 0.98 的两点分布.

2. 二项分布

定义 11.6 设随机变量 X 的所有可能取值为 $0,1,\cdots,n$,且取各值的概率为 $P\{X=k\}=C_n^k p^k(1-p)^{n-k}$, $k=0,1,\cdots,n$, $(0<p<1)$ 则称 X 服从参数为 n、p 的**二项分布**,记为 $X\sim B(n,p)$.

显然,随机变量 X 取 k 值的概率 $C_n^k p^k q^{n-k}$ 恰好是 $(p+q)^n$ 的二项展开式中的第 $k+1$ 项,所以将此分布称为二项分布.

特别的,当 $n=1$ 时,二项分布 $X\sim B(1,p)$ 即为 0-1 分布. n 重伯努利试验中,设每次试验中事件 A 发生的概率为 p,X 为事件 A 发生的次数,则 X 的可能取值为 $0,1,\cdots,n$,且对每一个 $k(0\leqslant k\leqslant n)$,事件 $\{X=k\}$ 即"n 次试验中事件 A 恰好发生 k 次",则有 $P\{X=k\}=C_n^k p^k q^{n-k}$, $k=0,1,\cdots,n$,其中 $q=1-p$,即 X 服从参数为 n、p 的二项分布,可见二项分布的概率模型是 n 重伯努利概型.

n 重伯努利概型中,事件出现的次数服从二项分布,如一批产品的不合格率为 p,检查 n 件产品,n 件产品中不合格产品数 X 服从二项分布;调查 n 个人,n 个人中的色盲人数 Y 服从参数为 n、p 的二项分布,其中 p 为色盲率;n 部机器独立运转,每台机器出现故障的概率为 p,则 n 台机器中出故障的机器数 Z 服从二项分布;在射击问题中,射击 n 次,每次命中率为 p,则命中枪数 X 服从二项分布;等等.

例 11.9 已知 100 个产品中有 5 个次品,现从中有放回地取 3 次,每次任取 1 个,求所取

3 个产品中恰有 2 个次品的概率.

解 因为是有放回地取 3 次,因此这 3 次试验的条件完全相同且独立,它是伯努利试验.由题意知,每次试验取到次品的概率为 0.05,设 X 为所取 3 个产品中的次品数,则 $X\sim B(3,0.05)$,于是,所求概率

$$P\{X=2\}=C_3^2 0.05^2 0.95^{3-2}=0.007\ 125.$$

注 若将本例中的"有放回"改为"无放回",那么各次试验的条件就不同了,此时不再是 n 重伯努利概型,这时只能用古典概率公式求解.

$$P\{X=2\}=\frac{C_{95}^1 C_5^2}{C_{100}^3}\approx 0.005\ 88.$$

例 11.10 设某汽车生产厂家某个月生产并销售了 5 000 台某种型号的汽车,且此种汽车某一部位有缺陷的概率为 0.001,并设每台汽车此部位是否有缺陷是相互独立的.若这 5 000 台汽车中此部位有缺陷的汽车超过 10 台,则将这批汽车召回.求这批汽车被召回的概率.

解 设 X 为 5 000 台汽车中某部位有缺陷的汽车台数,对每台汽车来说,观察此部位是否有缺陷相当于做一次伯努利试验,有 5 000 台汽车,就做了 5 000 重伯努利试验,故 $X\sim B(5\ 000,0.001)$,于是,这批汽车被召回的概率为

$$P\{X>10\}=1-P\{X\leqslant 10\}=1-\sum_{k=0}^{5\ 000} C_{5\ 000}^k(0.001)^k(0.999)^{5\ 000-k}.$$

在上面的式子中,要直接计算概率相当麻烦,可以通过泊松分布来近似计算,下面介绍泊松分布.

3. 泊松分布

定义 11.7 设随机变量 X 所有可能的取值为 $0,1,2,\cdots$,且它取各值的概率为 $P\{X=k\}=\dfrac{\lambda^k e^{-\lambda}}{k!}$,$k=0,1,2,\cdots,(\lambda>0)$ 则称 X 服从参数为 λ 的**泊松分布**,记为 $X\sim P(\lambda)$.

泊松分布是用来描述在一指定范围内或指定体积内某一事件出现的次数的分布.现实中服从泊松分布的随机变量较为常见,例如,一天中进入某商场的顾客数,一天中拨错号的电话的呼叫次数,某交通路口 1 分钟内的汽车流量.5 分钟内公共汽车站候车的乘客数,产品的缺陷数(如疵点、气孔、沙眼等),它们都服从泊松分布.一般泊松分布可以作为描述大量重复试验中稀有事件出现频数的概率分布情况的数学模型.

$\dfrac{\lambda^k}{k!}e^{-\lambda}$ 的值还有表可查(见附表泊松分布数值表),但是表中直接给出的是 $\sum\limits_{k=n}^{\infty}\dfrac{\lambda^k}{k!}e^{-\lambda}$ 的值,要计算 X 取某个正整数 n 时的概率,用下面公式:

$$P\{X=n\}=P\{X\geqslant n\}-P\{X\geqslant n+1\}=\sum_{k=n}^{\infty}\frac{\lambda^k}{k!}e^{-\lambda}-\sum_{k=n+1}^{\infty}\frac{\lambda^k}{k!}e^{-\lambda}.$$

例 11.11 设 $X\sim P(5)$,求 $P\{X\geqslant 10\}$,$P\{X\leqslant 10\}$,$P\{X=10\}$.

解 $X\sim P(5)\Rightarrow P\{X=k\}=\dfrac{5^k}{k!}e^{-5}$,$k=0,1,2,\cdots,n,\cdots$,于是

$$P\{X \geqslant 10\} = \sum_{k=10}^{\infty} \frac{5^k}{k!}e^{-5} \approx 0.031\ 828;$$

$$P\{X \leqslant 10\} = 1 - P\{X \geqslant 11\} = 1 - \sum_{k=11}^{\infty} \frac{5^k}{k!}e^{-5} \approx 1 - 0.013\ 695 = 0.986\ 305;$$

$$P\{X = 10\} = P\{X \geqslant 10\} - P\{X \geqslant 11\} = \sum_{k=10}^{\infty} \frac{5^k}{k!}e^{-5} - \sum_{k=11}^{\infty} \frac{5^k}{k!}e^{-5} \approx 0.031\ 828 - 0.013\ 695 = 0.018\ 133.$$

例 11.12 已知某炼油厂的油船数 X 服从参数为 2 的泊松分布，而港口的设备一天只能为 3 只油船服务，如果一天中到达的油船超过 3 只，超出的油船必须转向另一港口. 求：

(1)一天中必须有油船转走的概率；

(2)每天到达港口的油船的最有可能的数量.

解 (1)由题意知 $X \sim P(2)$，查表知

$$P\{X > 3\} = 1 - P\{X \leqslant 3\} = 1 - \sum_{k=0}^{3} \frac{2^k}{k!}e^{-2} \approx 0.142\ 8.$$

(2)由题意知 $X \sim P(2)$，查表知

$$P\{X=1\} = P\{X=2\} = 0.270\ 671,$$

而 $P\{X=0\}=0.135\ 335$，$P\{X=3\}=0.180\ 447$，$P\{X=4\}=0.090\ 224$.

可见当 $P\{X=1\}$ 或者 $P\{X=2\}$ 时概率最大，所以每天到达港口的油船最有可能是 1 只或者 2 只.

例 11.13 一家商店采用科学管理，由该商店过去的销售记录知道，某种商品每月的销售数可以用参数为 5 的泊松分布来描述. 为了以 95% 以上的把握保证不脱销，商店在月底至少应进该种商品多少件？

解 设该种商品每月的销售数为 X，则 $X \sim P(5)$，设该商店在月底应进该种商品 m 件，由题意知 $P\{X \leqslant m\} > 0.95$，即 $\sum_{k=0}^{m} \frac{5^k}{k!}e^{-5} > 0.95$.

$$\text{查表得} \sum_{k=0}^{9} \frac{5^k}{k!}e^{-5} \approx 0.968\ 172, \sum_{k=0}^{8} \frac{5^k}{k!}e^{-5} \approx 0.931\ 906.$$

所以，$m=9$，即至少应进 9 件该种商品.

虽然泊松分布本身是一种重要的分布，但历史上它是作为二项分布的近似分布出现的，于 1837 年由法国数学家泊松引入，下面介绍著名的泊松定理.

定理 11.1(泊松定理) 设 $\lambda>0$ 是常数，n 是任意正整数，且 $\lambda=np$，则对于任意取定的非负整数 k 有

$$\lim_{n\to\infty} C_n^k p^k (1-p)^{n-k} = \frac{\lambda^k}{k!}e^{-\lambda}.$$

证明过程略去.

注 二项分布的极限分布为泊松分布，当 n 很大、p 很小且 $\lambda=np$ 适中($np\leqslant 5$)时，有近似公式 $C_n^k p^k(1-p)^{n-k} \approx \frac{\lambda^k}{k!}e^{-\lambda}$. 实际计算中，当 $n\geqslant 20$，$p\leqslant 0.05$ 时用上式作近似计算效果颇佳.

现在利用泊松定理来计算例11.10，由题意得，$\lambda = np = 5\ 000 \times 0.001$，则 $X \sim P(5)$，于是，

$$P\{X > 10\} = 1 - P\{X \leqslant 10\} = 1 - \sum_{k=0}^{10} \frac{5^k}{k!}e^{-5} \approx 0.14.$$

习题 11.2

1. 判断以下各表是否为随机变量 X 的分布律.

(1)

X	0	1	2
P	0.5	0.2	−0.1

(2)

X	0	1	2
P	0.3	0.5	0.1

(3)

X	0	1	2
P	$\frac{1}{3}$	$\frac{2}{5}$	$\frac{4}{15}$

(4)

X	0	1	2
P	$\frac{1}{2}$	$\frac{1}{3}$	$\frac{1}{4}$

(5)

X	1	2	…	k	…
P	$\frac{1}{3}$	$\frac{1}{3^2}$	…	$\frac{1}{3^k}$	…

2. 设随机变量 X 的分布律为 $P\{X=k\}=\frac{c}{N}(k=1,2,\cdots,N)$,确定常数 c.

3. 设离散型随机变量 X 的分布律为

X	−1	0	2
P	0.1	0.3	0.6

$F(x)$ 为 X 的分布函数,求 $F(0)$.

4. 设离散型随机变量 X 的分布律为

X	-1	0	1	2
P	$\frac{1}{8}$	$\frac{1}{8}$	$\frac{1}{4}$	$\frac{1}{2}$

求 X 的分布函数,并求 $P\left\{X\leqslant\frac{1}{2}\right\}$、$P\left\{1<X\leqslant\frac{3}{2}\right\}$、$P\left\{1\leqslant X\leqslant\frac{3}{2}\right\}$.

5. 设随机变量 $X\sim B(3,0.2)$,则 $P\{X>2\}=($　　$)$.

A. 0.008　　B. 0.488　　C. 0.512　　D. 0.992

6. 抛掷 1 枚质地均匀的硬币,每次出现硬币正面朝上的概率为$\frac{2}{3}$,连续抛 8 次,以 X 表示出现硬币正面朝上的次数,求 X 的分布律.

7. 设在 15 个同类型的零件中有 2 个是次品,从中任取 3 次,每次取 1 个零件,不放回,以 X 表示取出的次品个数,求 X 的分布律.

8. 设离散型随机变量 X 的分布函数为 $F(x)=\begin{cases}0, & x<-1,\\ \frac{1}{3}, & -1\leqslant x<2,\\ 1, & x\geqslant 2.\end{cases}$ 求 X 的分布律.

9. 设随机变量 X 的分布函数为 $F(x)=\begin{cases}0, & x<-2,\\ 0.4, & -2\leqslant x<1,\\ 1, & x\geqslant 1.\end{cases}$ 求:

(1) X 的分布律;

(2) $P\{-1<X\leqslant 2\}$, $P\{X>0.3\}$.

10. 设随机变量 X 服从泊松分布,且 $P\{X=1\}=P\{X=2\}$,求 $P\{X=4\}$.

11. 设随机变量 $X\sim B(2,p)$, $Y\sim B(3,p)$,若 $P\{X\geqslant 4\}=\frac{5}{9}$,求 $P\{Y\geqslant 1\}$.

12. 事件 A 在每一次试验中发生的概率为 0.3,当 A 发生不少于 3 次时,指示灯发出信号,求:

(1)进行 5 次独立试验,求指示灯发出信号的概率;

(2)进行 7 次独立试验,求指示灯发出信号的概率.

13. 一电话交换台每分钟收到的呼唤次数 X 服从泊松分布, $X\sim P(4)$,求:

(1)每分钟恰收到 8 次呼唤的概率;

(2)每分钟收到的呼唤次数大于 10 的概率.

14. 一本 500 页的书共有 500 个错误,每个错误等可能地出现在每一页上(每一页的印刷符号超过 500 个). 试求指定的一页上至少有 3 个错误的概率.

15. 从发芽率为 0.999 的一大批种子里随机抽取 500 粒进行发芽试验,计算 500 粒种子中没有发芽的种子的比例不超过 1% 的概率.

11.3 连续型随机变量

由 11.2 节可知,离散型随机变量只能取有限多个或者无穷可列多个值,所以可以用比分布函数更直观的方法——随机变量的分布律来表示随机变量取值的统计规律. 而在实际问题中,还有一些随机变量可能的取值充满一个区间(或几个区间的并),其取值无法一一列举,故而不能用分布律的形式来描述其统计规律. 本节将讨论这类随机变量——连续型随机变量的统计规律.

11.3.1 连续型随机变量及其概率密度

定义 11.8 设 $F(x)$ 是随机变量 X 的分布函数,若存在非负可积函数 $f(x)$,对任意实数 x,有 $F(x)=\int_{-\infty}^{x} f(t)\,\mathrm{d}t$,则称 X 为**连续型随机变量**,称 $f(x)$ 为 X 的**概率密度函数或密度函数**,简称**概率密度**.

概率密度函数 $f(x)$ 具有以下性质:

性质 1 $f(x)\geqslant 0$;

性质 2 $\int_{-\infty}^{+\infty} f(x)\,\mathrm{d}x = 1$.

注 (1)满足上述两条性质的函数一定是某个连续型随机变量的概率密度函数.

(2)概率密度函数 $f(x)$ 在某点处的数值并不能反映随机变量在该值处的概率,但能反映随机变量在该值附近处的概率的大小,这里如果把概率理解为质量,则 $f(x)$ 相当于密度.

由微积分的知识可知,当密度函数 $f(x)$ 可积时,连续型随机变量 X 的分布函数 $F(x)$ 是连续函数,即对于任意实数 x,有

$$F(x+0)=F(x-0)=F(x),$$

而由随机变量 X 的分布函数的性质可知,对于任意实数 x,有

$$P\{X=x\}=F(x)-F(x-0).$$

于是有,

性质 3 对于任意实数 x,有 $P\{X=x\}=F(x)-F(x-0)=0$.

由此可知,概率为 0 的事件不一定是不可能事件,概率为 1 的事件不一定是必然事件.

性质 4 连续型随机变量落在区间的概率与区间开闭形式无关,即

$$P\{a<X<b\}=P\{a\leqslant X\leqslant b\}=P\{a\leqslant X<b\}=P\{a<X\leqslant b\}=F(b)-F(a)=\int_{a}^{b} f(x)\,\mathrm{d}x.$$

因此,对连续型随机变量 X 在区间上取值的概率的求法有如下两种.

(1)若分布函数 $F(x)$ 已知,$P\{a<X\leqslant b\}=F(b)-F(a)$;

(2)若概率密度函数 $f(x)$ 已知,$P\{a<X\leqslant b\}=\int_{a}^{b} f(x)\,\mathrm{d}x$.

性质 5 $F(x)=P(X\leqslant x)=P(-\infty<X\leqslant x)=\int_{-\infty}^{x} f(x)\,\mathrm{d}x$,若 $f(x)$ 是可积函数,分布函数一

定是连续函数,若$f(x)$在 x 处连续,则 $F'(x)=f(x)$.

例 11.14 设连续型随机变量 X 的概率密度函数$f(x)$为$f(x)=\begin{cases}cx^2, & 0<x<1\\ 0, & 其他\end{cases}$,

求:(1)常数 c;(2)$P\left\{-\dfrac{1}{3}\leqslant X<\dfrac{1}{2}\right\}$;(3)随机变量 X 的分布函数 $F(x)$.

解 (1) 因$\int_{-\infty}^{+\infty}f(x)\mathrm{d}x=1$,即$\int_0^1 cx^2\mathrm{d}x=1$,从而 $c=3$;

(2)$P\left\{-\dfrac{1}{3}\leqslant X<\dfrac{1}{2}\right\}=\int_{-\frac{1}{3}}^{0}0\mathrm{d}x+\int_0^{\frac{1}{2}}3x^2\mathrm{d}x=\dfrac{1}{8}$;

(3) 由于 $F(x)=\int_{-\infty}^{x}f(x)\mathrm{d}x$,故当 $x<0$ 时,$F(x)=0$;

当$0\leqslant x<1$ 时,$F(x)=\int_{-\infty}^{x}f(x)\mathrm{d}x=\int_{-\infty}^{0}0\mathrm{d}x+\int_0^x 3x^2\mathrm{d}x=x^3$;

当 $x\geqslant 1$ 时,$F(x)=\int_{-\infty}^{x}f(x)\mathrm{d}x=\int_{-\infty}^{0}0\mathrm{d}x+\int_0^1 3x^2\mathrm{d}x+\int_1^{+\infty}0\mathrm{d}x=1$.

故
$$F(x)=\begin{cases}0, & x<0\\ x^3, & 0\leqslant x<1.\\ 1, & x\geqslant 1\end{cases}$$

例 11.15 设连续型随机变量 X 的分布函数为
$$F(x)=\begin{cases}0, & x\leqslant -a\\ A+B\arcsin\dfrac{x}{a}, & -a<x\leqslant a.\\ 1, & x>a\end{cases}$$

求:(1)系数 A、B 的值;(2)$P\left\{-a<x<\dfrac{a}{2}\right\}$;(3)随机变量 X 的概率密度函数.

解 (1)因 X 是连续型随机变量,故 $F(x)$是连续函数,有
$$F(-a-0)=F(-a+0)=F(-a),F(a-0)=F(a+0)=F(a),$$

即$0=A+B\arcsin\left(\dfrac{-a}{a}\right)=A-\dfrac{\pi}{2}B$,$A+B\arcsin\left(\dfrac{a}{a}\right)=A+\dfrac{\pi}{2}B=1$,得到:$A=\dfrac{1}{2}$,$B=\dfrac{1}{\pi}$;

(2)$P\left\{-a<x<\dfrac{a}{2}\right\}=F\left(\dfrac{a}{2}\right)-F(-a)=\dfrac{1}{2}+\dfrac{1}{\pi}\arcsin\left(\dfrac{a}{2a}\right)-0=\dfrac{2}{3}$;

(3)随机变量 X 的概率密度函数:$f(x)=F'(x)=\begin{cases}\dfrac{1}{\pi\sqrt{a^2-x^2}}, & -a<x<a\\ 0, & 其他\end{cases}$.

11.3.2 几种常见的连续型随机变量的概率分布

人们在生产实践中已经找到很多满足连续型随机变量的概率密度函数,下面列举三种重要的连续型随机变量及其分布.

1. 均匀分布的连续型随机变量

定义 11.9 若随机变量 X 的概率密度函数为

$$f(x)=\begin{cases}\dfrac{1}{b-a}, & a\leqslant x\leqslant b\\ 0, & 其他\end{cases},$$

则称 X 服从参数为 a、b 的**均匀分布**,记为 $X\sim U(a,b)$,其分布函数为

$$F(x)=\begin{cases}0, & x<a\\ \dfrac{x-a}{b-a}, & a\leqslant x<b.\\ 1, & x\geqslant b\end{cases}$$

均匀分布的概率密度函数 $f(x)$ 和分布函数 $F(x)$ 的图像分别如图 11.2、图 11.3 所示.

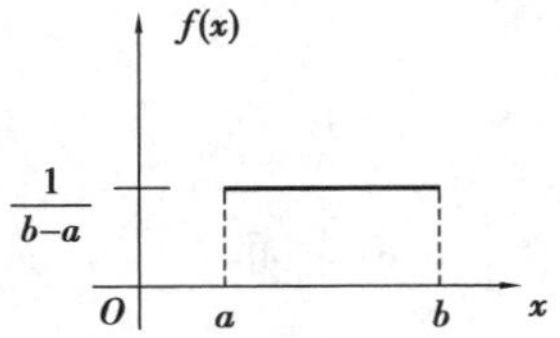

图 11.2

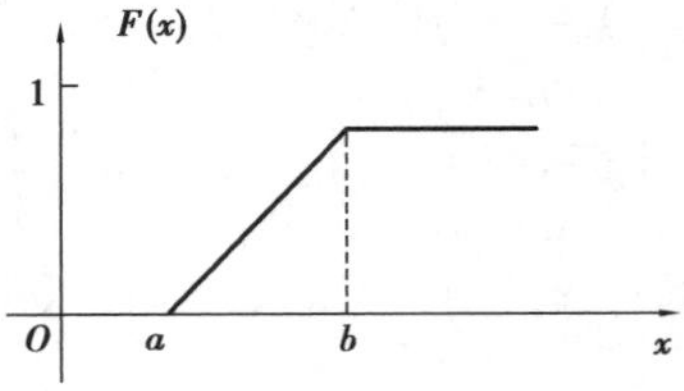

图 11.3

均匀分布常见于如近似计算中一般认为的四舍五入的误差、公交系统中乘客的候车时间、在数值计算中的误差等情形.

注 (1)若 $X\sim U(a,b)$,则 X 在区间 $[a,b]$ 上各点取值的概率密度值相等,均为常数 $\dfrac{1}{b-a}$,即区间长度的倒数,这意味着 X 在该区间上各处取值的机会是均等的,没有"偏爱".

(2)均匀分布的"均匀"是指随机变量 X 落在区间 $[a,b]$ 内长度相等的子区间上的概率都是相等的,而与区间的起始点无关. 理由如下:

设 $X\sim U(a,b)$,$a\leqslant c<d\leqslant b$,即 $[c,d]\subset[a,b]$,则

$$P\{c\leqslant X\leqslant d\}=\int_c^d\frac{1}{b-a}\mathrm{d}x=\frac{d-c}{b-a}.$$

例 11.16 从上午 7:00 起,在车站每隔 15 分钟来一班车,即 7:00、7:15、7:30、7:45 等时刻有车到达此站. 如果乘客到达此站的时间 X 是 7:00—7:30 的均匀随机变量,试求他的候车时间少于 5 分钟的概率.

解 以 7:00 为起点"0",以"分钟"为单位,则 $X\sim U(0,30)$.

为使候车时间少于 5 分钟,乘客须在 7:10—7:15 或者 7:25—7:30 到达车站,故所求概率为

$$P\{10<X<15\}+P\{25<X<30\}=\int_{10}^{15}\frac{1}{30}\mathrm{d}x+\int_{25}^{30}\frac{1}{30}\mathrm{d}x=\frac{1}{3},$$

即乘客候车时间少于 5 分钟的概率为 $\dfrac{1}{3}$.

2. 指数分布的连续型随机变量

定义 11.10 若随机变量的概率密度函数为

$$f(x)=\begin{cases}\lambda e^{-\lambda x}, & x>0\\ 0, & x\leqslant 0\end{cases},$$

则称 X 服从参数为 $\lambda(\lambda>0)$ 的**指数分布**,记为 $X\sim E(\lambda)$,

其分布函数为 $F(x)=\begin{cases}1-e^{-\lambda x}, & x>0\\ 0, & x\leqslant 0\end{cases}$.

指数分布的概率密度函数 $f(x)$ 和分布函数 $F(x)$ 的图像分别如图 11.4、图 11.5 所示.

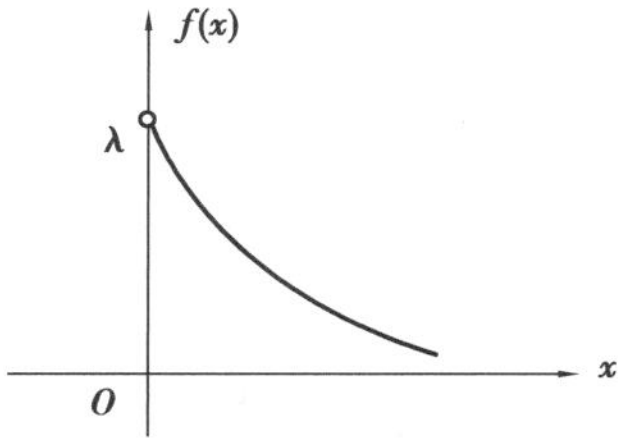

图 11.4

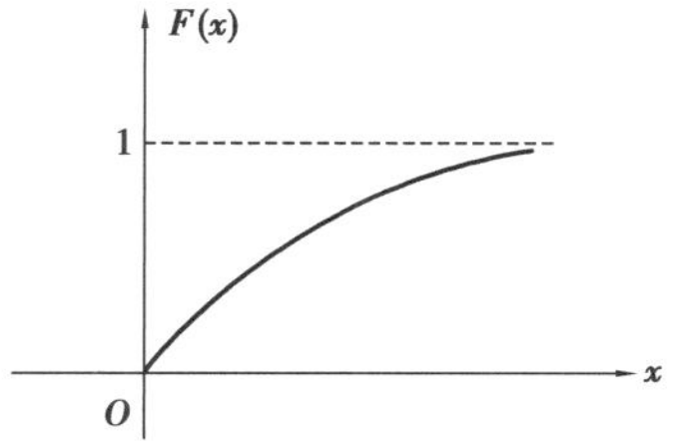

图 11.5

指数分布是一种偏态分布,有研究表明,电子元件的使用寿命、动物的寿命、电话的通话时间、随机服务系统中接受服务的时间、某地区年轻人的月工资等均可用指数分布描述.

指数分布有如下重要性质.

定理 11.2(无记忆性) 若有随机变量 $X\sim E(\lambda)$,则对于任意实数 $s>0$ 与 $t>0$ 有:

$$P\{X>s+t\mid X>s\}=P\{X>t\}.$$

证明过程略去.

此定理的含义是:若把 X 看成某种产品的寿命,则左端的条件概率表示在得知该产品已正常工作 s 小时(意思是该产品的寿命 X 超过 s 小时),它再正常工作 t 小时(累计正常工作 $s+t$ 小时)的概率与已正常工作 s 小时无关,只与再正常工作 t 小时有关. 这相当于该产品过去工作 s 小时没有对产品留下任何痕迹,该产品似乎还和新产品一样,这个性质称为无记忆性或无后效性. 正是由于其具有这个性质,所以有人称指数分布是“永远年轻”的.

一般指数分布被称为“寿命分布”,某些没有明显“衰老”机理的元件或者设备的寿命服从指数分布,随机系统中接受服务的时间等也可以认为是服从指数分布的.

例 11.17 设电视机的使用年数 $X\sim E(0.1)$,某人买了一台旧电视机,求它还能使用 5 年以上的概率.

解 由题意知,X 的概率密度函数为 $f(x)=\begin{cases}0.1e^{-0.1x}, & x>0\\ 0, & x\leqslant 0\end{cases}$. 设某人购买的这台旧电视机已经使用了 s 年,该电视机还能使用 5 年以上的概率为

$$P\{X\geqslant s+5\mid X\geqslant s\}=P\{X\geqslant 5\}=\int_5^{+\infty}e^{-0.1x}dx=-e^{-0.1x}\Big|_5^{+\infty}=e^{-0.5}.$$

3. 正态分布的连续型随机变量

定义 11.11 若连续型随机变量 X 的概率密度为 $f(x)=\dfrac{1}{\sqrt{2\pi}\sigma}e^{-\frac{(x-\mu)^2}{2\sigma^2}}(-\infty<x<+\infty)$,其中

μ、$\sigma(\sigma>0)$为常数,则称 X 服从参数为 μ、σ 的**正态分布或高斯分布**,记为 $X\sim N(\mu,\sigma^2)$. 其分布函数为

$$F(x)=\frac{1}{\sqrt{2\pi}\sigma}\int_{-\infty}^{x}e^{-\frac{(t-\mu)^2}{2\sigma^2}}dt,\ -\infty<x<+\infty.$$

正态分布图像的特征:

(1)密度曲线是一条单峰的、关于 $x=\mu$ 对称的钟形曲线,如图 11.6 所示.

(2)在 $x=\mu$ 处达到极大值和最大值$\frac{1}{\sqrt{2\pi}\sigma}$.

(3)$f(x)$在 $x=\mu\pm\sigma$ 处曲线有拐点,且曲线以 x 轴为渐近线.

(4)μ 确定了曲线的位置,σ 确定了曲线中锋的陡峭程度(图 11.6).

特别的,当 $\mu=0,\sigma=1$ 时,称随机变量 X 服从**标准正态分布**,记为 $X\sim N(0,1)$,习惯上把其概率密度和分布函数记为 $\varphi(x)$ 和 $\Phi(x)$,即

$$\varphi(x)=\frac{1}{\sqrt{2\pi}}e^{-\frac{x^2}{2}},\ -\infty<x<+\infty,\Phi(x)=\frac{1}{\sqrt{2\pi}}\int_{-\infty}^{x}e^{-\frac{x^2}{2}}dx,\ -\infty<x<+\infty.$$

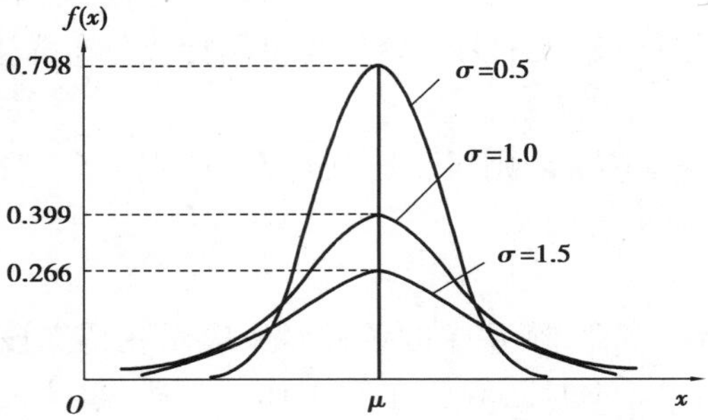

图 11.6

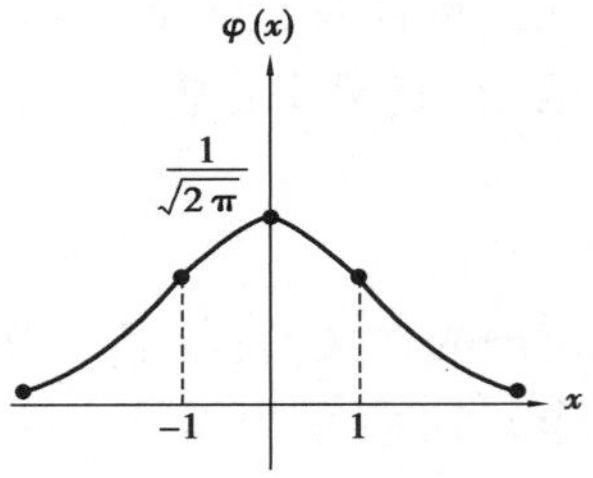

图 11.7

其中标准正态分布的概率密度 $\varphi(x)$ 的图像如图 11.7 所示. 可见 $\varphi(x)$ 的图像关于 y 轴对称,且 $\varphi(x)$ 在 $x=0$ 处取得最大值$\frac{1}{\sqrt{2\pi}}$.

概率密度函数 $\varphi(x)$ 和分布函数 $\Phi(x)$ 具有下列性质:

(1)$\varphi(x)$为偶函数.

(2)$\Phi(x)+\Phi(-x)=1$.

证 由定积分的几何意义及 $\varphi(x)$ 的对称性可得

$$\Phi(-x)=\int_{-\infty}^{-x}\varphi(x)dx=\int_{x}^{+\infty}\varphi(x)dx=\Phi(+\infty)-\Phi(x)=1-\Phi(x)$$

即 $\Phi(x)+\Phi(-x)=1$.

(3)$\Phi(0)=\frac{1}{2}$.

证 因为 $\Phi(x)+\Phi(-x)=1$,令 $x=0$,得 $\Phi(0)=\frac{1}{2}$.

定理 11.3 正态分布函数 $F(x)$ 与标准正态分布函数 $\Phi(x)$ 有以下关系:

当 $X\sim N(\mu,\sigma^2)$，有 $F(x)=\Phi\left(\dfrac{x-\mu}{\sigma}\right)$.

证 由于 $F(x)=\dfrac{1}{\sqrt{2\pi}\sigma}\int_{-\infty}^{x}e^{-\frac{(t-\mu)^2}{2\sigma^2}}dt,\ -\infty<x<+\infty$，令 $u=\dfrac{t-\mu}{\sigma}$，则 $dt=\sigma du$，所以

$$F(x)=\frac{1}{\sqrt{2\pi}\sigma}\int_{-\infty}^{\frac{x-\mu}{\sigma}}e^{-\frac{u^2}{2}}\sigma du=\frac{1}{\sqrt{2\pi}}\int_{-\infty}^{\frac{x-\mu}{\sigma}}e^{-\frac{u^2}{2}}du=\Phi\left(\frac{x-\mu}{\sigma}\right).$$

可利用标准正态分布表，用此定理来解决一般正态分布的概率计算问题.

标准正态分布表的使用：

(1)表中给出了 $x\geqslant0$ 时 $\Phi(x)$ 的数值，而当 $x<0$ 时，利用 $\Phi(x)=1-\Phi(-x)$，先从表中查出 $\Phi(-x)$ 的值，再计算 $\Phi(x)$ 的值.

(2)当 $X\sim N(0,1)$ 时，以下公式成立：

①$P\{X\leqslant x\}=\begin{cases}\Phi(x), & x\geqslant0\\ 1-\Phi(-x), & x<0\end{cases}$；

②$P\{a<X<b\}=P\{a\leqslant X\leqslant b\}=P\{a\leqslant X<b\}=P\{a<X\leqslant b\}=\Phi(b)-\Phi(a)$；

③$P\{|X|\leqslant a\}=2\Phi(a)-1,a>0;P\{|X|>a\}=2[1-\Phi(a)],a>0.$

(3)当 $X\sim N(\mu,\sigma^2)$ 时，以下公式成立：

①$P\{X\leqslant x\}=F(x)=\Phi\left(\dfrac{x-\mu}{\sigma}\right)$；

②$P\{a<X<b\}=P\{a\leqslant X\leqslant b\}=P\{a\leqslant X<b\}=P\{a<X\leqslant b\}$

$$=F(b)-F(a)=\Phi\left(\frac{b-\mu}{\sigma}\right)-\Phi\left(\frac{a-\mu}{\sigma}\right);$$

③$P\{X>a\}=1-P\{X\leqslant a\}=1-F(a)=1-\Phi\left(\dfrac{a-\mu}{\sigma}\right)$.

例 11.18 设 $X\sim N(0,1)$，求：

(1)$P\{X<2.35\}$；(2)$P\{X<-3.03\}$；(3)$P\{|X|<1.54\}$.

解 (1)$P\{X<2.35\}=\Phi(2.35)=0.990\ 6$；

(2)$P\{X<-3.03\}=\Phi(-3.03)=1-\Phi(3.03)=1-0.999\ 5=0.000\ 5$；

(3)$P\{|X|\leqslant1.54\}=2\Phi(1.54)-1=2\times0.938\ 2-1=0.876\ 4$.

例 11.19 设 $X\sim N(1,4)$，求：

(1)$F(5)$；(2)$P\{0<X<1.6\}$；(3)$P\{|X-1|\leqslant2\}$.

解 由题意知，$\mu=1,\sigma=2$.

(1)$F(5)=P\{X\leqslant5\}=P\left\{\dfrac{X-1}{2}\leqslant\dfrac{5-1}{2}\right\}=\Phi\left(\dfrac{5-1}{2}\right)=\Phi(2)=0.977\ 2$.

(2)$P\{0<X<1.6\}=\Phi\left(\dfrac{1.6-1}{2}\right)-\Phi\left(\dfrac{0-1}{2}\right)=\Phi(0.3)-\Phi(-0.5)$

$$=0.617\ 9-[1-\Phi(0.5)]=0.617\ 9-(1-0.691\ 5)=0.309\ 4.$$

(3)$P\{|X-1|\leqslant2\}=P\{-1\leqslant X\leqslant3\}=P\left\{-1\leqslant\dfrac{X-1}{2}\leqslant1\right\}=2\Phi(1)-1=0.682\ 6$.

利用标准正态分布表，查表计算可以求得，当 $X\sim N(\mu,\sigma^2)$ 时，

(1) $P\{|X-\mu|\leqslant\sigma\}=2\Phi(1)-1=0.682\ 6$;

(2) $P\{|X-\mu|\leqslant 2\sigma\}=2\Phi(2)-1=0.954\ 4$;

(3) $P\{|X-\mu|\leqslant 3\sigma\}=2\Phi(3)-1=0.997\ 4$.

如图 11.8 所示，说明尽管正态随机变量 X 的取值范围是$(-\infty,+\infty)$，但它的值几乎全部集中在区间$[\mu-3\sigma,\mu-3\sigma]$内，而在其他区间取值的概率很小，不到 0.3%，这在统计学上称为"3σ 准则"(三倍标准差准则)，在工业生产、工程实践和科学研究中多采用3σ 作为限差.

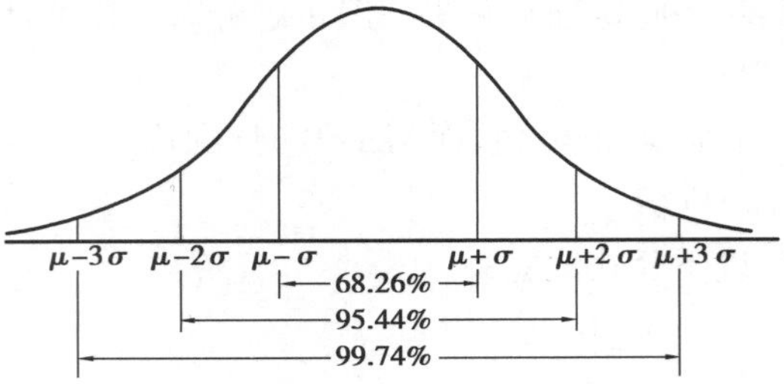

图 11.8

正态分布是概率论中很重要的分布，一方面，正态分布是自然界最常见的一种分布，在实际中遇到的许多随机现象都服从或近似服从正态分布，广泛应用于自然界、生物界及科学技术的许多领域中，如测量的误差、同一群体的某一特征的尺寸等；另一方面，正态分布具有许多良好的性质，许多分布都可以近似用正态分布，另外一些分布可以通过正态分布来导出，因此在理论上正态分布十分重要.

例 11.20 一温度调节器放置在存储着某种液体的容器内，调节器定在 d ℃，液体的温度 X(以℃计)是一个随机变量，且 $X\sim N(d,0.5^2)$. (1)若 $d=90$，求 $X<89$ 的概率；(2)若要求保持液体温度至少为 80 ℃的概率不低于 0.99，则 d 至少为多少？

解 (1)所求概率为

$$P\{X<89\}=P\left\{\frac{X-90}{0.5}<\frac{89-90}{0.5}\right\}=\Phi(-2)=1-\Phi(2)=1-0.977\ 2=0.022\ 8.$$

(2)按题意有，

$$0.99\leqslant P\{X\geqslant 80\}=P\left\{\frac{X-d}{0.5}\geqslant\frac{80-d}{0.5}\right\}=1-\Phi\left(\frac{80-d}{0.5}\right),$$

$$\Phi\left(\frac{80-d}{0.5}\right)\leqslant 1-0.99=1-\Phi(2.327)=\Phi(-2.327)\text{，亦即}\frac{80-d}{0.5}\leqslant -2.327,$$

故 $d>81.163\ 5$.

习题 11.3

1. 证明函数 $f(x)=\dfrac{1}{2}e^{-|x|}(-\infty<x<+\infty)$是一个连续型随机变量的概率密度函数.

2. 设随机变量 X 的概率密度函数为 $f(x)=\begin{cases}ax^3, & 0\leqslant x\leqslant 1\\ 0, & \text{其他}\end{cases}$，求常数 a.

3. 设连续型随机变量 X 的概率密度函数为 $f(x)=\begin{cases} a\cos x, & |x|\leqslant\dfrac{\pi}{2}, \\ 0, & \text{其他} \end{cases}$ 试求：

(1)常数 a；(2)$P\{-1<X<1.5\}$；(3)X 的分布函数 $F(x)$.

4. 设连续型随机变量 X 的概率密度函数为 $f(x)=Ae^{-|x|}, -\infty<x<+\infty$，求：(1)常数 A；(2)随机变量 X 的分布函数 $F(x)$；(3)$P\{0<X<1\}$.

5. 设随机变量 X 的概率密度函数为

$$f(x)=\begin{cases} x, & 0\leqslant x<1 \\ 2-x, & 1\leqslant x<2, \\ 0, & \text{其他} \end{cases}$$ 求：(1)$P\left\{X\geqslant\dfrac{1}{2}\right\}$；(2)$P\left\{\dfrac{1}{2}<X<\dfrac{3}{2}\right\}$.

6. 设随机变量 X 的分布函数为 $F(x)=\begin{cases} 0, & x<0, \\ Ax^2, & 0\leqslant x\leqslant 1, \\ 1, & x>1 \end{cases}$ 试求：

(1)常数 A；(2)$P\{-1<X<0.5\}$，$P\left\{X>\dfrac{1}{3}\right\}$；(3)$X$ 的概率密度函数 $f(x)$.

7. 设随机变量 $X\sim U(1,6)$，求关于 x 的方程 $x^2+X\cdot x+1=0$ 有实根的概率.

8. 某型号电子管的寿命(小时)为一随机变量，其概率密度函数为 $f(x)=\begin{cases} \dfrac{100}{x^2}, & x\geqslant 100 \\ 0, & \text{其他} \end{cases}$. 某一电子设备内配有 3 个这样的电子管，求该型号电子管使用 150 小时都不需要更换的概率.

9. 设 $X\sim N(3,2^2)$，求：

(1)$P\{2<X\leqslant 5\}$，$P\{-4<X\leqslant 10\}$，$P\{X>3\}$，$P\{|X|>3\}$；

(2)设 d 满足 $P\{X>d\}\geqslant 0.9$，求 d 的取值范围.

10. 设随机变量 $X\sim N(2,\sigma^2)$，且 $P\{2<X<4\}=0.3$，求 $P\{X<0\}$.

11. 设某城市男子身高 X 服从正态分布，$X\sim N(170,36)$，应如何选择公共汽车车门的高度以使男子的头碰到车门的概率小于 0.01？

12. 设顾客在某银行窗口前等待服务的时间 X(min)服从 $\lambda=\dfrac{1}{5}$ 的指数分布. 某顾客在窗口前等待服务，若等待超过 10 min，他就离开. 他一个月要到银行 5 次，以 Y 表示他未等到服务而离开的次数. 试求：(1)Y 的分布律；(2)求 $P\{Y\geqslant 1\}$.

13. 测量距离时产生的随机误差 X(m)服从正态分布 $X\sim N(20,40^2)$，现进行 3 次独立测量，求：

(1)至少有一次误差的绝对值不超过 30 m 的概率；

(2)只有一次误差的绝对值不超过 30 m 的概率.

11.4 随机变量函数的概率分布

11.4.1 随机变量函数的概念

定义 11.12 设有函数 $Y=g(X)$，其定义域为随机变量 X 的一切可能取值构成的集合，如果对于 X 的每一个可能取值 x，另一个随机变量 Y 有相应取值 $y=g(x)$，则称**随机变量 Y 为随机变量 X 的函数**，记为 $Y=g(X)$.

已知随机变量 X 的概率分布，如何寻求 $Y=g(X)$ 的分布（分布律、概率密度函数或分布函数之一）？我们不仅可以推导出新的分布，还可以深入认识分布之间的关系. 由于方法上存在差异，下面分离散型和连续型两种情况分别讨论.

11.4.2 离散型随机变量函数的概率分布

若 X 是离散型随机变量，则 $Y=g(X)$ 也是一个离散型随机变量，于是 $g(X)$ 的分布可由 X 的分布直接求出. 设 X 的分布律为

X	x_1	x_2	$\cdots$	x_n	$\cdots$
$P\{X=x_k\}$	p_1	p_2	$\cdots$	p_n	$\cdots$

则 $Y=g(X)$ 的分布律为

$Y=g(X)$	$g(x_1)$	$g(x_2)$	$\cdots$	$g(x_n)$	$\cdots$
$P\{Y=g(x_k)\}$	p_1	p_2	$\cdots$	p_n	$\cdots$

若 $g(x_k)$ 的值中有相等的，就把那些相等的值分别合并，并根据概率加法公式将相应的概率相加，便得到 Y 的分布.

例 11.21 设离散型随机变量 X 的分布律为

X	-1	0	1
$P\{X=x_k\}$	0.2	0.3	0.5

求：(1) $Y=2X+1$ 的分布律；(2) $Y=X^2$ 的分布律.

解 (1) $Y=2X+1$ 仍然是离散型随机变量，它可取 -1、1、3 三个值，由于没有相同的值，故 Y 取这些值的概率仍如上所述，即 Y 的分布律为

$Y=2X+1$	-1	1	3
$P\{Y=y_k\}$	0.2	0.3	0.5

(2) $Y=X^2$ 仍然是离散型随机变量，它可取 1、1、0 三个值，并出现相同的值，将 Y 取相同值的概率合并起来，

$$P(Y=1)=P(X^2=1)=P(X=\pm 1)=P(X=1)+P(X=-1)=0.5+0.2=0.7,$$

于是 Y 的分布律为

$Y=X^2$	1	0
$P\{Y=y_k\}$	0.7	0.3

11.4.3 连续型随机变量函数的概率分布

设 X 为连续型随机变量，其概率密度函数为 $f_X(x)$（已知），$y=g(x)$ 是一个已知的连续函数，则 $Y=g(X)$ 是随机变量 X 的函数. 下面先求出 Y 的分布函数 $F_Y(y)$，然后通过对分布函数 $F_Y(y)$ 求导数得到 Y 的概率密度函数 $f_Y(y)$，即 $F'_Y(y)=f_Y(y)$. 这种求连续型随机变量函数的概率分布的方法称为**分布函数定义法**.

由分布函数的定义得 Y 的分布函数为

$$F_Y(y)=P\{Y\leqslant y\}=P\{g(X)\leqslant y\}=P\{X\in I_g\}=\int_{I_g}f_X(x)\,\mathrm{d}x,$$

其中，$I_g=\{x\mid g(x)\leqslant y\}$.

例 11.22 设连续型随机变量 X 的概率密度函数为 $f_X(x)$，试求 $Y=aX+b(a\neq 0)$ 的概率密度函数 $f_Y(y)$.

解 先求 Y 的分布函数 $F_Y(y)$：$F_Y(y)=P\{Y\leqslant y\}=P\{aX+b\leqslant y\}$.

当 $a>0$ 时，$F_Y(y)=P\left\{X\leqslant\dfrac{y-b}{a}\right\}=\int_{-\infty}^{\frac{y-b}{a}}f_X(x)\,\mathrm{d}x$,

故：$f_Y(y)=F'_Y(y)=\dfrac{1}{a}f_X\left(\dfrac{y-b}{a}\right)$；

当 $a<0$ 时，$F_Y(y)=P\left\{X\geqslant\dfrac{y-b}{a}\right\}=1-P\left\{X<\dfrac{y-b}{a}\right\}=1-\int_{-\infty}^{\frac{y-b}{a}}f_X(x)\,\mathrm{d}x$,

故：$f_Y(y)=F'_Y(y)=-\dfrac{1}{a}f_X\left(\dfrac{y-b}{a}\right)$.

综上，$f_Y(y)=\dfrac{1}{|a|}f_X\left(\dfrac{y-b}{a}\right)$.

例 11.23 设随机变量 X 的概率密度函数为

$$f_X(x)=\begin{cases}\dfrac{x}{8}, & 0<x<4\\ 0, & \text{其他}\end{cases},$$

求 $Y=e^X-1$ 的概率密度函数 $f_Y(y)$.

解 由于 Y 的分布函数为

$$F_Y(y)=P\{Y\leqslant y\}=P\{e^X-1\leqslant y\}=P\{X\leqslant \ln(1+y)\}=\int_{-\infty}^{\ln(1+y)}f_X(x)\mathrm{d}x,$$

当 $\ln(1+y)\leqslant 0$ 即 $y\leqslant 0$ 时，$F_Y(y)=\int_{-\infty}^{\ln(1+y)}0\mathrm{d}x=0$；

当 $0<\ln(1+y)<4$ 即 $0<y<e^4-1$ 时，$F_Y(y)=\int_0^{\ln(1+y)}\frac{x}{8}\mathrm{d}x=\frac{1}{16}\ln^2(1+y)$；

当 $\ln(1+y)\geqslant 4$ 即 $y\geqslant e^4-1$ 时，$F_Y(y)=\int_0^4\frac{x}{8}\mathrm{d}x=1$.

所以 $Y=e^X-1$ 的分布函数为

$$F_Y(y)=\begin{cases}0, & y\leqslant 0\\ \frac{1}{16}\ln^2(1+y), & 0<y<e^4-1,\\ 1, & y\geqslant e^4-1\end{cases}$$

$Y=e^X-1$ 的概率密度函数为

$$f_Y(y)=F'_Y(y)=\begin{cases}\frac{\ln(1+y)}{8(1+y)}, & 0<y<e^4-1\\ 0, & \text{其他}\end{cases}.$$

从上述例题可以看出，用分布函数定义法求连续型随机变量函数 $Y=g(X)$ 的概率密度函数的关键是用定积分的有关计算先求出 Y 的分布函数 $F_Y(y)$. 但当 $y=g(x)$ 是一个严格单调的可导函数时，随机变量函数 $Y=g(X)$ 的概率密度函数有以下公式.

定理 11.4 设连续型随机变量 X 的概率密度函数为 $f_X(x)$，$y=g(x)$ 是一个单调可导函数 $[g'(x)>0$ 或 $g'(x)<0]$，则 $Y=g(X)$ 是连续型随机变量，且 Y 的概率密度函数为 $f_Y(y)=\begin{cases}f_X[h(y)]\,|h'(y)|, & \alpha<y<\beta\\ 0, & \text{其他}\end{cases}$，其中，$h(y)$ 是 $y=g(x)$ 的反函数，$\alpha=\min[g(x)]$，$\beta=\max[g(x)]$.

证 先考虑 $g'(x)>0$ 的情况，此时当 $y=g(x)$ 在 $(-\infty,+\infty)$ 内是一个严格单调递增的函数，它的反函数 $h(y)$ 存在，且在 (α,β) 内严格单调递增、可导. 分别记 X,Y 的分布函数为 $F_X(x)$、$F_Y(y)$.

由于 $Y=g(X)$ 在 (α,β) 内取值，故当 $y\leqslant\alpha$ 时，$F_Y(y)=0$；当 $y\geqslant\beta$ 时，$F_Y(y)=1$；

当 $\alpha<y<\beta$ 时，

$$F_Y(y)=P\{Y\leqslant y\}=P\{g(X)\leqslant y\}=P\{X\leqslant h(y)\}=\int_{-\infty}^{h(y)}f_X(x)\mathrm{d}x,$$

此时 $Y=g(X)$ 的概率密度函数为

$$f_Y(y)=F'_Y(y)=f_X[h(y)]h'(y).$$

同理，当 $g'(x)<0$ 时，$y=g(x)$ 是一个严格单调递减的可导函数，$Y=g(X)$ 的分布函数为

$$F_Y(y)=P\{Y\leqslant y\}=P\{g(X)\leqslant y\}=P\{X\geqslant h(y)\}=\int_{h(y)}^{+\infty}f_X(x)\mathrm{d}x=1-\int_{-\infty}^{h(y)}f_X(x)\mathrm{d}x,$$

此时 $Y=g(X)$ 的概率密度函数为

$$f_Y(y)=F'_Y(y)=-f_X[h(y)]h'(y).$$

综上所述,当 $y=g(x)$ 是一个严格单调的可导函数时,$Y=g(X)$ 的概率密度函数为

$$f_Y(y)=\begin{cases} f_X[h(y)]\,|h'(y)|, & \alpha<y<\beta \\ 0, & \text{其他} \end{cases}.$$

例 11.24 设随机变量 X 的概率密度函数为

$$f_X(x)=\begin{cases} \dfrac{x}{8}, & 0<x<4 \\ 0, & \text{其他} \end{cases},$$

求 $Y=e^X-1$ 的概率密度函数 $f_Y(y)$.

解 因为 $y=e^x-1$ 是一个严格单调递增的可导函数,反函数 $x=h(y)=\ln(1+y)$,$h'(y)=\dfrac{1}{1+y}$. 当 $0<x<4$ 时,$0<y<e^4-1$,由上述公式得:

$$f_Y(y)=f_X[h(y)]\,|h'(y)|=\begin{cases} \dfrac{\ln(1+y)}{8(1+y)}, & 0<y<e^4-1 \\ 0, & \text{其他} \end{cases}.$$

这与例 11.23 所得结果是一样的,但计算过程简单得多,所以记住公式是很有必要的.

例 11.25 设 $X\sim N(\mu,\sigma^2)$,求:

(1) $Y=\dfrac{X-\mu}{\sigma}$ 的概率密度函数;(2) $Y=aX+b\,(a\neq 0)$ 的概率密度函数.

解 (1) 由于 $X\sim N(\mu,\sigma^2)$,故 $f_X(x)=\dfrac{1}{\sqrt{2\pi}\sigma}e^{-\frac{(x-\mu)^2}{2\sigma^2}}$,

利用定理 11.4,$h(y)=\sigma y+\mu$,$\alpha=-\infty$,$\beta=+\infty$,

故 $f_Y(y)=f_X[h(y)]\,|h'(y)|=\sigma f_X(\sigma y+\mu)=\sigma\cdot\dfrac{1}{\sqrt{2\pi}\sigma}e^{-\frac{(\sigma y+\mu-\mu)^2}{2\sigma^2}}=\dfrac{1}{\sqrt{2\pi}}e^{-\frac{y^2}{2}}$,

即 $Y\sim N(0,1)$.

(2) 同理,$f_Y(y)=f_X[h(y)]\,|h'(y)|=\dfrac{1}{|a|}f_X\left(\dfrac{y-b}{a}\right)$

$$=\frac{1}{|a|}\frac{1}{\sqrt{2\pi}\sigma}e^{-\frac{\left(\frac{y-b}{a}-\mu\right)^2}{2\sigma^2}}=\frac{1}{\sqrt{2\pi}\sigma|a|}e^{-\frac{[y-(a\mu+b)]^2}{2(|a|\sigma)^2}},$$

即 $Y\sim N(a\mu+b,a^2\sigma^2)$.

这个例子说明了两个重要结论:(1) 若有 $X\sim N(\mu,\sigma^2)$,则 $Y=\dfrac{X-\mu}{\sigma}\sim N(0,1)$,此称为**随机变量的标准化**;(2) **正态随机变量的线性函数仍服从正态分布**,即 $Y=aX+b\sim N(a\mu+b,a^2\sigma^2)$.

习题 11.4

1. 设离散型随机变量 X 的分布律为

X	-1	0	1
P	0.2	0.3	0.5

求：(1) $Y=2X+1$ 的分布律；(2) $Y=X^2$ 的分布律.

2. 离散型随机变量 X 的分布律为

X	-1	0	1	2
P	0.2	0.3	0.1	0.4

求：(1) $Y=2X-1$ 的分布律；(2) $Y=X^2$ 的分布律.

3. 设 $F(x)$ 是随机变量 X 的分布函数，则随机变量 $Y=2X+1$ 的分布函数 $G(y)$ 是(　　).

A. $F\left(\dfrac{y}{2}-\dfrac{1}{2}\right)$　　B. $F\left(\dfrac{y}{2}+1\right)$　　C. $2F(y)+1$　　D. $\dfrac{1}{2}F(y)-\dfrac{1}{2}$

4. 设随机变量 $X\sim U(0,1)$，求 $Y=2X-1$ 的概率密度函数.

5. 随机变量 X 的概率密度函数为 $f(x)=\begin{cases}4e^{-4x}, & x>0\\ 0, & \text{其他}\end{cases}$，试求 $Y=e^X$ 的概率密度函数.

6. 设随机变量 X 服从参数为 2 的指数分布，证明：$Y=1-e^{-2x}$ 在区间 $(0,1)$ 上服从均匀分布.

7. 设随机变量 $X\sim N(0,1)$，试求：

(1) $Y=X^2+1$ 的概率密度函数；(2) $Y=|X|$ 的概率密度函数.

8. 设随机变量 X 的概率密度函数为

$$f_X(x)=\begin{cases}6x(1-x), & 0<x<1\\ 0, & \text{其他}\end{cases},$$

求 $Y=X^2$ 的概率密度函数.

本章应用拓展——正态分布

正态分布是由法国数学家棣莫弗和德国“数学王子”高斯各自独立发现的. 1733 年，棣莫弗在寻找二项公式近似计算的方法时，以无穷级数为工具，发现了二项分布在 $p=1/2$ 时的极限分布是正态分布. 在此基础上，拉普拉斯于 1774 年对棣莫弗的结果进行推广，得到“无论 p $(0<p<1)$ 为多少，二项分布的极限分布都是正态分布”的结论，建立了中心极限定理较一般的形式，即今天的棣莫弗—拉普拉斯中心极限定理. 棣莫弗、拉普拉斯两位数学家沿着中心极限

定理这一康庄大道，第一次把我们领到了正态分布的家门口. 1809 年，对数学有着敏锐嗅觉的高斯，采用逆向思维巧妙地从误差函数入手，以微积分为基础，以极其简单的手法导出误差分布为正态分布. 高斯沿着误差分析这一小径逆流而上，也走入了正态分布的家. 棣莫弗、拉普拉斯、高斯都在不同的数学文化背景下，从不同的角度入手，采用不同的方法，得到了相同的结论.

正态分布也叫常态分布，是连续随机变量概率分布的一种，自然界、人类社会、心理和教育领域中的大量现象均可用正态分布来描述. 例如，教育统计学的统计规律表明，学生的智力水平包括学习能力、实际动手能力等呈正态分布，因而正常的考试成绩分布应基本服从正态分布. 有种考试分析方法是要求绘制出学生成绩分布的直方图，以“中间高、两头低”来衡量成绩符合正态分布的程度. 其评价标准为：学生成绩分布情况直方图如果基本呈正态曲线状，属于“好”；如果略呈正(负)态状，属于“中等”；如果呈严重偏态或无规律，就是“差”. 从概率统计规律看，“正常的考试成绩分布应基本服从正态分布”是正确的；但是必须考虑到人与物的本质不同以及教育的有所作为可以使“随机”受到干预，用曲线或直方图的形状来评价考试成绩有失偏颇. 通常正态曲线有一条对称轴. 当某个分数(或分数段)的学生人数最多时，对应曲线的最高点是曲线的顶点，该分数值在横轴上的对应点与顶点连接的线段就是该正态曲线的对称轴. 学生人数最多的分数值是峰值，我们注意到，成绩曲线或直方图实际上很少是对称的，称之为峰线更合适.

正态分布还可以看作对任何一个系统或者事物发展过程的描述. 任何事物都会经历产生、发展和灭亡的发展过程，这与正态分布从负区到基区再到正区的过程相似. 无论是自然、社会还是人类的思维都明显遵循这样一个过程. 准确把握事物或者事件所处的历史过程和阶段极有助于我们掌握对事物、事件的特征和性质，是我们分析问题、采取对策和解决问题的重要基础和依据. 事务、事件的发展阶段不同，性质和特征也不同，分析和解决问题的办法要与此适应，这就是具体问题具体分析，是解放思想、实事求是、与时俱进的思想路线的体现. 正态发展的特点还启示我们，事物、事件的发展大都是渐进的和累积的，例如，遗传是常态，变异是非常态.

总之，正态分布论是科学的世界观，也是科学的方法论，是我们认识和改造世界的最重要和最根本的工具之一，对理论和实践有重要的指导意义. 我们以正态哲学认识世界，能更好地认识和把握世界的本质和规律；以正态哲学来改造世界，能更好地尊重和利用客观规律，从而更有效地改造世界.

总习题 11

1. 填空题.

(1) 设随机变量 X 的分布函数为 $F(x)=\begin{cases}0, & x<0\\ A\sin x, & 0\leqslant x\leqslant\dfrac{\pi}{2}\\ 1, & x>\dfrac{\pi}{2}\end{cases}$，则 $A=$________.

(2)从 1,2,3,4 中任取一个数记为 Y,则 $P\{Y=2\}=$________.

(3)设离散型随机变量 X 的分布函数为

$$F(x)=\begin{cases}0, & x<-1\\ \dfrac{1}{3}, & -1\leqslant x<2\\ 1, & x\geqslant 2\end{cases}$$,则 $P\{X=2\}=$________.

(4)某射手对一目标独立射击 4 次,每次射击的命中率为 0.5,则 4 次射击中恰好命中 3 次的概率为________.

(5)设随机变量 $X\sim B(2,p)$,$Y\sim B(3,p)$,若 $P\{X\geqslant 1\}=\dfrac{5}{9}$,则 $P\{Y\geqslant 1\}=$________.

(6)设 $X\sim P(\lambda)$,且 $P\{X=0\}=\dfrac{1}{2}P\{X=2\}$,则 $\lambda=$________.

(7)设 X 的概率密度函数为 $f(x)=\begin{cases}x, & 0<x\leqslant 1\\ 2-x, & 1<x\leqslant 2\\ 0 & \text{其他}\end{cases}$,则 $P\{0.2<X<1.2\}=$________.

(8)设随机变量 X 服从在区间(0,10)上的均匀分布,则 $P\{X>4\}=$________.

(9)设随机变量 $X\sim N(2,4)$,若 $aX-1\sim N(0,1)$,则 $a=$________.

(10)设随机变量 $X\sim N(0,4)$,则 $P\{X\geqslant 0\}=$________.

2. 选择题.

(1)设 X 为随机变量,则对任意实数 a,概率 $P\{X=a\}=0$ 的充分必要条件是(　　).

A. X 是离散型随机变量　　B. X 不是离散型随机变量

C. X 的分布函数是连续函数　　D. X 的概率密度函数是连续函数

(2)设随机变量 X 的分布函数为 $F(X)$,则下列结论中不一定成立的是(　　).

A. $F(X)$ 是连续函数　　B. $F(+\infty)=1$

C. $F(-\infty)=0$　　D. $0\leqslant F(X)\leqslant 1$

(3)设 $F_1(x)$ 与 $F_2(x)$ 分别为随机变量 X_1 与 X_2 的分布函数,为使 $F(x)=aF_1(x)-bF_2(x)$ 是某一随机变量的分布函数,下列给定的各组数值中应取(　　).

A. $a=\dfrac{3}{5},b=-\dfrac{2}{5}$　　B. $a=\dfrac{2}{3},b=\dfrac{2}{3}$　　C. $a=-\dfrac{1}{2},b=\dfrac{3}{2}$　　D. $a=\dfrac{1}{2},b=-\dfrac{3}{2}$

(4)设随机变量 X 的分布函数为 $F(x)=\begin{cases}0, & x<0\\ \dfrac{1}{2}, & 0\leqslant x<1\\ 1-e^{-x}, & x\geqslant 1\end{cases}$,则 $P\{X=1\}=$(　　).

A. 0　　B. $\dfrac{1}{2}$　　C. $\dfrac{1}{2}-e^{-1}$　　D. $1-e^{-1}$

(5)已知离散型随机变量 X 的分布函数为 $F(x)$,则 $P\{a\leqslant X\leqslant b\}=$(　　).

A. $F(b)-F(a)$　　B. $F(b)-F(a)-P\{X=a\}$

C. $F(b)-F(a)-P\{X=b\}$　　D. $F(b)-F(a)+P\{X=a\}$

(6)设随机变量 $X\sim B(3,0.2)$,则 $P\{X>2\}=$(　　).

A. 0.008　　B. 0.488　　C. 0.512　　D. 0.992

(7)设 X 的概率密度函数为 $f(x)=\begin{cases}ax^2, & 0\leqslant x\leqslant 1\\ 0, & 其他\end{cases}$,则常数 $a=$(　　).

A. 3　　B. $\frac{1}{2}$　　C. $\frac{1}{3}$　　D. 0

(8)设随机变量 X 的概率密度函数为 $f(x)=\begin{cases}ax^3, & 0\leqslant x\leqslant 1,\\ 0, & 其他\end{cases}$,则常数 $a=$(　　).

A. $a=\frac{1}{4}$　　B. $a=\frac{1}{3}$　　C. $a=3$　　D. $a=4$

(9)设随机变量 X 的概率密度函数为 $f(x)=\begin{cases}c\mathrm{e}^{-\frac{x}{5}}, & x\geqslant 0\\ 0, & x<0\end{cases}$,则常数 c 等于(　　).

A. $-\frac{1}{5}$　　B. $\frac{1}{5}$　　C. 1　　D. 5

(10)设随机变量 X 的概率密度函数为 $f(x)=\frac{1}{2\sqrt{2\pi}}\mathrm{e}^{-\frac{(x+2)^2}{8}}$,则 $X\sim$(　　).

A. $N(-2,2)$　　B. $N(-2,4)$　　C. $N(2,2)$　　D. $N(2,4)$

(11)设随机变量 $X\sim N(\mu,\sigma^2)$,$\Phi(x)$ 为标准正态分布函数,则 $P\{X>x\}=$(　　).

A. $\Phi(x)$　　B. $1-\Phi(x)$　　C. $\Phi\left(\frac{x-\mu}{\sigma}\right)$　　D. $1-\Phi\left(\frac{x-\mu}{\sigma}\right)$

(12)设随机变量 X 与 Y 均服从正态分布 $X\sim N(\mu,4^2)$、$Y\sim N(\mu,5^2)$,记 $p_1=P\{X\leqslant\mu-4\}$、$p_2=P\{Y\geqslant\mu+5\}$,则(　　).

A. 对任何实数 μ,都有 $p_1=p_2$　　B. 对任何实数 μ,都有 $p_1<p_2$

C. 只有对 μ 的个别值,才有 $p_1=p_2$　　D. 对任何实数 μ,都有 $p_1>p_2$

(13)设 X_1,X_2,X_3 是随机变量,且 $X_1\sim N(0,1)$,$X_2\sim N(0,2^2)$,$X_3\sim N(5,3^2)$,$P_i=P\{-2\leqslant X_i\leqslant 2\}(i=1,2,3)$,则(　　).

A. $P_1>P_2>P_3$　　B. $P_2>P_1>P_3$　　C. $P_3>P_2>P_1$　　D. $P_1>P_3>P_2$

(14)设随机变量 $X\sim U(2,4)$,则 $P\{3<X<4\}=$(　　).

A. $P\{2.25<X<3.25\}$　　B. $P\{1.5<X<2.5\}$

C. $P\{3.5<X<4.5\}$　　D. $P\{4.5<X<5.5\}$

(15)设随机变量 $X\sim N(\mu,\sigma^2)$,则随着 σ 的增大,概率 $P\{|X-\mu|<\sigma\}$(　　).

A. 单调增大　　B. 单调减小　　C. 保持不变　　D. 增减不定

(16)设随机变量 X 的分布函数为 $F(X)$,则 $Y=2X+1$ 的分布函数是(　　).

A. $F\left(\frac{y}{2}-\frac{1}{2}\right)$　　B. $F\left(\frac{y}{2}+1\right)$　　C. $2F(y)+1$　　D. $\frac{1}{2}F(y)-\frac{1}{2}$

(17)已知随机变量 X 的概率密度函数为 $f_X(x)$,令 $Y=-2X$,则 Y 的概率密度函数 $f_Y(y)$ 为(　　).

A. $2f_X(-2y)$　　B. $f_X\left(-\frac{y}{2}\right)$　　C. $-\frac{1}{2}f_X\left(-\frac{y}{2}\right)$　　D. $\frac{1}{2}f_X\left(-\frac{y}{2}\right)$

(18)设$f(x)=\sin x$是某个连续型随机变量X的概率密度函数,则X的取值范围是(　　).

A. $\left[0,\frac{\pi}{2}\right]$　　B. $[0,\pi]$　　C. $\left[-\frac{\pi}{2},\frac{\pi}{2}\right]$　　D. $\left[\pi,\frac{3\pi}{2}\right]$

3. 判断题.

(1)随机变量X是定义在样本空间上的实值单值函数.　　(　　)

(2)随机变量X的分布函数$F(x)$表示随机变量X取值不超过x的概率.　　(　　)

(3)我们将随机变量分成离散型和连续型两类.　　(　　)

(4)取值是有限个或可列无限多个的随机变量为离散型随机变量.　　(　　)

(5)设$F(X)$是随机变量X的分布函数,则$P\{a<X<b\}=F(b)-F(a)$.　　(　　)

(6)连续型随机变量ξ的分布函数为$F(x)=\begin{cases}0, & x\leqslant 0\\ Ax^3, & 0<x<2\\ 1, & x\geqslant 2\end{cases}$,则系数$A=1$.　　(　　)

(7)设随机变量X的可能取值为-1、0、2、3,且取这4个值的概率依次为$\frac{1}{2c}$、$\frac{3}{4c}$、$\frac{5}{8c}$、$\frac{7}{16c}$,则常数$c=\frac{37}{16}$.　　(　　)

(8)设随机变量$X\sim B(2,0.1)$,则$P\{X=1\}=0.2$.　　(　　)

(9)设X服从参数为λ的泊松分布,且$P\{X=0\}=\frac{1}{2}P\{X=2\}$,则$\lambda=2$.　　(　　)

(10)连续型随机变量X的概率密度函数$f(x)$也一定是连续函数.　　(　　)

(11)$f(x)=\begin{cases}-1, & -1<x<0\\ 0, & \text{其他}\end{cases}$是随机变量的概率密度函数.　　(　　)

(12)函数$f(x)=\begin{cases}x, & -1<x<1\\ 0, & \text{其他}\end{cases}$可以作为$X$的概率密度函数.　　(　　)

(13)设随机变量X的分布函数$F(x)=\begin{cases}1-e^{-2x}, & x>0\\ 0, & x\leqslant 0\end{cases}$,其概率密度函数为$f(x)$,则$f(2)=2e^{-4}$.　　(　　)

(14)设随机变量X的概率密度函数为$f(x)=\begin{cases}\frac{1}{2a}, & -a<x<a\\ 0, & \text{其他}\end{cases}$,其中$a>0$,要使$P\{X>1\}=\frac{1}{3}$,则$a=3$.　　(　　)

(15)设随机变量X的概率密度函数为$f(x)=Ae^{-(x^2-2x+1)}$,则$A=\frac{1}{\sqrt{\pi}}$.　　(　　)

(16)设随机变量X的概率密度函数为$f(x)=\begin{cases}2x, & 0\leqslant x\leqslant 1\\ 0, & \text{其他}\end{cases}$,则$P\left\{X>\frac{1}{2}\right\}=\frac{2}{3}$.　　(　　)

(17)设随机变量$X\sim B(3,0.2)$,$Y=X^2$,则$P\{Y=4\}=0.5$.　　(　　)

(18)设随机变量X的概率密度函数为$f(x)=Ae^{-(x^2-2x+1)}$,令$Y=\sqrt{2}(X-1)$,则Y的概率密

度函数 $f_y(y)=\frac{1}{\sqrt{2\pi}}e^{-\frac{y^2}{2}}$.　(　　)

4. 下列四个函数中,哪个是随机变量 X 的分布函数?

(1) $F(x)=\begin{cases}0, & x<-2\\ \frac{1}{2}, & -2\leqslant x<0\\ 2, & x\geqslant 0\end{cases}$;　(2) $F(x)=\begin{cases}0, & x<0\\ \sin x, & 0\leqslant x<\pi\\ 1, & x\geqslant \pi\end{cases}$;

(3) $F(x)=\begin{cases}0, & x<0\\ \sin x, & 0\leqslant x<\frac{\pi}{2}\\ 1, & x\geqslant \frac{\pi}{2}\end{cases}$;　(4) $F(x)=\begin{cases}0, & x\leqslant 0\\ x+\frac{1}{3}, & 0<x<\frac{1}{2}\\ 1, & x\geqslant \frac{1}{2}\end{cases}$;

(5) $F(x)=\frac{1}{1+x^2},-\infty<x<+\infty$.

5. 设随机变量 X 的分布函数为

$$F(x)=\begin{cases}0, & x<1\\ \ln x, & 1\leqslant x\leqslant e,\\ 1, & x\geqslant e\end{cases}$$

求:(1) $P(X\geqslant 2)$;(2) $P(0<X\leqslant 3)$.

6. 设随机变量 X 的分布函数为 $F(x)=A+B\arctan x$,定义域为 $(-\infty,+\infty)$,求:

(1)系数 A,B;(2) X 落在 $(-1,1]$ 内的概率.

7. 设随机变量 X 的分布函数为 $F(x)=P\{X\leqslant x\}=\begin{cases}0, & x<-1\\ 0.4, & -1\leqslant x<1\\ 0.8, & 1\leqslant x<3\\ 1, & 3\leqslant x\end{cases}$,求 X 的概率分布.

8. 设随机变量 X 的分布函数为 $F(x)=\begin{cases}0, & x<0\\ kx, & 0\leqslant x\leqslant 1\\ 1, & x>1\end{cases}$,求:

(1)系数 k;(2) X 的概率密度函数;(3) $P\{|X|<0.5\}$.

9. 下面的数列能否成为某个随机变量的分布律?

(1)

X	-1	2	3
P	0.2	0.4	0.3

(2)

$$P\{X=k\}=\frac{k-2}{2},k=1,2,3,4;$$

(3)

$$P\{X=k\}=\left(\frac{1}{2}\right)^k, k=1,2,\cdots.$$

10. 已知随机变量 X 的概率分布为 $P\{X=1\}=0.2, P\{X=2\}=0.3, P\{X=3\}=0.5$,试写出其分布函数 $F(x)$.

11. 对某一目标进行射击,直到击中为止,如果每次的命中率为 p,求射击次数的分布律和分布函数.

12. 袋中装有 5 个球,编号为 1,2,3,4,5. 在袋中同时取 3 个球,以 X 表示取出的球上最大的编号,求 X 的分布律及其分布函数并画出分布函数图像.

13. 电话总机为 300 个电话用户服务,在 1 小时内每一个电话用户使用电话的概率为 0.01,求在 1 小时内有 4 个电话用户使用电话的概率.

14. 设随机变量 $X\sim B(2,p)$, $Y\sim B(3,p)$,若 $P\{X\geqslant 1\}=\frac{5}{9}$,求 $P\{Y\geqslant 1\}$.

15. 一电话交换台每分钟收到的呼叫次数服从泊松分布,且每分钟恰有一次呼叫与恰有两次呼叫的概率相等,求:

(1)每分钟恰有 5 次呼叫的概率;(2)每分钟的呼叫次数大于 10 的概率.

16. 一大楼装有 5 个同类型的供水设备,调查表明在任一时刻 t 每个供水设备被使用的概率为 0.1,则在同一时刻:

(1)恰有 2 个供水设备被使用的概率是多大?

(2)至少有 3 个供水设备被使用的概率是多大?

17. 已知某种疾病的发病率为 0.001,某单位共有 5 000 人,该单位患有这种疾病的人数超过 5 的概率为多大?

18. 设连续型随机变量 X 的概率密度函数 $f(x)$ 为 $f(x)=\begin{cases}cx^2, & 0<x<1\\ 0, & \text{其他}\end{cases}$,

求:(1)常数 c;(2)$P\left\{-\frac{1}{3}\leqslant X<\frac{1}{2}\right\}$;(3)随机变量 X 的分布函数 $F(x)$.

19. 设随机变量 X 的概率密度函数为 $f(x)=\begin{cases}Ae^{-3x}, & x\geqslant 0\\ 0, & x<0\end{cases}$,求:

(1)常数 A;(2)随机变量 X 的分布函数 $F(x)$;(3)$P\{X<3\}$, $P\{-1<X<2\}$.

20. 设随机变量 ξ 在 $(0,6)$ 内服从均匀分布,求方程 $x^2+2\xi x+5\xi-4=0$ 有实根的概率.

21. 假定随机变量 $X\sim N(30,5^2)$,试计算 $P\{X<26\}$, $P\{26<X<40\}$, $P\{X>40\}$.

22. 设 $X\sim N(3,2^2)$,求:

(1)$P\{2<X\leqslant 5\}$;(2)确定常数 c,使 $P\{X>c\}=P\{X\leqslant c\}$;(3)若 d 满足 $P\{X<d\}\leqslant 0.1$,则 d 至多为多少?

23. 已知随机变量 X 的分布律为

X	-1	0	1	2
$P\{X=x_i\}$	0.2	0.3	0.4	0.1

求:(1) $Y=2X+1$ 的分布律;(2) $Y=X^2$ 的分布律.

24. 设随机变量 $X \sim U(0,1)$,求:

(1) $Y=-2\ln X$ 的概率密度函数;(2) $Y=X^2$ 的概率密度函数.

25. 设随机变量 X 的概率密度函数为

$$f_X(x)=\begin{cases} e^{-x}, & x \geqslant 0 \\ 0, & x<0 \end{cases},$$

求随机变量 $Y=e^X$ 的概率密度函数 $f_Y(y)$.

26. 设随机变量 $X \sim N(0,1)$,求:

(1) $Y=e^X$ 的概率密度函数;

(2) $Y=2X^2-1$ 的概率密度函数;

(3) $Y=|X|$ 的概率密度函数.

第 12 章 随机变量的数字特征

前面讨论了随机变量及其分布函数，分布函数能全面地描述随机变量的统计特性，但在实际问题中，一方面，有时求分布函数是比较困难的；另一方面，有时不需要了解全貌，只需了解随机变量的某些特征或某个侧面就可以了，例如对于分布的中心，只要知道它这方面的特征就够了，这时可以用一个或几个实数来描述这个侧面，这种实数就称为随机变量的数字特征. 在这些数字特征中最常用的数字特征有：数学期望、方差、协方差、相关系数和矩等，本章将着重介绍两种常用的数字特征——数学期望和方差，要求理解数学期望与方差的定义，掌握它们的性质以及相关计算.

12.1 数学期望

12.1.1 离散型随机变量的数学期望

引例 某年级有 100 名学生，统计学生的年龄见表 12.1，求该年级学生的平均年龄.

表 12.1

年龄/岁	17	18	19	20	21
人数/人	2	2	30	56	10

该年级学生的平均年龄为

$$(17\times2+18\times2+19\times30+20\times56+21\times10)/100=19.7$$

或 $17\times\frac{2}{100}+18\times\frac{2}{100}+19\times\frac{30}{100}+20\times\frac{56}{100}+21\times\frac{10}{100}=19.7$.

我们称这个平均值是数 17、18、19、20、21 的加权平均值,而$\frac{2}{100}$、$\frac{2}{100}$、$\frac{30}{100}$、$\frac{56}{100}$、$\frac{10}{100}$是这 5 个数的地位或权或这 5 个数的频率,在第 10 章曾提到过频率的稳定值为其概率,加权平均值反映了该年级学生的年龄大小. 对于一般随机变量,其平均值定义如下.

定义 12.1 设离散型随机变量 X 的分布律为 $P\{X=x_i\}=P(x_i),i=1,2,\cdots$,若级数 $\sum_{i=1}^{\infty}x_iP(x_i)$ 绝对收敛,即 $\sum_{i=1}^{\infty}|x_i|P(x_i)<+\infty$,则称该级数之和为 X 的数学期望(或简称期望),记为 $E(X)$,即 $E(X)=\sum_{i=1}^{\infty}x_iP(x_i)$. 若级数 $\sum_{i=1}^{\infty}x_iP(x_i)$ 不绝对收敛,则该随机变量 X 的数学期望不存在.

注 (1)离散型随机变量的数学期望 $E(X)$ 是一个实数,它由随机变量的概率分布唯一确定.

(2)离散型随机变量的数学期望 $E(X)$ 在数学上的解释是 X 加权平均,权就是其分布律.

(3) 级数 $\sum_{i=1}^{\infty}x_iP(x_i)$ 绝对收敛保证了级数的和与其各项的次序无关,使级数恒等于一个确定值.

(4)离散型随机变量的数学期望 $E(X)$ 是一个绝对收敛的级数的和.

例 12.1 有甲、乙两名射手,他们击中的环数分别记为 X、Y,其分布律如下:

X	8	9	10
P	0.3	0.4	0.3

Y	8	9	10
P	0.4	0.5	0.1

试比较他们的射击水平.

解 显然,平均环数可以作为衡量射手射击水平的一个重要指标.

因此,由$E(X)=8\times0.3+9\times0.4+10\times0.3=9$,

$$E(Y)=8\times0.4+9\times0.5+10\times0.1=8.7.$$

可得,甲的射击水平优于乙的射击水平.

例 12.2 试证:随机变量的数学期望可能不存在.

解 设随机变量 X 的取值 $x_k=(-1)^k\frac{2^k}{k},k=1,2,\cdots$,

对应的概率 $P\{X=x_k\}=\frac{1}{2^k}$,

于是 $\sum_{i=1}^{\infty}x_iP(x_i)=\sum_{i=1}^{\infty}(-1)^k\frac{1}{k}=-\ln 2$,但$\sum_{i=1}^{\infty}|x_i|P(x_i)=\sum_{i=1}^{\infty}\frac{1}{k}=\infty$,

因此,随机变量 X 的数学期望不存在. 由此可见,并不是所有的随机变量的数学期望都存在.

下面来计算一些常见的离散型随机变量的数学期望.

例 12.3 设随机变量 X 服从两点分布 $X \sim B(1,P)$，求 $E(X)$.

解 随机变量 X 的分布律为

X	0	1
P	$1-P$	P

故其期望 $E(X)=0\times(1-p)+1\times p=p$.

由此看出，0-1 分布的概率 p 是随机变量的期望.

例 12.4 设随机变量 X 服从二项分布 $X \sim B(n,p)$，求 $E(X)$.

解 随机变量 X 的分布律为 $P\{X=k\}=C_n^k p^k(1-p)^{n-k}, k=0,1,\cdots,n$，

故其期望 $E(X)=\sum\limits_{i=1}^{\infty} x_i P(x_i)=\sum\limits_{i=1}^{n} kC_n^k p^k q^{n-k}=np\sum\limits_{k=1}^{n} C_{n-1}^{k-1}p^{k-1}q^{n-k}$

$=np(p+q)^{n-1}=np.$

二项分布的数学期望 np 有着明显的概率意义. 比如掷硬币试验，设出现正面朝上的概率 $p=\frac{1}{2}$，若进行 100 次试验，则可以“期望”出现 $100\times\frac{1}{2}=50$ 次正面朝上，这正是“期望”这一名称的来由.

例 12.5 设随机变量 X 服从泊松分布 $X \sim P(\lambda)$，求 $E(X)$.

解 随机变量 X 的分布律为 $P(X=k)=\frac{\lambda^k e^{-\lambda}}{k!}, k=0,1,2,\cdots$，

故其期望 $E(X)=\sum\limits_{i=1}^{\infty} x_k P(x_k)=\sum\limits_{k=0}^{\infty} k\frac{\lambda^k}{k!}e^{-\lambda}=\sum\limits_{k=1}^{\infty}\frac{\lambda^k}{(k-1)!}e^{-\lambda}$

$=\lambda\sum\limits_{k=1}^{\infty}\frac{\lambda^{k-1}}{(k-1)!}e^{-\pi}=\lambda\sum\limits_{m=0}^{\infty}\frac{\lambda^m}{m!}e^{-\pi}=\lambda.$

由此看出，泊松分布的参数就是其期望.

12.1.2 连续型随机变量的数学期望

连续型随机变量的数学期望的定义和含义完全类似离散型场合，用密度函数代替分布律、积分代替和式，就可以把离散型场合推广到连续型场合.

定义 12.2 设连续型随机变量 X 的密度函数为 $f(x)$，若积分 $\int_{-\infty}^{+\infty} xf(x)\,dx$ 绝对收敛，即 $\int_{-\infty}^{+\infty}|x|f(x)\,dx<\infty$，则称 $\int_{-\infty}^{+\infty} xf(x)\,dx$ 的值为随机变量 X 的数学期望，记为 $E(X)$，即 $E(X)=\int_{-\infty}^{+\infty} xf(x)\,dx$. 若积分 $\int_{-\infty}^{+\infty} xf(x)\,dx$ 不是绝对收敛，则随机变量 X 的数学期望不存在.

注 (1)连续型随机变量的数学期望 $E(X)$ 是一个实数，它由概率密度函数唯一确定；

(2)数学期望 $E(X)$ 的数学解释就是 X 加权平均，权就是密度函数，若 X 表示价格，则 $E(X)$ 表示平均价格，从分布观点看数学期望，则数学期望处于分布的中心位置；

(3) 定义中要求积分 $\int_{-\infty}^{+\infty} xf(x)\,dx$ 绝对收敛，其原因同离散型情形一样；

(4)连续型随机变量的数学期望 $E(X)$ 是一个绝对收敛的级数.

例 12.6 设随机变量 X 的概率密度函数为 $f(x)=\begin{cases}2x, & 0\leqslant x\leqslant 1\\ 0, & 其他\end{cases}$,求 $E(X)$.

解 $$E(X)=\int_{-\infty}^{+\infty}xf(x)\,\mathrm{d}x=\int_0^1 x\cdot 2x\,\mathrm{d}x=2\int_0^1 x^2\,\mathrm{d}x=2\left(\frac{1}{3}x^3\Big|_0^1\right)=\frac{2}{3}.$$

例 12.7 设随机变量 X 服从柯西分布,其概率密度函数为 $f(x)=\frac{1}{\pi}\cdot\frac{1}{1+x^2}$,求 $E(X)$.

解 $$\int_{-\infty}^{+\infty}|x|f(x)\,\mathrm{d}x=\int_{-\infty}^{+\infty}|x|\frac{1}{\pi(1+x^2)}\mathrm{d}x=2\int_0^{+\infty}\frac{x}{\pi(1+x^2)}\mathrm{d}x$$
$$=\frac{1}{\pi}\ln(1+x^2)\Big|_0^{+\infty}=+\infty.$$

故柯西分布的数学期望不存在,可见,并不是所有连续型随机变量的数学期望都是存在的.

下面来计算一些常见的连续型随机变量的数学期望.

例 12.8 设随机变量 X 服从均匀分布 $X\sim U(a,b)$,求 $E(X)$.

解 X 的概率密度函数为 $f(x)=\begin{cases}\frac{1}{b-a}, & a<x<b\\ 0, & 其他\end{cases}$,

则有:$E(X)=\int_{-\infty}^{+\infty}xf(x)\,\mathrm{d}x=\int_a^b\frac{1}{b-a}x\,\mathrm{d}x=\frac{a+b}{2}$,

可见均匀分布的数学期望是区间的中点.

例 12.9 设随机变量 X 服从指数分布 $X\sim E(\lambda)$,求 $E(X)$.

解 X 的概率密度函数为 $f(x)=\begin{cases}\lambda \mathrm{e}^{-\lambda x}, & x\geqslant 0\\ 0, & 其他\end{cases}(\lambda>0)$,

则有:$E(X)=\int_{-\infty}^{+\infty}xf(x)\,\mathrm{d}x=\int_0^{+\infty}\lambda x\mathrm{e}^{-\lambda x}\mathrm{d}x=-\int_0^{+\infty}x\,\mathrm{d}\mathrm{e}^{-\lambda x}=\int_0^{+\infty}\mathrm{e}^{-\lambda x}\mathrm{d}x=\frac{1}{\lambda}$.

可见,指数分布 $E(\lambda)$ 的数学期望是参数 λ 的倒数 $\frac{1}{\lambda}$.

例 12.10 设随机变量 X 服从正态分布 $X\sim N(\mu,\sigma^2)$,求 $E(X)$.

解 X 的概率密度函数为 $f(x)=\frac{1}{\sqrt{2\pi}\sigma}\mathrm{e}^{-\frac{(x-\mu)^2}{2\sigma^2}}$,

则有:$E(X)=\int_{-\infty}^{+\infty}xf(x)\,\mathrm{d}x=\frac{1}{\sqrt{2\pi}\sigma}\int_{-\infty}^{+\infty}x\mathrm{e}^{-\frac{(x-\mu)^2}{2\sigma^2}}\mathrm{d}x$.

令 $u=\frac{x-\mu}{\sigma}$,得

$$E(X)=\frac{1}{\sqrt{2\pi}}\int_{-\infty}^{+\infty}(\mu+\sigma u)\mathrm{e}^{-\frac{u^2}{2}}\mathrm{d}u$$
$$=\mu\int_{-\infty}^{+\infty}\frac{1}{\sqrt{2\pi}}\mathrm{e}^{-\frac{u^2}{2}}\mathrm{d}u+\frac{\sigma}{\sqrt{2\pi}}\int_{-\infty}^{+\infty}u\mathrm{e}^{-\frac{u^2}{2}}\mathrm{d}u=\mu.$$

可见,正态分布 $N(\mu,\sigma^2)$ 中的参数 μ 正是它的数学期望.

几种常见的随机变量的数学期望见表 12.2.

表 12.2

分布	$E(X)$
$X\sim B(1,p)$	p
$X\sim B(n,p)$	np
$X\sim P(\lambda)$	λ
$X\sim U[a,b]$	$\frac{a+b}{2}$
$X\sim E(\lambda)$	$\frac{1}{\lambda}$
$X\sim N(\mu,\sigma^2)$	μ

今后在上面几种情形下,期望 $E(X)$ 不必用定义计算,可以直接套用公式,例如,若 $X\sim B(10,0.8)$,则 $E(X)=np=10\times0.8=8$,若 $X\sim P(3)$,则 $E(X)=\lambda=3$.

若某个电子元件的寿命分布是参数为 λ 的指数分布,则它的平均寿命为 $\frac{1}{\lambda}$;某随机变量服从均匀分布 $U(1,6)$,则其数学期望为区间中点 3.5.

例 12.11 设某种电子元件的寿命 X(以年计)具有概率密度函数

$$f(x)=\begin{cases}\frac{x}{6}, & 0\leqslant x\leqslant 3\\ 2-\frac{x}{2}, & 3<x<4\\ 0, & \text{其他}\end{cases},$$

求这种元件的平均寿命.

解 元件的平均寿命就是元件的数学期望,故

$$E(x)=\int_{-\infty}^{+\infty}xf(x)\,dx=\int_0^3 x\cdot\frac{x}{6}dx+\int_3^4 x\cdot\left(2-\frac{x}{2}\right)dx=\frac{7}{3}.$$

12.1.3 随机变量函数的数学期望

在实际问题中,常遇到已知 X 的分布,求随机变量函数 $Y=g(X)$ 的数学期望.通常的想法是按照数学期望的定义,分两步进行:(1)先求出 $Y=g(X)$ 的分布律或者概率密度函数;(2)利用 Y 的分布计算 $E(Y)$.对于连续型随机变量,一般求 $Y=g(X)$ 的概率密度函数不是一件容易的事,故不采用这种方法,下面给定一定理.

定理 12.1 设随机变量 Y 是随机变量 X 的函数 $Y=g(X)$(g 是连续函数).

(1)X 是离散型随机变量,其分布律为 $P\{X=x_k\}=P_k,k=1,2,\cdots$,若 $\sum\limits_{k=1}^{\infty}g(x_k)p_k$ 绝对收敛,则有:$E(Y)=E[g(X)]=\sum\limits_{k=1}^{\infty}g(x_k)p_k$;

(2) X 是连续型随机变量,其概率密度函数为 $f(x)$,若 $\int_{-\infty}^{+\infty} g(x)f(x)\mathrm{d}x$ 绝对收敛,则有 $E(Y)=E[g(X)]=\int_{-\infty}^{+\infty} g(x)f(x)\mathrm{d}x$.

这个定理说明,在求 $Y=g(X)$ 的数学期望时,不必求 Y 的分布,只需知道 X 的分布,这极大地方便了计算随机变量函数的数学期望.

例 12.12 已知随机变量 $X\sim B(1,p)$,求 $E(X^2)$.

解 随机变量 X 的分布律为

X	0	1
P	$1-P$	P

由定理 12.1 有:$E(X^2)=\sum_{i=1}^{2} x_i^{\,2}p_i = 0^2\times(1-p)+1^2\times p=p$.

类似地,可以计算证明下面的结论:

(1) 设 $X\sim B(n,p)$,则 $E(X^2)=n(n-1)p^2+np$.

(2) 设 $X\sim P(\lambda)$,求 $E(X^2)=\lambda^2+\lambda$.

例 12.13 设 $X\sim U(a,b)$,求 $E(X^2)$.

解 随机变量 X 的概率密度函数为

$$f(x)=\begin{cases}\dfrac{1}{b-a}, & a\leqslant x\leqslant b\\ 0, & \text{其他}\end{cases},$$

故:$E(X^2)=\int_{-\infty}^{+\infty} x^2 f(x)\mathrm{d}x=\int_a^b x^2\cdot\dfrac{1}{b-a}\mathrm{d}x=\dfrac{a^2+ab+b^2}{3}$.

类似地,可以计算证明下面的结论:

(1) 设 $X\sim E(\lambda)$,则 $E(X^2)=\dfrac{2}{\lambda^2}$.

(2) 设 $X\sim N(\mu,\sigma^2)$,求 $E(X^2)=\sigma^2+\mu^2$.

例 12.14 对球的直径作近似测量,设其值均匀分布在区间 $[a,b]$ 内,求球体积的数学期望.

解 设随机变量 X 表示球的直径,由题意知 X 的概率密度函数为 $f(x)=\begin{cases}\dfrac{1}{b-a}, & a\leqslant x\leqslant b\\ 0, & \text{其他}\end{cases}$,$Y$ 表示球的体积,则 $Y=\dfrac{1}{6}\pi X^3$.

$$E(Y)=E\left(\frac{1}{6}\pi X^3\right)=\int_{-\infty}^{+\infty}\frac{1}{6}\pi X^3\cdot f(x)\mathrm{d}x=\int_a^b \frac{1}{6}\pi x^3\cdot\frac{1}{b-a}\mathrm{d}x=\frac{\pi}{24}(a^2+b^2)\cdot(b-a).$$

例 12.15 一工厂生产的某种设备的寿命 X(以年计)服从指数分布,其概率密度函数为 $f(x)=\begin{cases}\dfrac{1}{4}\mathrm{e}^{-\frac{x}{4}}, & x>0\\ 0, & x\leqslant 0\end{cases}$,工厂规定,出售的设备在售出 1 年内损坏予以调换. 若工厂售出 1 台设

备获利 100 元,调换 1 台设备需花费 300 元,试求工厂出售 1 台设备的净盈利的数学期望.

解 设售出 1 台设备的净盈利为 $a(X)=\begin{cases}100, & X\geqslant 1\\ -200, & 0\leqslant X<1\end{cases}$,

故出售 1 台设备的净盈利的数学期望为

$$E[a(X)]=\int_0^1(-200)\cdot\frac{1}{4}e^{-\frac{x}{4}}dx+\int_1^{+\infty}100\cdot\frac{1}{4}e^{-\frac{x}{4}}dx=300e^{-\frac{1}{4}}-200\approx 33.64.$$

12.1.4 数学期望的性质

利用定理 12.1 可以得到数学期望的几条重要性质:

性质 1 常数 C 的数学期望等于 C,即 $E(C)=C$.

性质 2 常数 C 可以移到数学期望的运算符号外面来,即 $E(CX)=CE(X)$.

性质 3 随机变量和的期望等于期望的和,即 $E(X+Y)=E(X)+E(Y)$.

推论 期望具有线性性质,即 $E(\sum\limits_{i=1}^{n}c_iX_i)=\sum\limits_{i=1}^{n}c_iE(X_i)$.

性质 4 若 X、Y 相互独立,则 $E(XY)=E(X)E(Y)$;

这一性质可推广到有限多个随机变量,若 $X_1,X_2,\cdots,X_n$ 相互独立,则 $E(X_1X_2\cdots X_n)=E(X_1)E(X_2)\cdots E(X_n)$.

例 12.16 设风速 V 在 $(0,a)$ 上服从均匀分布,即它的概率密度函数是 $f(v)=\begin{cases}\frac{1}{a}, & 0<v<a\\ 0, & \text{其他}\end{cases}$. 又设飞机机翼受到的正压力 W 是 V 的函数 $W=kV^2$,求 W 的数学期望.

解 V 在 $(0,a)$ 上服从均匀分布,则由例 12.13 的结论有 $E(V^2)=\frac{a^2}{3}$,由数学期望的性质 2 得 $E(W)=E(kV^2)=kE(V^2)=\frac{ka^2}{3}$.

例 12.17 一民航送客车载有 20 位旅客自机场开出,如有 8 站可下车,到 1 站无旅客下车则不停车,求停车次数 X 的数学期望.

解 引入随机变量 X_i、$X_i=\begin{cases}1, \text{在第 } i \text{ 站有人下车}\\ 0, \text{在第 } i \text{ 站无人下车}\end{cases}, i=1,2,\cdots,8$,

则 $X=X_1+X_2+\cdots+X_8$,

而 $P\{X_i=0\}=\left(\frac{7}{8}\right)^{20}, P\{X_i=1\}=1-\left(\frac{7}{8}\right)^{20}, i=1,2,\cdots,8$,

故 $E(X_i)=1-\left(\frac{7}{8}\right)^{20}, i=1,2,\cdots,8$,

于是 $E(X)=E(X_1+X_2+\cdots+X_8)=E(X_1)+E(X_2)+\cdots+E(X_8)=8\left[1-\left(\frac{7}{8}\right)^{20}\right]$.

例 12.18 1 台设备由三大部件构成,在设备运转中各部件需要调整的概率相应为 0.1、0.2、0.3. 假设各部件相互独立,以 X 表示同时需要调整的部件数,求数学期望 $E(X)$.

解 先引入新随机变量 $X_i=\begin{cases}1, & \text{第 } i \text{ 个部件需要调整}\\ 0, & \text{第 } i \text{ 个部件无须调整}\end{cases}(i=1,2,3)$,

则 $X=\sum_{i=1}^{3}X_i$，X_i 相互独立.

由于 X_i 服从 0-1 分布，$E(X_i)=p_i$，$i=1,2,3$，

则 $E(X_1)=0.1$，$E(X_2)=0.2$，$E(X_3)=0.3$，

故 $E(X)=E(X_1)+E(X_2)+E(X_3)=0.1+0.2+0.3=0.6$.

例 12.19 设一电路中电流 $I(A)$ 与电阻 $R(\Omega)$ 是两个相互独立的随机变量，其概率密度函数为 $g(i)=\begin{cases}2i, & 0\leqslant i\leqslant 1\\ 0, & \text{其他}\end{cases}$，$h(r)=\begin{cases}\dfrac{r^2}{9}, & 0\leqslant i\leqslant 3\\ 0, & \text{其他}\end{cases}$，试求电压 $U=IR$ 的均值.

解 电流 $I(A)$ 与电阻 $R(\Omega)$ 是两个相互独立的随机变量，故

$$E(U)=E(I)\cdot E(R)=\int_{-\infty}^{+\infty}ig(i)\,\mathrm{d}i\cdot\int_{-\infty}^{+\infty}rg(r)\,\mathrm{d}r=\int_0^1 2i^2\,\mathrm{d}i\cdot\int_0^3\frac{r^3}{9}\,\mathrm{d}r=\frac{3}{2}.$$

注 利用数学期望的性质来计算数学期望往往较有效，应该学会这种方法；另外，应记住常用分布的相应数学期望.

习题 12.1

1. 甲、乙两台机床一天中出现的次品数量的分布律为

X(甲机床)	0	1	2	3
P	0.4	0.3	0.2	0.1

Y(乙机床)	0	1	2	3
P	0.3	0.5	0.2	0

若两台机床的日产量相同，哪台机床较好？

2. 在句子"*the girl put on her beautiful red skirt*"中随机取一单词，以 X 表示取到的单词所包含的字母个数，写出 X 的分布律并求 $E(X)$.

3. 用天平称某种物品的质量（砝码允许放在一个盘中）. 现有三组砝码：(甲)1,2,2,5,10(g)；(乙)1,2,3,4,10(g)；(丙)1,1,2,5,10(g). 称重时只能使用一组砝码，问：当物品的质量为 1 g,2 g,…,10 g 的概率是相同的，用哪一组砝码称重所用平均砝码数最少？

4. 一批零件有 9 件合格品和 3 件废品，安装机器时从这批零件中任意取 1 件，若取出的废品不再放回，求在取得合格品前已取出的废品数的数学期望.

5. 有甲、乙两赌徒，赌技相同，各出赌注 50 法郎. 约定无平局，谁先赢 3 局，则获全部赌注. 当甲赢 2 局、乙赢 1 局时，赌局中止，二人如何分赌本才算公平？

6. 设随机变量 X 的分布律为

X	−2	0	2
P	0.4	0.3	0.3

求：$E(X)$，$E(X^2)$，$E(3X^2+5)$.

7. 设 $X \sim U(0,2\pi)$，求随机变量函数 $Y=\sin X$ 的数学期望.

8. 设随机变量 X 的概率密度函数为 $f(x)=\begin{cases} e^{-x}, & x>0 \\ 0, & x\leqslant 0 \end{cases}$ 求：

(1) $Y=3X$ 的数学期望；

(2) $Y=e^{-2X}$ 的数学期望.

9. N 个人同乘一辆长途汽车，沿途有 n 个车站，每到一个车站时，如果没有人下车，则不停车. 设每个人在任一车站下车是等可能的，求停车次数的数学期望.

10. 设随机变量 X 服从参数为 1 的指数分布，求 $E(X+e^{-2X})$.

11. 设随机变量 X,Y,Z 相互独立，且 $X \sim U(0,2)$，$Y \sim E(3)$，$Z \sim P(4)$，求 $E(3X-2Y)$，$E(Y-Z^2)$.

12. 设随机变量 $X \sim B(6,p)$，且 $E(X)=2.4$，求 p.

13. 设随机变量 X 在区间 $[-1,2]$ 上服从均匀分布，令

$$Y=\begin{cases} 1, & X>0 \\ 0, & X=0 \\ -1, & X<0 \end{cases}$$ 求 $E(Y)$.

14. 游客乘电梯从底层到电视塔顶层观光，电梯于每个整点的第 5 min、25 min 和 55 min 从底层起行. 假设有一游客在早上 8：00 的第 X 分钟到达底层等候电梯，且 X 在 $[0,60]$ 上均匀分布，求该游客的等候时间的数学期望.

15. 已知某年龄段的保险者里，一年中每个人的死亡概率为 0.002. 现有 10 000 个这类人参加人寿保险，若在其死亡时家属可从保险公司领取 2 000 元赔偿金，则每个人一年须交保险费多少元？

16. 假定暑假时市场上对冰激凌的需求量是随机变量 X（盒），它服从在区间 $[200,400]$ 上的均匀分布. 设每售出 1 盒冰激凌可为小店挣得 1 元，但假如其销售不出去而囤积于冰箱，则每 1 盒冰激凌让小店赔 3 元. 小店应组织多少货源，才能使平均收益最大？

12.2 方　差

12.2.1　方差的概念

随机变量的数学期望是随机变量的一个重要数字特征，它表示随机变量的平均水平，但有时仅用数学期望来描述随机变量是不够的，例如，有两名射击选手，他们每次射击命中的环数分别为 X_1，X_2，对应的分布律为

X_1	8	9	10
P	0.2	0.6	0.2

X_2	8	9	10
P	0.4	0.2	0.4

由于 $E(X_1)=E(X_2)=9$，可见从数学期望的角度无法分出两名射击选手水平的高低，还需考虑其他因素. 通常的做法是：比较两名选手射击技术的稳定性，研究随机变量和均值的偏离程度. 首先看 $X-E(X)$，这种偏差有正有负，可能出现正负抵消的情况，故常考虑以 $|X-E(X)|$ 来描述随机变量的波动，但绝对值在数学上处理起来不方便，故改用 $[X-E(X)]^2$ 来消去符号，然后再求均值 $E[X-E(X)]^2$，以此度量随机变量取值的波动. 此例中，$E[X_1-E(X_1)]^2=0.4$，$E[X_2-E(X_2)]^2=0.8$，由此可见第一名选手的技术更稳定一些.

定义 12.3 设 X 是随机变量，若 $E[X-E(X)]^2$ 存在，则称 $E[X-E(X)]^2$ 为 X 的**方差**，记为 $D(X)$ 或 $Var(X)$，即 $D(X)=E[X-E(X)]^2$. 而称 $\sqrt{D(X)}$ 为 X 的**标准差或均方差**，记为 $\sigma(X)$.

注 (1)方差是随机变量与其均值的离差平方和的数学期望，仍是一种期望，它反映了随机变量取值与其均值的偏离程度.

(2)方差反映的是随机变量的离散程度，$D(X)$ 越大，则随机变量 X 的取值越分散；$D(X)$ 越小，则随机变量 X 的取值越集中.

(3)方差仍是一种期望，且是随机变量函数 $g(X)=[X-E(X)]^2$ 的数学期望，故：$D(X)=$

$$E[X-E(X)]^2=\begin{cases}\sum\limits_i [x_i-E(X)]^2 p_i, X\text{ 为离散型随机变量}\\ \int_{-\infty}^{+\infty}[x-E(X)]^2 f(x)\,dx, X\text{ 为连续型随机变量}\end{cases}.$$

(4)方差总是非负数：$D(X)\geqslant 0$.

(5)方差跟期望一样，不一定总是存在，即 $E(X)$ 存在时，$D(X)$ 不一定存在；但 $D(X)$ 存在时，$E(X)$ 一定存在.

另外，方差是期望，利用期望的性质，可推导出方差的另一种计算公式：

$$\begin{aligned}D(X)&=E[X-E(X)]^2=E\{X^2-2XE(X)+[E(X)]^2\}\\&=E(X^2)-2E(X)E(X)+[E(X)]^2\\&=E(X^2)-[E(X)]^2\end{aligned}$$

在计算方差时，除用定义法外，有时也用 $D(X)=E(X^2)-[E(X)]^2$ 计算，应根据实际情况而定.

12.2.2 离散型随机变量的方差

例 12.20 设随机变量 X 的概率分布律为

X	-2	0	4
P	0.4	0.4	0.2

求 $D(X)$.

解

$$E(X)=\sum_i x_i p_i=-2\times 0.4+0\times 0.4+4\times 0.2=0,$$

$$E(X^2)=\sum_i x_i^2 p_i=(-2)^2\times 0.4+0^2\times 0.4+4^2\times 0.2=4.8.$$

$$D(X)=E(X^2)-[E(X)]^2=4.8-0^2=4.8.$$

下面来计算常见的几种离散型随机变量的方差.

例 12.21 设随机变量 X 服从 0-1 分布[$X\sim B(1,p)$],求 $D(X)$.

解 由 12.1 节可得:$E(X)=p,E(X^2)=p$,

故 $D(X)=E(X^2)-[E(X)]^2=p-p^2=pq$.

例 12.22 设随机变量 X 服从二项分布[$X\sim B(n,p)$],求 $D(X)$.

解 由 12.1 节可得:$E(X)=np,E(X^2)=n(n-1)p^2+np$,

故 $D(X)=E(X^2)-[E(X)]^2=n^2p^2+npq-(np)^2=npq$.

例 12.23 设随机变量 X 服从泊松分布[$X\sim P(\lambda)$],求 $D(X)$.

解 由 12.1 节可得 $E(X)=\lambda,E(X^2)=\lambda^2+\lambda$,

故 $D(X)=E(X^2)-[E(X)]^2=\lambda^2+\lambda-\lambda^2=\lambda$.

12.2.3 连续型随机变量的方差

例 12.24 设随机变量 X 的概率密度函数为 $f(x)=\begin{cases}2x, & 0\leqslant x\leqslant 1\\ 0, & 其他\end{cases}$,求 $D(X)$.

解 由 12.1 节的例 12.6 知,$E(X)=\dfrac{2}{3}$,

$$E(X^2)=\int_{-\infty}^{+\infty}x^2f(x)\,\mathrm{d}x=\int_0^1 2x^3\,\mathrm{d}x=\frac{1}{2},$$

$$D(X)=E(X^2)-[E(X)]^2=\frac{1}{2}-\left(\frac{2}{3}\right)^2=\frac{1}{18}.$$

下面来计算常见的几种连续型随机变量的方差.

例 12.25 设随机变量 X 服从均匀分布[$X\sim U(a,b)$],求 $D(X)$.

解 由 12.2 节可得:$E(X)=\dfrac{a+b}{2},E(X^2)=\dfrac{a^2+ab+b^2}{3}$,

故有: $$D(X)=E(X^2)-[E(X)]^2=\frac{a^2+ab+b^2}{3}-\left(\frac{a+b}{2}\right)^2=\frac{(b-a)^2}{12}.$$

例 12.26 设随机变量 X 服从指数分布[$X\sim E(\lambda)$],求 $D(X)$.

解 由 12.2 节可得:$E(X)=\dfrac{1}{\lambda},E(X^2)=\dfrac{2}{\lambda^2}$,

故有: $$D(X)=E(X^2)-[E(X)]^2=\frac{2}{\lambda^2}-\left(\frac{1}{\lambda}\right)^2=\frac{1}{\lambda^2}.$$

例 12.27 设随机变量 X 服从正态分布[$X\sim N(\mu,\sigma^2)$],求 $D(X)$.

解 由 12.2 节可得:$E(X)=\mu,E(X^2)=\mu^2+\sigma^2$,

故有: $$D(X)=E(X^2)-[E(X)]^2=\mu^2+\sigma^2-\mu^2=\sigma^2.$$

上面常见的随机变量的数学期望和方差总结见表 12.3.

表 12.3

分布	$E(X)$	$E(X^2)$	$D(X)$
$X\sim B(1,p)$	p	p^2	pq
$X\sim B(n,p)$	np	$n(n-1)p^2+np$	npq
$X\sim P(\lambda)$	λ	$\lambda^2+\lambda$	λ
$X\sim U[a,b]$	$\frac{a+b}{2}$	$\frac{a^2+ab+b^2}{3}$	$\frac{(b-a)^2}{12}$
$X\sim E(\lambda)$	$\frac{1}{\lambda}$	$\frac{2}{\lambda^2}$	$\frac{1}{\lambda^2}$
$X\sim N(\mu,\sigma^2)$	μ	$\mu^2+\sigma^2$	σ^2

今后在上面几种情形下,期望 $E(X)$、$E(X^2)$、$D(X)$ 不必重新计算,可以直接套用公式.

例 12.28 若 $X\sim U[a,b]$ 且 $E(X)=3$,$D(X)=\frac{1}{3}$,求 a、b.

解 由 $X\sim U[a,b]$ 得 $E(X)=\frac{a+b}{2}$,$D(X)=\frac{(b-a)^2}{12}$,

故 $\frac{a+b}{2}=3$,$\frac{(b-a)^2}{12}=\frac{1}{3}$,

解得,$a=2$,$b=4$.

例 12.29 已知随机变量 X 服从二项分布,且 $E(X)=2.4$,$D(X)=1.44$,求二项分布的参数 n、p.

解 由 $X\sim B(n,p)$ 得 $E(X)=np=2.4$,$D(X)=npq=1.44$,

得 $n=6$,$p=0.4$.

例 12.30 设随机变量 X 具有概率密度函数 $f(x)=\begin{cases}1+x, & -1\leqslant x<0\\ 1-x, & 0\leqslant x<1\\ 0, & 其他\end{cases}$,求 $D(X)$.

解

$$E(X)=\int_{-1}^{0}x(1+x)\,\mathrm{d}x=\int_{0}^{1}x(1-x)\,\mathrm{d}x=0.$$

$$E(X^2)=\int_{-1}^{0}x^2(1+x)\,\mathrm{d}x=\int_{0}^{1}x^2(1-x)\,\mathrm{d}x=\frac{1}{6}.$$

于是 $D(X)=E(X^2)-[E(X)]^2=\frac{1}{6}-0^2=\frac{1}{6}$.

12.2.4 方差的性质

由于方差的本质是数学期望,由数学期望的性质可得到方差的几条重要性质:

性质 1 常数 C 的方差等于零,即 $D(C)=0$.

性质 2 对常数 C,可以进行平方运算后移到方差运算符号外面来,即 $D(CX)=C^2D(X)$.

性质 3 对任意常数 C 和随机变量 X,有:$D(X+C)=D(X)$.

推论 对任意常数 a、b 和随机变量 X,有:$D(aX+b)=a^2D(X)$.

性质4 独立的随机变量的和或差的方差等于方差的和,即 $D(X\pm Y)=D(X)+D(Y)$.

下面简单证明性质1和推论1.

证明 性质1:由于 $E(C)=C$,故 $D(X)=E[X-E(X)]^2=E(C-C)^2=0$.

证明 推论1:$D(aX+b)=E[aX+b-E(aX+b)]^2=E[aX-aE(X)]^2$

$$=a^2E[X-E(X)]^2=a^2D(X).$$

例12.31 1台设备由三大部件构成,在设备运转中各部件需要调整的概率相应为0.1、0.2、0.3,假设各部件相互独立,以 X 表示同时需要调整的部件数,求数学期望 $E(X)$ 和方差 $D(X)$.

由例12.18知,$E(X)=0.6$,$D(X_i)=p_i(1-p_i)$,$i=1,2,3$.

$D(X_1)=0.09$,$D(X_2)=0.16$,$D(X_3)=0.21$.

$D(X)=D(X_1)+D(X_2)+D(X_3)=0.09+0.16+0.21=0.46$.

注 利用方差的性质来计算方差往往较有效,应该学会这种方法;另外,应记住常用分布的相应方差.

例12.32 设 X 与 Y 相互独立,$E(X)=E(Y)=0$,$D(X)=D(Y)=1$,求 $E[(X+Y)^2]$.

解 $E[(X+Y)^2]=E(X^2+2XY+Y^2)=E(X^2)+2E(XY)+E(Y^2)$

$$=D(X)+[E(X)]^2+2E(X)E(Y)+D(Y)+[E(Y)]^2$$

$$=1+0+0+1+0=2.$$

例12.33 设随机变量 X 的数学期望为 μ,方差为 σ^2,证明 X 的标准化随机变量 $X^*=\dfrac{X-\mu}{\sigma}$ 的数学期望为0,方差为1.

证 由数学期望和方差的性质,有:

$$E(X^*)=E\left(\frac{X-\mu}{\sigma}\right)=\frac{1}{\sigma}E(X-\mu)=\frac{1}{\sigma}[E(X)-\mu]=0;$$

$$D(X^*)=E[X^*-E(X)]^2=E(X^{*2})=E\left[\left(\frac{X-\mu}{\sigma}\right)^2\right]=\frac{1}{\sigma^2}E[(X-\mu)^2]=1.$$

例12.34 已知随机变量 $X\sim N(-3,1)$,$Y\sim N(2,1)$,且 X 与 Y 相互独立,设 $Z=X-2Y+7$,求 $E(Z)$,$D(Z)$.

解 由题,$E(X)=-3$,$E(Y)=2$,$D(X)=1$,$D(Y)=1$

$E(Z)=E(X-2Y+7)=E(X)-2E(Y)+7=-3-2\times2+7=0$

$D(Z)=D(X-2Y+7)=D(X)+4D(Y)=1+4\times1=5$

习题 12.2

1. 设随机变量 X 的概率分布律为

X	-2	0	2
P	0.4	0.3	0.3

求 $D(X)$.

2. 设随机变量 $X\sim B(n,p)$，$E(X)=2.4$，$D(X)=1.44$，求 n、p.

3. 设随机变量 X 的概率密度函数为 $f(x)=\begin{cases}e^{-x}, & x>0\\ 0, & x\leqslant 0\end{cases}$，求 $D(X)$.

4. 设离散型随机变量 X 服从参数为 2 的泊松分布，求随机变量 $Y=3X+5$ 的数学期望与方差.

5. 设随机变量 X_1,X_2,X_3 相互独立，其中 X_1 在区间$[0,6]$上服从均匀分布，X_2 服从正态分布 $N(0,2^2)$，X_3 服从参数为 3 的泊松分布，记 $Y=X_1-2X_2+3X_3$，求 $E(Y)$，$D(Y)$.

6. 有 5 家商店联营，它们每周售出的某种农产品量（以 kg 计）分别为 X_1,X_2,X_3,X_4,X_5，已知 $X_1\sim N(200,225)$，$X_2\sim N(240,240)$，$X_3\sim N(180,225)$，$X_4\sim N(260,265)$，$X_5\sim N(320,270)$，X_1,X_2,X_3,X_4,X_5 相互独立，试求 5 家商店每周总销售量的均值和方差.

7. 已知 X 服从正态分布，$E(X)=1.7$，$D(X)=3$，$Y=1-2X$，求随机变量 $Y=3X+5$ 的数学期望与方差.

本章应用拓展——数学期望的应用模型

数学期望是通过研究随机变量取值反映出的平均水平，对事物的数量关系进行分析来掌握事物的变化规律。

随着社会经济的迅速发展，竞争越来越明显，企业所面临的经济问题也越来越多。为了能够在这残酷的竞争中屹立不倒，同时获取较高收益，企业必须降低风险、降低成本以减少损失，那么就需要决策者们采用科学的方法来做出正确的经济决策，解决经济问题。但是现实的经济社会除了受外部因素和决策者们主观因素的影响外，还受很多不确定性因素的影响，所以需要采用数学期望来综合分析这些因素，从中选取较为合理的解决方案。下面举例说明。

（一）资金投资问题

某投资者有 3 万元闲置资金，目前有一种投资方案是某软件里的定期理财，另一种投资方案是股票投资。若某软件定期理财的年利率为 6%，到期可获得 1 800 元；若选择购买股票，收益主要受经济发展形势影响。经济发展形势可分为三种状态，包括经济高涨、经济一般、经济萧条。已知经济高涨时能获利 8 000 元；经济一般时能获利 2 000 元；经济萧条时将损失 6 000 元。设年经济高涨、经济一般、经济萧条的概率分别为 30%、50% 和 20%，那么该投资者应该怎么做选择来获得较大的收益？

分析 因为购买股票的收益受经济发展形势的影响，存入某软件的定期理财收益与经济发展形势无关，要确定选择哪一种方案进行投资，就要通过计算这两种投资方案所能得到的收益期望值来判断。

解 依题意得到在不同的经济发展形势下，两种投资方式一年能得到的收益与概率，见表 12.4、表 12.5。

表 12.4　购买股票收益与概率统计表

	经济形势		
	经济高涨	经济一般	经济萧条
收益/元	8 000	2 000	-6 000
概率	0.3	0.5	0.2

表 12.5　支付宝定期理财收益与概率统计表

	经济形势		
	经济高涨	经济一般	经济萧条
收益/元	1 800	1 800	1 800
概率	0.3	0.5	0.2

根据表格数据可以初步得到结论，如果购买股票在经济高涨和经济一般的情况下是合算的，但是如果经济萧条，则选择存入支付宝定期理财比较好。

购买股票收益的期望值：

$$E_1 = 8\ 000\times0.3+2\ 000\times0.5+(-6\ 000)\times0.2=2\ 200(\text{元})$$

某软件定期理财收益的期望值：

$$E_2 = 1\ 800\times0.3+1\ 800\times0.5+1\ 800\times0.2=1\ 800(\text{元})$$

因此，应选择购买股票。根据收益期望最大原则，购买股票获得的收益比存入某软件获得的收益大；但是，这种做法存在风险，期望收益最大原则是风险决策中用来确定投资方案的，所以求得的期望收益只是参考依据，决策者还需要综合考虑市场竞争、政策变化等多种因素的影响。

(二)求职决策问题

设有一个学生 A 同时收到三家公司的面试结果，按照面试的时间顺序可以划分为甲公司、乙公司、丙公司。假定这三家公司各自招聘三种职位：很好、好和一般，其待遇情况见表 12.6 这位学生能获得相应职位的概率为 0.1、0.2、0.5，被拒绝的概率为 0.2。根据要求，面试后公司和面试者无论接受或拒绝职位，都要立即做出回应。遇到这样的问题，你能给学生 A 提供什么建议？

表 12.6　三家公司的待遇情况

职位类型	公司		
	甲公司	乙公司	丙公司
很好	3 200	3 500	3 600
好	2 800	3 000	3 200
一般	2 200	2 800	2 500

分析　按照面试的时间顺序，甲公司最先开始面试，那么学生 A 在面试甲公司时一定会

考虑乙公司和丙公司的机会和待遇。以此类推,在选择面试乙公司时,学生 A 也会考虑丙公司的机会和待遇。通常是对三家公司提供的机会和待遇进行比较,最后选择效益最大化的一家公司,我们的方案是采取期望受益最大原则。

解 首先看接受第三次面试的期望值——丙公司待遇的期望值。乙公司一般职位的待遇是 2 800 元,好的职位的待遇是 3 000 元,很好的职位的待遇是 3 500 元。同时根据第二次面试的期望值——乙公司待遇的期望值,可知接受第三次面试的期望工资是 $3\ 600\times0.1+3\ 200\times0.2+2\ 500\times0.5=2\ 250$ 元,所以经过比较,根据期望受益最大原则,学生 A 更有可能选择乙公司,如果被前两家公司拒绝,才会选择丙公司的面试。最后在考虑甲公司时,只有得到很好的职位或好的职位,学生 A 才会接受甲公司。

根据上面的分析,针对学生 A 对三次面试采取的决策可提出建议:甲公司如果能提供很好的职位或好的职位,就直接在甲公司工作,不然的话就参加乙公司的面试;如果通过了乙公司面试,其提供的任一职位都是可以接受的;只有被乙公司拒绝,才接受丙公司的面试。

综上,当我们在求职过程中获得多个面试机会时,应该进行职位和待遇的比较,同时采取期望受益最大原则,使对决策的满意度和期望值得到提高。

总习题 12

1. 填空题

(1) 设 $X\sim B(n,p)$,且 $E(X)=2,D(X)=1$,则 $P(X>1)=$ ________.

(2) 设 $X\sim U(a,b)$,且 $E(X)=2,D(X)=\frac{1}{3}$,则 $a=$ ________,$b=$ ________.

(3) 设 X 服从泊松分布,若 $P(X\geqslant1)=1-e^{-2}$,则 $E(X)=$ ________,$D(X)=$ ________,$E(X^2)=$ ________.

(4) 设 $X\sim N(0,1)$,$Y=2X-3$,则 $E(Y)=$ ________,$D(Y)=$ ________.

(5) 设 $X\sim N(0,1)$,$Y\sim B(16,\frac{1}{2})$,且两个随机变量相互独立,则 $E(X+2Y)=$ ________,$D(X+2Y)=$ ________.

(6) 设随机变量 X 的分布律为

X	-1	1
p	$\frac{1}{3}$	$\frac{2}{3}$

则 $E(X^2)=$ ________.

2. 选择题.

(1) 已知随机变量 X 服从参数为 2 的指数分布,则随机变量 X 的数学期望为(　　).

A. $-\frac{1}{2}$　　B. 0　　C. $\frac{1}{2}$　　D. 2

(2)已知随机变量 X 服从参数为 2 的泊松分布，则随机变量 X 的方差为(　　).

A. −2　　B. 0　　C. $\frac{1}{2}$　　D. 2

(3)已知 $X\sim B(n,p)$，且 $E(X)=2.4$，$D(X)=1.44$，则二项分布的参数为(　　).

A. $n=4,p=0.6$　　B. $n=6,p=0.4$　　C. $n=8,p=0.3$　　D. $n=24,p=0.1$

(4)设有随机变量 X，$E(X)=\mu$，$D(X)=\sigma^2$（μ、$\sigma>0$ 且均为参数），对任意常数 C，必有(　　).

A. $E(X-C)^2=E(X^2)-C$　　B. $E(X-C)^2=E(X-\mu)^2$

C. $E(X-C)^2<E(X-\mu)^2$　　D. $E(X-C)^2\geqslant E(X-\mu)^2$

3. 设离散型随机变量 X 的分布律为

X	−1	0	1	2	3
p	0.2	0.15	0.25	0.3	0.1

求：(1) $E(X)$，$D(X)$；(2) $Y=2X^2+2$ 的分布律；(3) $E(Y)$.

4. 设随机变量 X 的概率密度函数为 $f(x)=\begin{cases}1+x, & -1\leqslant x\leqslant 0\\ 2-x, & 0<x\leqslant 1\\ 0, & \text{其他}\end{cases}$，求 $E(X)$、$D(X)$.

5. 已知随机变量 X 的概率密度函数为 $f(x)=\frac{1}{\sqrt{\pi}}e^{-x^2+2x-1}\ (-\infty<x<+\infty)$，试求 $E(X)$、$D(X)$.

6. 某车间生产的圆盘的直径 R 满足 $R\sim U(1,4)$，试求圆盘面积的数学期望.

7. 设有相互独立的随机变量 X 和 Y，$E(X)=2$，$E(X^2)=4$，$E(Y)=3$，$E(Y^2)=8$，求：
(1) $E(X+Y)$，$D(X+Y)$；(2) $E(X-Y)$，$D(X-Y)$；(3) $E(3X+2Y)$，$D(3X+2Y)$.

8. 设随机变量 X 满足 $X\sim P(\lambda)$，已知 $E[(X-1)(X-2)]=1$，求 λ.

9. 有一队射手共 6 人，每位射手击中靶子的概率都是 0.9. 现 6 人进行射击，直到各自击中靶子，每人至多射击 3 次，平均要为他们准备多少发子弹？

10. 设随机变量 X 的概率密度函数为 $f(x)=\begin{cases}e^{-x}, & x>0\\ 0, & x\leqslant 0\end{cases}$，(1) $Y=2X$，求 $E(Y)$、$D(Y)$；(2) $Y=e^{-2X}$，求 $E(Y)$、$D(Y)$.

11. 已知 X 服从正态分布，$E(X)=1.7$，$D(X)=3$，$Y=1-2X$，求 Y 的概率密度函数.

参考答案

参考文献

[1] 同济大学数学系. 高等数学:上册[M]. 7 版. 北京:高等教育出版社,2014.
[2] 朱士信,唐烁. 高等数学:上册[M]. 北京:高等教育出版社,2014.
[3] 同济大学应用数学系. 微积分:上册[M]. 2 版. 北京:高等教育出版社,2003.
[4] 王绵森,马知恩. 工科数学分析基础:上册[M]. 2 版. 北京:高等教育出版社,2006.

附　录

附表 1　标准正态分布表

$$\Phi(z)=\int_{-\infty}^{z}\frac{1}{\sqrt{2\pi}}e^{-\frac{u^2}{2}}du=P\{Z\leqslant z\}$$

z	0	0.01	0.02	0.03	0.04	0.05	0.06	0.07	0.08	0.09
0	0.500 0	0.504 0	0.508 0	0.512 0	0.516 0	0.519 9	0.523 9	0.527 9	0.531 9	0.535 9
0.1	0.539 8	0.543 8	0.547 8	0.551 7	0.555 7	0.559 6	0.563 6	0.567 5	0.571 4	0.575 3
0.2	0.579 3	0.583 2	0.587 1	0.591 0	0.594 8	0.598 7	0.602 6	0.606 4	0.610 3	0.614 1
0.3	0.617 9	0.621 7	0.625 5	0.629 3	0.633 1	0.636 8	0.640 6	0.644 3	0.648 0	0.651 7
0.4	0.655 4	0.659 1	0.662 8	0.666 4	0.670 0	0.673 6	0.677 2	0.680 8	0.684 4	0.687 9
0.5	0.691 5	0.695 0	0.698 5	0.701 9	0.705 4	0.708 8	0.712 3	0.715 7	0.719 0	0.722 4
0.6	0.725 7	0.729 1	0.732 4	0.735 7	0.738 9	0.742 2	0.745 4	0.748 6	0.751 7	0.754 9
0.7	0.758 0	0.761 1	0.764 2	0.767 3	0.770 4	0.773 4	0.776 4	0.779 4	0.782 3	0.785 2
0.8	0.788 1	0.791 0	0.793 9	0.796 7	0.799 5	0.802 3	0.805 1	0.807 8	0.810 6	0.813 3
0.9	0.815 9	0.818 6	0.821 2	0.823 8	0.826 4	0.828 9	0.831 5	0.834 0	0.836 5	0.838 9
1.0	0.841 3	0.843 8	0.846 1	0.848 5	0.850 8	0.853 1	0.855 4	0.857 7	0.859 9	0.862 1

续表

z	0	0.01	0.02	0.03	0.04	0.05	0.06	0.07	0.08	0.09
1.1	0.864 3	0.866 5	0.868 6	0.870 8	0.872 9	0.874 9	0.877 0	0.879 0	0.881 0	0.883 0
1.2	0.884 9	0.886 9	0.888 8	0.890 7	0.892 5	0.894 4	0.896 2	0.898 0	0.899 7	0.901 5
1.3	0.903 2	0.904 9	0.906 6	0.908 2	0.909 9	0.911 5	0.913 1	0.914 7	0.916 2	0.917 7
1.4	0.919 2	0.920 7	0.922 2	0.923 6	0.925 1	0.926 5	0.927 9	0.929 2	0.930 6	0.931 9
1.5	0.933 2	0.934 5	0.935 7	0.937 0	0.938 2	0.939 4	0.940 6	0.941 8	0.942 9	0.944 1
1.6	0.945 2	0.946 3	0.947 4	0.948 4	0.949 5	0.950 5	0.951 5	0.952 5	0.953 5	0.954 5
1.7	0.955 4	0.956 4	0.957 3	0.958 2	0.959 1	0.959 9	0.960 8	0.961 6	0.962 5	0.963 3
1.8	0.964 1	0.964 9	0.965 6	0.966 4	0.967 1	0.967 8	0.968 6	0.969 3	0.969 9	0.970 6
1.9	0.971 3	0.971 9	0.972 6	0.973 2	0.973 8	0.974 4	0.975 0	0.975 6	0.976 1	0.976 7
2.0	0.977 2	0.977 8	0.978 3	0.978 8	0.979 3	0.979 8	0.980 3	0.980 8	0.981 2	0.981 7
2.1	0.982 1	0.982 6	0.983 0	0.983 4	0.983 8	0.984 2	0.984 6	0.985 0	0.985 4	0.985 7
2.2	0.986 1	0.986 4	0.986 8	0.987 1	0.987 5	0.987 8	0.988 1	0.988 4	0.988 7	0.989 0
2.3	0.989 3	0.989 6	0.989 8	0.990 1	0.990 4	0.990 6	0.990 9	0.991 1	0.991 3	0.991 6
2.4	0.991 8	0.992 0	0.992 2	0.992 5	0.992 7	0.992 9	0.993 1	0.993 2	0.993 4	0.993 6
2.5	0.993 8	0.994 0	0.994 1	0.994 3	0.994 5	0.994 6	0.994 8	0.994 9	0.995 1	0.995 2
2.6	0.995 3	0.995 5	0.995 6	0.995 7	0.995 9	0.996 0	0.996 1	0.996 2	0.996 3	0.996 4
2.7	0.996 5	0.996 6	0.996 7	0.996 8	0.996 9	0.997 0	0.997 1	0.997 2	0.997 3	0.997 4
2.8	0.997 4	0.997 5	0.997 6	0.997 7	0.997 7	0.997 8	0.997 9	0.997 9	0.998 0	0.998 1
2.9	0.998 1	0.998 2	0.998 2	0.998 3	0.998 4	0.998 4	0.998 5	0.998 5	0.998 6	0.998 6
3.0	0.998 7	0.999 0	0.999 3	0.999 5	0.999 7	0.999 8	0.999 8	0.999 9	0.999 9	1

附表 2 泊松分布表(节选)

$$P(X \leqslant x) = \sum_{k=0}^{x} \frac{\lambda^{k} e^{-\lambda}}{k!}$$

x \ λ	0.1	0.2	0.3	0.4	0.5	0.6	0.7	0.8	0.9	1.0
0	0.904 8	0.818 7	0.740 8	0.670 3	0.606 5	0.548 8	0.496 6	0.449 3	0.406 6	0.367 9
1	0.995 3	0.982 5	0.963 1	0.938 4	0.909 8	0.878 1	0.844 2	0.808 8	0.772 5	0.735 8
2	0.999 8	0.998 9	0.996 4	0.992 1	0.985 6	0.976 9	0.965 9	0.952 6	0.937 1	0.919 7

续表

λ / x	0.1	0.2	0.3	0.4	0.5	0.6	0.7	0.8	0.9	1.0
3	1.000 0	0.999 9	0.999 7	0.999 2	0.998 2	0.996 6	0.994 2	0.990 9	0.986 5	0.981 0
4		1.000 0	1.000 0	0.999 9	0.999 8	0.999 6	0.999 2	0.998 6	0.9977	0.996 3
5				1.000 0	1.000 0	1.000 0	0.999 9	0.999 8	0.999 7	0.999 4
6							1.000 0	1.000 0	1.000 0	0.999 9
7										1.000 0

λ / x	1.5	2.0	2.5	3.0	3.5	4.0	4.5	5.0	5.5	6.0
0	0.223 1	0.1353	0.082 1	0.049 8	0.030 2	0.018 3	0.011 1	0.006 7	0.004 1	0.002 5
1	0.557 8	0.406 0	0.287 3	0.199 1	0.135 9	0.091 6	0.061 1	0.040 4	0.026 6	0.017 4
2	0.808 8	0.676 7	0.543 8	0.423 2	0.320 8	0.238 1	0.173 6	0.124 7	0.088 4	0.062 0
3	0.934 4	0.857 1	0.757 6	0.647 2	0.536 6	0.433 5	0.342 3	0.265 0	0.201 7	0.151 2
4	0.981 4	0.947 3	0.891 2	0.815 3	0.725 4	0.628 8	0.532 1	0.440 5	0.357 5	0.285 1
5	0.995 5	0.983 4	0.958 0	0.916 1	0.857 6	0.785 1	0.702 9	0.616 0	0.528 9	0.445 7
6	0.999 1	0.995 5	0.985 8	0.966 5	0.934 7	0.889 3	0.831 1	0.762 2	0.686 0	0.606 3
7	0.999 8	0.998 9	0.995 8	0.988 1	0.973 3	0.948 9	0.913 4	0.866 6	0.809 5	0.744 0
8	1.000 0	0.999 8	0.998 9	0.996 2	0.990 1	0.978 6	0.959 7	0.931 9	0.894 4	0.847 2
9		1.000 0	0.999 7	0.998 9	0.996 7	0.991 9	0.982 9	0.968 2	0.946 2	0.916 1
10			0.999 9	0.999 7	0.999 0	0.997 2	0.993 3	0.986 3	0.974 7	0.957 4
11			1.000 0	0.999 9	0.999 7	0.999 1	0.997 6	0.994 5	0.989 0	0.979 9
12				1.000 0	0.999 9	0.999 7	0.999 2	0.998 0	0.995 5	0.991 2
13					1.000 0	0.999 9	0.999 7	0.999 3	0.998 3	0.996 4
14						1.000 0	0.999 9	0.999 8	0.999 4	0.998 6
15							1.000 0	0.999 9	0.999 8	0.999 5
16								1.000 0	0.999 9	0.999 8
17									1.000 0	0.999 9
18										1.000 0

附录3　积分表

1. 含有 $ax+b$ $(a \neq 0)$ 的积分

(1) $\int \frac{dx}{ax+b} = \frac{1}{a}\ln|ax+b| + C$

(2) $\int (ax+b)^{\mu} dx = \frac{1}{a(\mu+1)}(ax+b)\mu + 1 + C \ (\mu \neq -1)$

(3) $\int \frac{x}{ax+b} dx = \frac{1}{a^2}(ax+b-b\ln|ax+b|) + C$

(4) $\int \frac{x^2}{ax+b} dx = \frac{1}{a^3}\left[\frac{1}{2}(ax+b)^2 - 2b(ax+b) + b^2\ln|ax+b|\right] + C$

(5) $\int \frac{dx}{x(ax+b)} = -\frac{1}{b}\ln\left|\frac{ax+b}{x}\right| + C$

(6) $\int \frac{dx}{x^2(ax+b)} = -\frac{1}{bx} + \frac{a}{b^2}\ln\left|\frac{ax+b}{x}\right| + C$

(7) $\int \frac{x}{(ax+b)^2} dx = \frac{1}{a^2}\left(\ln|ax+b| + \frac{b}{ax+b}\right) + C$

(8) $\int \frac{x^2}{(ax+b)^2} dx = \frac{1}{a^3}\left(ax+b-2b\ln|ax+b| - \frac{b^2}{ax+b}\right) + C$

(9) $\int \frac{dx}{x(ax+b)^2} = \frac{1}{b(ax+b)} - \frac{1}{b^2}\ln\left|\frac{ax+b}{x}\right| + C$

2. 含有 $\sqrt{ax+b}$ 的积分

(1) $\int \sqrt{ax+b}\, dx = \frac{2}{3a}\sqrt{(ax+b)^3} + C$

(2) $\int x\sqrt{ax+b}\, dx = \frac{2}{15a^2}(3ax-2b)\sqrt{(ax+b)^3} + C$

(3) $\int x^2\sqrt{ax+b}\, dx = \frac{2}{105a^3}(15a^2x^2 - 12abx + 8b^2)\sqrt{(ax+b)^3} + C$

(4) $\int \frac{x}{\sqrt{ax+b}} dx = \frac{2}{3a^2}(ax-2b)\sqrt{ax+b} + C$

(5) $\int \frac{x^2}{\sqrt{ax+b}} dx = \frac{2}{15a^3}(3a^2x^2 - 4abx + 8b^2)\sqrt{ax+b} + C$

(6) $\int \frac{dx}{x\sqrt{ax+b}} = \begin{cases} \frac{1}{\sqrt{b}}\ln\left|\frac{\sqrt{ax+b}-\sqrt{b}}{\sqrt{ax+b}+\sqrt{b}}\right| + C\ (b>0) \\ \frac{2}{\sqrt{-b}}\arctan\sqrt{\frac{ax+b}{-b}} + C\ (b<0) \end{cases}$

(7) $\int \frac{dx}{x^2\sqrt{ax+b}} = -\frac{\sqrt{ax+b}}{bx} - \frac{a}{2b}\int \frac{dx}{x\sqrt{ax+b}}$

(8) $\int \frac{\sqrt{ax+b}}{x}dx = 2\sqrt{ax+b} + b\int \frac{dx}{x\sqrt{ax+b}}$

(9) $\int \frac{\sqrt{ax+b}}{x^2}dx = -\frac{\sqrt{ax+b}}{x} + \frac{a}{2}\int \frac{dx}{x\sqrt{ax+b}}$

3. 含有 $x^2 \pm a^2$ 的积分

(1) $\int \frac{dx}{x^2+a^2} = \frac{1}{a}\arctan\frac{x}{a} + C$

(2) $\int \frac{dx}{x^2-a^2} = \frac{1}{2a}\ln\left|\frac{x-a}{x+a}\right| + C$

(3) $\int \frac{dx}{(x^2+a^2)^n} = \frac{x}{2(n-1)a^2(x^2+a^2)^{n-1}} + \frac{2n-3}{2(n-1)a^2}\int \frac{dx}{(x^2+a^2)^{n-1}}$

4. 含有 $ax^2+b\ (a>0)$ 的积分

(1) $\int \frac{dx}{ax^2+b} = \begin{cases} \frac{1}{\sqrt{ab}}\arctan\sqrt{\frac{a}{b}}x + C\ (b>0) \\ \frac{1}{2\sqrt{-ab}}\ln\left|\frac{\sqrt{a}x-\sqrt{-b}}{\sqrt{a}x+\sqrt{-b}}\right| + C\ (b<0) \end{cases}$

(2) $\int \frac{x}{ax^2+b}dx = \frac{1}{2a}\ln|ax^2+b| + C$

(3) $\int \frac{x^2}{ax^2+b}dx = \frac{x}{a} - \frac{b}{a}\int \frac{dx}{ax^2+b}$

(4) $\int \frac{dx}{x(ax^2+b)} = \frac{1}{2b}\ln\frac{x^2}{|ax^2+b|} + C$

(5) $\int \frac{dx}{x^2(ax^2+b)} = -\frac{1}{bx} - \frac{a}{b}\int \frac{dx}{ax^2+b}$

(6) $\int \frac{dx}{x^3(ax^2+b)} = \frac{a}{2b^2}\ln\frac{|ax^2+b|}{x^2} - \frac{1}{2bx^2} + C$

(7) $\int \frac{dx}{(ax^2+b)^2} = \frac{x}{2b(ax^2+b)} + \frac{1}{2b}\int \frac{dx}{ax^2+b}$

5. 含有 $ax^2+bx+c\ (a>0)$ 的积分

(1) $\displaystyle\int\frac{\mathrm{d}x}{ax^2+bx+c}=\begin{cases}\dfrac{2}{\sqrt{4ac-b^2}}\arctan\dfrac{2ax+b}{\sqrt{4ac-b^2}}+C\ (b^2<4ac)\\ \dfrac{1}{\sqrt{b^2-4ac}}\ln\left|\dfrac{2ax+b-\sqrt{b^2-4ac}}{2ax+b+\sqrt{b^2-4ac}}\right|+C\ (b^2>4ac)\end{cases}$

(2) $\displaystyle\int\frac{x}{ax^2+bx+c}\mathrm{d}x=\frac{1}{2a}\ln|ax^2+bx+c|-\frac{b}{2a}\int\frac{\mathrm{d}x}{ax^2+bx+c}$

6. 含有 $\sqrt{x^2+a^2}\ (a>0)$ 的积分

(1) $\displaystyle\int\frac{\mathrm{d}x}{\sqrt{x^2+a^2}}=\operatorname{arsh}\frac{x}{a}+C_1=\ln(x+\sqrt{x^2+a^2})+C$

(2) $\displaystyle\int\frac{\mathrm{d}x}{\sqrt{(x^2+a^2)^3}}=\frac{x}{a^2\sqrt{x^2+a^2}}+C$

(3) $\displaystyle\int\frac{x}{\sqrt{x^2+a^2}}\mathrm{d}x=\sqrt{x^2+a^2}+C$

(4) $\displaystyle\int\frac{x}{\sqrt{(x^2+a^2)^3}}\mathrm{d}x=-\frac{1}{\sqrt{x^2+a^2}}+C$

(5) $\displaystyle\int\frac{x^2}{\sqrt{x^2+a^2}}\mathrm{d}x=\frac{x}{2}\sqrt{x^2+a^2}-\frac{a^2}{2}\ln(x+\sqrt{x^2+a^2})+C$

(6) $\displaystyle\int\frac{x^2}{\sqrt{(x^2+a^2)^3}}\mathrm{d}x=-\frac{x}{\sqrt{x^2+a^2}}+\ln(x+\sqrt{x^2+a^2})+C$

(7) $\displaystyle\int\frac{\mathrm{d}x}{x\sqrt{x^2+a^2}}=\frac{1}{a}\ln\frac{\sqrt{x^2+a^2}-a}{|x|}+C$

(8) $\displaystyle\int\frac{\mathrm{d}x}{x^2\sqrt{x^2+a^2}}=-\frac{\sqrt{x^2+a^2}}{a^2x}+C$

(9) $\displaystyle\int\sqrt{x^2+a^2}\,\mathrm{d}x=\frac{x}{2}\sqrt{x^2+a^2}+\frac{a^2}{2}\ln(x+\sqrt{x^2+a^2})+C$

(10) $\displaystyle\int\sqrt{(x^2+a^2)^3}\,\mathrm{d}x=\frac{x}{8}(2x^2+5a^2)\sqrt{x^2+a^2}+\frac{3}{8}a^4\ln(x+\sqrt{x^2+a^2})+C$

(11) $\displaystyle\int x\sqrt{x^2+a^2}\,\mathrm{d}x=\frac{1}{3}\sqrt{(x^2+a^2)^3}+C$

(12) $\displaystyle\int x^2\sqrt{x^2+a^2}\,\mathrm{d}x=\frac{x}{8}(2x^2+a^2)\sqrt{x^2+a^2}-\frac{a^4}{8}\ln(x+\sqrt{x^2+a^2})+C$

(13) $\displaystyle\int\frac{\sqrt{x^2+a^2}}{x}\mathrm{d}x=\sqrt{x^2+a^2}+a\ln\frac{\sqrt{x^2+a^2}-a}{|x|}+C$

(14) $\displaystyle\int\frac{\sqrt{x^2+a^2}}{x^2}\mathrm{d}x=-\frac{\sqrt{x^2+a^2}}{x}+\ln(x+\sqrt{x^2+a^2})+C$

7. 含有$\sqrt{x^2-a^2}$（$a>0$）的积分

(1) $\int \frac{dx}{\sqrt{x^2-a^2}}=\frac{x}{|x|}\operatorname{arch}\frac{|x|}{a}+C_1=\ln\left|x+\sqrt{x^2+a^2}\right|+C$

(2) $\int \frac{dx}{\sqrt{(x^2-a^2)^3}}=-\frac{x}{a^2\sqrt{x^2-a^2}}+C$

(3) $\int \frac{x}{\sqrt{x^2-a^2}}dx=\sqrt{x^2-a^2}+C$

(4) $\int \frac{x}{\sqrt{(x^2-a^2)^3}}dx=-\frac{1}{\sqrt{x^2-a^2}}+C$

(5) $\int \frac{x^2}{\sqrt{x^2-a^2}}dx=\frac{x}{2}\sqrt{x^2-a^2}+\frac{a^2}{2}\ln\left|x+\sqrt{x^2-a^2}\right|+C$

(6) $\int \frac{x^2}{\sqrt{(x^2-a^2)^3}}dx=-\frac{x}{\sqrt{x^2-a^2}}+\ln\left|x+\sqrt{x^2-a^2}\right|+C$

(7) $\int \frac{dx}{x\sqrt{x^2-a^2}}=\frac{1}{a}\arccos\frac{a}{|x|}+C$

(8) $\int \frac{dx}{x^2\sqrt{x^2-a^2}}=\frac{\sqrt{x^2-a^2}}{a^2x}+C$

(9) $\int \sqrt{x^2-a^2}\,dx=\frac{x}{2}\sqrt{x^2-a^2}-\frac{a^2}{2}\ln\left|x+\sqrt{x^2-a^2}\right|+C$

(10) $\int \sqrt{(x^2-a^2)^3}\,dx=\frac{x}{8}(2x^2-5a^2)\sqrt{x^2-a^2}+\frac{3}{8}a^4\ln\left|x+\sqrt{x^2-a^2}\right|+C$

(11) $\int x\sqrt{x^2-a^2}\,dx=\frac{1}{3}\sqrt{(x^2-a^2)^3}+C$

(12) $\int x^2\sqrt{x^2-a^2}\,dx=\frac{x}{8}(2x^2-a^2)\sqrt{x^2-a^2}-\frac{a^4}{8}\ln\left|x+\sqrt{x^2-a^2}\right|+C$

(13) $\int \frac{\sqrt{x^2-a^2}}{x}dx=\sqrt{x^2-a^2}-a\arccos\frac{a}{|x|}+C$

(14) $\int \frac{\sqrt{x^2-a^2}}{x^2}dx=-\frac{\sqrt{x^2-a^2}}{x}+\ln\left|x+\sqrt{x^2-a^2}\right|+C$

8. 含有$\sqrt{a^2-x^2}$（$a>0$）的积分

(1) $\int \frac{dx}{\sqrt{a^2-x^2}}=\arcsin\frac{x}{a}+C$

(2) $\int \frac{dx}{\sqrt{(a^2-x^2)^3}}=\frac{x}{a^2\sqrt{a^2-x^2}}+C$

(3) $\int \frac{x}{\sqrt{a^2-x^2}}dx=-\sqrt{a^2-x^2}+C$

(4) $\int \frac{x}{\sqrt{(a^2-x^2)^3}}dx = \frac{1}{\sqrt{a^2-x^2}} + C$

(5) $\int \frac{x^2}{\sqrt{a^2-x^2}}dx = -\frac{x}{2}\sqrt{a^2-x^2} + \frac{a^2}{2}\arcsin\frac{x}{a} + C$

(6) $\int \frac{x^2}{\sqrt{(a^2-x^2)^3}}dx = \frac{x}{\sqrt{a^2-x^2}} - \arcsin\frac{x}{a} + C$

(7) $\int \frac{dx}{x\sqrt{a^2-x^2}} = \frac{1}{a}\ln\frac{a-\sqrt{a^2-x^2}}{|x|} + C$

(8) $\int \frac{dx}{x^2\sqrt{a^2-x^2}} = -\frac{\sqrt{a^2-x^2}}{a^2x} + C$

(9) $\int \sqrt{a^2-x^2}dx = \frac{x}{2}\sqrt{a^2-x^2} + \frac{a^2}{2}\arcsin\frac{x}{a} + C$

(10) $\int \sqrt{(a^2-x^2)^3}dx = \frac{x}{8}(5a^2-2x^2)\sqrt{a^2-x^2} + \frac{3}{8}a^4\arcsin\frac{x}{a} + C$

(11) $\int x\sqrt{a^2-x^2}dx = -\frac{1}{3}\sqrt{(a^2+x^2)^3} + C$

(12) $\int x^2\sqrt{a^2-x^2}dx = \frac{x}{8}(2x^2-a^2)\sqrt{a^2-x^2} + \frac{a^4}{8}\arcsin\frac{x}{a} + C$

(13) $\int \frac{\sqrt{a^2-x^2}}{x}dx = \sqrt{a^2-x^2} + a\ln\frac{a-\sqrt{a^2-x^2}}{|x|} + C$

(14) $\int \frac{\sqrt{a^2-x^2}}{x^2}dx = -\frac{\sqrt{a^2-x^2}}{x} - \arcsin\frac{x}{a} + C$

9. 含有 $\sqrt{\pm ax^2+bx+c}$ $(a>0)$ 的积分

(1) $\int \frac{dx}{\sqrt{ax^2+bx+c}} = \frac{1}{\sqrt{a}}\ln|2ax+b+2\sqrt{a}\sqrt{ax^2+bx+c}| + C$

(2) $\int \sqrt{ax^2+bx+c}dx = \frac{2ax+b}{4a}\sqrt{ax^2+bx+c} + \frac{4ac-b^2}{8\sqrt{a^3}}\ln|2ax+b+2\sqrt{a}\sqrt{ax^2+bx+c}| + C$

(3) $\int \frac{x}{\sqrt{ax^2+bx+c}}dx = \frac{1}{a}\sqrt{ax^2+bx+c} - \frac{b}{2\sqrt{a^3}}\ln|2ax+b+2\sqrt{a}\sqrt{ax^2+bx+c}| + C$

(4) $\int \frac{dx}{\sqrt{c+bx-ax^2}} = \frac{1}{\sqrt{a}}\arcsin\frac{2ax-b}{\sqrt{b^2+4ac}} + C$

(5) $\int \sqrt{c+bx+ax^2}dx = \frac{2ax-b}{4a}\sqrt{c+bx-ax^2} + \frac{b^2+4ac}{8\sqrt{a^3}}\arcsin\frac{2ax-b}{\sqrt{b^2+4ac}} + C$

(6) $\int \frac{x}{\sqrt{c+bx-ax^2}}dx = -\frac{1}{a}\sqrt{c+bx-ax^2} + \frac{b}{2\sqrt{a^3}}\arcsin\frac{2ax-b}{\sqrt{b^2+4ac}} + C$

10. 含有$\sqrt{\pm\frac{x-a}{x-b}}$或$\sqrt{(x-a)(b-x)}$的积分

(1)$\int\sqrt{\frac{x-a}{x-b}}dx=(x-b)\sqrt{\frac{x-a}{x-b}}+(b-a)\ln(\sqrt{|x-a|}+\sqrt{|x-b|})+C$

(2)$\int\sqrt{\frac{x-a}{b-x}}dx=(x-b)\sqrt{\frac{x-a}{b-x}}+(b-a)\arcsin\sqrt{\frac{x-a}{b-x}}+C$

(3)$\int\frac{dx}{\sqrt{(x-a)(b-x)}}=2\arcsin\sqrt{\frac{x-a}{b-x}}+C\ (a<b)$

(4)$\int\sqrt{(x-a)(b-x)}dx=\frac{2x-a-b}{4}\sqrt{(x-a)(b-x)}+\frac{(b-a)^2}{4}\arcsin\sqrt{\frac{x-a}{b-x}}+C\ (a<b)$

11. 含有三角函数的积分

(1)$\int\sin x dx=-\cos x+C$

(2)$\int\cos x dx=\sin x+C$

(3)$\int\tan x dx=-\ln|\cos x|+C$

(4)$\int\cot x dx=\ln|\sin x|+C$

(5)$\int\sec x dx=\ln\left|\tan\left(\frac{\pi}{4}+\frac{x}{2}\right)\right|+C=\ln|\sec x+\tan x|+C$

(6)$\int\csc x dx=\ln\left|\tan\frac{x}{2}\right|+C=\ln|\csc x-\cot x|+C$

(7)$\int\sec^2 x dx=\tan x+C$

(8)$\int\csc^2 x dx=-\cot x+C$

(9)$\int\sec x\tan x dx=\sec x+C$

(10)$\int\csc x\cot x dx=-\csc x+C$

(11)$\int\sin^2 x dx=\frac{x}{2}-\frac{1}{4}\sin 2x+C$

(12)$\int\cos^2 x dx=\frac{x}{2}+\frac{1}{4}\sin 2x+C$

(13)$\int\sin^n x dx=-\frac{1}{n}\sin^{n-1}x\cos x+\frac{n-1}{n}\int\sin^{n-2}x dx$

(14)$\int\cos^n x dx=\frac{1}{n}\cos^{n-1}x\sin x+\frac{n-1}{n}\int\cos^{n-2}x dx$

(15)$\int\frac{dx}{\sin^n x}=-\frac{1}{n-1}\cdot\frac{\cos x}{\sin^{n-1}x}+\frac{n-2}{n-1}\int\frac{dx}{\sin^{n-2}x}$

(16) $\int \frac{dx}{\cos^n x} = \frac{1}{n-1} \cdot \frac{\sin x}{\cos^{n-1} x} + \frac{n-2}{n-1}\int \frac{dx}{\cos^{n-2} x}$

(17) $\int \cos^m x \sin^n x dx = \frac{1}{m+n}\cos^{m-1} x \sin^{n+1} x + \frac{m-1}{m+n}\int \cos^{m-2} x \sin^n x dx$

$= -\frac{1}{m+n}\cos^{m+1} x \sin^{n-1} x + \frac{n-1}{m+n}\int \cos^m x \sin^{n-2} x dx$

(18) $\int \sin ax \cos bx dx = -\frac{1}{2(a+b)}\cos(a+b)x - \frac{1}{2(a-b)}\cos(a-b)x + C$

(19) $\int \sin ax \sin bx dx = -\frac{1}{2(a+b)}\sin(a+b)x + \frac{1}{2(a-b)}\sin(a-b)x + C$

(20) $\int \cos ax \cos bx dx = \frac{1}{2(a+b)}\sin(a+b)x + \frac{1}{2(a-b)}\sin(a-b)x + C$

(21) $\int \frac{dx}{a+b\sin x} = \frac{2}{\sqrt{a^2-b^2}}\arctan \frac{a\tan\frac{x}{2}+b}{\sqrt{a^2-b^2}} + C \ (a^2 > b^2)$

(22) $\int \frac{dx}{a+b\sin x} = \frac{1}{\sqrt{b^2-a^2}}\ln \left| \frac{a\tan\frac{x}{2}+b-\sqrt{b^2-a^2}}{a\tan\frac{x}{2}+b+\sqrt{b^2-a^2}} \right| + C \ (a^2 < b^2)$

(23) $\int \frac{dx}{a+b\cos x} = \frac{2}{a+b}\sqrt{\frac{a+b}{a-b}}\arctan\left(\sqrt{\frac{a-b}{a+b}}\tan\frac{x}{2}\right) + C \ (a^2 > b^2)$

(24) $\int \frac{dx}{a+b\cos x} = \frac{1}{a+b}\sqrt{\frac{a+b}{b-a}}\ln \left| \frac{\tan\frac{x}{2}+\sqrt{\frac{a+b}{b-a}}}{\tan\frac{x}{2}-\sqrt{\frac{a+b}{b-a}}} \right| + C \ (a^2 < b^2)$

(25) $\int \frac{dx}{a^2\cos^2 x + b^2\sin^2 x} = \frac{1}{ab}\arctan\left(\frac{b}{a}\tan x\right) + C$

(26) $\int \frac{dx}{a^2\cos^2 x - b^2\sin^2 x} = \frac{1}{2ab}\ln \left| \frac{b\tan x + a}{b\tan x - a} \right| + C$

(27) $\int x \sin ax dx = \frac{1}{a^2}\sin ax - \frac{1}{a}x\cos ax + C$

(28) $\int x^2 \sin ax dx = -\frac{1}{a}x^2\cos ax + \frac{2}{a^2}x\sin ax + \frac{2}{a^3}\cos ax + C$

(29) $\int x \cos ax dx = \frac{1}{a^2}\cos ax + \frac{1}{a}x\sin ax + C$

(30) $\int x^2 \cos ax dx = \frac{1}{a}x^2\sin ax + \frac{2}{a^2}x\cos ax - \frac{2}{a^3}\sin ax + C$

12. 含有反三角函数的积分(其中 $a > 0$)

(1) $\int \arcsin\frac{x}{a}dx = x\arcsin\frac{x}{a} + \sqrt{a^2-x^2} + C$

(2) $\int x \arcsin\frac{x}{a}dx = \left(\frac{x^2}{2}-\frac{a^2}{4}\right)\arcsin\frac{x}{a}+\frac{x}{4}\sqrt{a^2-x^2}+C$

(3) $\int x^2\arcsin\frac{x}{a}dx = \frac{x^3}{3}\arcsin\frac{x}{a}+\frac{1}{9}(x^2+2a^2)\sqrt{a^2-x^2}+C$

(4) $\int \arccos\frac{x}{a}dx = x\arccos\frac{x}{a}-\sqrt{a^2-x^2}+C$

(5) $\int x \arccos\frac{x}{a}dx = \left(\frac{x^2}{2}-\frac{a^2}{4}\right)\arccos\frac{x}{a}-\frac{x}{4}\sqrt{a^2-x^2}+C$

(6) $\int x^2\arccos\frac{x}{a}dx = \frac{x^3}{3}\arccos\frac{x}{a}-\frac{1}{9}(x^2+2a^2)\sqrt{a^2-x^2}+C$

(7) $\int \arctan\frac{x}{a}dx = x\arctan\frac{x}{a}-\frac{a}{2}\ln(a^2+x^2)+C$

(8) $\int x\arctan\frac{x}{a}dx = \frac{1}{2}(a^2+x^2)\arctan\frac{x}{a}-\frac{a}{2}x+C$

(9) $\int x^2\arctan\frac{x}{a}dx = \frac{x^3}{3}\arctan\frac{x}{a}-\frac{a}{6}x^2+\frac{a^3}{6}\ln(a^2+x^2)+C$

13. 含有指数函数的积分

(1) $\int a^x dx = \frac{1}{\ln a}a^x + C\ (a>0, a\neq 1)$

(2) $\int e^{ax}dx = \frac{1}{a}e^{ax}+C\ (a\neq 0)$

(3) $\int xe^{ax}dx = \frac{1}{a^2}(ax-1)e^{ax}+C\ (a\neq 0)$

(4) $\int x^n e^{ax}dx = \frac{1}{a}x^n e^{ax}-\frac{n}{a}\int x^{n-1}e^{ax}dx\ (a\neq 0)$

(5) $\int xa^x dx = \frac{x}{\ln a}a^x-\frac{1}{(\ln a)^2}a^x+C\ (a>0, a\neq 1)$

(6) $\int x^n a^x dx = \frac{1}{\ln a}x^n a^x-\frac{n}{\ln a}\int x^{n-1}a^x dx\ (a>0, a\neq 1)$

(7) $\int e^{ax}\sin bx dx = \frac{1}{a^2+b^2}e^{ax}(a\sin bx-b\cos bx)+C\ (a^2+b^2\neq 0)$

(8) $\int e^{ax}\cos bx dx = \frac{1}{a^2+b^2}e^{ax}(b\sin bx+a\cos bx)+C\ (a^2+b^2\neq 0)$

(9) $\int e^{ax}\sin^n bx dx = \frac{1}{a^2+b^2n^2}e^{ax}\sin^{n-1}bx(a\sin bx-nb\cos bx)+\frac{n(n-1)b^2}{a^2+b^2n^2}\int e^{ax}\sin^{n-2}bx dx$ $(a^2+b^2\neq 0)$

(10) $\int e^{ax}\cos^n bx dx = \frac{1}{a^2+b^2n^2}e^{ax}\cos^{n-1}bx(a\cos bx+nb\sin bx)+\frac{n(n-1)b^2}{a^2+b^2n^2}\int e^{ax}\cos^{n-2}bx dx$ $(a^2+b^2\neq 0)$

14. 含有对数函数的积分

(1) $\int \ln x\mathrm{d}x = x\ln x - x + C$

(2) $\int \frac{\mathrm{d}x}{x\ln x} = \ln|\ln x| + C$

(3) $\int x^n \ln x\mathrm{d}x = \frac{1}{n+1}x^{n+1}\left(\ln x - \frac{1}{n+1}\right) + C$

(4) $\int (\ln x)^n \mathrm{d}x = x(\ln x)^n - n\int (\ln x)^{n-1}\mathrm{d}x$

(5) $\int x^m (\ln x)^n \mathrm{d}x = \frac{1}{m+1}x^{m+1}(\ln x)^n - \frac{n}{m+1}\int x^m (\ln x)^{n-1}\mathrm{d}x$

15. 含有双曲函数的积分

(1) $\int \mathrm{sh}x\mathrm{d}x = \mathrm{ch}x + C$

(2) $\int \mathrm{ch}x\mathrm{d}x = \mathrm{sh}x + C$

(3) $\int \mathrm{th}x\mathrm{d}x = \ln\mathrm{ch}x + C$

(4) $\int \mathrm{sh}^2 x\mathrm{d}x = -\frac{x}{2} + \frac{1}{4}\mathrm{sh}2x + C$

(5) $\int \mathrm{ch}^2 x\mathrm{d}x = \frac{x}{2} + \frac{1}{4}\mathrm{sh}2x + C$

16. 定积分

(1) $\int_{-\pi}^{\pi} \cos nx\mathrm{d}x = \int_{-\pi}^{\pi} \sin nx\mathrm{d}x = 0$

(2) $\int_{-\pi}^{\pi} \cos mx \sin nx\mathrm{d}x = 0$

(3) $\int_{-\pi}^{\pi} \cos mx \cos nx\mathrm{d}x = \begin{cases} 0, & m \neq n \\ \pi, & m = n \end{cases}$

(4) $\int_{-\pi}^{\pi} \sin mx \sin nx\mathrm{d}x = \begin{cases} 0, & m \neq n \\ \pi, & m = n \end{cases}$

(5) $\int_{0}^{\pi} \sin mx \sin nx\mathrm{d}x = \int_{0}^{\pi} \cos mx \cos nx\mathrm{d}x = \begin{cases} 0, & m \neq n \\ \frac{\pi}{2}, & m = n \end{cases}$

(6) $I_n = \int_0^{\frac{\pi}{2}} \sin^n x\mathrm{d}x = \int_0^{\frac{\pi}{2}} \cos^n x\mathrm{d}x$

$$I_n = \frac{n-1}{n}I_{n-2} = \begin{cases} \frac{n-1}{n}\cdot\frac{n-3}{n-2}\cdot\cdots\cdot\frac{4}{5}\cdot\frac{2}{3}, & n\text{ 为大于 1 的正奇数} \\ \frac{n-1}{n}\cdot\frac{n-3}{n-2}\cdot\cdots\cdot\frac{3}{4}\cdot\frac{1}{2}\cdot\frac{\pi}{2}, & n\text{ 为正偶数} \end{cases},$$

其中，$I_1 = 1, I_0 = \frac{\pi}{2}$.